nutrition et alimentation des volailles

nutrition et alimentation des volailles

Michel LARBIER et Bernard LECLERCQ

INSTITUT NATIONAL DE LA RECHERCHE AGRONOMIQUE
147, rue de l'Université, 75007 Paris

© INRA Paris, 1992 - ISBN : 978-27380-0336-2
© Éditions Quae, 2023 - ISBN : 978-2-7592-3862-0

nutrition et alimentation des volailles

M. LARBIER et B. LECLERCQ

ERRATA

p. 29	Tableau 3-1 : A la ligne «âge», lire 56 au lieu de 46.
p. 171	Modèle de Gompertz : lire $P = P_0 . \exp(\mu_0 (1-\exp(-D*t))/D)$ au lieu de $P = P_0 . \exp(\mu_0 (1-\exp(-D*t)/D))$
p. 126	Tableau 6-3 : A la ligne «Cl», colonne «7 semaines», lire 1,15 au lieu de 0,15. Tableau 6-4 : A la ligne «zinc», colonne «Total», lire «10 à 17» au lieu de «19 à 17».
p. 168	Tableau 7-3a : A la ligne «acide folique», colonne «Poulet de chair-finition», lire «0,2» au lieu de «20».

p. 174 Tableau 8-4 : A la colonne «Dindon mâle»,

lire	au lieu de
19,7	15,3
15,3	12,0
12,0	11,0
11,0	11,0
11,0	9,7
9,7	9,2
9,2	7,7
7,7	7,6
7,6	7,5
7,5	5,7
5,7	-

p. 183 Tableau 8-17 : L'isoleucine a été oubliée et les chiffres de la ligne «thréonine» ont été omis. Le tableau doit se lire :

Période (semaines)	0-3	3-abattage
Concentration énergétique	3250	3250
protéines brutes	220	190
lysine	11,5	10,0
acides aminés soufrés	8,5	7,5
tryptophane	1,9	1,8
thréonine	8,3	6,9
leucine	14,4	12,5
isoleucine	8,3	7,2
valine	10,6	9,2
histidine	4,6	4,0
arginine	12,8	11,1
phénylalanine+tyrosine	15,0	13,0
etc...		

p. 222   Tableau 9-11 : colonne «besoin (mg/g d'œuf)», ligne «tryptophane», lire 2,34 au lieu de 8,90.

p. 302 EMA_n du maïs : A la ligne «Adulte» lire 3780 au lieu de 3430; à la ligne «Jeune», lire 3780 au lieu de 3350.

p. 302 et suivantes

Ligne «polyosides insolubles», lire «parois insolubles».

p. 308   Dans la colonne «Soja extrudé», ligne «Amidon enzymatique», supprimer 11,0; à la ligne «Sucres libres», inscrire 11,0.

PRÉFACE

Depuis longtemps, l'Institut National de la Recherche Agronomique s'est préoccupé de mettre à la disposition de chacun, sous une forme pratique, les résultats de ses recherches sur la nutrition et l'alimentation des animaux. Dans ce domaine comme dans tant d'autres, Robert Jarrige, prématurément disparu en 1990 au cours d'une mission de coopération technique en Algérie, a été un précurseur. C'est en 1978 qu'il publiait un ouvrage collectif intitulé « L'alimentation des bovins », plus connu sous la dénomination « Le Livre Rouge ». Cet ouvrage connut un vif succès. De ce fait, R. Jarrige et ses collègues furent conduits à étendre ce travail aux autres espèces de ruminants domestiques jusqu'à un nouveau document de synthèse, édité en 1988 sous le titre « Alimentation des bovins, ovins et caprins ».

C'est cette même tradition qui a poussé Michel Larbier et Bernard Leclercq à faire le point des connaissances acquises et à présenter les techniques actuelles de l'alimentation des volailles.

Cet ouvrage vient parfaitement à son heure. En 30 ans, l'aviculture est passée du stade de production artisanale ou fermière à celui d'une production industrielle organisée en « filières » très structurées. Parmi les facteurs qui ont favorisé cette réussite figurent les grandes découvertes qui concernent la Nutrition. Rappelées dans le premier chapitre de cet ouvrage, elles sont à l'origine de l'essor de l'élevage et des industries de l'alimentation animale.

Les auteurs s'efforcent de mettre les résultats de ces travaux à la disposition des éleveurs et des industriels. Mais en prenant position sur certains sujets très débattus, ils montrent également que la recherche a encore du pain sur la planche.

Ce magnifique ouvrage constitue un remarquable effort de synthèse, d'illustration et de quantification. Plus de 250 tableaux et figures, des modèles d'étude, des équations, bref des apports très concrets l'illustrent et le rendent à la fois attrayant et opérationnel.

Cette réalisation vient combler une importante lacune de la littérature française dans le domaine de Nutrition des volailles. Elle renforce la place de l'Aviculture dans l'enseignement supérieur en contribuant à sa reconnaissance pleine et entière à côté des autres productions animales.

Je lui souhaite le même succès que le « Livre Rouge « de Robert Jarrige. Elle le mérite.

Hervé BICHAT

AVANT-PROPOS

Depuis la fin de la seconde guerre mondiale, l'aviculture s'est partout développée pour devenir dans de nombreux pays la première production animale tant par le volume des viandes produites que par le tonnage des aliments composés. La consommation des produits avicoles a régulièrement augmenté sans être nulle part entravée ni par des interdits religieux, ni par des traditions culinaires.

Le dynamisme de l'aviculture s'explique par la conjugaison de nombreux facteurs. La nature même des espèces concernées, dont les cycles de production sont relativement courts, assure la souplesse nécessaire pour adapter en permanence l'offre à la demande. Le progrès génétique permet d'améliorer sans cesse les performances zootechniques et les qualités des productions. L'organisation économique, souvent intégrée ou en filières puissantes, favorise les investissements pour rapidement mettre en application toutes les innovations technologiques. Enfin l'alimentation, qui est le premier poste intervenant dans le prix de revient, a beaucoup évolué grâce d'une part à une meilleure connaissance de la physiologie et du métabolisme des oiseaux, d'autre part par une évaluation plus précise de la qualité des matières premières alimentaires.

Aujourd'hui, l'alimentation est le moyen le plus puissant pour maîtriser les coûts de production et la qualité des produits. Adaptée aux conditions d'élevage, elle permet de corriger, au moins partiellement, les effets dépressifs dus à l'environnement.

Paradoxalement, les ouvrages de base traitant de la nutrition et de l'alimentation des volailles sont rares, anciens et souvent écrits en anglais. Il s'agit généralement soit de documents techniques destinés aux hommes de « terrain », soit de publications sur des questions théoriques intéressant davantage le chercheur que le praticien.

En écrivant cet ouvrage, nous avons voulu intéresser le plus grand nombre. L'étudiant pourra y trouver exposés les fonctions physiologiques liées à la nutrition ainsi que les principaux mécanismes de régulation du métabolisme. Le technicien aura à sa disposition les principales données lui permettant de formuler les aliments ou de décider de la conduite de son élevage. Il s'agit des modalités d'alimentation, des besoins ou recommandations nutritionnelles et des caractéristiques analytiques et nutritionnelles des principales matières premières utilisées en aviculture. Pour faciliter la compréhension du texte, nous n'avons pas hésité à illustrer abondamment le propos de schémas, figures et tableaux de résultats. Ces derniers sont, le plus souvent, le fruit de nos propres recherches en nutrition et en alimentation avicoles.

Ce livre n'est cependant pas un traité de biochimie ou de physiologie. Nous n'avons fait appel aux grandes disciplines scientifiques que dans la mesure où leur contribution est indispensable à la compréhension des mécanismes contrôlant la nutrition animale ; que les spécialistes nous pardonnent !

Cet ouvrage, enfin, n'est pas un catalogue de normes nutritionnelles. En portant notre effort sur l'exposé des mécanismes qui expliquent les grandes fonctions impliquées dans la nutrition, nous proposons en fait non pas des recettes mais des bases de raisonnement. Il reste qu'aujourd'hui bien des inconnues demeurent. Le rôle de la recherche n'est-il pas d'approfondir l'analyse des mécanismes et de proposer de nouvelles théories ?

Quoi qu'il en soit, nous espérons par ces pages, ces tableaux et ces illustrations, aider tous ceux qui cherchent à mieux comprendre la nutrition moderne des espèces avicoles et à pratiquer leur alimentation en utilisant les données les plus récentes.

Nous avons enfin le plaisir d'adresser nos plus vifs remerciements à tous ceux qui nous ont aidé et encouragé dans notre tâche. Tout d'abord M.Hervé Bichat, Directeur Général de l'I.N.R.A., en préfaçant l'ouvrage, nous a apporté son témoignage à notre effort de valorisation de la Recherche et de transfert des connaissances. Le Professeur Daniel Sauvant de l'Institut National Agronomique a lu le texte avec beaucoup d'attention en nous faisant part de ses critiques pertinentes et de ses suggestions. M. Etienne Trémolières de la Société UFAC, nous a fait largement bénéficier de son expérience de professionnel de l'Aviculture et d'homme de terrain. Nous remercions aussi le Service des Publications de l'I.N.R.A pour la qualité des illustrations et la réalisation de l'ouvrage.

M. Larbier
B. Leclercq

SOMMAIRE

1

ALIMENTATION DES VOLAILLES PROGRÈS SCIENTIFIQUE ÉVOLUTION ÉCONOMIQUE

La Nutrition, au sens général, est une science récente, puisqu'elle est apparue un peu avant le milieu du XXᵉ siècle. Elle est, en fait, la résultante de plusieurs disciplines de base, telles que la biochimie et la physiologie, permettant la définition et la compréhension des besoins alimentaires des espèces animales, homme inclus. Le besoin est compris ici au sens très large, comme étant la quantité nécessaire de nutriments à apporter dans l'alimentation pour assurer la croissance du jeune ou l'équilibre physiologique et sanitaire de l'adulte.

Dans le monde scientifique anglo-saxon, pour des raisons de commodité expérimentale, le poulet sert très souvent, et depuis longtemps, d'animal de laboratoire au même titre que le rat. Aussi, plusieurs découvertes ont été réalisées à l'occasion de tels travaux, en particulier dans le domaine des vitamines. Citons, par exemple, les travaux de Eijkman sur la thiamine (vitamine B1) en 1897, utilisant la poule pondeuse. Heuser et ses collaborateurs de l'Université de Cornell (USA) développèrent sur le poulet leurs travaux sur l'acide pantothénique, la riboflavine (vitamine B2) et l'acide folique. Il en fût de même de Almquist (Californie) à propos de la vitamine K. Sur le plan chronologique, la Nutrition en tant que science permettant la mise en évidence de besoins spécifiques en certaines molécules et l'étude du métabolisme de ces dernières est, le plus souvent, apparue avant l'Alimentation (quantification des besoins et moyens pratiques de les satisfaire). Ainsi la découverte des vitamines ou des acides aminés indispensables est née d'observations de carence, de l'isolation des molécules responsables et de l'analyse de leur mode d'action. Ensuite, seulement, on a cherché à définir la quantité minimum, puis optimum, les zones éventuelles de toxicité, enfin à formuler des aliments composés équilibrés.

I. Les grandes étapes de la nutrition avicole

Si la découverte de l'oxygène et les bases de l'énergétique reviennent à un français, Lavoisier, la plupart des découvertes ultérieures sur lesquelles s'appuyent la nutrition et l'alimentation avicoles sont d'abord d'origine américaine. Ce n'est qu'après 1945 que l'alimentation rationnelle des volailles se développe en Europe et en France, accompagnée par une recherche qui est devenue peu à peu majeure. Les grandes étapes de la nutrition avicole sont donc à rechercher principalement aux USA et au Canada :

— 1909 : apparition de la notion de « vitamine » pour définir des facteurs alimentaires secondaires. Découverte de la vitamine A et de sa parenté avec le carotène.

— 1910 : découverte des besoins en phosphore et en calcium pour le poulet et la poule pondeuse.

— 1913 : distinction entre vitamines hydrosolubles et vitamines liposolubles.

— 1916 : la lysine est reconnue comme molécule indispensable à la croissance du poulet.

— 1922 : la vitamine D est identifiée comme étant le facteur actif de l'huile de foie de morue.

— 1928 : on soupçonne l'existence de plusieurs vitamines du groupe B.

— 1930 : découverte de la riboflavine, facteur contenu dans les produits laitiers et nécessaire pour prévenir les « doigts tordus » chez le poulet en croissance.

— 1934 : notion d'équilibre entre phosphore et calcium.

— 1935 : découverte de la vitamine K.

— 1936 : le pérosis est dû à une carence en manganèse. Isolement de la vitamine B1 (thiamine). Début des travaux sur l'amélioration du tourteau de soja en vue de son utilisation en alimentation animale. Découverte de la thréonine comme dernier acide aminé indispensable.

— 1937 : développement de l'usage de la farine de poisson.

— 1938 : isolement de l'acide pantothénique.

— 1939 : synthèse de la pyridoxine (vitamine B6). Mise en vente de la riboflavine de synthèse, de la niacine, de la vitamine E, de la vitamine K, de la choline et de la biotine.

— 1942 : mise en évidence de carences en biotine. Premières définitions des besoins des volailles.

— 1944 : développement de la granulation des aliments. Premières tables NRC. Dosages microbiologiques des vitamines et des acides aminés.

— 1945 : mise en vente de la méthionine de synthèse.

— 1946 : découverte de l'acide folique. Commercialisation de la vitamine A de synthèse.

— 1947 : apparition des premiers coccidiostatiques efficaces. Fabrication des aliments riches en énergie pour poulets de chair.

— 1948 : découverte de la cyanocobalamine (vitamine B12) appelée auparavant « animal protein factor ».

— 1950 : utilisation des premiers antibiotiques en aviculture.

— 1954 : généralisation de l'emploi de méthionine de synthèse.

— 1955 : premiers calculateurs analogiques utilisés pour formulation des aliments au moindre coût (optimisation).

— 1957 : découverte du zinc comme oligo-minéral chez les volailles.

— 1958 : première commercialisation de la lysine d'origine industrielle. Généralisation de l'usage de la notion d'énergie métabolisable en aviculture.

— 1968 : premiers programmes de calcul des formules d'aliment par programmation linéaire sur mini-ordinateurs. Première commercialisation de reproductrices naines.

— 1970-1980 : équations de prédiction des besoins. Modélisation des besoins des oiseaux. Développement de la digestibilité vraie chez les oiseaux. Nutrition des espèces secondaires (dinde, pintade, canard...).
Emploi du proche-infrarouge pour l'analyse rapide des matières premières.
— 1980-1990 : commercialisation du tryptophane et de la thréonine industriels.

En France, comme en Europe, l'alimentation rationnelle et industrielle des volailles a suivi avec un certain retard les progrès des Etats-Unis ; le retard diminuant avec le temps parallèlement à l'accélération des moyens de communication et de transport. Ce n'est que vers 1950 qu'apparaissent les premiers élevages industriels et les premiers ateliers de fabrication d'aliments complets pour volailles, regroupés progressivement autour de firmes-services. Celles-ci se chargent du transfert des informations scientifiques des laboratoires vers les ateliers de fabrication. Elles mettent en place les moyens de calcul des formules, de contrôles des matières premières et des aliments finis. Enfin elles fournissent les « prémix », prémélanges contenant minéraux, vitamines et additifs.

En aviculture, plus que dans toute autre production animale, les progrès de la nutrition sont intimement liés à ceux qui apparaissent en génétique et en pathologie. La nutrition correctement établie permet aux génotypes d'extérioriser pleinement leur potentiel, favorisant ainsi la sélection. Les progrès génétiques, en retour, relancent les recherches en nutrition puisque les animaux les plus performants sont aussi les plus exigeants. C'est ainsi que des techniques particulières d'alimentation doivent être définies pour les reproducteurs de type « chair » aux capacités de croissance très élevées pour leur permettre d'atteindre l'âge adulte sans problèmes (troubles locomoteurs, obésité...).

Une alimentation équilibrée fait aussi disparaître un certain nombre de risques pathologiques dus à des carences en protéines, vitamines et minéraux. En revanche l'intensification de l'élevage, en particulier les densités d'animaux par unité de surface et de volume, créent de nouvelles pathologies. Par l'aliment un certain nombre de ces troubles peuvent être enrayés, surtout ce qui concerne le parasitisme. Citons le cas très démonstratif des coccidies, menace permanente des élevages avant 1950, lorsque n'existaient pas de molécules efficaces contre ces parasites. Les coccidioses demeurent encore aujourd'hui un problème, moins crucial mais tout aussi pénalisant par ses effets négatifs sur l'efficacité alimentaire (augmentation de l'indice de consommation) et la qualité des produits animaux. Une meilleure maîtrise de la pathologie a donc permis, elle aussi, le progrès génétique et, globalement, une économie toujours plus performante des élevages avicoles.

II. Evolution des productions et de la consommation

La production avicole d'œufs et de viande est demeurée très longtemps fermière, comme la plupart des productions agricoles jusqu'à la fin de la Seconde Guerre mondiale. Toutefois, aux USA, on assiste à un début d'intensification et de rationalisation de l'élevage avicole au cours des années qui précèdent cette guerre. En effet, un peu avant 1940, les statistiques de la production américaine distinguent les « farm chickens » (poulets de ferme) des « broilers » (poulets à griller d'élevages spécialisés); en 1939, ces derniers représentaient 16 p.100 de la production nationale de poulets dans ce pays. En Europe et en France cette spécialisation des élevages avicoles apparait après la guerre. Dans les statistiques figurent, comme aux USA, une estimation de l'autoconsommation. Celle-ci disparaitra assez vite du fait de la généralisation des élevages rationnels. Cependant elle demeurera importante en production d'œufs. Les statistiques de production d'œufs et de viande de volailles remontent donc plus loin dans le temps que celles de la production des aliments composés, puisqu'en élevage fermier l'emploi des ressources céréalières locales n'a pu être comptabilisé. L'apparition progressive d'une industrie de l'alimentation animale de plus en plus structurée a rendu les statistiques plus fiables et plus précises.

Nous avons rapporté dans le tableau 1-1 l'évolution depuis 1935 des volumes de production de viande de volailles aux USA et depuis 1950 dans quelques pays européens. Il s'agit d'une compilation de sources statistiques (FAO, ouvrages américains, SCEES...) qui se recoupent avec plus ou moins de bonheur. Dans certains cas on ne dispose pas du tonnage mais des effectifs d'animaux. Le tonnage a été obtenu en multipliant par 1,8 kg le nombre de têtes.

Tableau 1-1. Production de viande de volailles dans quelques pays
(Entre parenthèses les projections pour 1990).
(milliers de tonnes)

	USA	France	G.B.	Hollande	R.F.A.
1935	1515				
1940	1600				
1945	2700				
1950	2740	247	95	8,8	42
1955	3600	295	155	35	68
1960	4440	345	260	60	96
1965	4500	554	380	170	180
1970	4700	638	500	280	260
1975	5060	824	615	329	282
1980	6710	1121	748	376	374
1985	7830	1272	883	728	357
(1990)	(8400)	(1500)	(950)	(760)	(390)

Sources : F.A.O., S.C.E.E.S., statistiques américaines.

Quelle que soit l'imprécision de ces estimations, surtout les plus anciennes (avant 1960), elles montrent une progression spectaculaire de la production, sans que dans aucun pays on ne parvienne à un palier. En France, la production aura été multipliée par 6 entre 1950 et 1990. Des évolutions tout à fait semblables sont observées en Allemagne Fédérale, au Royaume Uni et aux Pays-Bas. Parallèlement à cette évolution des tonnages on constate également une diversification des espèces avicoles. Pour les USA, il s'agit surtout de la dinde qui représentait dès 1939, 4,5 p.100 de la production du poulet (en nombre de têtes). La situation est particulièrement nette en France, comme l'illustre le tableau 1-2 où l'on peut observer qu'en 1988 la viande de poulet représentait un peu moins de 60 p.100 du tonnage de viande de volailles. La seconde place était occupée par la viande de dindonneau. Cette diversification s'est produite entre 1965 et 1988 et correspond en grande partie au développement de la découpe des carcasses et aux transformations en produits de plus en plus élaborés dans les abattoirs.

Tableau 1-2. Proportion des différentes viandes de volailles produites en France (p. 100).

	1965	1988
Poulets	66,4	58,8
Dindonneaux	2,3	23,2
Pintadeaux	2,7	3,7
Canards	7,6	6,6
Animaux de réforme	18,1	6,8

La production d'œufs a subi, elle aussi, de profondes transformations au cours de ces 40 à 50 dernières années (tabl. 1-3). Toutefois la progression des volumes produits a été moins spectaculaire que pour les viandes. La principale raison vient de ce que les volailles se substituent peu à peu aux autres viandes (porc, veau, bœuf), alors que l'œuf, déjà bien consommé après la guerre, n'a pas de possibilités d'extension aussi grandes auprès des consommateurs. La production n'a fait que doubler en France entre 1950 et 1990.

Tableau 1-3. Production d'œufs (milliards d'unités) dans un certain nombre de pays. (Entre parenthèses les projections pour 1990).

	USA	France	G.B.	Hollande	R.F.A.
1935					
1940	39,0		6,7		
1945	57,9				
1950	64,6	7,5	7,2		3,9
1955	64,5	8,5	9,6	3,8	5,9
1960	65,5	8,8	12,9	5,3	7,9
1965	59,6	10,0	14,5	4,2	11,9
1970	59,0	11,5	15,1	4,6	15,4
1975	58,9	12,5	14,4	5,3	15,9
1980	63,4	14,4	14,0	9,0	13,3
1985	62,1	15,0	13,2	11,1	13,2
(1990)	(61,0)	(16,5)	(13,2)	(10,5)	(12,2)

Ces évolutions des volumes produits ont été accompagnées d'une progression nette de la consommation et, pour certains produits, d'exportations. En France la consommation de viande de volailles est passée de 10,7 kg par habitant et par an en 1965 à plus de 16 kg en 1980 et plus de 18 kg en 1988. Celle des œufs s'est accrue dans le même temps de 200 à 230 unités par habitant et par an. Dans tous les pays, si la consommation de volailles progresse régulièrement, celle des œufs se stabilise et même régresse un peu vers 1980 ; l'œuf souffre un peu des suspicions formulées abusivement à son égard à propos de sa teneur en cholestérol, molécule responsable en partie des maladies cardio-vasculaires chez l'homme.

Les progressions spectaculaires des productions et consommations de produits avicoles dans les pays développés se retrouvent dans tous les continents. Ce succès récent de l'aviculture s'explique de plusieurs façons. Il s'agit d'élevages à faible inertie du fait de cycles de production beaucoup plus courts que ceux du porc et des ruminants. Les produits sont facilement et universellement acceptés par les consommateurs. Enfin les modestes coûts de production et l'efficacité biologique élevée des transformations de produits végétaux en produits animaux ont largement contribué aussi à ce succès.

Les progrès de la nutrition et de l'alimentation, qui font l'objet de cet ouvrage, sont responsables pour partie des progrès des « filières » avicoles. Dans ce secteur, le transfert technologique des découvertes a été extrêmement rapide ces 40 dernières années. Il s'ensuit qu'une industrie performante s'est mise en place dans tous les pays développés. Tout ce qui est nécessaire, et rien que ce qui l'est, est apporté aux animaux par l'aliment en fonction des connaissances de plus en plus précises des besoins.

A titre indicatif nous présentons dans le tableau 1-4 l'évolution des tonnages d'aliments composés destinés aux volailles et produits en France depuis 1965. En 23 ans les volumes produits ont été multipliés par plus de 3. Depuis 1969, l'aliment destiné aux volailles est devenu la première production de cette industrie, représentant en 1988 38 p.100 des quantités totales fabriquées. Au sein de ces aliments pour l'aviculture ceux qui sont destinés aux pondeuses et aux reproductrices représentent une part de moins en moins importante, reflétant ainsi les variations enregistrées au niveau des productions ellesmêmes.

Tableau 1-4. Production française d'aliments composés pour volailles (milliers de tonnes).

	Total	Pondeuses et reproductrices
1950	48	
1955	482	
1960	1.027	431
1965	1.800	850
1970	2.274	1.069
1975	3.812	1.773
1980	4.223	1.964
1985	5.534	2.030
1988	6.157	1.917

Sources : SNIA et FEFAC

Enfin, signalons que l'informatique est maintenant largement utilisée pour prédire les besoins, formuler les mélanges alimentaires les moins coûteux et les mieux équilibrés et suivre, enfin, les performances des animaux au jour le jour. Dans le même temps, l'analyse chimique des aliments et des matières premières a fait aussi de notables progrès : rapidité, fiabilité et miniaturisation. Aussi, on dispose aujourd'hui d'un ensemble de moyens qui pour rendre permanent et efficace le contrôle de qualité nécessitent des connaissances de plus en plus approfondies dans de nombreuses disciplines, en particulier celles de la Nutrition.

2
CONSOMMATION D'ALIMENT ET D'EAU

La consommation d'aliment est un paramètre important en nutrition avicole, non seulement pour ses implications économiques, mais également à cause du rôle primordial joué par la consommation comme variable explicative des effets nutritionnels. En effet, des phénomènes nutritionnels sont explicables bien souvent par le seul effet de la consommation alimentaire. L'égalisation de la quantité d'aliment ingéré par distribution d'une même quantité d'aliment, ce que l'on appelle le « pair-feeding », supprime ou atténue la plupart du temps les phénomènes observés.

Le déterminisme de la consommation est un ensemble de phénomènes complexes. De nombreux facteurs interviennent ; les mieux connus sont décrits ci-après. La connaissance d'un certain nombre d'entre eux est primordiale pour l'aviculture, car très souvent la consommation détermine l'intensité de la production, mais aussi son rendement économique. En outre, la formulation de l'aliment est conditionnée en grande partie par l'objectif du niveau d'ingestion. En effet, à besoins protéiques ou minéraux égaux, deux animaux, qui pour des raisons diverses n'ingèrent pas la même quantité d'aliment, devront disposer d'aliments aux caractéristiques différentes, celui qui consomme le moins exigeant un aliment plus riche en protéines et en minéraux. C'est la raison pour laquelle de gros efforts ont été déployés en aviculture pour connaître avec précision les causes de variation de la consommation et les maîtriser.

En élevage rationnel on est très souvent conduit à limiter la quantité d'aliment consommé, effaçant ainsi les effets éventuels d'appétence. Ces techniques sont évoquées dans chacun des chapitres consacrés aux productions.

I. Consommation d'aliment

1. Régulation de l'appétit

Plusieurs mécanismes différents, qui sont impliqués dans le contrôle de l'appétit, ont été successivement découverts. Aucune théorie simple ne peut rendre compte à l'heure actuelle de l'ensemble des phénomènes. Néanmoins il est possible d'élaborer un schéma général simplifié ; c'est ce qui est proposé dans les figures 2-1 et 2-2.

Un certain nombre de signaux d'origines diverses parviennent au niveau du cortex cérébral ou de l'hypothalamus et donnent lieu à la stimulation de fibres nerveuses passant par l'hypothalamus, d'où d'autres réseaux nerveux transmettent leurs informations vers les organes : gésier, foie, intestin, pan-

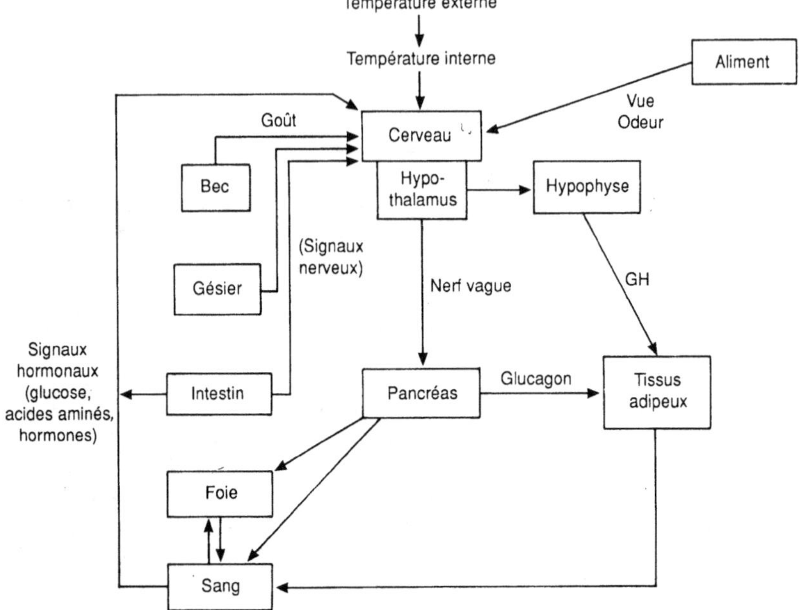

Figure 2.1. – Schéma général de régulation de l'appétit.

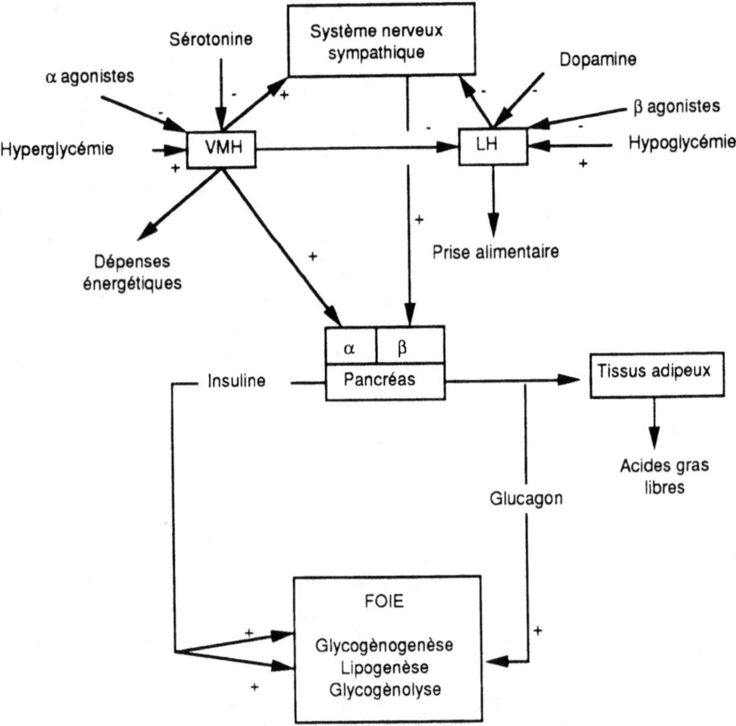

Figure 2.2. – Rôles des noyaux ventro-médians (VMH) et latéraux (LH) de l'hypothalamus dans le contrôle de l'appétit.

créas, etc... Les signaux d'information du cortex cérébral proviennent directement de l'aliment (couleur, forme, odeur...); d'autres sont issus du tube digestif après introduction de l'aliment et proviennent de cellules réceptrices sensibles à des paramètres tels que le goût, la pression osmotique, la pression mécanique et certains métabolites; ils sont dirigés vers l'hypothalamus.

Les oiseaux sont sensibles aux formes. C'est ainsi que lorsqu'ils sont habitués à une forme de présentation de l'aliment, ils mettent un certain temps à s'adapter à une forme différente. Un poulet nourri avec des granulés exige quelques jours pour ingérer normalement le même aliment présenté en farine ou pour consommer des graines entières. En revanche, l'oiseau a la réputation d'être peu sensible à l'odeur, en tous cas moins sensible que les mammifères. Toutefois certaines expériences laissent supposer qu'il détecte par l'odorat des aliments qui lui plaisent ou, au contraire, qui lui déplaisent; ce phénomène expliquerait certains cas d'inappétence et pourrait être utilisé dans des tests de détection de facteurs antinutritionnels. Enfin la couleur, elle aussi, semble exercer peu d'influence sur l'oiseau.

Parmi les signaux originaires du tube digestif le premier est lié au goût de l'aliment. En règle générale on admet que les oiseaux sont moins sensibles que les mammifères à un certain nombre de substances susceptibles d'augmenter l'appétance de l'aliment (sucre, arômes...) ou, au contraire, de la réduire (amertume...). L'un des exemples les mieux connus est celui du tourteau de colza dont l'amertume gêne beaucoup plus les porcs, les bovins ou les rongeurs que les oiseaux.

Il existe également des signaux physiques transmis par des récepteurs nerveux du jabot et, dans une moindre mesure, du reste du tube digestif. Ces récepteurs sont sensibles à la pression qu'ils subissent. Leur stimulation transmise au cerveau est intégrée dans le signal conduisant à la satiété. Ce phénomène peut être simulé expérimentalement par le gonflage d'un ballon dans le jabot. L'importance de ces signaux de satiété peut devenir prépondérante avec des aliments dilués par des composés inertes : sable, fibres végétales... Cela explique pourquoi certaines espèces et certains génotypes, chez qui ces signaux sont prépondérants, sont sensibles à la concentration énergétique de l'aliment ou à sa forme de présentation (granulé versus farine). Des récepteurs osmotiques existent également. L'infusion de solutions très riches en chlorure de potassium ou en sorbitol dans le jabot ou dans le duodénum ralentissent l'ingestion d'aliment.

En plus des signaux physiques, il existe aussi des signaux métaboliques. Le plus connu est le glucose qui a donné lieu à la théorie « glucostatique » de l'appétit : l'hypoglycémie stimulant un centre nerveux de l'appétit. L'hyperglycémie, au contraire, stimule un centre de la satiété. Ces centres sont classiquement localisés dans l'hypothalamus, celui de la satiété étant situé dans la partie ventro-médiane (VMH) tandis que celui de l'appétit dans la partie latérale (LH). La destruction expérimentale des noyaux ventro-médians induit donc l'hyperphagie et la stimulation du nerf vague, qui à son tour, stimule les sécrétions gastro-intestinales et endocrines (insuline). La même opération sur la partie latérale de l'hypothalamus entraîne le plus souvent l'aphagie. D'autres métabolites ont été aussi évoqués, tels que les acides aminés ou les acides gras non estérifiés; leur rôle semble cependant moins important que celui du glucose. Toutefois la carence en certains acides aminés, particulièrement en tryptophane, inhibe fortement l'appétit en simulant une restriction alimentaire. Il en est de même de certains déséquilibres par excès.

A côté de ces signaux d'origine nerveuse existent également des signaux humoraux (fig. 2-3). Il s'agit de peptides de petite taille, secrétés par certaines parties du tube digestif ou par le cerveau, lui-même. Le plus connu est la cholecystokinine (CCK) qui est secrétée dans le sang par le duodénum et entraîne une réduction rapide de la prise alimentaire. Il en est de même de la bombésine, peptide trouvé dans le tube digestif et dans le cerveau. D'autres peptides courts sont aussi responsables de la baisse de la consommation (polypeptide pancréatique, somatostatine, TRH...). L'insuline, elle-même, par sa concentration dans le cerveau via le liquide céphalo-rachidien, pourrait jouer un rôle dans le déclenchement de la satiété.

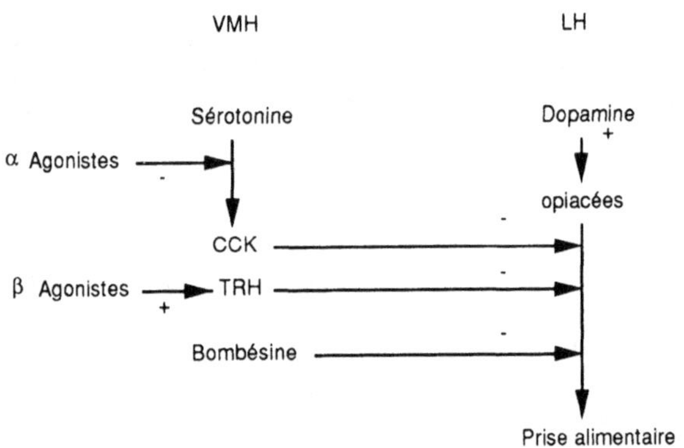

Figure 2.3. – Régulation de la prise alimentaire.

Les deux centres hypothalamiques interagissent entre eux ; mais il est admis que le centre ventro-médian (VMH) intervient principalement comme centre de la satiété par l'effet inhibiteur qu'il exerce sur l'hypothalamus latéral. Les informations nerveuses sont transmises par des neuromédiateurs chimiques secrétés par les neurones au niveau des synapses. Des différences profondes existent entre VMH et LH de ce point de vue. La connaissance de ces neuromédiateurs spécifiques a permis de développer un certain nombre de drogues à effets anorexiques ou, au contraire, stimulant l'appétit. Le VMH est sensible aux α-agonistes (présence de récepteurs α-adrénergiques) qui réduisent son activité, donc stimulant l'appétit. Au contraire le LH renferme surtout des récepteurs β-adrénergiques dont la stimulation réduit l'activité du LH, donc réduit l'appétit. A côté de ce premier contrôle adrénergique existe un contrôle du VMH par la sérotonine. Ce neuromédiateur est dérivé du tryptophane. Il stimule le VMH et exerce donc un effet anorexique. Son action passerait par la médiation de la CCK qui, elle, réduirait l'activité du LH. Les β-agonistes eux-mêmes, agiraient par l'intermédiaire du TRH (thyrotropine releasing hormone) qui inhiberait le LH. Ce dernier centre est en outre sous contrôle do-paminergique; le neuromédiateur étant la dopamine, dérivé de la tyrosine. La dopamine interviendrait en stimulant la production d'opiacées endogènes (β-endorphine...) qui, elles-mêmes, déclencheraient l'appétit et la prise d'aliment. Le LH remplirait une fonction de contrôle de la prise alimentaire, le VMH, lui, le contrôle des flux énergétiques par son action sur le transit digestif (vidange gastrique, secrétion gastrique...), de la secrétion du pancréas endocrine et par son contrôle sur le système nerveux sympathique.

Un certain nombre de drogues ont été mises au point en vue de réduire l'appétit chez les mammifères (humains surtout). La plupart d'entre elles sont des analogues de la dopamine ou des catécholamines : l'amphétamine, l'éphédrine, la fenfluramine qui présentent des effets anorexiques après ingestion par de nombreux mammifères. Chez les oiseaux, ces molécules exercent le plus souvent les mêmes effets. Ainsi la fenfluramine (analogue fluoré des catécholamines) est un bon anorexigène chez les oiseaux. Les β-agonistes habituellement testés en vue de leur utilisation en alimentation animale (cimatérol, clenbutérol...) sont sans effets sur l'appétit ni, d'ailleurs, sur la croissance et la composition corporelle du poulet. Ces produits n'ont jamais été utilisés en pratique.

2. Rythmes d'alimentation

Les oiseaux domestiques consomment leur aliment de façon régulière pendant toute la journée; ils ne procèdent donc pas par repas. En outre cette consommation se produit en période d'éclairement. Cependant il peut arriver qu'en obscurité imparfaite les oiseaux soient capables de s'alimenter en faible quantité. On enregistre toutefois une consommation un peu supérieure en début et en fin de phase d'éclairement. En revanche, en éclairage continu, les oiseaux présentent une consommation constante quelle que soit l'heure.

Chez la poule pondeuse, on constate un pic de consommation en fin de journée qui est particulièrement prononcé si la poule va entrer en phase de calcification de l'œuf qui sera pondu le lendemain; il s'agit d'un appétit spécifique pour le calcium qui est évoqué ci-après. Sur le plan appliqué on devrait veiller à assurer l'apport calcique en fin de journée en pratiquant l'alimentation calcique séparée ou, en cas de rationnement, à distribuer l'aliment complet en fin de journée.

Lorsqu'on impose à des oiseaux l'heure du repas et son importance (en réduisant la quantité allouée), on enregistre une adaptation des animaux qui en quelques jours deviennent capables de consommer la quantité d'aliment en un temps de plus en plus court. La limitation de l'ingéré alimentaire par la simple limitation du temps d'accès aux mangeoires est donc une méthode à utiliser avec précaution.

3. Facteurs déterminant l'appétit

L'appétit des oiseaux est d'abord étroitement lié à leurs besoins énergétiques. Ceci s'explique très probablement par le rôle prépondérant joué par les informations d'origine métabolique (glycémie...). Tous les facteurs qui diminuent ou augmentent la dépense énergétique retentissent sur l'appétit. C'est ainsi que la température ambiante (voir chapitre 4 : métabolisme énergétique), le niveau de production, la taille de l'animal sont des facteurs majeurs de détermination de l'ingéré alimentaire. En conséquence l'une des principales caractéristiques de l'aliment qui modifie le plus la consommation est sa concentration énergétique. L'animal cherche en priorité à ingérer la quantité d'aliment lui permettant de couvrir ses besoins énergétiques. Un aliment pauvre en énergie métabolisable augmente donc l'ingestion d'aliment. La réaction inverse est observée lorsque la concentration énergétique est élevée (fig. 2-4).

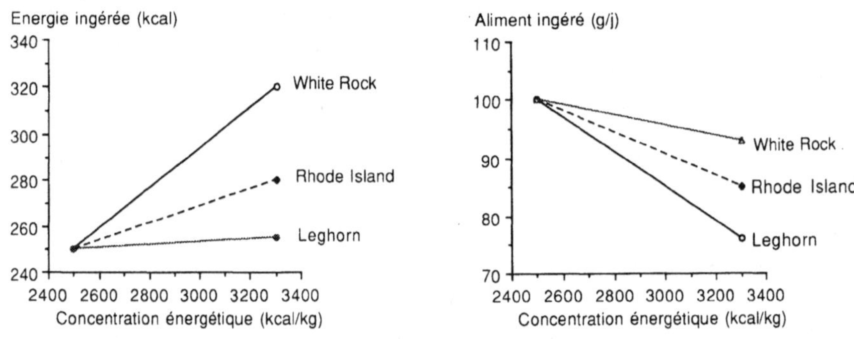

Figure 2.4. – Influence de la concentration énergétique de l'aliment sur l'ingéré énergétique quotidien selon l'origine génétique des poules.

Toutefois cette régulation homéostasique de l'ingéré énergétique est rarement parfaite. Ainsi les poules pondeuses d'œuf de consommation (Leghorn ou croisements de type Rhode Island) ajustent leur ingestion de calories de façon presque parfaite en fonction du taux énergétique de l'aliment. Au contraire, les reproductrices « chair » sont incapables de diminuer correctement leur ingestion alimentaire quand la concentration énergétique augmente. En effet, d'autres caractéristiques de l'aliment exercent des influences. Comme le montre la figure 2-4, ces autres facteurs peuvent expliquer les réactions de divers génotypes ou de diverses espèces aux variations de la concentration énergétique. Chez l'espèce *Gallus,* les animaux de petit format sont les plus capables de maintenir constant leur ingéré énergétique pour une plage assez large de variation de la concentration énergétique. A l'inverse, les génotypes lourds tendent à consommer une quantité constante d'aliment quel que soit le taux énergétique. L'un des premiers facteurs intervenant serait alors l'encombrement de la ration, suggérant une participation non négligeable du contrôle par les effets physiques de l'aliment sur le tube digestif (pression). La présence de constituants pariétaux en grande quantité dans l'aliment explique cet effet d'encombrement qui limite l'ingestion d'aliment. A l'inverse, la présentation sous forme de granulés permet de réduire cet effet et d'obtenir un meilleur ajustement de l'ingéré énergétique. Ce point est étudié plus en détail à propos de l'alimentation de chacune des espèces d'oiseaux domestiques.

La teneur en protéines de l'aliment exerce un effet nettement moins prononcé sur l'ingestion d'aliment. Il faut de ce point de vue distinguer les animaux en production (femelles en ponte, jeunes en croissance...) des adultes à l'entretien. En effet un changement d'apport de protéines peut modifier la production et, en conséquence, influencer le besoin énergétique, donc la consommation; il s'agit alors d'un effet indirect. Chez l'adulte à l'entretien la teneur en protéines de l'aliment n'influence pratiquement pas l'appétit, même si cette teneur est proche de zéro. Ce sont au contraire les teneurs élevées qui peuvent induire des symptômes d'inappétance. Ce phénomène peut s'expliquer par une saturation des mécanismes de dégradation des acides aminés, entraînant une élévation excessive de l'uricémie. Lorsqu'ils ont le choix entre un aliment très pauvre en protéines et un aliment très riche (plus de 50 p.100) la plupart des oiseaux préfèrent l'aliment pauvre, voire protéiprive. Certains déséquilibres en acides aminés (carences ou excès) peuvent également intervenir sur l'appétit; ces problèmes sont traités dans le chapitre 5.

Chez le poulet en croissance, lorsque le besoin énergétique est couvert, les excès de protéines réduisent modérément l'appétit sans altérer la croissance; ce phénomène est étudié plus en détail dans les chapitres traitant des diverses espèces. Les minéraux peuvent également influencer l'appétit. Les carences comme les excès en sodium, chlore et calcium, réduisent en général notablement l'appétit. Entre ces deux situations ces éléments ne semblent pas intervenir. Les carences en oligo-minéraux ne peuvent réduire l'appétit que si elles sont prolongées. La plupart des carences vitaminiques réduisent l'ingestion d'aliment des oiseaux en croissance, alors qu'elles ne semblent guère influencer les adultes tant que les autres effets de la carence ne sont pas perceptibles, au risque d'effets désastreux sur le développement embryonnaire dans le cas des reproductrices.

Le développement d'appétits spécifiques a été un peu étudié chez les oiseaux. On a pu mettre en évidence chez le poulet en croissance des appétits spécifiques pour le calcium, le zinc, le phosphore et la thiamine (vitamine B1), lorsque les animaux ont été préalablement carencés en ces constituants indispensables. Dans ces cas-là, les poulets sont capables de discerner entre un aliment normal et un aliment enrichi et consomment plus d'aliment enrichi de façon à compenser leur état de carence. L'appétit spécifique pour les protéines ou les acides aminés est moins clair. Les expériences de libre-choix entre deux aliments présentant des concentrations différentes en protéines ne concluent pas à une capacité des poulets en croissance à reconstituer par mélange un aliment qui couvre parfaitement leurs besoins. Au contraire, fréquemment, le mélange reconstitué ne permet pas d'atteindre le potentiel maximum de croissance protéique (poids vif moins les lipides de réserves). Chez la poule pondeuse on a pu mettre clairement en évidence un appétit spécifique pour le calcium qui est étroitement relié chronologiquement à la formation de la coquille. En effet, la présentation d'une source concentrée de calcium (coquilles d'huîtres, granulés de carbonates de calcium...) se traduit par une ingestion particulièrement élevée de cette source chez les poules en phase de formation de la coquille par rapport à des poules en pause ou à des coqs. Cette ingestion spécifique du calcium se produit le plus souvent et de façon spontanée l'après-midi, quand la calcification de la coquille commence. Elle est alors associée à une meilleure utilisation digestive et métabolique du calcium et conduit, le plus souvent, à la synthèse de coquilles plus solides.

La texture ainsi que la granulométrie de l'aliment peuvent influencer la consommation. Chez le poulet, lorsque l'aliment est distribué en farine, la consommation diminue lorsque la taille des particules est faible. Lorsque le diamètre moyen des particules est inférieur à 800 microns ce phénomène est nettement perceptible. L'effet dépressif est proportionnel à la diminution du diamètre moyen des particules ; en moyenne, toute réduction de celui-ci de 100 microns entraîne une réduction de la consommation de 4 p.100. Les aliments pulvérulents sont mal consommés par le poulet. Ces facteurs interviennent de façon importante chez des espèces comme le canard qui ingère beaucoup plus aisément un aliment granulé qu'un aliment présenté en farine.

Enfin, il faut évoquer ici les facteurs antinutritionnels qui peuvent, eux aussi, modifier l'ingestion d'aliment. Comme les carences, les facteurs antinutritionnels interviennent souvent indirectement sur l'appétit par leurs effets sur la production. On ne peut dégager de règle générale, chaque facteur antinutritionnel ayant son propre mode d'action. On se reportera donc au chapitre 11 (matières premières) pour toutes ces questions.

II. Régulation de la consommation d'eau

La régulation du métabolisme de l'eau est traitée en détail dans le chapitre 6. Il existe des liaisons étroites entre abreuvement et ingestion d'aliment. La restriction de l'eau entraîne une baisse de l'ingestion d'aliment. Toutefois cette restriction ne peut être utilisée pour le rationnement alimentaire du fait de l'hétérogénéité qu'elle occasionne entre animaux et des risques d'altération de la fonction rénale. A l'inverse, la restriction alimentaire conduit souvent, après quelques jours d'adaptation, à une surconsommation d'eau qui peut provoquer la détérioration des conditions d'élevage (litières humides...). On peut donc être amené à restreindre la consommation d'eau quand on procède au rationnement d'aliment.

L'ingestion d'eau est sous le contrôle hypothalamique. L'existence de récepteurs osmotiques rend compte de ce contrôle. Ces récepteurs osmotiques, ainsi que les récepteurs à l'ion sodium, sont situés dans la zone antérieure de l'hypothalamus, dans la zone préoptique (*lamina terminalis*). L'angiotensine II (voir chap. 6) provoque l'abreuvement. Au contraire, la salarasine, inhibiteur de l'angiotensine II, inhibe l'abreuvement. Les opiacés endogènes contrôleraient par effet inhibiteur la consommation d'eau, puisqu'un antagoniste comme le naloxone induit la consommation d'eau. La sérotonine et la dopamine paraissent peu impliqués ; il n'en est pas de même de la CCK. Le LH semble jouer le rôle de centre hypothalamique de l'abreuvement ; en effet sa destruction entraîne l'adipsie et, au contraire, sa stimulation cause la polydipsie. Les lésions du VMH conduisent aussi à la polydipsie. Il existe enfin un contrôle génétique connu de la polydipsie chez les poulets. Un gène majeur récessif entraîne une consommation anormalement élevée d'eau (2 fois la consommation normale) qui s'accompagne de polyurie et d'une légère sur-consommation d'aliment. Le mécanisme exact de cette anomalie n'a pas été précisé.

Enfin rappelons que les oiseaux possèdent la particularité physiologique de réabsorber l'eau des urines ; celle-ci remonte le long du colon, siège d'une réabsorption d'eau provoquant la précipitation de l'acide urique sous forme d'urates, pellicule blanchâtre recouvrant les fèces.

La consommation d'eau peut être influencée par la nature de l'aliment dis-tribué aux animaux. Des concentrations élevées de l'aliment en sodium ou en potassium entraînent une surconsommation d'eau. Des aliments titrant 0,25 p.100 de sodium induisent une surconsommation d'eau de 10 p.100 par rapport à des aliments ne titrant que 0,14 p.100 ; la manipulation de la teneur de l'a-liment en minéraux constitue donc un moyen pratique de contrôle de l'humi-dité des litières. La teneur en protéines de l'aliment modifie également la consommation d'eau ; les aliments riches en protéines conduisent à une légère surconsommation d'eau qui peut s'expliquer par les mécanismes d'excrétion rénale d'acide urique. En moyenne, l'élévation du taux protéique de 1 point (10 g/kg) entraîne un accroissement de 3 p.100 de la consommation d'eau. C'est ainsi que la quantité d'eau ingérée par gramme d'aliment, qui est en moyenne de 1,77, peut dépasser 2 lors de l'ingestion de régimes hyperprotéi-ques.

La température d'élevage influence, elle aussi, notablement la consomma-tion d'eau. Il s'agit de la mise en œuvre des mécanismes de thermorégulation par dissipation de chaleur latente (voir chap. 4). Celle-ci représente une part de plus en plus importante des pertes énergétiques lorsque la température am-biante s'élève. L'animal compense ces pertes par une ingestion d'eau. En pra-tique, dans les zones usuelles de température d'élevage, la consommation d'eau peut augmenter de 15 p.100 en été par rapport à l'hiver. Des différences beaucoup plus prononcées sont enregistrées en climat très chaud (pays tropi-caux), puisque les pertes d'eau par évaporation peuvent alors être multipliées par 15 par rapport à celles des conditions de thermo-neutralité.

Ouvrages de référence

BOORMAN K. N., FREEMAN B. M., 1978. *Food intake Regulation in Poultry.* British Poultry Science Ltd.

NOVIN D., WYRWICKA W., BRAY G. A., 1976. *Hunger : Basic Mechanisms and Clinical Implications.* Raven Press.

3

PHYSIOLOGIE DIGESTIVE

L'aliment destiné aux oiseaux est généralement un mélange de matières premières de diverses origines et de compositions chimiques complexes. Il doit subir une série d'actions physiques et chimiques préalables permettant d'obtenir des constituants simples, absorbables, appelés nutriments (ions, molécules simples...).

La physiologie digestive comprend l'ensemble des processus de digestion et d'absorption. Les premiers qui sont mécaniques, chimiques et enzymatiques se produisent dans tout le tube digestif. L'absorption s'effectue essentiellement dans l'intestin grêle. Les mécanismes mis en jeu assurent le transfert des nutriments depuis la lumière intestinale jusqu'au sang porte qui les véhicule au foie puis aux différents tissus utilisateurs.

L'activité métabolique de l'organisme, correspondant à l'entretien et aux productions, dépend de l'apport de nutriments. Pour un ingéré donné d'un aliment de composition connue, la quantité de nutriments disponible pour le métabolisme sera plus ou moins grande en fonction de l'efficacité des processus digestifs : importance des dénaturations, rendement des réactions enzymatiques d'hydrolyse, rapidité du transit digestif, vitesse de l'absorption intestinale, rôle de la flore du tube digestif...

Dans ce chapitre, nous décrivons d'abord l'appareil digestif des oiseaux tout en suivant le cheminement du bol alimentaire depuis la cavité buccale. La digestion et l'absorption seront envisagées pour chaque famille de constituants alimentaires : eau, électrolytes, protides, glucides, lipides, minéraux et vitamines. Les microorganismes qui constituent la flore digestive sont étudiés dans leur influence sur la physiologie digestive et l'utilisation de l'aliment.

Dans la pratique, la digestibilité traduit l'efficacité de l'ensemble des processus digestifs. Une partie sera donc consacrée aux méthodologies de mesure et aux principaux facteurs de variation.

L'appareil digestif héberge souvent des parasites. Nous en indiquons les principaux, en nous intéressant aux relations hôte-parasite. Enfin, l'appareil digestif est quelquefois un bon révélateur des déficiences alimentaires et des agressions pathogènes; nous décrivons les principales lésions qui sont facilement décelables lors des autopsies.

I. Anatomie et activités sécrétoires du tube digestif

Quelle que soit l'espèce aviaire, l'appareil digestif, qui est relativement court, apparait très adapté pour transformer des aliments concentrés en éléments nutritifs. La grande rapidité du transit digestif – une dizaine d'heures – implique une grande efficacité de la digestion et des mécanismes d'absorption.

Par rapport à ceux des mammifères (monogastriques, ruminants, carnivores...) l'appareil digestif des oiseaux se distingue globalement par :

— la présence d'un bec remplaçant les lèvres des mammifères ;
— l'existence de deux estomacs successifs et distincts. Le ventricule succenturier, ou proventricule, est l'estomac chimique. Le gésier, ou estomac mécanique, assure l'homogénéisation, voire un certain broyage de l'aliment ;
— l'originalité de la partie terminale ou cloaque dans lequel aboutissent à la fois le rectum, les voies urinaires et génitales.

Gallinacées (poules) et galliformes (dindons, pintades, faisans et cailles) ont des appareils digestifs tout à fait semblables (fig. 3-1). Les palmipèdes (oies et canards) n'ont pas de jabot distinct, mais l'oesophage est capable de se dilater sur toute sa longueur pour constituer un important réservoir, ce qui facilite le gavage. Chez les colombins (pigeons), d'une part le jabot sécrète une substance nutritive pour le jeune (le «lait» de pigeon), d'autre part la vésicule biliaire est inexistante et les caeca sont très peu importants.

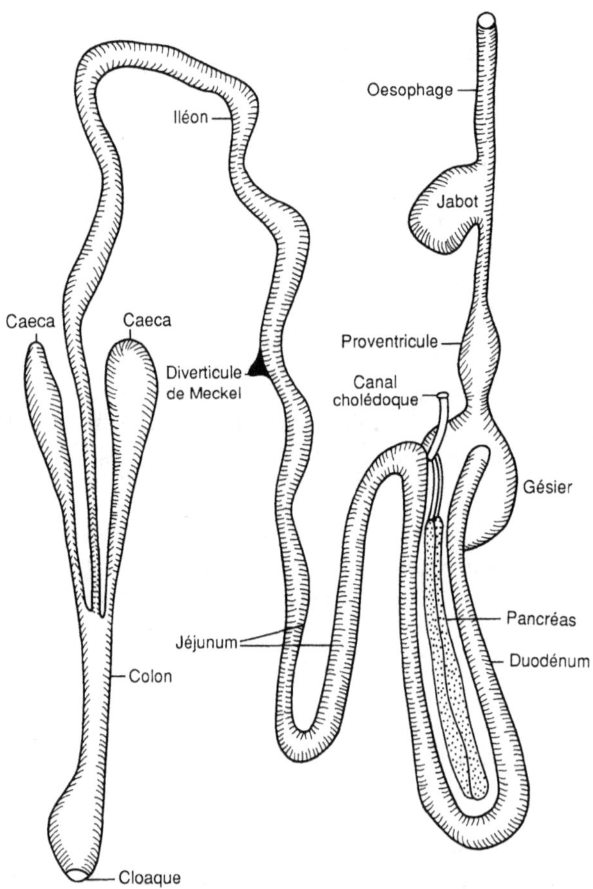

Figure 3.1. – Anatomie de l'appareil digestif des gallinacées.

Le développement du tube digestif est très précoce. Chez l'embryon, l'intestin primordial se forme dès le 2ème jour d'incubation. A l'éclosion, le tube digestif représente près du quart du poids vif. Cette proportion décroit rapidement pour atteindre chez le poulet de chair âgé de 8 semaines moins de 5 p.100 (fig. 3-2, tabl.3-1).

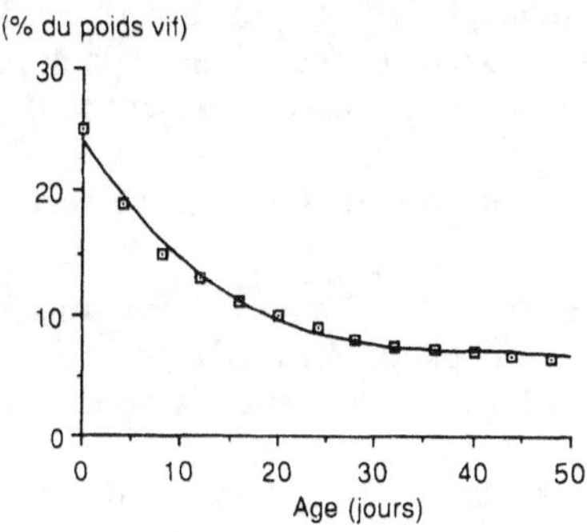

Figure 3.2. – Développement pondéral du tube digestif du poulet en croissance.

Tableau 3-1. Longueur et composition moyennes de l'intestin grêle du poulet âgé de 4 à 8 semaines[*].

		28	35	42	49	46
	Age Poids vif	28 850	35 1190	42 1480	49 1820	46 2150
Intestin grêle	Longueur Poids frais Poids frais/ Poids vif	121,3 21,15 2,49	139,7 30,56 2,5	139,8 31,36 2,12	155,2 36,32 2	160,9 42,81 1,99
Duodénum	Longueur Poids frais Teneur en eau	23,1 5,31 78,3	27,4 7,53 77,7	26,8 7,48 77,8	29,2 8,57 77,4	30,5 9,86 78,8
Jéjunum	Longueur Poids frais Teneur en eau	49,1 49,1 85,7	55,90 12,58 76,00	56,4 13,13 74,8	61,1 15,29 78,3	64,3 17,86 76,0
Iléon	Longueur Poids frais Teneur en eau	50,0 7,32 75,2	57,3 10,31 75,1	56,8 10,75 74,0	65,8 12,47 74,5	66,2 15,08 74,0

(*) Age en jours, Longueurs en cm, Poids en g, Poids frais/Poids vif et teneurs en p. 100.

1. Cavité buccale

Le bec est constitué de deux étuis cornés qui recouvrent les mandibules. Les particules d'aliment capturées sont transférées dans la bouche sans subir de modifications physiques notables. L'eau est bue de façon passive : son passage s'effectue grâce aux mouvements de la tête.

L'absence de voile du palais et de l'épiglotte fait que la bouche et le pharynx forment une cavité unique souvent appelée bucco-pharynx. La langue a la forme d'un triangle très étroit, comportant peu de muscles intrinsèques, et est plus ou moins cornée (elle est charnue chez les psiccatiformes). L'appareil hyoïde auquel elle est attachée lui confère une grande mobilité qui interviendra dans le passage des particules d'aliment et d'eau vers l'oesophage.

Il existe dans la cavité buccale deux fentes palatines; l'une, antérieure, permet la communication avec les fosses nasales, l'autre, postérieure, est en relation avec les trompes d'Eustache.

Les glandes salivaires sont nombreuses et dispersées. On distingue, en particulier :

— les glandes de l'angle buccal qui sont situées sous l'arcade zygomatique. Leur conduit extérieur débouche en arrière de la commissure du bec;
— les glandes sublinguales se trouvant sous la pointe de la langue et formant une masse disposée en V;
— les glandes maxillaires placées contre les bords du maxillaire inférieur.

Chez l'adulte, le suc salivaire est riche en mucus qui assure à la fois la lubrification du bol alimentaire pour faciliter son passage dans l'oesophage et l'humidification permanente de la cavité buccopharyngée. Sa composition est mal connue. Elle est analogue à celle des mammifères : présence d'amylase et forte concentration en ions bicarbonate.

La salive produite par jour peut atteindre un volume variant de 7 à 30 ml en fonction des conditions nutritionnelles. La sécrétion est stimulée par les fibres nerveuses parasympathiques : les substances cholinergiques provoquant une décharge de granules à mucus et augmentant la sécrétion à partir des cellules glandulaires.

2. Oesophage

Compris entre le pharynx et le proventricule, l'oesophage peut être considéré comme un tube très dilatable comprenant deux parties : l'une cervicale accolée à la trachée artère, l'autre intrathoracique placée au-dessus du cœur. A la limite des deux parties se trouve le jabot, qui peut être considéré comme une simple dilatation. Il constitue un réservoir régulateur du transit digestif, lorsque l'animal, soumis à un rationnement sévère ou une alimentation par repas, est conduit à ingérer une importante quantité d'aliment en peu de temps.

La muqueuse est riche en glandes ramifiées à mucus et revêtue d'un épithélium stratifié à cellules plates. La musculeuse comprend trois plans de fibres musculaires. De l'extérieur vers l'intérieur on a d'abord d'importantes fibres longitudinales puis des fibres circulaires et enfin des fibres longitudinales peu abondantes.

Dans le jabot les aliments peuvent s'accumuler, s'humecter et ramollir. Les contractions y sont plus ou moins rapides selon la région considérée. Elles sont rapides dans la partie cervicale et lentes dans la partie caudale. La différence est due à la nature de l'innervation qui est seulement cholinergique dans la première, mais à la fois cholinergique et adrénergique dans la seconde. De cette façon, le jabot peut recevoir de l'aliment à partir de la cavité buccopharyngée, plus rapidement qu'il ne se videra vers le proventricule. La vidange joue un rôle important dans la régulation du transit digestif et par là même dans l'efficacité des processus digestifs. Elle dépend de nombreux facteurs, à savoir :

— la capacité du jabot qui devient volumineux lorsque l'aliment est riche en fibres cellulosiques ou que l'animal est nourri par repas. Chez le coq adulte, le jabot peut contenir jusqu'à 250 grammes de bouillie ;
— l'état de vacuité du gésier ;
— la taille des particules d'aliment et leur degré d'humidification : différences entre farine, miettes et granulés.

De cette façon, le bol alimentaire séjournera d'autant moins longtemps dans le jabot que le gésier est vide et que l'aliment ingéré est en farine.

3. Proventricule et gésier

Le chyme quittant le jabot arrive dans une petite cavité ovoïde entourée d'une épaisse paroi : le ventricule succenturier ou proventricule. La muqueuse est revêtue d'un épithélium de cellules cylindriques. Les glandes qui sont nombreuses et de type tubulaire ont des orifices formant des rangées de mamelons visibles à l'œil nu. Les alvéoles de ces glandes sont bordées de cellules très spécialisées oxyntico-peptiques secrétant à la fois de l'acide chlorhydrique et une proenzyme protéolytique : le pepsinogène. Le système de canaux collecteurs, s'ouvrant sur des petites papilles, apporte le suc gastrique dans la lumière du proventricule.

En alimentation *ad libitum* le contenu du proventricule ainsi que celui du gésier sont surtout acides ; la sécrétion gastrique est non seulement continue, mais répond aussi aux stimulations nerveuses et chimiques :

— stimulation directe du nerf vague,
— stimulation réflexe par la distension du jabot ou la simple présence de l'aliment dans ce dernier,
— action de la gastrine isolée dans la muqueuse du proventricule.

Le volume de suc gastrique, qui varie de 5 à 20 ml/ heure en période de jeûne, atteint 40 ml après une stimulation à l'histamine. La sécrétion d'acide chlorhydrique, qui est particulièrement importante chez la poule pondeuse pour solubiliser quotidiennement 7 à 8 grammes de carbonate de calcium, maintient le pH à des valeurs comprises entre 1 et 2. On a dénombré jusqu'à 5 pepsinogènes différents qui pourraient ne représenter que des formes intermédiaires d'activation d'une seule pepsine. Le chyme séjourne dans le proventricule relativement peu de temps (de quelques minutes à une heure) avant de passer dans le gésier à travers un isthme étroit et court.

Le gésier a la forme d'une épaisse lentille biconvexe qui repose sur la partie postérieure du bréchet et que recouvrent partiellement les lobes du foie. La paroi musculaire est revêtue extérieurement d'une aponévrose nacrée (fig.3-3). On peut distinguer quatre muscles principaux antéro-inférieurs et postéro-supérieurs (*musculus crassus, caudodorsalis et cranioventralis*), les muscles intermédiaires antéro-supérieurs et postéro-inférieurs (*musculus tenuis, craniodorsalis et caudoventralis*).

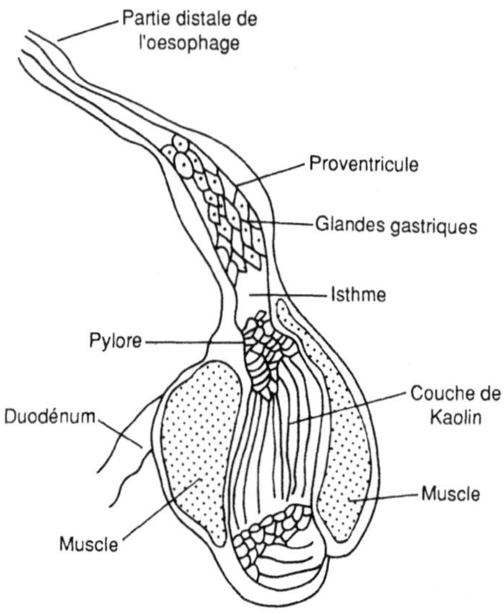

Figure 3.3. – Anatomie du complexe stomacal (proventricule-gésier) des gallinacées.

La couche glandulaire synthétise une substance protéique semblable à la kératine sous forme d'un complexe polysaccharides-protéines et donnant naissance à une lame cornée épaisse et rugueuse qui recouvre toute la paroi interne. Cette structure qui comporte une puissante musculature permet de broyer et de triturer le chyme surtout lorsque l'animal a ingéré des petits cailloux siliceux (grit) non attaquables par l'acide chlorhydrique. La pression régnant à l'intérieur de l'organe contracté est de l'ordre de 15 cm de mercure.

Les différents muscles du gésier ne se contractent pas en même temps mais selon une séquence qui comporte cinq phases. La première débute lorsque le chyme se trouve dans le gésier : les muscles épais et minces se contractent tandis que l'isthme séparant le proventricule et le gésier est fermé. La deuxième phase correspond à la contraction des muscles minces et au passage de la partie la plus liquide du chyme dans le duodénum. L'orifice se ferme pendant la troisième phase, contrairement à l'isthme gastrique. Ensuite les muscles épais se contractent pour assurer le broyage et la trituration du chyme résidant avant de se relâcher dans la cinquième phase.

Ainsi les deux estomacs ont des rôles complémentaires. Le premier a une fonction sécrétoire, le second exerce surtout une fonction mécanique. L'acide chlorhydrique produit dans le proventricule continue son action dans le gésier pour solubiliser les sels minéraux (carbonates de calcium et phosphates), ioniser les électrolytes et détruire les structures tertiaires des protéines alimentaires. De la même façon, la pepsine, unique enzyme gastrique, ne peut agir efficacement dans la lumière du proventricule mais contribuera à hydrolyser les protéines dans la cavité du gésier.

4. Intestin grêle

Chez le poulet adulte, la longueur totale de l'intestin grêle est d'environ 120 cm, que l'on divise conventionnellement en trois parties qui ne présentent pas de différences structurelles notables : le duodénum, le jéjunum et l'iléon.

Le duodénum long de 24 cm a la forme d'un U dont les branches recourbées contre le gésier englobent le pancréas. La jonction gésier-duodénum, qu'on peut assimiler à un resserrement pylorique, agit comme un filtre ne laissant passer que les petites particules du chyme. Là, l'épithélium recouvert par une lame cornée se transforme en une muqueuse comprenant des glandes torsadées avec villosités entre de grandes cellules muqueuses tubulaires. La frontière entre les deux structures est couverte d'une épaisse couche de mucus ayant un rôle protecteur contre l'acidité excessive du chyme en provenance du gésier.

Les canaux cholédoques et pancréatiques débouchent à la partie terminale de la branche ascendante du duodénum, là où on fait habituellement commencer le jéjunum. Celui-ci, long d'une cinquantaine de centimètres, présente des circonvolutions sur le bord libre du grand mésentère. Le diverticule de Meckel (*diverticullum vitelli*), vestige du canal omphalomésentérique, qui chez l'embryon relie l'intestin à la vésicule ombilicale ou sac vitellin, fixe le début de l'iléon. Le troisième segment de l'intestin grêle est aussi long que le jéjunum et aboutit à la valvule annulaire après avoir cheminé entre les deux caeca.

La muqueuse intestinale comporte trois feuillets. La couche interne glandulaire comprend des entérocytes disposés en villosités comme chez les mammifères. Les oiseaux ne possèdent pas de glandes de Brunner, mais des glandes ou cryptes de Lieberkuhn. La couche intermédiaire de la muqueuse contient les vaisseaux sanguins et les nerfs. Enfin la couche externe est constituée des muscles lisses responsables de la motricité intestinale, se caractérisant par des contractions de types péristaltique et segmentaire.

Le suc duodénal, ou plus généralement intestinal, est jaune pâle. Il renferme du mucus, des électrolytes et des enzymes. A l'exception du mucus qui est sécrété dans tout le tube digestif, sauf le gésier, les autres constituants du suc intestinal sont essentiellement d'origine pancréatique et biliaire.

La bile élaborée par le foie se déverse dans le duodénum par deux canaux reliant directement le lobe gauche hépatique ou indirectement le lobe droit. Il s'agit d'un liquide verdâtre, légèrement acide (pH 6), contenant des sels biliaires et des lipides (cholestérol et phospholipides). La sécrétion de bile est sous la dépendance de la cholécystokinine – pancréozymine (CCK-PZ). Les sels biliaires, différents de ceux des mammifères, sont constitués pour les 2/3 de tauro-chénodéoxycholate (acide 3α,7α dihydro – 5β-cholane-24-oïque). On trouve aussi du taurocholate (acide 3α,7α,12α, trihydroxycholique) et des tauroallocholates mais pas de déoxycholates.

Sous l'effet des sels biliaires, les lipides sont émulsionnés pour faciliter l'action de la lipase pancréatique. Dans le cas des monoglycérides et des acides gras provenant de l'hydrolyse enzymatique, les sels biliaires permettent la formation de micelles. De cette façon, les produits de la digestion des lipides se trouvent solubilisés dans la phase aqueuse du contenu intestinal.

La structure micellaire est la règle pour toutes les substances lipidiques, sauf les acides gras à chaîne courte ou moyenne (nombre de carbone inférieur ou égal à 12) qui sont directement solubilisés. Les micelles ont un poids moléculaire d'environ 150.000 et un diamètre variant de 1,6 à 2 nm. Les acides gras et le cholestérol se retrouvent au centre, entourés des sels biliaires en périphérie.

La synthèse et la sécrétion de la bile se développent avec l'âge des animaux : les jeunes oiseaux digèrent mal les lipides alimentaires, surtout lorsque ces derniers sont constitués d'acides gras saturés. Aussi l'addition de sels biliaires dans l'aliment du poussin, comme du dindonneau, améliore la digestibilité des acides gras en particulier celle des acides palmitique et stéarique, et dans une moindre mesure celles des acides gras insaturés.

La sécrétion de suc pancréatique est stimulée comme celle de la bile par la CCK-PZ, mais aussi par la sécrétine, hormone peptidique d'origine intestinale. Elle est inhibée par la somatostatine et le glucagon. Le suc pancréatique possède un très important pouvoir hydrolytique dirigé vers les protides, les glucides et les lipides. Sa richesse, surtout en bicarbonate, permet d'augmenter le pH du chyme gastrique pour assurer l'action de la plupart des enzymes pancréatiques.

Celles-ci sont sécrétées sous forme de proenzymes et activées dans la lumière intestinale. Les enzymes protéolytiques sont surtout des endopeptidases (enzymes coupant les chaînes polypeptidiques à l'intérieur des chaînes). Ainsi la trypsine (PM= 25.000) provenant de l'activation du trypsinogène, sous l'effet de la trypsine (autocatalyse) et en présence d'ions Ca^{++}, coupe les chaînes peptidiques au niveau de la lysine et de l'arginine. Le chymotrypsinogène est activé en chymotrypsine par la trypsine. Son activité endopeptidasique s'exerce au niveau des acides aminés aromatiques (phénylalanine, tyrosine et tryptophane). Dans le cas de l'élastase, les chaînes peptidiques sont coupées à proximité des acides aminés à chaîne aliphatique (glycine, sérine, alanine).

Les exopeptidases (enzymes détachant les acides aminés en bout de chaîne) sont les carboxypeptidases A et B et les aminopeptidases ; elles existent mais en quantité moins importante que les endopeptidases.

L'hydrolyse de l'amidon, principal constituant glucidique de l'aliment, est assurée par une α-1-4-glucosidase qui est une glycoprotéine exigeant la présence d'ion Ca^{++}. Cette enzyme coupe les liaisons 1-4 entre les molécules de glucose et libère des oligosides (maltose et dextrines) de faible poids moléculaire. Dans le même temps il existe d'autres amylases capables d'hydrolyser les liaisons 1-6.

La digestion des lipides présents sous forme d'émulsion grâce aux sels biliaires est réalisée par la lipase et son cofacteur (colipase), une phospholipase et une ou plusieurs estérases. L'activité la plus importante est celle de la lipase qui hydrolyse les triglycérides en monoglycérides, acides gras et glycérol. La colipase agit comme cofacteur de liaison entre la lipase et les triglycérides, molécules de polarités très différentes.

Outre ces sécrétions pancréatiques et biliaires, le suc intestinal renferme des enzymes sécrétées par la bordure en brosse de l'intestin grêle. Leur pH d'action est voisin de 6. Il s'agit surtout d'enzymes spécialisées dans l'hydrolyse des oligosaccharides : saccharase, isomaltase et tréhalase hydrolysant respectivement le saccharose, le maltose et le tréhalose. La saccharase et l'isomaltase seraient liées et fixées sur un même bras protéique ancré sur la paroi des entérocytes du côté de la lumière intestinale. Il faut aussi noter que contrairement aux mammifères, les oiseaux ne possèdent pas de lactase, ce qui explique la très faible hydrolyse du lactose due seulement à l'action des enzymes bactériennes.

5. Gros intestin

Les caeca relativement longs (20 cm chacun chez l'adulte) aboutissent directement à un rectum d'environ 7 cm, le colon étant quasi inexistant. Chacun possède une zone proximale étroite avec un épithélium lisse et une zone terminale plus large, siège d'une importante fermentation bactérienne. Le sphincter iléo-caeco-colonique permet de contrôler le flux de chyme entre le colon et les caeca. Il se relâche pour assurer un flux vers le colon, et, inversement, se contracte pendant la distension de celui-ci. A ce moment, le flux est dirigé vers les caeca ou le cloaque, selon le sens du péristaltisme.

Le remplissage des caeca se fait à des intervalles réguliers en alimentation *ad libitum*. L'évacuation des caeca apparait résulter d'une puissante contraction qui commence à la base de chacun d'eux. En revanche, la fréquence de la vidange (5 à 8 fois par jour) varie avec le degré de distension des caeca, la quantité d'ions H^+ et d'électrolytes dans le contenu de ces derniers.

La digestion des aliments dans le gros intestin est très réduite. Il s'agit d'une activité bactérienne qui, cependant, n'hydrolyse ni la cellulose, ni les autres polyosides non amylacés.

6. Cloaque

Il est divisé en trois parties par deux replis supérieurs tranversaux :

— le coprodeum qui peut être considéré comme une dilatation du rectum dans laquelle s'accumulent les matières fécales,

— l'urodeum auquel aboutissent les deux uretères et, aussi, les deux canaux déférents chez le mâle et l'oviducte chez la femelle.

La défécation, qui se produit à des intervalles fréquents, est causée par la contraction rapide du coprodeum. Du fait de la convergence des voies digestives et urinaires au niveau du cloaque, l'urine venant des uretères peut remonter jusqu'aux caeca où eau et électrolytes sont absorbés. Les urines devenues concentrées en urates insolubles sont alors rejetées sous forme pâteuse entourant les excréments d'une pellicule blanchâtre.

— le proctodeum s'ouvre à l'extérieur par un double sphincter (interne lisse et externe strié). Il communique par son plafond avec la bourse de Fabricius qui est un organe lymphoïde riche en nucléoprotéides et qui disparait progressivement avec l'âge. On l'appelle quelquefois le thymus cloacal.

II. Irrigation sanguine de l'appareil digestif

Le système artériel comprend :

— un tronc coeliaque provenant de l'aorte et donnant une artère récurrente qui se rend à l'oesophage, une artère splénique, une artère gastrique qui se rend au gésier et au proventricule, une artère gastrique inférieure qui se termine par une artère hépatique et une artère pancréaticoduodénale dont un rameau va au gésier ;
— l'artère mésentérique antérieure ou supérieure provient également de l'aorte et irrigue l'intestin grêle ;
— l'artère mésentérique postérieure ou inférieure prend naissance à l'artère sous-sacrée et irrigue le rectum et le cloaque.

Le système veineux comporte deux veines portes. La droite reçoit le sang des veines mésentériques (antérieure et postérieure). La veine pancréatique pénètre dans le lobe droit du foie. Il faut souligner que la veine mésentérique postérieure est anastomosée avec les veines rénales et plus exactement avec la veine caudale par la veine de Jacobson ou coccygiomésentérique. De cette façon, si on ligature cette veine porte, le sang venu de l'intestin grêle peut regagner la veine cave en parcourant les reins.

La veine porte gauche pénètre le lobe gauche du foie. Le sang qu'elle véhicule provient exclusivement de la veine gastroduodénale. Les deux veines portes se ramifient en un réseau de capillaires dans le foie d'où partent deux veines hépatiques qui se jettent dans la veine cave postérieure.

III. Fonction motrice et transit digestif

Par rapport à celui des mammifères, le tube digestif des oiseaux se caractérise par une faible proportion d'ondes longues provoquées par le mouvement des fibres musculaires longitudinales. Le nombre de contractions, qui est élevé, crée des surpressions intraluminales.

Les contractions de l'oesophage se propagent de la partie supérieure vers le gésier. Les mouvements du jabot et du gésier sont corrélés, le contrôle étant assuré par le gésier. Ceux du proventricule et du gésier sont inhibés par l'acidité, l'hypotonicité ou les lipides dans le duodénum. L'activité contractile du gésier se caractérise par une fréquence de 2 à 5 contractions par minute et une forte amplitude, surtout si l'organe contient du grit (cailloux) ou des particules alimentaires fibreuses. Le péristaltisme de l'intestin s'effectue selon des fréquences voisines de celles du gésier. Cette motricité est peu diminuée par la présence d'aliment ou en période de sommeil.

D'une manière générale le contrôle de la motricité du tube digestif est sous la dépendance du système nerveux : plusieurs ganglions sont placés entre le jabot et le gésier d'où partent plusieurs fibres nerveuses. L'excitation utilise les voies parasympathiques (vagales) et peut être inhibée par l'atropine, antagoniste de l'acétyl-choline. De même, plusieurs hormones interviennent pour initier la motricité. La gastrine et quelques hormones peptidiques agissent au niveau des zones de jonction : jabot-oesophage, oesophage-proventricule, proventricule-gésier, gésier-duodénum, iléo-caeco-colon. La 5-hydroxytryptamine agit surtout pour stimuler le péristaltisme intestinal.

Enfin, la fréquence et l'amplitude des contractions dépendent dans une certaine mesure de la composition du chyme. Un pH trop acide, des particules de gros calibre, une pression osmotique élevée ou une importante quantité de lipides ralentissent le rythme des contractions. La motricité de l'ensemble du tractus digestif assure ainsi le transit digestif. Celui-ci est plus régulier au niveau de la partie distale du tube digestif, et plus rapide chez les oiseaux comparés aux mammifères, la quasi absence de gros intestin expliquant cette particularité.

La mesure du transit dépend du critère utilisé et du mode d'alimentation. Lors d'une réalimentation à la suite d'un jeûne, l'excrétion de matière sèche par l'animal suit la courbe de la figure 3-4. Il en ressort que les premières particules indigestibles excrétées apparaissent environ 2 heures après le début de l'ingestion de l'aliment. L'excrétion cumulée est sensiblement linéaire en fonction du temps jusqu'à 8 heures après la réalimentation. A la suite de quoi l'excrétion de matière sèche devient notablement plus faible et correspond surtout aux excrétions endogènes (fécales et urinaires). La majeure partie de la fraction non digérée de l'aliment a donc terminé son transit après un délai de 7 à 8 heures. Toutefois des mesures plus fines à l'aide de traceurs (oxyde de chrome, etc...) suggèrent que le tractus digestif, et en particulier le gésier, relarguent des particules grossières piégées dans les replis de la paroi interne du gésier. Certains auteurs estiment la vitesse de transit par le temps moyen de passage. Ce temps est inférieur à celui nécessaire à l'excrétion totale ; en moyenne il est de 3 heures et 45 minutes. C'est toutefois une mesure difficile à réaliser de façon précise.

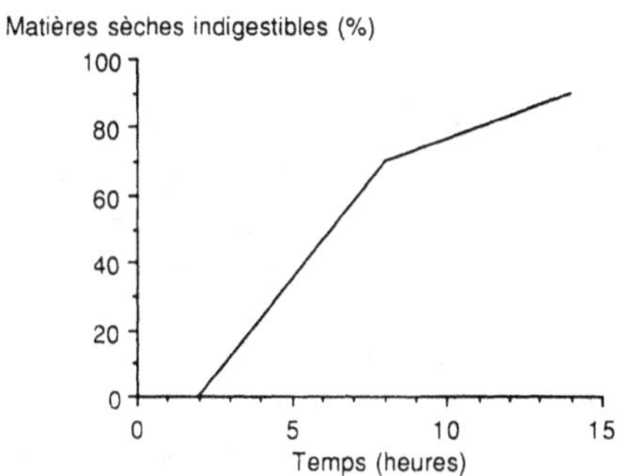

Figure 3.4. – Cinétique d'excrétion de matières sèches chez le coq réalimenté après une période de 24 heures de jeûne.

Le transit digestif varie en fonction de nombreux facteurs. Tout d'abord l'âge des animaux exerce un effet net; les jeunes ont un transit plus court d'environ 1 heure que les adultes. En revanche, au sein d'une espèce il ne semble pas y avoir de différence entre une femelle en ponte et un mâle ou une femelle en pause. A un âge donné, il ne semble pas non plus exister de différence entre espèces aviaires. C'est en tous cas ce qui ressort de comparaisons entre poulet et dindonneau ou entre poulet et caneton de Barbarie. La température ambiante est, elle aussi, sans effet spécifique. En revanche, la composition de l'aliment peut légèrement modifier la vitesse de transit. Cet effet est toutefois moins prononcé que ce qui est affirmé parfois. En outre, aucune corrélation n'a jamais été rigoureusement établie entre la durée du transit et l'efficacité des processus digestifs (digestibilité), contrairement à ce qui est quelquefois supposé.

Parmi les paramètres venant de l'aliment, il faut signaler que la présentation en granulés tend à accélérer le transit. La graisse, entre 0 et 12 p.100 d'incorporation, ne manifeste pas d'effets significatifs. Il en est de même des fibres quand leur teneur demeure dans les limites habituelles (5 à 15 p.100). Enfin on observe un transit plus rapide lorsque les animaux ont subi un jeûne préalablement à la réalimentation.

IV. Absorption des nutriments

Le transfert des nutriments obtenus après digestion de l'aliment est assuré par les entérocytes; cellules hautes constituant un épithelium palissadique régulier mais interrompu par des cellules caliciformes à mucus (fig.3-5).

Les entérocytes portent au pôle apical une bordure dite en brosse parce que épaisse de 1 à 2 μ et formée de microvillosités, sorte de petite évagination en doigt de gant. La surface de la muqueuse est aussi augmentée par la juxtaposition de structures anatomiques de plus en plus petites : les valvules conniventes qui sont des replis transversaux visibles à l'œil nu. Les villosités intestinales donnent l'aspect velouté de la muqueuse (0,5 à 1,5 mm) et sont visibles en stéréomicroscopie. Elles constituent les unités fonctionnelles absorbantes. Enfin les microvillosités sont individualisées et donnent l'aspect de bordure en brosse.

Les cryptes intestinales sont des replis entre les villosités et comportent dans le fond les cellules de Paneth présentant des granules éosinophiles et un cytoplasme basophile. Ces cellules jouent un rôle dans la défense immmunitaire. Dans ces mêmes cryptes on trouve des cellules faisant partie du système endocrine de l'axe système nerveux tube digestif.

L'absorption intestinale peut se faire par deux voies :

— la voie paracellulaire, à travers la jonction des entérocytes,
— la voie transcellulaire, c'est-à-dire à travers successivement la membrane apicale et la membrane basolatérale.

Il y a aussi la pinocytose qui est un mécanisme de transfert limité à quelques grosses molécules. Celles-ci sont incorporées dans la membrane plasmique avant de s'isoler dans des vésicules qui peuvent soit décharger leur contenu

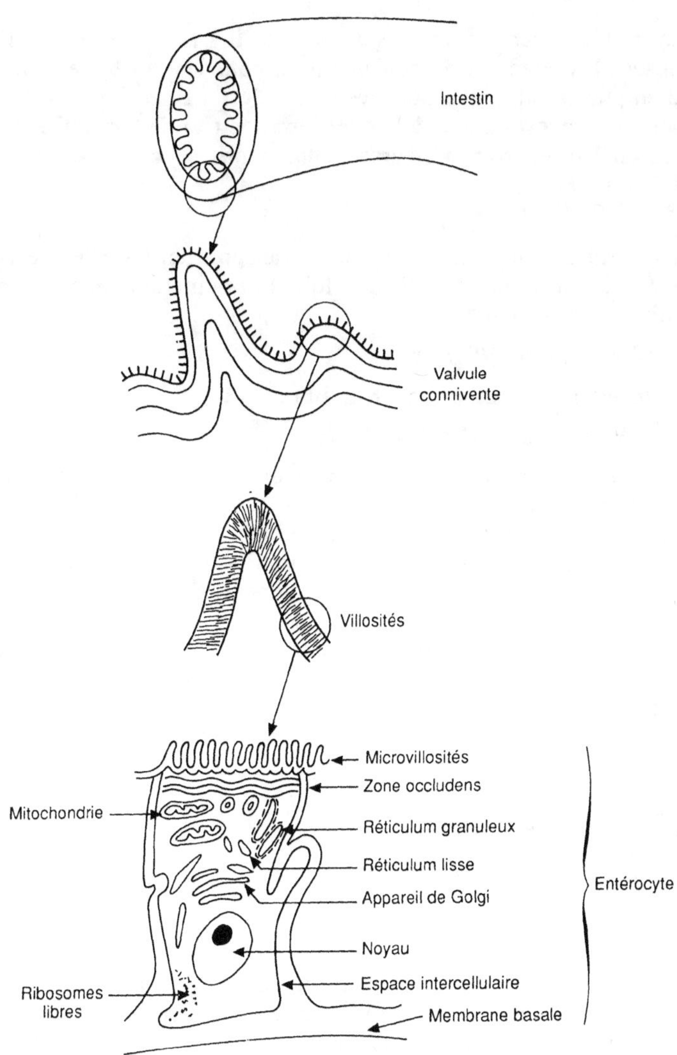

Figure 3.5. – Structure de l'intestin grêle et de l'entérocyte.

dans le cytoplasme, soit le déverser par exocytose sur la face cellulaire basolatérale chez le tout jeune animal (absorption des α globulines).

Le transport transcellulaire qui est de loin le plus fréquent met en jeu des intéractions morphologiques et cliniques entre les nutriments et la membrane apicale. On distingue trois mécanismes de transport :

— *Diffusion passive*

Le transport s'effectue à travers les pores. Il ne nécessite pas d'énergie. Le flux descend le gradient de concentration pour les molécules non polaires et le gradient électrochimique pour les molécules chargées en ions. La vitesse de transport est proportionnelle à la concentration (loi de Fick). Ce mécanisme ne met pas en jeu des transporteurs membranaires spécifiques.

— *Transport actif*

Contrairement à la diffusion simple, le transport actif s'effectue contre un gradient de concentration. Il obéit aux lois de la cinétique enzymatique dont celle de Michaelis – Menten :

$$V = (Vm * S)/(Km + S)$$

ou la transformation de Lineweaver et Burk :

$$1/V = 1/Vm + (Km/Vm)* 1/S$$

V = vitesse d'absorption exprimée en mole ou g par unité de surface ou de longueur d'intestin et par unité de temps (minute, seconde).
S = concentration intraluminale du nutriment.
Vm = Vmax = vitesse maximum d'absorption, s'exprime comme V.
Km = constante d'affinité : s'exprime comme S. Elle correspond à la valeur de S lorsque V = Vm/2.
Ce mécanisme implique la présence de sites de fixation et l'existence d'une certaine spécificité. Il nécessite de l'énergie fournie par l'ATP et est saturable en fonction de S.

— *Diffusion facilitée*

Le transport s'effectue dans le sens descendant le gradient de concentration. Il est saturable mais ne nécessite pas d'énergie.

1. Eau et électrolytes

L'eau est absorbée selon un mécanisme passif qui dépend théoriquement de la pression osmotique. Chez les mammifères, les contenus des différentes parties du tube digestif sont quasi isotoniques. Chez les oiseaux, les pressions osmotiques enregistrées sont très supérieures et peuvent dépasser deux fois la pression osmotique du sang (tabl.3-2). Dans ces conditions, le flux de l'eau devrait se faire dans le sens d'une excrétion depuis les cellules vers la lumière intestinale, si le mécanisme était une simple diffusion. Comme l'eau est évidemment absorbée, il faut admettre l'existence d'un mécanisme particulier, ou d'une composante active de l'absorption intestinale de l'eau chez les oiseaux. Le problème reste à élucider.
Les électrolytes peuvent être absorbés selon trois mécanismes différents, la diffusion simple, le cotransport avec de petites molécules et ce que l'on appelle le transport neutre.
Dans le cas du sodium, la concentration intracellulaire est inférieure à la concentration luminale, son absorption s'effectue en descendant le gradient

Tableau 3-2. Pression osmotique comparée des oiseaux et des mammifères monogastriques (mOs).

	Coq	Lapin
Jabot	380	-
Gésier	338	-
Estomac	-	350
Duodénum	528	326
Jéjunum proximal	670	-
Jéjunum distal	600	356
Iléon proximal	469	344
Iléon distal	437	-
Caecum	-	338
Colon	-	305

électrochimique sans nécessiter d'énergie. Il est également co-transporté avec les acides aminés et les oses simples.

Le transport neutre concerne le chlorure de sodium lorsque l'on remplace soit le sodium par des cations organiques (choline), soit le chlorure par d'autres anions tel que le sulfate, le transport du constituant restant (Cl^- ou Na^+) est diminué. Aussi Na^+ et Cl^- seraient alors « symportés » (transportés ensemble). Nous avons la situation opposée pour le bicarbonate de sodium ; HCO_3^- et Na^+ seraient alors « antiportés ».

Le transport du potassium est essentiellement passif. La composante active fait intervenir une K-ATPase située sur la membrane apicale.

L'absorption intestinale du calcium dépend de nombreux facteurs liés à la composition du régime alimentaire et au stade physiologique de l'animal. Lorsque l'aliment apporte du calcium en quantité suffisante par rapport au besoin, le mécanisme d'absorption peut-être assimilé à une simple diffusion dépendant de la différence du potentiel électrochimique. Dans le cas d'une déficience, le mécanisme de transport est actif, dépendant à la fois de la parathormone et de la vitamine D. La première stimule la production du 1,25 dihydroxycholécaliferol (forme active de la vitamine) à partir du 25 hydroxycholécaciferol. Le dérivé dihydroxylé intervient alors directement dans le transport du calcium en même temps qu'une fraction protéique (PM = 28 000) ayant une forte affinité pour le calcium et appelée CaBP (Calcium Binding Protein). Toutefois, celle-ci ne peut être assimilée à un transporteur du calcium.

Chez la poule pondeuse, l'absorption du calcium est augmentée en même temps que la quantité de CaBP intestinale et plasmatique. L'influence de l'état physiologique est surtout remarquable aux heures de formation de l'œuf (cf chap. 9) ; le pourcentage de calcium absorbé par rapport à l'ingéré varie pour le jéjunum supérieur de 45 à 17 p.100 selon que l'œuf est en formation ou non.

Tous les autres cations sont souvent sous une forme ionique, ou associés à des agents chélateurs. Le mécanisme général de transport est une diffusion simple ne nécessitant pas d'énergie. Le cas du fer est particulier. Il doit être maintenu en solution par combinaison avec des agents de chélation. La solubilisation est facilitée par HCl gastrique. Capté au pôle apical de l'entérocyte, il est rejeté au pôle basolatéral. La traversée de la membrane dépendrait d'un transporteur, nécessiterait de l'énergie et serait inhibée par l'anoxie. Le fer absorbé est ensuite stocké sous forme de ferritine. Il est transporté à l'intérieur des cellules par la transferine. Son passage dans le milieu sanguin est régulé en fonction des besoins de l'organisme.

2. Monosaccharides

Elle est réalisée par les voies transcellulaires et paracellulaires, la première étant prépondérante pour 80 p. 100.

Dans le cas du glucose et du galactose, le transport est effectué selon un mécanisme stérospécifique, saturable et pouvant être inhibé de façon compétitive. Le système est une combinaison ternaire : monosaccharide – transporteur – sodium. L'énergie est nécessaire pour permettre le passage basolatéral de Na. Selon Crane (fig. 3-6), lorsque la concentration en sodium est suffisante, le glucose se fixe sur le transporteur. Le complexe glucose – transporteur – sodium (G-T-Na) passe sur la face cytosolique de la membrane entérocytaire. Dans le milieu intracellulaire, la concentration de Na$^+$ est faible, celui-ci se détache du transporteur et du même coup, l'affinité diminue pour le glucose qui se libère à son tour.

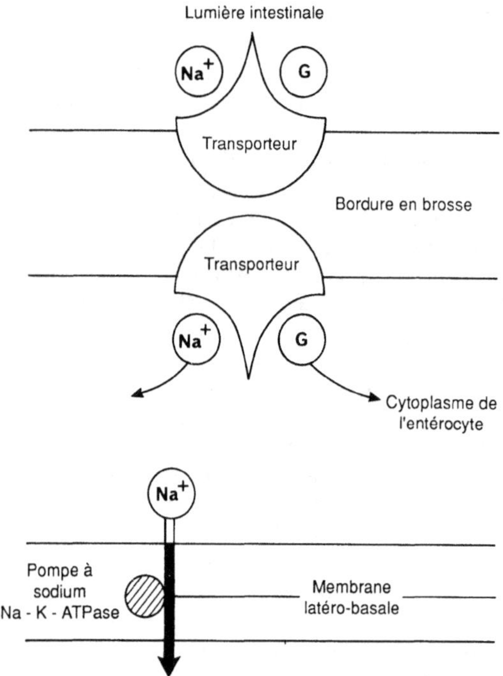

Figure 3.6. – Modèle de Crane : mécanisme de transport du glucose et du galactose.

Le transporteur retrouve sa structure initiale et son activité pour transférer de nouvelles molécules de glucose. La teneur de Na^+ dans le cytosol est maintenue faible grâce à la Na − K − ATPase (inhibée par l'ouabaïne) qui expulse activement Na en faisant entrer K sur les faces basolatérales de l'entérocyte.

Pour les oses autres que le glucose et le galactose, l'absorption intestinale s'effectue selon le mécanisme de simple diffusion ou de diffusion facilitée. Ainsi pour le fructose, il s'agit d'une diffusion facilitée indépendante de Na et de l'énergie.

3. Acides aminés

La vitesse d'absorption des acides aminés dépend de la nature de ces derniers, de leur structure et de leur polarité. On distingue plusieurs systèmes de transport tous actifs, comparables à ceux du glucose et du galactose. Ils sont compétitifs entre eux et avec le système de transport des oses, probablement par rapport à la fourniture d'énergie.

Ainsi, les acides aminés neutres sont transportés selon le mécanisme Na-dépendant. La pénétration dans les entérocytes est d'autant plus rapide que la chaîne latérale est plus longue et moins polaire. Le système concerne l'alanine, la valine, la sérine, la méthionine, la leucine, l'isoleucine, la phénylalanine, le tryptophane, la thréonine, le tyrosine, l'asparagine, l'histidine et la citrulline. Il est stéréospécifique : son affinité est plus grande pour les isomères L que pour les D ; les inhibitions étant de type compétitif.

Les acides aminés basiques (lysine, ornithine, arginine ainsi que la cystine), sont absorbés selon un mécanisme Na-dépendant beaucoup moins actif que celui des acides aminés neutres. Le système concerne également la glycine, la proline et l'hydroxyproline mais avec moins de dépendance vis-à-vis du sodium.

Les acides aminés dicarboxyliques (aspartique et glutamique) sont transférés dans les entérocytes où ils participent rapidement à des réactions de transamination. Leur flux procède aussi par un mécanisme actif mais partiellement Na–dépendant.

Les protéines sont également absorbées sous forme d'oligoleptides renfermant 2 à 6 acides aminés. La vitesse de transport est même plus rapide que celle des acides aminés qui les constituent. Le mécanisme est actif, énergie-dépendant, spécifique de la forme isomérique D ou L et soumis au gradient de sodium entre les entérocytes et la lumière intestinale. L'absorption des oligopeptides est suivie de l'hydrolyse de ces derniers à l'intérieur même des entérocytes.

La vitesse d'absorption des acides aminés comme celle des glucides simples, dépend de nombreux facteurs liés à l'état nutritionnel des animaux et à la composition du régime alimentaire. Quelques exemples illustrent certaines de ces variations.

Le poids et la composition de l'intestin grêle sont très sensibles au jeûne. Tandis qu'entre 24 et 72 heures de jeûne hydrique le poids vif de l'animal ne diminue que de 13,5 p.100, d'une part les poids frais et secs des trois segments intestinaux sont réduits de 38,6 à 52,6 p. 100, d'autre part la teneur en protéines augmente de 8,6 à 31,4 p.100 (tabl. 3-3). Parallèlement, la vitesse d'absorption de la lysine diminue de 40,7 à 56,7 p.100.

Celle-ci est également modifiée lorsque l'on fait varier la composition du régime alimentaire (tabl. 3-4). D'une façon générale, elle est fortement diminuée chez les poulets nourris avec un aliment hypoénergétique. Elle est en revanche augmentée sous l'influence d'une subdéficience en acides aminés. Dans le cas d'un aliment peu pourvu à la fois en énergie et en acides aminés, l'effet de l'énergie prévaut et l'on observe une baisse de la vitesse d'absorption.

Tableau 3-3. Influence de la durée du jeûne sur la composition de l'intestin grêle et sur la vitesse d'absorption de la lysine..

Durée du jeûne (heures)	24	72	[1]
Poids vif (g)	540	467	− 13,5
Duodénum Poids frais (g) Poids sec (g) Protéines[2]	4,4 0,97 80,1	2,7 0,56 87,0	− 38,6 − 42,3 8,6
Jéjunum Poids frais (g) Poids sec (g) Protéines[2]	6,3 1,57 68,7	3,1 0,71 78,0	− 50,8 − 54,8 11,9
Iléon Poids frais (g) Poids sec (g) Protéines[2]	5,7 1,53 63,6	2,7 0,72 83,6	− 52,6 − 52,9 31,4
Duodénum[3] Jéjunum[3] Iléon[3]	20,4 34,7 43,6	12,1 18,6 18,9	− 40,7 − 40,7 − 56,7

(1) variation relative de la valeur obtenue à 72 heures de jeûne par rapport à celle de 24 heures (en p. 100).
(2) en g/100 g de poids sec.
(3) vitesse d'absorption de la lysine en µ M/segment intestinal/15 minutes.

Tableau 3-4. Influence de la composition du régime alimentaire sur la vitesse d'absorption *in vitro* de la lysine.

Aliment[1]			Vitesse d'absorption en µ M/15 cm/30 mn		
Energie	Protéines	Lysine	Duodénum	Jéjunum	Iléon
3100	21,1	1,18	17,2	21,9	25,9
2700	21,1	1,18	9,6	17,6	22,3
3100	16	1,18	26,8	19,9	31,3
3100	0,6	0,6	32,3	20,7	32
3100	0,6	0,6	32,5	18,2	34,3
2700	21,1	0,6	9,4	16	19,6
2700	16	1,18	12,7	16,7	25,1
2700	16	0,6	9,1	19,2	23,2

(1) Energie métabolisable en kcal/kg
Protéines : N *6,25 en p. 100
Lysine en p. 100

Outre la densité énergétique globale, la nature des nutriments énergétiques semble également influencer la physiologie intestinale. A apport égal de calories métabolisables, les lipides alimentaires comparés aux glucides, accélèrent davantage le transport des acides aminés et des glucides (tabl. 3-5 et 3-6).

Tableau 3-5. Influence des nutriments énergétiques sur la vitesse d'absorption de la lysine.

Régime[1]	Saccharose	Lipides
Thréonine[2]	2,66	5,90
Sérine	2,77	5,74
Acide glutamique	1,78	1,47
Proline	1,80	3,29
Glycine	2,28	3,76
Valine	2,64	7,20
Méthionine	2,71	4,92
Isoleucine	3,17	5,91
Leucine	2,85	5,37
Phénylalanine	2,15	5,30
Tyrosine	2,55	3,64
Lysine	2,03	3,91
Histidine	2,27	3,10
Arginine	1,54	2,18

(1) Les deux aliments distribués sont isoénergétiques. Les sources d'énergie sont :
— pour l'aliment saccharose : maïs + saccharose
— pour l'aliment lipides : maïs + graisse + cellulose
(2) Vitesse d'absorption in vitro en μ M/g matière sèche/minute

Tableau 3-6. Vitesse d'absorption in vitro du glucose et du fructose selon que le régime alimentaire est riche en saccharose, en amidon ou en graisse.

Régime		Duodénum	Jéjunum	Iléon
Saccharose	glucose[*]	3,8	7,2	5,54
	fructose	3,16	4,1	4,06
Amidon	glucose	3,58	5,27	5,65
	fructose	3,32	3,84	3,96
Graisse	glucose	5,42	10	9,25
	fructose	4,84	5,41	5,67

(*) Les vitesses d'absorption sont mesurées in vitro et exprimées en mg/g de poids sec pour 20 minutes d'incubation.

4. Lipides

Les lipides sont captés par les entérocytes selon une simple diffusion et sans couverture énergétique. La pénétration à travers la membrane apicale s'effectue par des intégrations micellaires : les acides gras à longue chaîne passant plus vite que ceux à chaîne courte ou moyenne. De même, les formes non ionisées pénètrent plus facilement.

Entrant sous forme monomoléculaire, les lipides ressortent de l'entérocyte du côté basolatéral sous une forme particulière : chylomicrons, appelés portomicrons chez les oiseaux et lipoprotéines. Ces transformations sont à la fois physiques mais aussi chimiques : ré-estérification, activation et incorporation à des constituants non lipidiques (apoprotéines).

Le transport intracellulaire met en jeu une protéine dont l'affinité est plus grande pour les acides gras non saturés que pour les saturés, pour les longues chaînes que pour les chaînes courtes et moyennes : la FABP (Fatty Acids Binding Protein).

La ré-estérification a lieu dans le réticulum endoplasmique. L'activation d'acides gras est réalisée en acyl coenzyme A en présence d'acyl coenzyme A synthétase, d'ATP et de Mg++. Les acides gras ainsi activés sont ensuite transformés en triglycérides, soit par la voie des monoglycérides (greffage sur monoglycérides qui deviennent triglycérides), soit par celle de l'acide phosphatidique. Il s'agit là de produire des triglycérides à partir de α glycérol-phosphate (métabolisme glucidique) et des acides gras endogènes. Cette voie est surtout active chez l'animal soumis à une période de jeûne.

Dans le cas du cholestérol, il doit être sous forme polaire pour être absorbé par une protéine spécifique. La ré-estérification dans l'entérocyte est réalisée grâce à la cholestérol estérase et la cholestérol-acyl-transférase, immédiatement avant l'incorporation dans les chylomicrons et les lipoprotéines.

Les phospholipides alimentaires sont hydrolysés par la phospholipase pancréatique puis absorbés sous forme de lysophospholipides. Leur ré-estérification dans les entérocytes s'effectue par la voie métabolique de l'acide phosphatidique ou par une voie qui fait intervenir la lysolécithine acyl transférase conduisant à la lécithine.

Les lipides formés en particules lipoprotéiques dans le réticulum sont ensuite accumulés dans l'appareil de Golgi. Leur sortie sur les faces basolatérales de l'entérocyte se fait par fusion de la membrane des vésicules golgiennes avec celle du cytoplasme, par un mécanisme appelé exocytose typique.

La sortie requiert des composants protéiques, les apoprotéines, provenant pour 80 p.100 du sang ou synthétisés par les entérocytes. On obtient alors des particules de taille et de composition différentes : principalement les portomicrons (analogues aux chylomicrons des mammifères) qui renferment plus de 88 p.100 de triglycérides, 3 à 6 p.100 de cholestérol, 6 p.100 de phospholipides et 1,5 p.100 de protéines.

Chez les oiseaux, le système lymphatique étant pratiquement inexistant, les particules lipidiques sont transportées dans le sang porte qui les véhicule au foie où elles peuvent être métabolisées.

5. Vitamines

Les vitamines sont transportées selon des systèmes et des mécanismes divers qu'il convient de rappeler brièvement.

— *Vitamines liposolubles*

La vitamine A est consommée sous forme de β carotène ou d'ester qui est hydrolysé par une estérase pancréatique. L'absorption est passive, insensible à l'anoxie, augmentée en présence de sels biliaires. A l'intérieur de l'entérocyte, le carotène est scindé puis estérifié avant d'être incorporé dans les lipoprotéines transporteuses de lipides.

Le mécanisme de transport de la vitamine D est comparable à celui de la vitamine A. A l'intérieur de l'entérocyte on a une hydroxylation avant le passage dans le sang porte.

L'hydrolyse luminale de l'ester précède l'absorption de la vitamine E qui sera par la suite transportée comme les nutriments lipidiques.

Les mécanismes d'absorption de la vitamine K dépendent de la forme chimique de celle-ci. La vitamine K_1 est transportée activement par un système énergie – dépendant mais Na – indépendant. Les vitamines K_2 et K_3 sont en revanche absorbées passivement par les lipoprotéines sans subir de transformation intra-entérocytaire.

— *Vitamines hydrosolubles*

La vitamine B_1 nécessite un transport spécifique et du sodium. Elle est ensuite phosphorylée en présence de la thiamine-pyrophosphokinase cytosolique. Les différentes formes de la vitamines B_6 sont transportées passivement.

Il n'en est pas de même pour la vitamine B_{12}. Le mécanisme d'absorption est passif lorsque celle-ci se trouve en forte concentration dans la lumière intestinale. Mais pour les concentrations physiologiques, la vitamine se combine à une protéine d'origine gastrique (F1 ou facteur intrinsèque) qui la protège de l'action de la flore bactérienne. Dans le jéjunum et surtout l'iléon, la vitamine se lie à un récepteur membranaire qui assure son transport. Le mécanisme est énergie-indépendant et peut s'effectuer en anaérobiose mais requiert des ions divalents (Ca++ et Mg++). Le transfert au sang porte est réalisé grâce à deux transporteurs, les deux transcobalamines I et II.

L'absorption de la biotine rappelle celle du glucose et ne peut se faire que si le groupement carboxyle de la chaîne latérale est libre pour se fixer sur le transporteur.

La vitamine PP est transférée activement mais plus rapidement lorsqu'elle est sous forme amide que acide.

Il en est de même pour l'acide pantothénique dont le système de transport est dépendant à la fois du sodium et de l'énergie.

La vitamine B_2 est d'abord hydrolysée par une enzyme de la bordure en brosse. Les molécules de riboflavine obtenues sont absorbées activement selon un mécanisme Na - dépendant stimulé par les sels biliaires.

Enfin, les folates alimentaires qui sont des phéroyl-polyglutamates sont hydrolysés avant d'être absorbés en présence d'un transporteur : la Folate Binding Protein (FBP) selon un mécanisme actif, saturable, spécifique (inhibitions par les antifolates et les méthotrexates) et énergie – dépendant.

V. Rôle de la flore digestive

Le tube digestif des oiseaux, comme celui des mammifères, abrite une flore microbienne abondante, environ une quarantaine de genres identifiés, et représentés chacun par 3 espèces ou davantage. Au total ce sont plus de 200 types différents qui ont été trouvés.

On distingue plusieurs types de populations microbiennes : les populations dominantes (plus de 10^7 germes /g), les populations sous-dominantes (10^5 à

10^7germes /g) et les populations transitoires (moins de 10^5 germes /g). Les populations dominantes sont formées d'espèces anaérobies strictes et spécifiques de l'espèce aviaire : lactobacilles, entérobactéries. Les populations sousdominantes sont constituées de streptocoques et d'entérobactéries moins spécifiques de l'espèce. Les flores passagères sont souvent aussi anaérobies strictes. La flore autochtone propre de l'espèce, s'établit précocément et demeure remarquablement stable. De plus, elle limite le développement de nouvelles espèces apportées par ingestion ou par inoculation. Le jabot et les caeca sont les deux organes où la densité microbienne est la plus élevée (environ 10^{11} germes / g) et peut-être la plus active. Dans ces organes, les microorganismes subsistent par attachement à l'épithélium interne ; c'est le cas des lactobacilles du jabot. Dans l'intestin grêle on ne trouve guère que des lactobacilles, alors que dans les caeca, les clostridia et les streptocoques sont aussi abondants que les lactobacilles.

Cette flore joue un rôle important en physiologie digestive : effet bénéfique, dépressif ou nul. D'une manière générale, les enzymes bactériennes facilitent la digestion des protéines, des lipides ou des glucides. Les bactéries synthétisent des vitamines et contribuent ainsi à la nutrition de l'hôte. Inversement, les microorganismes entrent en compétition avec l'hôte pour les nutriments libérés par la digestion, produisant des métabolites nuisibles ou dégradant des substances nutritionnellement utiles. Il en est ainsi de la décarboxylation des acides aminés essentiels (la lysine en cadavérine et l'histidine en histamine..).

La localisation du site d'activité est importante à considérer pour étudier l'effet sur l'hôte. Ainsi des métabolites produits dans le jabot ont plus de chances d'être absorbés par l'hôte que ceux produits dans les caeca. De la même façon, une protéolyse dans la partie terminale n'aura vraisemblablement aucun effet utile. Enfin un métabolite bactérien n'est pas disponible pour l'hôte tant qu'il est sous forme complexe dans une structure cellulaire. En coprophagie, il peut être libéré et recyclé dans le tube digestif. Ainsi, les animaux élevés sur litière bénéficieront plus que ceux en cage.

1. Utilisation des glucides

Dans le jabot, l'amidon subit une faible hydrolyse par l'amylase salivaire. On y retrouve des quantités significatives d'acide D et L lactique lorsqu'on donne du glucose à l'animal conventionnel. Chez l'axénique, on trouve de petites quantités d'acide L-lactique en même temps que des oligosaccharides provenant de la digestion salivaire d'amidon.

Dans les caeca, les glucides accumulés sont en quantité plus importante chez l'animal axénique que le conventionnel. Il n'y a pas d'activité lactasique endogène chez le poulet. Mais grâce à la flore digestive, le lactose peut être utilisé comme une source d'énergie : les produits finaux de l'action de la lactase microbienne sont absorbés dans les caeca et le colon. Naturellement, ce processus n'existe pas chez les animaux axéniques ou traités aux antibiotiques.

L'activité cellulolytique est en réalité négligeable chez les oiseaux et les caeca ne semblent pas jouer un rôle significatif de ce point de vue.

2. Effets sur les protéines

Nourri avec un aliment dépourvu de protéines, le poulet axénique excrète davantage d'azote endogène que le poulet conventionnel (+20 p.100). A même quantité d'aliment consommé, le tube digestif du poulet axénique renferme davantage d'acides aminés libres. Chez le conventionnel, les enzymes bactériennes produisent à partir d'acides aminés non absorbés des amines et libèrent, à partie de l'urée, du NH_3 qui pourrait être utilisé pour la synthèse d'acides aminés bactériens ou absorbés pour contribuer, par transamination, à la synthèse d'acides aminés non essentiels.

D'une manière générale, la flore digestive semble jouer un rôle de conservation de l'azote : libération et recyclage de NH_3, rôle d'épargne de l'azote. Sur le plan de l'application, l'intérêt apparait discutable puisque l'Utilisation Pratique de l'Azote (NPU) ne semble pas dépendre de la flore digestive, lorsque l'apport alimentaire d'azote est faible. Mais, inversement, en cas d'excès en protéines alimentaires, on observe un excès de NH_3 qui va s'accumuler dans le tube digestif et les tissus et occasionner des désordres métaboliques divers (intoxication ammoniacale).

3. Digestibilité des lipides

Comme chez les mammifères, la flore digestive des oiseaux modifie largement les sels biliaires : déconjugaison, désulfatation et déhydroxylation. En outre, elle participe à la saturation des acides gras polyinsaturés par hydrogénation. Toutefois ce dernier phénomène reste peu prononcé.

L'ensemble de ces actions déprime l'utilisation digestive des lipides en réduisant le rôle des sels biliaires. Cela a clairement été montré en comparant des animaux conventionnels et des axéniques recevant ou non des sels biliaires par voie alimentaire. La supplémentation expérimentale en sels biliaires a un effet bénéfique chez les axéniques et réduit chez les conventionnels.

4. Synthèse des vitamines

Les vitamines hydrosolubles sont synthétisées en quantités appréciables dans les caeca du poulet conventionnel. Mais à l'exception de l'acide folique, les autres vitamines semblent indisponibles pour l'hôte, puisque l'effet de carence est identique chez les animaux axéniques et conventionnels élevés en cages ou au sol. De la même façon, la flore caecale est capable de synthétiser de la vitamine K, mais en quantité insuffisante pour répondre aux besoins.

5. Autres actions

La flore digestive peut avoir un effet indirect sur l'utilisation digestive des nutriments en modifiant, par exemple, le pH. Le fer est mieux absorbé sous forme d'ion ferreux que ferrique. Le calcium est plus vite absorbé chez les poulets axéniques que chez les conventionnels. Signalons enfin que certaines matières premières telles que le soja crû sont mieux utilisées chez l'axénique : les facteurs antitrypsiques apparaissant alors sans effet dépressif.

VI. Action des parasites sur la physiologie digestive

Le tube digestif d'oiseau peut héberger plusieurs espèces parasitaires : des protozoaires et des métazoaires. Parmi les plus fréquents, les Eméridés sont particulièrement étudiés. Ils vivent dans les parties post-pyloriques du tube digestif (tabl. 3-7a et 3-7b). Leurs localisations intracellulaires varient en fonction des espèces et aussi du stade dans le cycle de développement. D'une manière générale, plus ils pénètrent en profondeur dans la muqueuse intestinale, plus l'infestation sera lourde de conséquence sur l'état général d'animaux et sur leurs performances zootechniques. Ainsi pour *Eimeria necatrix* et *Eimeria tenella*, les oocystes de la 2ème génération se développent en colonies dans le tissu interglandulaire de la muqueuse et entraîne d'importantes hémorragies.

Tableau 3-7. Caractéristiques des Coccidies à *Eimeria*.

a – Signes cliniques

	Pouvoir pathogène	Manifestation	Localisation
E. tenella	++++	hémorragie	Caeca
E. mitis	+	néant	Duodénum
E. acervulina	++	exsudat	Duodénum
E. maxima	++	exsudat	Intestin grêle
E. necatrix	++++	hémorragie	Intestin + Caeca
E. praecox	+	faibles	Duodénum
E. hagani	+	néant	Duod. + Jej.
E. brunetti	++++	entérite	Tout l'intestin

b – Propriétés des oocytes

	Taille (nm)	Incubation (jour)
E. tenella	23 × 19	6
E. mitis	16 × 13	4,5
E. acervulina	16 × 13	4
E. maxima	32 × 23	5,6
E. necatrix	20 × 17	6
E. praecox	21 × 17	4
E. hagani	19 × 18	6
E. brunetti	23 × 20	5

Trois espèces sont particulièrement pathogènes : *E. tenella*, *E. necatrix* et *E. brunetti*. Les trois colonisent les caeca.

Chaque genre de *Eimeria* apparait endommager surtout la partie du tube digestif dans laquelle il est localisé. D'une manière générale, les effets observés vont de la simple irritation à l'hémorragie, l'entérite, la desquamation et l'ulcération. A ces manifestations anatomopathologiques, il faut aussi ajouter un ensemble d'actions se traduisant par une diminution de l'ingéré alimentaire et une baisse des performances zootechniques. Au niveau du tube digestif, plusieurs signes peuvent être observés : modifications physiques et anatomiques, variations de la perméabilité et de l'absorption intestinale. La nature de ces manifestations et leur degré de sévérité varient en fonction de nombreux facteurs : en particulier, la durée de l'infestation, le nombre, la viabilité et la virulence des oocytes inoculés, le site dans le tube digestif, l'origine génétique des animaux et la composition de l'aliment. On peut, enfin, ajouter l'existence d'une intéraction entre les parasites et la flore digestive aussi bien pour l'utilisation des nutriments que pour l'action sur la physiologie du tube digestif.

1. Ingéré alimentaire et performances zootechniques

La plupart des coccidies entraînent une diminution du poids vif chez l'adulte et une baisse de la vitesse de croissance chez le jeune en croissance. Ces effets résultent partiellement d'une réduction de la consommation d'aliment et d'eau. Ils se produisent dès le 4ème jour d'inoculation avec *Eimeria mivati* et *necatrix*, le 5ème jour pour *Acervulina* et le 6ème pour *maxima* et *tenella*. Cela correspond dans tous les cas à la phase aiguë de la maladie.

2. Modifications physiques et anatomiques du tube digestif

Le pouvoir pathologique des coccidies se caractérise par une variation de la composition des segments intestinaux (tabl. 3-8). La différence entre animaux sains et inoculés s'explique par l'accumulation d'eau donnant l'aspect oedémateux. Dans le cas de *E. brunetti*, le poids des organes digestifs diminue pendant la phase aiguë de la maladie. En revanche, *Eimeria tenella* se localise dans les caeca, en diminuant leur longueur, sans affecter le poids total de l'intestin grêle.

Tableau 3-8. Influence de la coccidiose duodénale à *E. acervulina* sur l'hydratation de l'intestin grêle, 6 jours après l'inoculation.

	Animaux sains		Animaux infestés	
	Poids frais (mg/cm)	Teneur en eau (p. 100)	Poids frais (mg/cm)	Teneur en eau (p. 100)
Duodénum	331	77,7	368	79,7
Jéjunum	256	72,2	276	79,7
Iléon	179	77,7	215	79,8

Parallèlement, la structure anatomique de l'intestin peut être modifiée en particulier par la diminution de l'épaisseur et de la hauteur des villosités dans le cas de *Eimeria acervulina*. Sur le plan histologique, les mitochondries subissent une distorsion ; les membranes de Golgi sont dilatées. La vitesse de renouvellement est accélérée.

3. Modifications physiologiques

Chez les animaux sains, la stimulation des nerfs cholinergiques libère de l'acétylcholine qui augmente les contractions intestinales. Cet effet est significativement diminué chez les poulets hébergeant *Eimeria tenella*. Plus généralement, la présence d'une coccidiose à un endroit donné du tube digestif peut affecter la mobilité dans les autres endroits.

En injectant par voie intraveineuse des colorants vitaux, (pontamine, bleu Evans...) on a souvent mis en évidence une augmentation de la perméabilité capillaire laissant passer des constituants sanguins dans la lumière intestinale. On observe alors une diminution des protéines sériques, effet particulièrement important dans le cas de *Eimeria acervulina* et *Eimeria brunetti*. Il n'en est pas de même pour *Eimeria tenella* malgré l'hémorragie caecale qu'elle entraîne.

L'absorption intestinale peut aussi être affectée par les coccidies. Cette action concerne plusieurs nutriments : glucose, acides aminés, minéraux et vitamines (caroténoïdes) ; le tableau 3-9 rapporte l'influence de la coccidiose à *Eimeria acervulina* sur l'absorption intestinale des acides aminés. Quel que soit le segment intestinal considéré ; la vitesse de transport de la lysine est diminuée chez les poulets infestés. Parallèlement, les mouvements d'eau et d'électrolytes (Na et K) sont également modifiés principalement dans le duodénum (tabl.3-10). Le flux net d'eau est franchement négatif tandis que les excrétions de sodium et de potassium sont nettement augmentées.

Tableau 3-9. Influence de la coccidiose duodénale à *E. acervulina* sur la vitesse d'absorption de la lysine (μ M/30 min/15 cm d'intestin), déterminée au 6e jour après l'inoculation.

	Animaux sains	Animaux infestés
Duodénum	27,1	22,3
Jéjunum	21,2	15,6
Iléon	20,9	18,7

Tableau 3-10. Influence de la coccidiose à *E. acervulina* sur les mouvements nets de l'eau, du sodium et du potassium.

	Animaux sains			Animaux infectés		
	Eau *	Na **	K **	Eau *	Na **	K **
Duodénum	+ 0,65	− 173	− 3	− 1,65	− 587	− 20
Jéjunum	+ 0,82	− 136	− 2,2	− 0,31	− 178	− 7,5
Iléon	+ 0,81	− 5,4	− 10,4	+ 0,61	− 140	− 13,5

(*) en ml/30 mn/15 cm d'intestin
(**) en μ Eq/30 mn/15 cm d'intestin

Ces résultats illustrent dans le cas des coccidioses la relation entre l'hôte et le parasite. Ce dernier, bien que localisé dans une zone souvent bien délimitée, perturbe non seulement le fonctionnement de l'endroit de sa prédilection, mais quelquefois, toute la physiologie digestive et, au-delà, le métabolisme général de l'animal.

Il peut en être de même pour les parasites autre que les Eiméridés, qu'ils soient protozoaires ou métazoaires. Les effets n'entraînent pas nécessairement la mort mais dépriment dans tous les cas les performances zootechniques en ralentissant la vitesse de croissance et en augmentant l'indice de consommation.

VII. Diarrhées aviaires

Les excréta des oiseaux se présentent dans les conditions normales sous la forme d'une masse brunâtre comportant une partie plus liquide et blanchâtre d'urate de calcium. Les fèces proprement dits renferment des constituants de deux origines : alimentaires (résidus indigestibles) et endogènes (cellules digestives desquamées, bactéries et produits de fermentation, secrétions digestives résiduelles et protéines endogènes).

D'une façon générale, la composition des fèces dépend de la qualité et de la quantité d'aliment ingéré. L'animal est en diarrhée lorsque les fèces sont à la fois liquides et trop fréquentes. Dans les conditions normales, les fèces renferment entre 40 et 60 p. 100 d'eau, les caeca se vident totalement 2 à 3 fois par jour chez le poulet de chair..

La diarrhée peut être due à de nombreux facteurs : l'alimentation et les agents infectieux. Pour les animaux élevés au sol, la litière devient humide avec des conséquences à la fois sur les performances zootechniques et sur les qualités technologiques des carcasses.

1. Causes

1.1. *Facteurs nutritionnels*

Il s'agit de la plupart des facteurs qui entraînent une surconsommation d'eau et produisant la formation de fèces liquides. En tout premier lieu, l'excès de certains minéraux, en particulier le potassium et le sodium, (voir chap. 2). Dans l'aliment, leur teneurs respectives ne doivent pas dépasser 0,8 et 0,2 p.100.

L'excès de protéines alimentaires s'accompagne d'une augmentation de la consommation d'eau (voir chap. 2). Les glucides, lorsqu'ils sont faiblement digestibles ou fermentescibles (excès de manioc ou d'orge) entraînent des fèces liquides. Enfin les graisses comportant une forte proportion d'acides gras saturés sont peu digestibles chez le jeune poulet et occasionnent la production de fèces collants (stéatorrhée).

1.2. *Agents infectieux*

Certaines bactéries de type *Escherichia coli* ou de *Campylobacter jejuni* ainsi que les salmonelles peuvent entraîner la diarrhée chez les animaux en croissance. Mais ce sont surtout les protozoaires, en particulier les coccidies de type *Eimeria* qui en sont le plus souvent responsables. Enfin certains virus (réovirus et adénovirus) entraînent des entérites et des diarrhées.

2. Conséquences

La diarrhée contribue fortement à augmenter l'humidité de la litière. Le phénomène s'accentue lorsqu'en outre la température environnante est froide ou modérée et que la ventilation est insuffisante. Dans ce cas, l'humidité de l'air se condense. L'excès d'eau favorise les fermentations microbiennes. Celles-ci alcalinisent le pH, qui passe de 5 à 8,5. De telles conditions sont particulièrement favorables pour la dégradation bactérienne de l'acide urique en ammoniac.

L'environnement devient préjudiciable à la santé de l'animal et à la qualité des produits. En l'absence d'une ventilation adéquate, l'excès d'ammoniac a des effets nocifs sur la physiologie respiratoire de l'animal. Une litière humide favorise les ulcérations de la peau (croûtes plantaires) et surtout provoque des dermatites en particulier au niveau du bréchet (ampoules). A l'abattage, les carcasses présentant ces défauts sont fortement dépréciées.

Dans la pratique, il est nécessaire de veiller à la qualité des litières en évitant qu'elles deviennent trop humides. Pour cela, l'aliment doit être de bonne qualité. Les facteurs infectieux doivent être prévenus, en particulier par l'utilisation d'anticoccidiens ou de coccidiostats. En outre, la consommation d'eau doit être régulièrement contrôlée.

A titre indicatif, on estime la consommation d'eau totale à 8-9 litres pour un poulet de chair pesant à l'âge d'abattage (7 semaines) environ 2.5 kg. Dans le cas des poules adultes, la consommation journalière moyenne peut être estimée à 250 g. Pour les pondeuses d'œufs de consommation, en cages, le problème de la litière ne se pose pas. En revanche, pour les reproductrices chair, le rationnement quantitatif d'aliment est un facteur favorisant la surconsommation d'eau. Aussi peut-on préconiser de rationner cette dernière qui ne serait distribuée que pendant une dizaine d'heures par jour.

VIII. Syndrôme de malabsorption

Il s'agit d'une maladie qui a reçu plusieurs appellations selon les syndrômes observés et les pays où ces derniers ont été décrits. Aux U.S.A., elle est appelée «pale bird syndrome» à cause de l'insuffisance de la pigmentation des plumes et de la baisse des teneurs plasmatiques en caroténoïdes. Aux Pays Bas, elle est associée aux boiteries, difficultés de locomotion et ostéoporose «brittle bone disease». Au Royaume Uni, elle est responsable de retard et (ou) d'arrêt de croissance « runting or (and) stunting disease ». Il faut ajouter à cela d'autres manifestations tout aussi remarquables : diarrhée avec fèces orangeâtres, aspect ébouriffé des plumes donnant au poulet l'allure d'un hélicoptère « helicopter chicks ».

Dans tous les cas, le syndrôme de malabsorption est lié à une affection du tube digestif d'origine infectieuse entraînant d'abord une diminution de l'utilisation digestive des nutriments, en particulier celles des vitamines et des oligoéléments. On enregistre par la suite des complications secondaires.

1. Chronologie des symptômes

La maladie est relativement précoce puisque les premiers signes peuvent être observés dès la 2ème semaine d'âge. Le poulet a alors une diarrhée sévère associée à une réduction considérable de la croissance. La mortalité augmente anormalement en dépassant souvent 5 p. 100.

A cette première phase, qui ne dure qu'une semaine, succède une période où l'animal développe une série de signes cliniques et biochimiques. Au niveau du tube digestif, l'entérite se caractérise par un contenu intestinal liquide et de couleur variant du marron à l'orange et au jaune. Les muqueuses deviennent pâles. La vésicule biliaire quintuple de volume. La paroi du proventricule s'épaissit tandis que les papilles prennent un aspect érodé et tuméfié. Le gésier s'atrophie, tout en présentant des ulcérations et des hyperkératoses. Le pancréas devient atrophié et fibreux.

Le tissu osseux est également affecté. Les animaux deviennent rachitiques. On observe aussi une ostéoporose avec nécrose de la tête du fémur.

Le plumage prend un aspect médiocre et ébouriffé. Pour les poulets jaunes, les plumes sont insuffisamment pigmentées et deviennent cassantes. Les performances zootechniques sont particulièrement mauvaises. La croissance pondérale est très ralentie, de plus de 50 p. 100, et l'animal paraît comme nanifié.

Sur le plan biochimique, on enregistre surtout une diminution des teneurs hépatiques et plasmatiques en vitamines liposolubles : A, E et D.

2. Origine de la maladie

Le caractère infectieux paraît admis unanimement puisqu'il a été possible de reproduire la maladie en inoculant le contenu intestinal. Les agents responsables semblent être des virus. Diverses familles ont été testées : réovirus, adénovirus, coronavirus, calicivirus..., chacune produisant un ou plusieurs symptômes. En fait, la maladie pourrait être provoquée par plusieurs virus agissant en association et peut être avec une ou plusieurs bactéries (*E. coli*, *Campylobacter jejuni*). Actuellement le rôle précis de ces agents n'est pas encore déterminé.

3. Moyens de lutte

— *Traitement des locaux*

Une désinfection par pulvérisation de formol ou par des fumigations suivies d'un vide sanitaire suffisant (15 à 20 jours) paraît un moyen nécessaire de protection contre la maladie.

— *Traitement des animaux*

L'administration de vitamines liposolubles A, D et E et aussi hydrosolubles (groupe B) est souvent préconisée pour atténuer les effets de la maladie et prévenir les complications.

— *Vaccination*

L'utilisation d'une souche de réovirus inactivé chez le poulet de chair d'un jour semble donner des résultats satisfaisants. La vaccination des reproductrices chair a également été testée avec succès, montrant que la contamination n'est pas seulement horizontale mais aussi verticale.

En définitive, le syndrôme de malabsorption qui atteint surtout les animaux à croissance rapide, poulet et aussi dindon, peut avoir des incidences économiques importantes. On commence à bien connaître les principaux signes cliniques et biochimiques, mais il reste à déterminer avec précision le ou les agents infectieux responsables. En attendant de disposer de vaccins efficaces, il est nécessaire de veiller sur les conditions sanitaires de l'élevage en respectant les règles d'hygiène qui, pour le moment, restent le meilleur rempart contre la maladie.

IX. Notion de digestibilité

Bien que les aspects particuliers de la digestibilité des constituants de l'aliment soient évoqués dans les chapitres relatifs aux matières premières et aux protéines (cf. chap. 5 et 11), il est utile de faire un bilan de ce qui se passe chez l'animal entier.

Les mesures de digestibilité consistent à faire la somme des phénomènes qui se déroulent dans le tube digestif : activité des enzymes, absorption, transit, activité de la flore. Ces mesures sont indispensables pour définir la biodisponibilité des nutriments que les matières premières apportent. D'une part, elles permettent, dans une certaine mesure, de classer ces dernières en fonction de leur efficacité nutritionnelle, mais, en se limitant toutefois à l'utilisation digestive, c'est-à-dire en excluant l'utilisation métabolique ultérieure. D'autre part, elles sont nécessaires pour formuler des aliments équilibrés, sans carence ni excès.

Pour une matière première donnée, la digestibilité de ses nutriments dépend de nombreux facteurs, les uns liés à la composition de la matière première elle-même et aux traitements technologiques, les autres à l'animal. A titre d'exemples, nous pouvons indiquer que le dépelliculage de la graine de colza améliore significativement la digestibilité moyenne des acides aminés d'environ 6 p.100. De façon plus globale, la granulation de l'aliment composé augmente sa valeur énergétique de 50 à 60 kilocalories par kg. Enfin, chez une même espèce aviaire, la digestibilité varie en fonction de l'âge des animaux. Dans le cas des acides gras saturés, elle est plus faible en période de démarrage qu'en finition. La relation semble inverse pour les acides aminés dont la digestibilité diminuerait au fur et à mesure que l'animal vieillit.

On distingue la digestibilité apparente de la digestibilité vraie. La première est le rapport entre ce qui disparait dans l'intestin et ce que contenait la ration. La seconde, donnant des valeurs plus élevées, consiste à retrancher des excréta, la part d'origine endogène, c'est-à-dire ne provenant pas directement de l'aliment.

L'évaluation de l'endogène n'a pas de sens avec les glucides en général, puisque, à part ceux entrant dans la structure des glycoprotéines microbiennes ou des mucus gastriques et intestinaux (glucosamine, galactosamine), il n'existe dans les sécrétions digestives ni amidon, ni saccharose, ni lactose, ni fibres. Il n'y a donc pas lieu de distinguer digestibilité apparente et digestibilité vraie dans ce cas.

En revanche, pour les lipides et les acides aminés, le rôle de l'endogène n'est pas négligeable, surtout lors de faibles apports alimentaires. Nous proposons dans le tableau 3-11, des estimations moyennes des lipides, des acides aminés et des oses endogènes chez un poulet de 1 à 2 kg et chez le coq. Ces chiffres sont donnés à titre indicatif. Les mesures étant rares dans la bibliographie, il semble se dégager un endogène plus important chez le jeune que chez l'adulte. Cela peut provenir simplement de la méthodologie retenue lors des mesures. Mais on peut aussi évoquer un effet de l'âge sur la flore et sur les mécanismes de dégradation survenant dans les parties distales du tube digestif. Etant donné que celui-ci se développe très précocément, on peut s'attendre à ce que l'endogène ne soit pas proportionnel au poids vif. Cela est confirmé par plusieurs études : exprimé par rapport au poids vif, l'endogène est plus important chez les jeunes et les oiseaux de petite taille.

La détermination de l'endogène est délicate. On peut avoir recours à l'animal soumis à un jeûne hydrique. Mais cette solution éloigne des conditions physiologiques, puisque le transit et les sécrétions digestives sont fortement perturbées dans ces conditions.

On peut aussi utiliser des régimes dépourvus de lipides (lipidoprives) ou de protéines (protéiprives) selon le constituant à mesurer. Bien que moins discutable sur le plan théorique, cette façon de procéder n'est pas totalement à l'abri des critiques dans le cas des protéines et acides aminés, sachant que la physiologie digestive dépend fortement du régime alimentaire (phénomènes d'adaptation). Le rythme, la quantité et la composition des sécrétions digestives sont fortement liés à la composition de l'aliment. Il en est de même pour les processus d'absorption intestinale

A ces facteurs de variation de l'endogène, il faut ajouter les problèmes liés à la détermination de la digestibilité proprement dite. Il en est ainsi, en particulier, des modalités d'alimentation, qui continuent de faire l'objet de nombreuses études :

— sur le plan pratique, faut-il nourrir les animaux *ad libitum* au risque d'une importante variabilité individuelle de l'ingéré, voire une réduction massive de la consommation lorsqu'il s'agit d'une matière première peu appétente?

— est-il préférable de gaver les animaux avec la matière première à sec ou diluée dans l'eau pour faciliter le transit digestif?

— dans le cas d'un aliment composé, quel taux d'incorporation de la matière première à tester doit-on utiliser? Ce taux doit-il être le même pour toutes les matières premières ou doit-il varier par exemple en fonction de la teneur en protéines de l'ingrédient à tester?

A ces questions, il n'existe pas encore de réponse formelle, parce que les résultats, obtenus jusqu'ici, sont souvent divergents. Il est cependant nécessaire de fixer les modalités opératoires pour déboucher rapidement sur la mise au point d'une méthode de mesure standardisée et universellement reconnue.

Tableau 3-11. Lipides, acides aminés et oses endogènes excrétés chez le poulet en croissance et à l'état adulte (mg/jour).

	Poulet (1-2 kg)	Coq (3-5 kg)
Lipides totaux	400	120
Acides gras totaux	130	25
Protéines	1000	500
Lysine	70	19
Histidine	23	7
Arginine	60	15
Thréonine	72	18
Leucine	85	22
Isoleucine	51	15
Valine	81	20
Tyrosine	42	9
Phénylalanine	50	12
Mannose	2	
Rhamnose	1	
Fucose	2	
Glucose	15	
Acides uroniques	14	
Glucosamine + galactosamine	32	

X. Examen post-mortem du tube digestif

Lorsque dans un élevage avicole, les performances zootechniques médiocres sont associées à une augmentation de la morbidité ou de la mortalité, il est souvent conseillé de procéder à des autopsies pour rechercher l'éventuelle cause et définir quelle solution apporter pour redresser la situation. Les signes pathologiques que l'on peut observer sur l'appareil digestif sont très divers, allant de la simple inflammation à la nécrose. Ils constituent souvent une réponse soit à des déséquilibres alimentaires, soit à des agressions par des agents pathogènes aggravées par de mauvaises conditions d'élevage. Tout en examinant les différentes parties du tube digestif, nous chercherons à décrire les signes les plus classiques que l'on peut facilement observer et les relier à des causes probables.

1. Cavité buccale

Les lésions que l'on peut détecter sont souvent dues à des déséquilibres alimentaires, en particulier à une déficience vitaminique. La carence en acide pantothénique entraine la formation de croûtes autour du bec, associées quelquefois à la présence d'une substance purulente dans la cavité buccale et même dans le proventricule. La carence en biotine occasionne des lésions analogues autour du bec. Seule l'analyse de l'aliment permettra de trancher en définissant la nature et l'ampleur de la déficience.

2. Oesophage

L'apparition de pustules dans la cavité buccopharyngée et l'oesophage est souvent due à une déficience alimentaire en vitamine A. L'épithélium kératinisé bouche les évacuations de mucus à partir des glandes muqueuses d'où l'inflammation de ces dernières et la possibilité de surinfection par des agents pathogènes. Ces signes d'origine nutritionnelle ne doivent pas être confondus avec ceux de la variole aviaire dans sa forme diphtérique. Là, les nodules blanc-opaque donnent naissance à une pseudo-membrane.

3. Jabot

Chez le jeune oiseau, on observe quelquefois un épaississement de la muqueuse du jabot avec ulcérations. La formation de tissus nécrosés entraîne alors l'apparition d'une pseudo-membrane recouvrant la muqueuse et facilement détachable. Il s'agit le plus souvent d'une mycose causée par *Candida albicans*.

4. Proventricule

Les hémorragies que l'on peut observer dans le proventricule peuvent avoir plusieurs origines : infection virale comme dans la maladie de Newcastle, septicémie... Dans la maladie de Marek, les lésions sont lymphomateuses : le proventricule s'épaissit à la suite d'infiltration de lymphocytes, lymphoblastes et cellules réticulées entre les cellules glandulaires.

5. Gésier

Le gésier peut aussi présenter les mêmes tumeurs que le proventricule. Mais pour ce qui concerne les causes alimentaires, il convient de souligner :

— les lésions et érosions dues à un apport alimentaire d'histamine. Celle-ci est produite par décarboxylation, essentiellement microbienne de l'histidine. Une telle situation se rencontre souvent lorsque l'aliment renferme une farine de poisson de qualité médiocre et surtout à base de hareng, maquereau ou thon qui sont très riches en histidine ;

— la carence en sélénium chez le dindon qui entraîne la myopathie du gésier avec épaississement et ulcérations ;

— les petits ulcères hémorragiques que l'on observe quelquefois chez le très jeune poussin et qui ont normalement un caractère bénin et éphémère. Ils sont dus à l'action de l'acide chlorhydrique produit par le proventricule : la couche protectrice de kératine ne tapisse pas encore suffisamment la cavité du gésier.

6. Intestin

Les entérites sont de plusieurs types que l'on classe souvent en fonction de la nature de l'exsudat.

— Dans l'entérite catarrhale, le tissu intestinal est épaissi et rougi à la suite de l'infiltration de lymphocytes. Dans le même temps, la secrétion de mucus est augmentée. Ces signes sont souvent dus à une infection par des salmonelles (*Salmonella pullorum, Salmonella gallinarum*).

— L'entérite hémorragique est une forme aiguë de l'entérite catarrhale qui doit faire penser au choléra ou à la pseudo-tuberculose (à *Pasteurella pseudotuberculosis*). Dans la maladie de Newcastle, les animaux sont diarrhéïques et l'on retrouve de petites lésions hémorragiques et nécrotiques dans tout l'intestin et les caeca.

— Les excès alimentaires de chlorure de sodium (consommation d'eau saumâtre ou erreur de fabrication) entraînent des hémorragies intestinales en même temps qu'une très forte congestion du tractus digestif : la dose léthale de chlorure de sodium étant chez le poussin de 4 g/ kg de poids vif.

— Les coccidioses affectent l'intestin à divers niveaux et sont souvent associées à des entérites nécrotiques.

En définitive, lorsqu'il s'agit d'une déficience en nutriments essentiels (vitamines par exemple), un apport normal en ces nutriments supprime les signes pathologiques et améliorent rapidement les performances zootechniques. En cas d'infections microbiennes ou virales, la sévérité des lésions dépendra de la pathogénicité des microorganismes, de la réponse immunitaire et, aussi, des conditions d'élevage qui sont parfois des facteurs aggravants (température trop élevée, déplacement des volailles, changement de l'environnement).

Face à une même agression pathogène ou à un déséquilibre alimentaire par carence ou par excès, la réponse des animaux est très variable : les uns réduisent leurs performances et d'autres succombent. Enfin les signes observés ne sont pas toujours très spécifiques ; l'autopsie ne constitue qu'un des moyens d'investigation. Les résultats obtenus nécessitent souvent d'être complétés par des analyses plus approfondies.

Ouvrages de référence

ARMSTRONG W.MC D. NUNN A.S., 1971. *Intestinal transport of electrolytes, amino acids and sugars.* C.C. Thomas Publ. Sringfield.

BELL D. J., FREEMAN B. M., 1971. *Physiology and biochemistry of the domestic fowl,* Vol. 1. Academic Press (Londres).

CRANE R. K., 1979. *Gastrointestinal Physiology.* University Park Press (Baltimore).

FARNER D. S., KING J. R., 1985. *Avian biology,* Vol. 7, K.C.Parkes.

FREEMAN B.M., 1984. *Physiology and biochemistry of the domestic fowl,* Vol. 5, (Londres).

HASLEWOOD G.A. D., 1968. *Handbook of physiology.* American physiological Society (Washington).

JOHNSON L.R., 1981. *Physiology of the gastrointestinal tract.* Vol 1 et 2. Raven Press New-York.

LARBIER M., 1981. *Etude des mécanismes contrôlant l'absorption intestinale de la lysine chez Gallus gallus.* Doctorat es Sciences, Tours-France.

MEUNIER P. et coll., 1986. *La digestion.* SIMEP (Paris).

MORAN E.T., 1982. *Comparative Nutrition of fowl and Swine.* The gastrointestinal Systems (Guelph).

4
MÉTABOLISME ÉNERGÉTIQUE

Les oiseaux sont des homéothermes comme les mammifères. Ce progrès dans l'évolution des espèces animales les a rendus moins dépendants de la température ambiante. En revanche cela les a conduits à « acquérir » la capacité de constituer des réserves énergétiques mobilisables en cas de disette, ainsi que de disposer de mécanismes très précis de régulation de leur thermogenèse de façon à maintenir l'homéostasie thermique. En outre, ces êtres vivants sont devenus plus dépendants des apports énergétiques alimentaires que les espèces poïkilothermes. Contrairement aux oiseaux sauvages, les oiseaux domestiques, élevés dans des conditions rationnelles, n'ont pas à faire face à des situations de disette énergétique prolongées ni à des climats difficiles. L'homme s'efforce au contraire de couvrir au mieux leurs besoins énergétiques et de tempérer le milieu d'élevage.

Ces espèces ont été domestiquées par l'homme en vue de sa propre alimentation. Elles sont donc productrices soit d'œufs, soit de viande. Ces synthèses nécessitent, elles aussi, un apport énergétique important. Améliorés sans cesse par la sélection génétique, la plupart des oiseaux domestiques ont atteint des intensités de synthèse qui les éloignent beaucoup des espèces d'origine. De plus, la rationalisation de leur élevage a conduit l'homme à connaître avec de plus en plus de précision les paramètres énergétiques de chacune des productions et à exploiter ainsi le plus économiquement possible les espèces concernées. Outre les connaissances scientifiques sur l'aspect énergétique des métabolismes, ce sont également des estimations de plus en plus fines des besoins des animaux et de la façon de les satisfaire qu'il a fallu acquérir.

Le présent chapitre fournit donc une synthèse de ces connaissances et de ces estimations. L'approche zootechnique, c'est-à-dire la quantification précise des besoins et des apports, est privilégiée. Toutefois, des aspects plus fondamentaux sont abordés lorsqu'ils permettent de mieux comprendre les phénomènes décrits.

I. Schéma général

Traditionnellement, on distingue deux parts dans les dépenses énergétiques des animaux : celle qui concerne leur entretien et celle qu'exige leur production. La première est définie, en principe, comme ce qui est nécessaire au strict maintien de l'homéostasie de l'animal (glycémie, température, pression osmotique, pH, etc...) et de l'équilibre énergétique, c'est-à-dire sans perte ni gain de réserves énergétiques. La seconde est constituée à la fois du contenu énergétique de ce qui est produit et des pertes caloriques liées aux synthèses du fait que les rendements ne sont jamais de 100 p.100, toute réaction biochimique de synthèse entraînant en effet une perte plus ou moins importante d'énergie sous forme de chaleur.

La partition du besoin peut donc être résumée selon ce qui est présenté dans le schéma ci-après :

Besoin d'entretien	**Besoin de production**
Métabolisme de base	Energie des produits
Thermogénèse adaptative	Thermogénèse liée aux synthèses
Thermogénèse alimentaire	
Activité physique	

L'entretien comprend le métabolisme de base, la thermogénèse d'adaptation au froid, la thermorégulation en hyperthermie et la thermogénèse induite de façon inéluctable par l'ingestion d'aliment (appelée aussi extra-chaleur d'entretien) et par l'activité physique. Le métabolisme de base est la dépense minimum de l'animal en situation d'homéothermie. C'est ainsi que la thermogénèse induite par l'aliment peut en partie couvrir les dépenses caloriques causées par les températures basses.

Cette partition du besoin en entretien et production est dans la plupart des cas une simplification des phénomènes. Elle peut même ne correspondre à aucune situation réelle d'un point de vue biologique. C'est en particulier le cas de l'animal en croissance. Comme cela est évoqué plus loin, il n'existe en effet aucun apport énergétique capable de maintenir constante la composition tissulaire d'un oiseau en croissance. La notion d'entretien, issue à l'origine, de l'animal adulte non productif ne s'applique en toute rigueur qu'à cette situation. Dans tous les autres cas, c'est plutôt une notion biométrique et statistique sans support physiologique, mais qui permet tout de même de quantifier et de prédire le besoin énergétique.

Lorsqu'on intègre à ce schéma du besoin énergétique celui des apports, on aboutit au schéma classique de partition de l'énergie illustré par la figure 4-1. L'énergie brute contenue dans l'aliment n'est pas totalement retrouvée au-delà de la barrière intestinale. Une partie des constituants énergétiques de l'aliment n'est pas digérée ; elle est en moyenne de 15 p.100 pour les aliments classiques des oiseaux domestiques. Pour plus de détails on se reportera au chapitre 11. Aux pertes d'origine intestinale s'ajoutent celles d'origine urinaire. En effet, l'oxydation des nutriments produit, outre le gaz carbonique et l'eau, des composés excrétés par la voie urinaire. Ceux-ci sont particulièrement importants avec les acides aminés qui aboutissent surtout à la production d'acide urique (contenu énergétique 8,22 à 8,73 kcal/g d'azote) (cf. chap. 5). L'ensemble des pertes d'origines intestinale et urinaire doit être déduit de l'énergie brute ; on obtient alors l'énergie métabolisable. Enfin, lorsqu'on soustrait l'extra-chaleur d'entretien, c'est-à-dire la chaleur induite par l'ingestion d'aliment et celle due aux synthèses des produits (œufs et tissus), on obtient respectivement les énergies nettes d'entretien et de production. Aux basses températures qui exigent la mise en œuvre d'une thermogénèse spéciale, l'extra-chaleur de production comme l'extra-chaleur d'entretien peuvent couvrir une partie des dépenses de thermogénèse adaptative ; il n'y a donc pas toujours simple addition des extra-chaleurs.

Toutefois dans les conditions normales d'élevage, c'est-à-dire à des températures proches de la neutralité thermique, cette substitution n'est guère possible. Il y a alors additivité des extra-chaleurs.

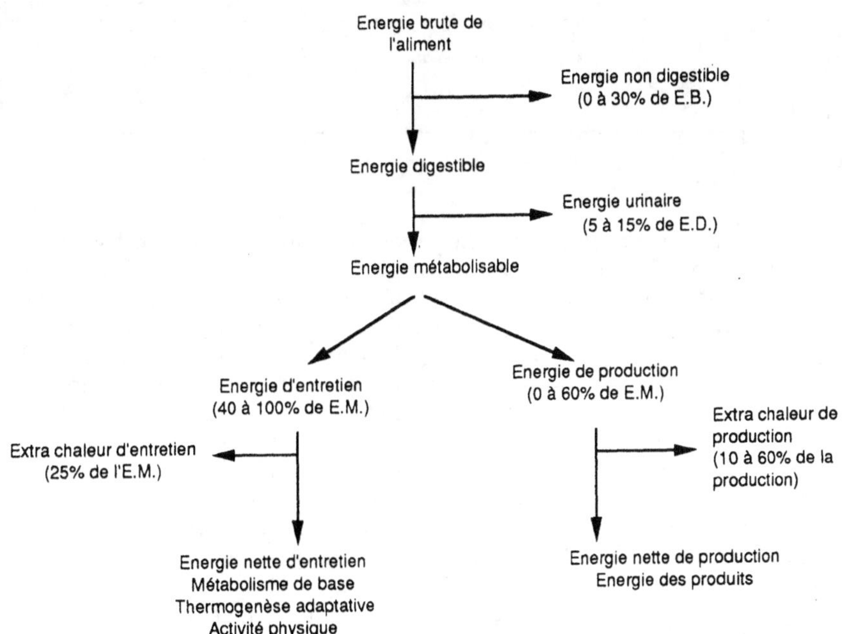

Figure 4.1. – Schéma de partition des flux énergétiques chez l'oiseau (valeurs moyennes).

II. Rappels sur les métabolismes des oiseaux

Le métabolisme des acides aminés, la synthèse et le catabolisme des protéines sont développés dans le chapitre 5. Nous ne rappellerons ici que les principaux phénomènes concernant le métabolisme des glucides et celui des lipides.

1. Métabolisme des glucides

Les oiseaux utilisent du glucose comme substrat d'oxydation cellulaire, en priorité pour les cellules nerveuses du cerveau. La glycémie, qui est donc l'une des homéostasies les plus indispensables à la survie des homéothermes, est maintenue aux environs de 2 g/l, soit 2 à 10 fois celle des mammifères (tabl. 4-1). Le coma hypoglycémique, chez les oiseaux, survient en dessous de 0,7 g/l.

Tableau 4-1. Glycémie des oiseaux domestiques (mg/ml de plasma).
(Dosage par la méthode de la glucose-oxydase)

	A jeun	Nourri
Poulet	1,90	2,25
Dinde	2,70	3,00
Canard de Barbarie	1,75	1,90
Pintade	2,50	2,80

Le glucose provient la plupart du temps de l'aliment, puisque les oiseaux domestiques sont le plus souvent nourris à volonté durant la majeure partie du cycle nycthéméral avec un aliment riche en amidon. En cas de jeûne de courte durée, les réserves glycogéniques du foie (5 g/100 g au maximum) et des muscles (0,1 à 1 g/100 g) sont rapidement mobilisées. En cas de jeûne prolongé, la néoglucogénèse peut se mettre en place dans le foie à partir des acides aminés, en particulier des glucoformateurs (cf. chap.5). Si le jeûne se prolonge encore, les lipides prennent une part plus importante dans cette néoglucogénèse, alors que celle des acides aminés tend à diminuer. Les acides gras deviennent alors le principal substrat énergétique des cellules sauf celles du cerveau qui exigent la présence de glucose. Durant la phase de jeûne c'est le glucagon (pancréas) et la corticistérone (surrénales) qui interviennent dans les régulations mises en place. Le glucagon stimule en particulier la dégradation des réserves de glycogène ; c'est aussi la principale hormone lipolytique chez les oiseaux, qui sont de ce point de vue très peu sensibles aux catécholamines.

La situation la plus généralement rencontrée est l'état nourri. Le glucose est alors d'origine alimentaire (fig. 4-2). Il est le principal substrat énergétique et oriente les voies métaboliques vers la synthèse d'acides gras. L'insuline est la principale hormone régulant la glycémie par sa fonction hypoglycémiante liée à son effet sur l'entrée du glucose dans les cellules, sur l'activation des enzymes de la lipogénèse et de la glycogène synthéthase.

L'oxydation d'une molécule de glucose répond aux conditions de la réaction suivante :

$$1 \text{ glucose} + 6 \text{ oxygènes} \rightarrow 6 \text{ } CO_2 + 6 \text{ } H_2O + 738 \text{ kcal}$$

L'énergie produite, permet la synthèse de 38 ATP au maximum.

ou,   1 g glucose + 0,747 l d'oxygène →
0,747 l de gaz carbonique + 0,60 g d'eau + 4,10 kcal
(maximum 0,23 ATP)

L'oxydation du glucose est, comme celle de la plupart des autres nutriments, la source de composés phosphorés riches en énergie dont le plus important est l'ATP (adénosine triphosphate). Cette énergie, dite libre, peut être utilisée pour les synthèses ou le travail musculaire. Une molécule d'ATP peut libérer 7,3 kcal. Mais le coût total de synthèse d'une molécule d'ATP est en moyenne de 18 kcal.

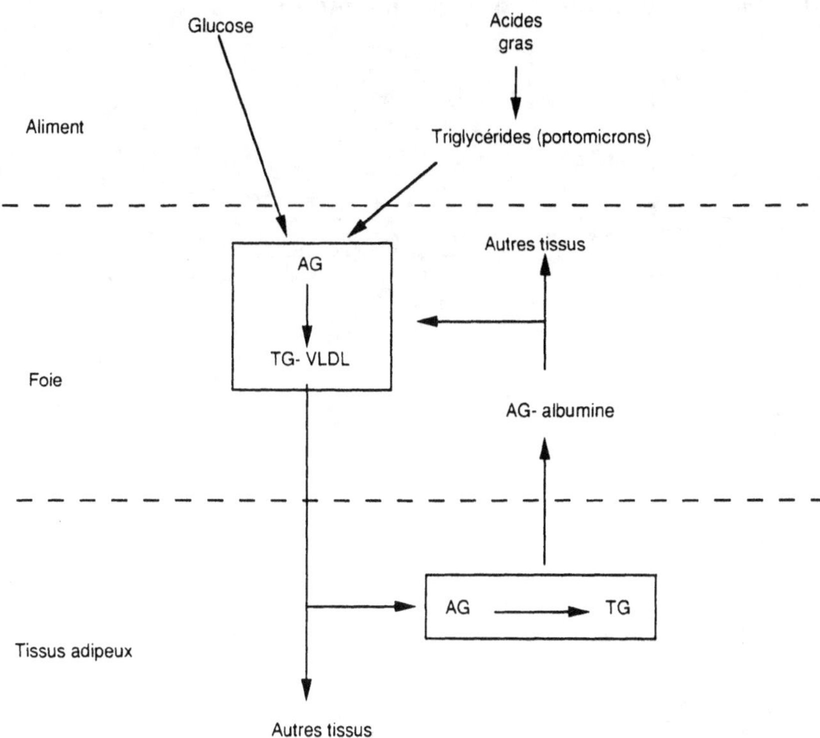

Figure 4.2. – Schéma simplifié du métabolisme des lipides chez les oiseaux (AG = acides gras ; TG = triglycérides).

2. Métabolisme des lipides

Le glucose, à la suite de plusieurs réactions enzymatiques en série, produit du pyruvate qui pénètre dans les mitochondries où il participe au cycle de l'acide citrique (fig. 4-3). En cas d'apport massif de pyruvate, l'acide citrique produit des mitonchondries pour fournir de l'acétyl-coenzyme A, unité de base dicarbonée nécessaire à la synthèse des acides gras. Cette synthèse a lieu surtout au sein des cellules hépatiques (hépatocytes), siège principal de la lipogénèse *de novo* chez les oiseaux. Les autres tissus, en particulier les tissus adipeux, présentent une activité lipogénique réduite. La synthèse d'acides gras nécessite de l'hydrogène fourni par le $NADPH.H^+$ (nicotinamide-adénine dinucléotide phosphorylé) et de l'énergie fournie par l'ATP. Le $NADPH.H^+$ provient chez les oiseaux de l'enzyme malique qui catalyse la conversion de l'acide malique en acide pyruvique ; le cycle des pentoses et l'isocitrate déshydrogénase étant très peu actifs chez ces espèces. Grâce à une activité particulièrement intense de leurs désaturases, les oiseaux synthétisent une proportion plus élevée d'acides gras désaturés que la plupart des mammifères. L'acide oléique est, en l'absence d'apport d'acides gras alimentaires, l'acide gras le plus abondamment fabriqué par les oiseaux.

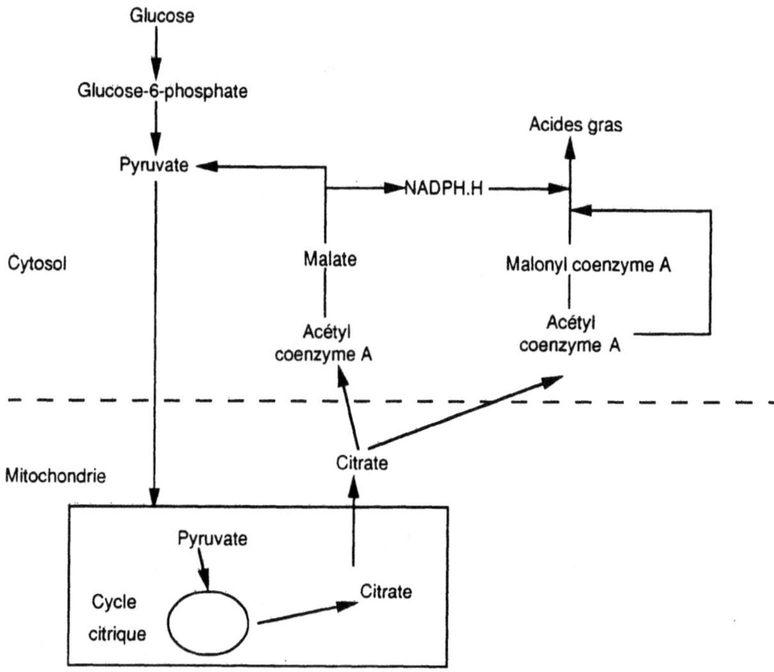

Figure 4.3. – Réactions biochimiques de base de la lipogénèse.

La synthèse d'acide palmitique peut être résumée par la réaction chimique suivante :

4 glucose + 1 oxygène + 8 ATP → 1 acide palmitique + 8 CO_2 + 8 H_2O

Les acides gras d'origine alimentaire peuvent être oxydés et contribuer à la fourniture d'énergie selon la réaction :

1 acide palmitique + 23 oxygènes → 16 CO_2 + 16 H_2O + 2430 kcal
(maximum 129 ATP)

soit :

1 g acide palmitique + 2,012 l oxygène → 1,4 l CO_2 + 2,125 g eau + 9,5 kcal
(maximum 0,5 ATP)

Ils peuvent aussi être transportés vers les tissus de réserve (fig. 4-2). Ils sont alors incorporés avec ou sans remaniement moléculaire dans les phospholipides de structure (membranes des cellules) ou les lipides de l'œuf. Les remaniements consistent surtout en des allongements de la chaîne carbonée et des désaturations aboutissant le plus souvent à l'acide oléique. Les acides gras d'origine exogène stricte, c'est-à-dire non synthétisables par l'animal, peuvent être incorporés sans modifications. C'est le cas de l'acide linoléique, les acides gras à nombre impair de carbone...

3. Catabolisme des acides aminés : aspect énergétique

Le catabolisme des acides aminés est présenté en détail dans le chapitre 5 et suit des voies plus complexes qui dépendent de la nature des acides aminés. Globalement il répond à des réactions chimiques d'oxydation que l'on peut résumer par la formule :

$$1 \text{ g protéine} + 0{,}90 \text{ l oxygène} \rightarrow 0{,}63 \text{ l } CO_2 + 0{,}52 \text{ g eau} + 4{,}26 \text{ kcal}$$
$$(\text{maximum } 0{,}23 \text{ ATP}) + 0{,}515 \text{ g acide urique}$$

L'oxydation des lipides, glucides et protéines, en général d'origine alimentaire, exige donc de l'oxygène et génère du gaz carbonique et de l'eau en quantités variables selon le substrat concerné. Ces oxydations sont souvent analysées en zootechnie par le quotient respiratoire qui est le rapport CO_2/O_2, ces gaz étant exprimés en volume. L'oxydation du glucose aboutit à un quotient de 1 et celle de l'acide palmitique à 0,70. Pour les protéines, la valeur du quotient dépend de la nature des acides aminés. Compte-tenu de la composition moyenne des protéines des matières premières utilisées dans l'alimentation des oiseaux, le quotient respiratoire est estimé à 0,70.

En fait, le quotient respiratoire ne peut conduire à des résultats aisément interprétables que dans des situations métaboliques extrêmes. En effet, le plus souvent se superposent des oxydations métaboliques et des synthèses. En outre plusieurs substrats sont concernés simultanément. C'est ainsi que lors d'une restriction alimentaire modérée le jeune oiseau en croissance peut présenter à la fois un bilan de synthèse protéique positif et un catabolisme important de ses réserves lipidiques (fig. 4-4). L'interprétation d'un quotient respiratoire devient alors pratiquement impossible. On peut cependant retenir que le jeûne induit un quotient respiratoire proche de 0,7 qui correspond surtout à l'oxy-

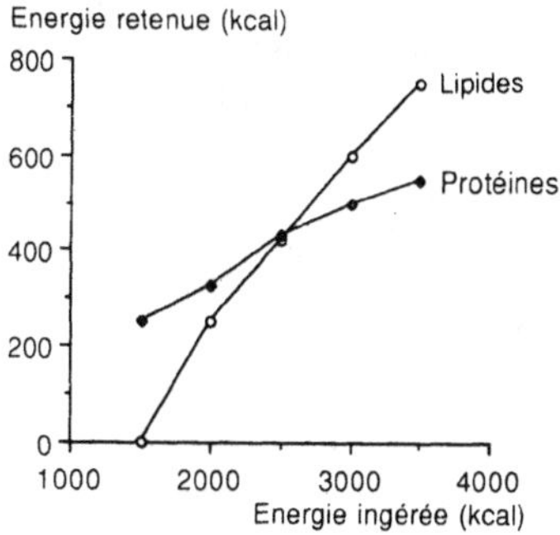

Figure 4.4. –Effets d'une restriction énergétique sur la rétention de lipides ou de protéines.

dation des acides gras des réserves adipeuses. A l'inverse un quotient supérieur à 1 signe une lipogenèse intense.

Pour clore ce chapitre sur les métabolismes des oiseaux il faut signaler la relation qui lie la consommation d'oxygène, la production de gaz carbonique et le dégagement de chaleur. Cette équation, qui est à la base des techniques de calorimétrie indirecte, mesure les échanges respiratoires pour estimer la production de chaleur. Elle s'écrit :

$$E = 3,871 \ O_2 + 1,194 \ CO_2 - 0,287 \ N$$

où E est la chaleur dégagée (kcal), O_2 et CO_2 sont les volumes d'oxygène et de gaz carbonique respectivement consommé et expiré en litres, aux conditions normales de température et de pression. N est l'azote excrété en g.

On peut également estimer avec un peu moins de précision la chaleur dégagée en négligeant l'azote excrété. On peut aussi ne tenir compte que de la seule consommation d'oxygène qui est le paramètre le plus variable de l'équation précédente. On a alors :

$$E = 4,8 \ O_2$$

Comme cela a été décrit précédemment, il y a communication entre le métabolisme des acides aminés, celui des glucides et celui des lipides (voir fig. 4-5). Dans les situations métaboliques de l'oiseau domestique en production, ce sont le plus souvent les synthèses qui dominent, en particulier la synthèse des lipides. En fonction de la nature du substrat, les réactions aboutissant à la synthèse des acides gras ne présentent pas les mêmes rendements. L'énergie nécessaire à la synthèse de lipides chez les oiseaux est présentée dans le tableau 4-2.

Tableau 4-2. Energie nécessaire à la synthyèse de lipides en fonction du nutriment d'origine.

Nutriment d'origine	Rendement (kcal/kcal)		Energie par g de lipides
	Théorique	Observé	
Lipides	0,90	0,85	11,0
Glucides	0,80	0,76	12,28
Protéines	0,65	0,61	15,30

L'énergie nécessaire à la synthèse protéique ne présente pas une aussi bonne correspondance entre les rendements théoriques et les rendements réellement observés. On admet en effet que le coût énergétique de la liaison entre 2 acides aminés est de 5 ATP, soit 88,5 kcal. Compte-tenu de la valeur énergétique moyenne des protéines (5,74 kcal/g) et de la répartition moyenne des acides aminés dans les protéines usuelles, le rendement théorique devrait être de 86 à 88 p.100, c'est-à-dire qu'il faudrait 1,14 à 1,16 kcal par kcal de protéines fixées. La fixation de 1 kcal de protéines corporelles nécessiterait donc 0,14 à 0,16 kcal supplémentaires par rapport à l'énergie contenue dans ces protéines ; cette énergie doit provenir de l'ATP synthétisée par oxydation des glucides ou des lipides. En réalité les observations expérimentales conduisent à adopter les rendements suivants (kcal de protéines produites divisé par kcal nécessaires à la synthèse) :

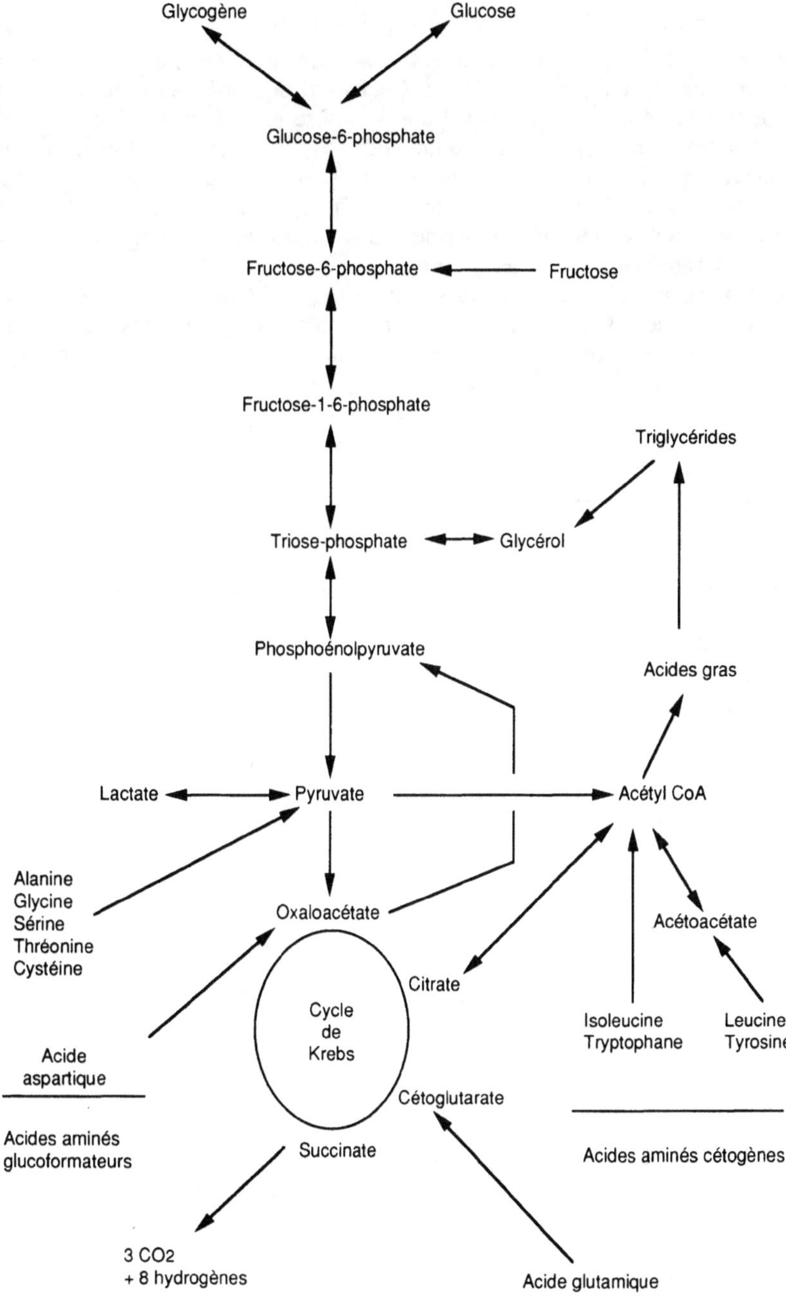

Figure 4.5. – Relations biochimiques entre métabolismes des glucides, des lipides et des acides aminés.

Protéines tissulaires : 0,45 (0,40 à 0,60)

Protéines de l'œuf : 0,60 (0,44 à 0,80)

Il semble donc que les rendements observés sont en moyenne nettement inférieurs aux rendements théoriques. Ceci s'explique peut-être par le fait que le dépôt de protéines est le bilan d'une synthèse et d'un catabolisme ; ce dernier étant très important. La protéinogénèse vraie est donc certainement bien plus élevée que le gain net de protéines corporelles chez un oiseau en croissance. En outre, le rendement théorique n'intègre pas le fait que beaucoup de protéines contiennent non seulement des acides aminés mais aussi des sucres, des vitamines, des minéraux et des lipides.

On remarque que le coût de la synthèse des protéines de l'œuf est un peu moins élevé que celui des protéines tissulaires ; ce qui pourrait s'expliquer par le fait que les protéines de l'œuf sont seulement le fruit d'une protéinogénèse sans catabolisme parallèle.

III. Besoin d'entretien

Le besoin énergétique d'entretien correspond à la quantité d'énergie métabolisable à fournir chaque jour à l'animal pour qu'il maintienne son homéostasie énergétique, c'est-à-dire qu'il ne gagne ni ne perde d'énergie. Comme cela a été évoqué précédemment cette notion ne peut être en toute rigueur appliquée qu' à l'adulte non productif. Chez le jeune en croissance élevé généralement à une température en régulière diminution (fig.4-6), il est impossible de définir une quantité d'énergie permettant à l'animal de maintenir constants ses divers compartiments corporels.

Le besoin énergétique d'entretien peut être décomposé en plusieurs « postes » qui seront analysés plus en détail ci-après. On considère, en effet, qu'il recouvre le métabolisme de base, et une série de dépenses pour la thermogénèse adaptative (résistance au froid), l'activité physique et enfin la thermogénèse induite par l'aliment (ou extra-chaleur d'entretien, ou encore « action dynamique spécifique »). La figure 4-7 illustre la variation de ces composantes en fonction de la température ambiante.

1. Métabolisme de base

Le métabolisme de base est défini par les dépenses énergétiques mesurées chez un animal au repos, à jeun et dans la zone de neutralité thermique. On élimine ainsi tous les postes de l'entretien qui, par définition, s'ajoutent au métabolisme de base.

Chez les mammifères, on sait à la suite des travaux de Rubner qu'il existe une relation inter-espèces entre le métabolisme de base et la taille métabolique (poids vif élevé à la puissance 0,75). Cette notion de taille métabolique est un compromis entre le poids vif et la surface corporelle (poids vif à la puissance 2/3), issu d'une optimisation biométrique. Elle semble signifier que les dépenses ne se résument pas totalement à un simple phénomène d'échanges thermiques. L'équation est :

$$MB = 70\ P^{0,75}$$

où MB est le métabolisme de base en kcal par jour et P le poids vif en kg.

Chez les oiseaux, de telles estimations ont pu être établies à de nombreuses reprises. Elles fournissent toutes des valeurs supérieures à celles des mammifères, qui s'expliquent par la température corporelle élevée des oiseaux. En effet, comme cela est développé ci-après, la température des oiseaux est régulée entre 40 et 42°C, soit 3 à 5°C de plus que celles des mammifères. Il s'ensuit que l'ensemble des réactions biochimiques présentent des vitesses légèrement supérieures à celles des mammifères, compte-tenu de l'effet de la température sur la plupart de ces réactions (loi de Vant'hoff).

L'équation la plus couramment retenue chez les oiseaux est :

$$MB = 78\ P^{0,72} \qquad \text{(Calder et King, 1974)}$$

Une réévaluation récente aboutit à :

$$MB = 97\ P^{0,60} \qquad \text{(Johnson et Farrell, 1986)}$$

Cette dernière équation a été établie sur des oiseaux de l'espèce *Gallus* de tous les âges. Si ces deux équations fournissent des valeurs pratiquement identiques chez des animaux pesant plus de 2,5 kg, il n'en est pas de même dans le jeune âge. Dans cette dernière situation, la 2ème équation donne des valeurs plus élevées mais plus proches de la réalité que la première.

Le métabolisme de base peut être influencé par plusieurs facteurs. Il évolue au cours de journée puisqu'il est en moyenne de 15 p.100 supérieur le jour que la nuit. Lorsqu'on l'exprime par rapport à la taille métabolique, dans le but d'homogénéiser l'expression des besoins, on constate qu'il tend à être moins élevé chez les femelles que chez les mâles :

$$MB = 78,2\ P^{0,75} \qquad \text{Femelles}$$
$$MB = 83,8\ P^{0,75} \qquad \text{Mâles}$$

Il diminue aussi avec l'âge si on l'exprime par rapport à la taille métabolique ; cette observation renforce la validité de la deuxième équation dont l'exposant affecté au poids est de 0,60. Mais à l'âge adulte chez le coq, le métabolisme de base reste constant et égal à 80 $P^{0,75}$.

Actuellement plusieurs auteurs préconisent l'expression du métabolisme basal par rapport aux protéines corporelles.

2. Thermogénèse adaptative

Comme les mammifères, les oiseaux sont des homéothermes. Ils doivent donc maintenir constante leur température interne. Celle-ci est contrôlée de façon extrêmement précise au niveau du système nerveux central par un ensemble complexe de mécanismes nerveux (contrôle rapide) et hormonaux (contrôle plus lent). L'oiseau doit donc faire face soit à des situations d'hyperthermie (ambiance chaude) ou d'hypothermie (ambiance froide). Dans ce dernier cas, il doit accroître sa thermogénèse pour compenser l'augmentation des échanges thermiques avec le milieu extérieur ; au contraire, aux températures très élevées, ayant atteint le minimum de sa production de chaleur il doit accroître ses échanges avec le milieu ambiant pour éviter l'hyperthermie (augmentation de la température interne).

L'homéothermie n'est pas absolue. En effet, lorsque la température extérieure diminue, on observe, à côté d'un maintien de la température interne profonde, une diminution de celle d'organes externes ou de la peau. Ainsi, les températures de la crête, des pattes et des plumes peuvent être inférieures de plusieurs degrés centigrades à la température profonde. Cette dernière est elle-même influencée par divers paramètres. Il existe tout d'abord une différence entre le jour et la nuit qui est de l'ordre de 1°C. L'alimentation exerce elle aussi un effet. Entre des animaux éveillés et à jeun et des animaux nourris, la différence est en moyenne de 0,5°C (chez le poulet, la température corporelle est respectivement de 40,6 et 41,5 °C selon qu'il est à jeun ou nourri).

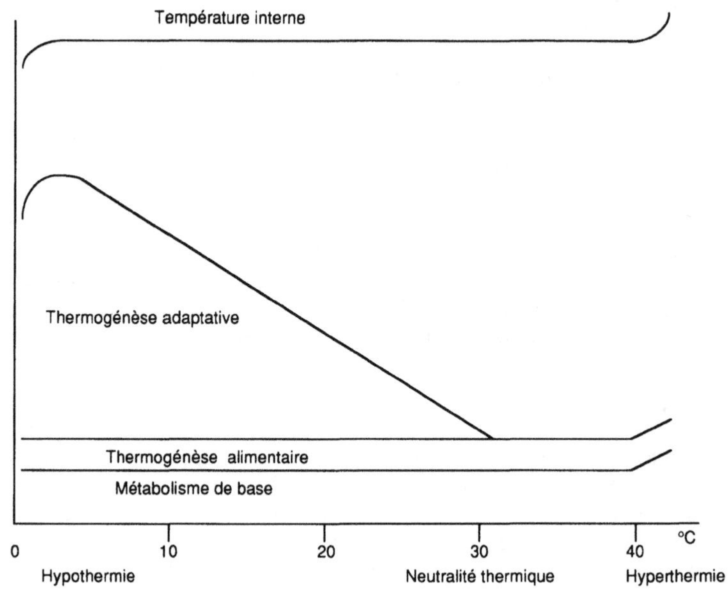

Figure 4.6. – Influence de la température extérieure sur les dépenses énergétiques.

Des différences entre espèces ont été souvent signalées. Les passereaux présentent souvent des températures supérieures à celles des gallinacés et des palmipèdes. D'une manière générale, il semble exister une relation, qui n'est cependant pas absolue, entre taille et température interne, les oiseaux de grande taille tendant à réguler leur température à une valeur inférieure à celle des plus petits. Toutefois, parmi les espèces utilisées en aviculture, les différences sont infimes. La valeur moyenne est de 41°C. L'acclimatation des espèces peut aussi modifier à long terme la température interne. C'est ainsi que l'adaptation au froid abaisse légèrement la température interne ; l'inverse peut être observé chez des oiseaux adaptés à une ambiance chaude. Les différences demeurent faibles (de l'ordre de quelques dizièmes de degré centigrade). Enfin il existe une variabilité individuelle. L'écart-type d'une population est de l'ordre de 0,15°C ; c'est à dire que les variations maximales sont de + ou − 0,45°C par rapport à la moyenne.

Si la température extérieure atteint des valeurs trop basses, l'animal peut devenir incapable de faire face aux déperditions caloriques et entre en hypothermie. La température critique dépend des espèces et de l'âge. Les palmipèdes sont capables, par exemple, de résister mieux que les gallinacés, dès leur jeune âge, à des températures nettement basses. On ne dispose malheureusement pas d'estimations précises des températures critiques selon l'âge et l'espèce.

En revanche, si la température externe devient trop élevée, il y a risque d'hyperthermie. En effet, lorsque l'animal ne parvient plus à éliminer suffisamment de calories, en particulier par évaporation, le bilan calorique devient positif et par voie de conséquence la température interne s'élève, entraînant à son tour une augmentation de la production de chaleur par l'animal. L'organisme est alors entraîné rapidement dans une succession de phénomènes qui se stimulent réciproquement et aboutissent à la mort. La température critique maximum est en moyenne de 46°C. L'hyperthermie devient très nette en général vers une température ambiante de 42°C. Cela dépend des espèces considérées et de leurs capacités à accroître leurs déperditions caloriques en particulier par évaporation. Cela dépend aussi de l'humidité relative de l'air ambiant. Toutefois, au-dessus de 30°C, la température interne devient déjà sensible à la température externe ; l'accroissement est de l'ordre de 0,15 °C par degré.

Les pertes d'énergie sous forme de chaleur s'effectuent par 4 voies différentes : radiation, conduction, convection et évaporation.

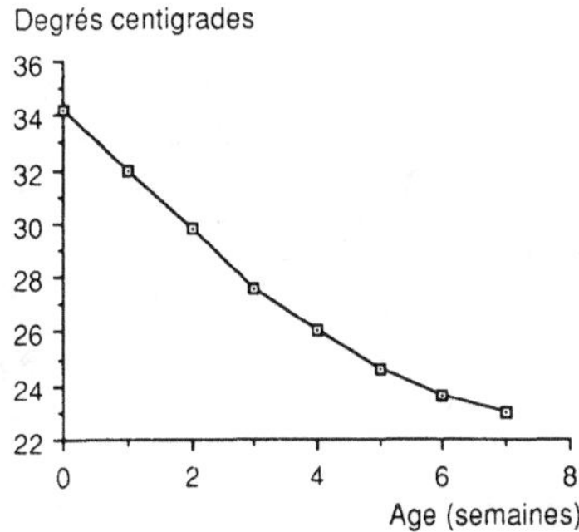

Figure 4.7. – Evolution de la température de neutralité thermique chez le poulet en fonction de l'âge.

Les pertes par radiation sont les plus importantes dans les conditions usuelles d'élevage. Elles sont le bilan de l'énergie dissipée par rayonnement, en particulier dans l'infra-rouge (longueur d'onde supérieure à 0,7nm) et l'énergie reçue par rayonnement de la part des sources extérieures (chauffage, soleil, parois...). Ces pertes sont fonction de la différence des températures absolues élevées à la puissance 4 des objets environnant et de l'animal.

$$R = s \cdot \varepsilon_s \cdot \varepsilon_r \cdot (T_s^4 - T_e^4) \cdot S$$

où R sont les pertes de calories (kcal / h), s est la constante de Stefan-Boltzmann ($4,96.10^{-8}$ kcal/h/m^2/°K^4), ε_s l'émissivité de l'animal, ε_r celle de l'environnement, T_e et T_s les températures absolues (degrés Kelvin) du milieu extérieur et de la surface de l'animal et S la surface d'émission (m^2).

En pratique, cette équation peut être simplifiée et rapportée à la relation :

$$R = h_r \cdot (T_s - T_e)$$

Ces pertes sont, globalement, une fonction linéaire de la différence de température. Mais leur analyse plus poussée est rendue très compliquée par les effets de forme et de surface à la fois de l'animal et du milieu environnant. En effet, la forme de l'animal n'est ni simple ni régulière. De plus la forme et la température des objets constituant le milieu extérieur sont très variables (murs, plafonds, sources thermiques...).

Les pertes par conduction sont dues aux échanges thermiques de molécule à molécule. Dans l'air ces pertes sont faibles à cause de la mauvaise conductibilité thermique de cet élément. En revanche, dans l'eau elles peuvent devenir significatives. C'est le cas des palmipèdes élevés en présence de bassins. Elles dépendent de la différence de température et de l'isolation thermique ; graisse cutanée et plumes étant de mauvais conducteurs.

Les pertes par convection correspondent aux effets du mouvement de l'air ambiant et dépendent de la vitesse de ce dernier. Lorsque l'air qui entoure l'animal présente une vitesse de plus en plus élevée, les pertes thermiques augmentent en fonction de la racine carrée de la vitesse de l'air, selon la relation :

$$C = C_{v0} + k \cdot \sqrt{v}$$

où C_{v0} sont les pertes caloriques pour une vitesse nulle de l'air, v est la vitesse de l'air (m/s) et k est le coefficient de convection.

La formule suivante a aussi été proposée par Mc Donald :

$$C = C_{v0} + 0,0134 \cdot P^{0,75} \cdot \sqrt{v \cdot (39 - T)}$$

où P est le poids vif exprimé en g.

Dans les milieux d'élevage où les vitesses de l'air sont réduites par rapport à celles que peuvent rencontrer les oiseaux sauvages, ces pertes sont négligeables.

Enfin l'animal peut dissiper de la chaleur sous forme de vapeur d'eau (chaleur latente). En effet, l'eau produite par les réactions métaboliques est sous forme liquide. La peau et les muqueuses des alvéoles pulmonaires peuvent faire passer de l'eau de l'état liquide à celui de vapeur. L'évaporation de 1 g d'eau permet de dissiper 0,6 kcal dans les conditions normales de température et de pression. Ces pertes existent mais restent de faible importance tant que la température extérieure ne dépasse pas 30 °C. Le pourcentage (X) des pertes par évaporation en fonction de la température ambiante suit une fonction qui peut être décrite par l'équation :

$$X = 5 + 1,48 \ e^{0,087Te}$$

Cette fonction est représentée dans la figure 4-8. On peut donc observer que ce mode d'élimination calorique devient prédominant en climat chaud, l'oiseau étant alors incapable d'évacuer ses propres calories par radiation, convection ou conduction.

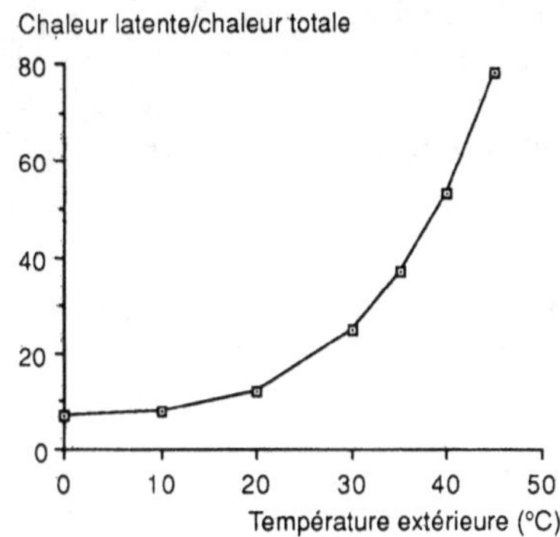

Figure 4.8. – Influence de la température extérieure sur la proportion de chaleur dégagée sous forme de chaleur latente.

En règle générale les pertes par voie pulmonaire représentent plus de la moitié des pertes d'eau, quelle que soit la température ambiante. Cette proportion s'accroît au-dessus de 30°C et peut atteindre plus de 80 p.100 au delà de 40°C. La plupart des oiseaux présentent alors une hyperventilation pulmonaire. L'humidité relative de l'air influence notablement ces pertes par évaporation : l'air sec les favorise et facilite la thermorégulation de l'animal en climat chaud. En revanche l'air saturé d'humidité rend très difficile cette régulation thermique.

Il existe d'autres possibilités d'échanges thermiques chez les oiseaux. Leur incidence est cependant mineure. L'oiseau peut dissiper un peu de chaleur en réchauffant l'air expiré. De même l'ingestion d'eau très froide est une source non négligeable d'élimination des calories.

3. Quantification des pertes caloriques

En pratique, il est difficile de distinguer les différentes formes de pertes caloriques, en particulier de séparer radiation, conduction et convection. Il est plus aisé d'estimer globalement ces pertes. Elles peuvent s'exprimer selon la formule :

$$C = h. \ (T_i - T_e). \ P$$

où h est le coefficient de transfert thermique (cal/g/h/degré C), T_i la température interne, T_e la température extérieure et P le poids vif en g.

Les pertes thermiques sont donc fonction linéaire du gradient de température.

Le coefficient h peut être relié au poids vif selon la relation moyenne valable pour les oiseaux non passereaux :

$$h = 4,06 \ P^{-0,54}$$

Le coefficient thermique diminue donc à mesure que la taille de l'animal augmente. Ce coefficient dépend bien évidemment de l'état d'emplumement. En moyenne, il est augmenté de 100 p.100 chez l'oiseau totalement dépourvu de plumes et pesant 1 kg ; cet effet étant moins prononcé si l'oiseau est plus petit et vice-versa.

La surface externe (sous plumage) étant reliée au poids vif par la relation :

$$S \ (en \ cm^2) = 10 \ P^{0,67}$$

où P est exprimé en g.

Le coefficient de transfert thermique peut s'exprimer par unité de surface selon la combinaison des deux équations précédentes :

$$h' = 0,406 \ P^{-0,21}$$

h' s'exprime en cal/ h / cm^2 / ° C.

En aviculture, l'état d'emplumement des oiseaux peut influencer profondément les pertes thermiques. C'est un facteur souvent négligé et difficilement contrôlable et mesurable. Son effet est d'autant plus prononcé que la température extérieure est basse. Dans les conditions usuelles d'élevage, un mauvais état d'emplumement peut augmenter de 50 p.100 les pertes caloriques.

L'état d'emplumement dépend de l'âge, de l'espèce et du génotype. Une relation moyenne interspécifique relie le poids des plumes au poids vif chez l'adulte :

$$p = 0,09 \ P^{0,95}$$

Les plumes représentent de 5 à 7 p.100 du poids vif, le pourcentage tendant à décroître chez les espèces de grosse taille. A titre d'exemple, nous donnons dans le tableau 4-3 les valeurs usuelles observées chez les oiseaux domestiques en fonction de leur âge.

L'emplumement, et donc l'isolation thermique, se développent avec l'âge. La vitesse d'emplumement varie selon les espèces. Enfin il existe un contrôle génétique souvent monogénique de l'emplumement : le gène K dominant réduit la vitesse d'emplumement et le gène Na (cou nu), lui aussi dominant, entraîne une diminution d'un tiers du poids des plumes, même chez l'adulte.

4. Thermogénèse induite par l'aliment

On sait depuis très longtemps que, chez les mammifères comme chez les oiseaux, l'ingestion d'aliment entraîne systématiquement une thermogénèse qui constitue une perte inéluctable, surtout chez l'animal élevé en zone de neutralité thermique. L'origine de cette thermogénèse est encore mal déterminée. Il semble que l'hypothèse d'un « travail » du tractus digestif ne puisse être retenue, tout au moins chez les oiseaux, puisque l'ingestion forcée de cellulose (indigestible) ne provoque guère de thermogénèse. Il s'agit plutôt d'un effet des nutriments sur le tonus du système nerveux sympathique. Quoi qu'il en soit chez les oiseaux cette thermogénèse ne semble pas être liée à la nature des ingérés : protéines, lipides ou glucides. Dans les conditions usuelles d'alimentation les variations de composition de l'aliment ne modifient pas cette thermogénèse. Seule l'ingestion de protéines pures peut entraîner une thermogénèse plus élevée que la normale ; mais il s'agit d'une situation exceptionnelle susceptible de provoquer une intoxication.

Tableau 4-3. Rapport plumes/poids vif ($\times$ 100) chez plusieurs espèces aviaires.

Espèce	Age (jours)	Mâle	Femelle
Poulet	7	1,4	
	21	3,5	
	35	5,0	
	56	5,3	
Poule	adulte	5,0	
Pintade	84	5,2	
Canard de Barbarie	14	1,9	2,0
	42	3,4	3,6
	70	4,4	6,2
Dindonneau	0	2,0	2,0
	7	2,5	2,6
	14	3,0	3,4
	21	3,1	3,4
	35	4,3	4,3
	56	5,0	4,8
	70	5,0	4,8
	98	5,1	5,3
	140	4,3	

La thermogénèse représente de 20 à 25 p.100 de la production de chaleur à jeun. Cette valeur correspond à ce qui peut être observé en zone de neutralité thermique. Si, placé en dessous de cette zone de neutralité, l'animal doit mettre en œuvre sa thermogénèse adaptative, il utilise alors en majeure partie la chaleur liée à l'ingestion d'aliment pour faire face aux déperditions occasionnées par la baisse de la température. Le rapport chaleur dégagée à l'état nourri / chaleur dégagée à jeun tend donc assez rapidement vers 1, à mesure que la température ambiante s'abaisse.

5. Activité physique

Tout travail, donc tout mouvement, déplacement, etc..., des oiseaux coûte de l'énergie. Par analogie avec ce que l'on sait des mammifères, le rendement énergétique du travail est de l'ordre de 30 p.100 ; ce qui est assez proche du rendement global de synthèse de l'ATP.

Tout accroissement de l'activité des oiseaux induit donc celui de leurs dépenses, donc de leurs besoins alimentaires. Ce paramètre exerce une influence non négligeable dans l'aspect énergétique de l'économie de l'alimentation des oiseaux d'élevage.

IV. Besoin de production

Comme cela a été défini précédemment, le besoin de production comporte d'une part l'énergie contenue dans les productions et d'autre part les pertes caloriques liées aux synthèses biochimiques du fait que les rendements thermiques de ces réactions sont inférieurs à 100 p.100.

Deux types principaux de synthèse sont réalisés par les oiseaux domestiques : la croissance tissulaire (muscles, os, plumes...) et l'œuf.

1. Besoin de croissance

L'approche expérimentale retenue par de nombreux expérimentateurs ne prend en considération que la synthèse des protéines et celle des lipides. La synthèse du glycogène est trop faible pour être comptabilisée. Enfin, le coût énergétique de l'ossification, plus particulièrement de la minéralisation osseuse, n'a pas non plus été abordé du fait des difficultés techniques et de sa faible importance par rapport à ceux des lipides et des protéines.

L'énergie brute contenue dans les protéines est en moyenne de 5,66 kcal/g. Celle des lipides est de 9,20 kcal/g. Le coût énergétique du gain de poids peut être analysé selon l'équation :

$$EM_i = E_e + k \cdot \Delta P$$

EM_i est l'énergie métabolisable ingérée, E_e le besoin énergétique d'entretien, ΔP le gain de poids et k le coût énergétique du gain de poids (kcal/g).

Chez le poulet, le rendement global de transformation de l'énergie métabolisable se situe entre 58 et 85 p.100, avec une valeur moyenne de 65 p.100. Selon les auteurs, le coût d'un gramme de gain de poids est compris entre 2,1 et 3,1 kcal. En fait, cette approche globale est peu précise, parce que la composition du gain de poids n'est pas prise en considération. Il convient de lui préférer une décomposition du gain de poids en ses deux fractions énergétiques les plus importantes : les protéines et les lipides. Le rendement énergétique de la synthèse protéique est situé, selon les auteurs, entre 40 et 60 p.100. On peut retenir comme valeur la plus probable 40 p.100. Pour la lipogénèse, le rendement énergétique prend les valeurs moyennes de 60, 75 et 90 p.100 selon l'origine des substrats (acides aminés, glucides ou lipides). Il s'ensuit que le rendement de la lipogenèse se situe le plus souvent autour de 75 p.100 avec les aliments à base de céréales non supplémentés en matières grasses. L'addition de graisse améliore ce rendement jusqu'à lui faire atteindre 90 p.100. Le besoin de croissance peut donc s'exprimer selon la formule :

$$E_p = 14,1 * \Delta p + 10,22 \text{ ou } 12,27 * \Delta_l$$

E_p s'exprime en kcal ; Δp est le gain de protéines et Δ_l le gain de lipides en grammes.

Le tableau 4-4 contient, à titre d'exemple, le coût énergétique du gain de poids du poulet et du dindonneau calculé selon ce modèle.

Le tableau 4-5 fournit les mêmes indications pour les canards.

Tableau 4-4. – Besoin énergétique de croissance du poulet et du dindonneau (kcal/g de gain de poids).

Age (jours)	Poulet		Dindonneau	
	Mâle	Femelle	Mâle	Femelle
0-7	3,65	3,60	3,00	2,95
7-14	3,74	3,73	3,15	3,20
14-21	4,06	4,31	3,15	3,20
21-28	4,44	4,52	3,15	3,20
28-35	4,53	4,55	3,25	3,40
35-42	4,56	4,72	3,95	3,40
42-49	4,68	4,82	3,85	4,20
49-70			4,35	5,00
70-84			4,40	6,10
84-98			4,50	6,75
98-112			5,05	5,80

Tableau 4-5. Besoin énergétique de croissance du caneton (kcal/g de gain de poids).

Age (jours)	Pékin	Barbarie	
	Mâle	Mâle	Femelle
0-14	3,69	3,72	4,09
14-28	5,18	5,10	4,75
28-42	7,02	4,85	4,96
42-56		5,38	6,60
56-70		5,13	4,00

Diverses équations ont été proposées pour prédire le besoin énergétique du poulet en croissance. Elle peuvent en première approximation être appliquées aux autres oiseaux domestiques élevés dans des conditions classiques, c'est-à-dire dans la zone de neutralité thermique :

$$E = 1,62\ P^{0,653}. (1 + 0,0125(21\text{-}T)) + 3,13\ \Delta P$$

Le besoin énergétique E est exprimé en kcal d'énergie métabolisable par jour, P est le poids vif en grammes, T la température en degrés centigrades et ΔP le gain de poids en grammes (SCA Australie, 1983).

Emmans (1986) propose une équation qui est basée sur les protéines corporelles :

$$E = 0,39 \ P_m^{-0,27} * P + 14,4 \ \Delta P + 13,4 \ \Delta_l$$

Ici P_m et P sont les protéines corporelles, soit à l'état mature, soit à l'instant considéré, exprimées en kg.

Enfin pour notre part, nous avons obtenu à plusieurs reprises des équations qui peuvent se résumer dans la formule :

$$E = 105 \ P^{0,75} + 14 \ \Delta p + 10,4 \ \text{à} \ 12 \ \Delta_l$$

Ici P est le poids vif exprimé en kg.

2. Besoin énergétique de ponte

Outre son besoin d'entretien, la poule en ponte doit satisfaire son besoin énergétique de production qui se décompose en production de l'œuf et en croissance tissulaire. Ce dernier répond aux mêmes lois que celles des volailles en croissance décrites dans le paragraphe précédent ; si ce n'est qu'on dispose de peu de données précises sur la composition corporelle chez la poule pondeuse aux divers stades de ponte. En début de ponte (entre les âges de 20 et 38 semaines) le gain de poids est constitué de protéines (de l'ordre de 10 p.100) et de lipides (45 p.100 environ). A mesure que l'animal vieillit les lipides représentent une part croissante du gain de poids jusqu' à en constituer la quasi totalité. Le besoin énergétique correspondant à la production d'œuf évolue avec l'intensité de ponte, la taille de l'œuf et la composition de cet œuf. En moyenne 1 g d'œuf renferme 1,53 kcal :

Vitellus : 18 g x 0,33 x 9,2 kcal/g = 54,6 kcal　　　　　(lipides)

18 g x 0,174 x 5,66 kcal/g = 17,7 kcal　　　　(protéines)

Albumen : 37,5 g x 0,105 x 5,66 kcal/g = 22,3 kcal　　　(protéines)

Total : 94,6 kcal pour un œuf de 62 g ; soit 1,53 kcal/g.

Comme le pourcentage de vitellus à un âge donné tend à diminuer à mesure que le poids de l'œuf augmente et comme le vitellus est la fraction la plus énergétique, le contenu énergétique d' 1 g d'œuf tend alors à décroître. Le poids de l'œuf augmente aussi avec l'âge des animaux. Cependant le pourcentage de jaune s'accroît alors avec le poids de l'œuf. Il en résulte une élévation du contenu énergétique avec l'âge : 1,43 ; 1,50 et 1,59 kcal/g respectivement à 30, 50 et 70 semaines d'âge. Enfin il existe des variations de teneur de l'œuf en vitellus qui sont d'origine génétique. L'efficacité énergétique de synthèse de l'œuf est de l'ordre de 60 p.100. Elle recouvre une efficacité de la synthèse des lipides qui est voisine de 80 p.100, (un peu supérieure si l'aliment renferme des lipides ajoutés) et l'efficacité de la synthèse protéique se situant entre 50 et 60 p.100. Plusieurs équations ont été proposées pour estimer le besoin énergétique journalier de la poule en ponte :

$$EM_i = 135\ P^{0,75} + 1,68\ E_e + 1,20\ E_{\Delta P} \qquad \text{(Grimbergen, 1974)}$$

où EM_i est l'énergie métabolisable (kcal) ingérée par jour, E_e l'énergie contenue dans l'œuf et $E_{\Delta P}$ l'énergie contenue dans le gain de poids. Enfin P est le poids vif exprimé en kg.

$$EM_i = 1,45\ P^{0,653}\ (1,78\text{-}0,012\ T) + 3,13\ \Delta P + 3,15\ e \qquad \text{(Combs, 1968)}$$

où T est la température en degrés Farenheit, P le poids vif en g, ΔP le gain de poids vif en g et e le poids d'œuf exporté par jour en g.

$$EM_i = P\ (170 - 2,2\ T) + 2\ e + 5\ \Delta P \quad \text{(Leghorns)}$$

$$EM_i = P\ (140 - 2\ T) + 2\ e + 5\ \Delta P \ \text{(Rhodes Island Red)} \quad \text{(Emmans, 1974)}$$

Chez les poules reproductrices de type « chair », les équations de prédiction suivantes sont proposées :

$$EM_i = 1,424\ P^{0,653}\ (1 + (21 - T).\ 0,0125) + 3,13\ \Delta P + 3,15\ e \qquad \text{(Connor, 1980)}$$

où P est le poids vif en grammes et T la température en degrés centigrades.

$$EM_i = 75,8\ P + 5,49\ \Delta P + 2,35\ e \ (\text{à } 20°C) \qquad \text{(Leclercq, 1985)}$$

On peut remarquer que dans beaucoup de ces équations, le poids vif intervient à la puissance 1. L'utilisation de la taille métabolique ($P^{0,75}$) ne semble pas justifiée. Le poids vif est bien souvent un aussi bon prédicteur.

On ne dispose pas d'équations pour toutes les espèces avicoles. Toutefois en tenant compte de la composition de l'œuf et du gain de poids, on peut, en première approximation, utiliser l'une des équations précédentes pour exprimer le besoin des femelles autres que la poule.

V. Valeur énergétique des aliments

Dans les productions avicoles, deux mesures de l'énergie de l'aliment sont le plus couramment utilisées : l'énergie brute qui peut servir de critère analytique de base et l'énergie métabolisable qui constitue la fraction utilisable pour le métabolisme de l'animal. L'énergie digestible est très rarement mesurée chez les oiseaux. Elle nécessite en effet la mise en place d'un anus artificiel afin de séparer les fèces de l'urine. Elle renseigne sur l'efficacité de l'utilisation digestive de l'aliment mais peut être estimée indirectement en mesurant la digestibilité des principaux constituants de l'aliment. En réalité, on préfère le plus souvent mesurer ces digestibilités que d'utiliser la notion même d'énergie digestible.

L'énergie brute, ou chaleur de combustion, se mesure grâce à un calorimètre renfermant une bombe calorimétrique. En général, le calorimètre adiabatique, c'est-à-dire sans échange thermique avec le milieu extérieur, est préféré au calorimètre balistique, plus rapide mais moins précis. La mesure de l'énergie brute est très répétable (faible erreur intra-laboratoire) et reproductible (faible variabilité inter-laboratoires).

Faute de calorimètre on peut estimer l'énergie brute d'un aliment à partir de paramètres chimiques. Plusieurs équations ont été proposées; elles sont présentées ici :

$$EB = 57,2\ PB + 95,0\ MG + 47,9\ CB + 41,7\ ENA + \Delta i \quad \text{(Schieman } et\ al,1971)$$

où EB est l'énergie brute (kcal/kg), PB les protéines brutes exprimées en pourcentage, MG les matières grasses brutes (p.100), CB la cellulose brute de Weende (p.100), ENA l'extractif non azoté (p.100) et Δi un facteur de correction pour certaines matières premières.

$$EB = 1552 + 76,2\ MG + 39\ PB + 25,4\ (CB+ENA) \quad \text{(Fisher, 1982)}$$

où MG sont les matières grasses brutes après hydrolyse (méthode C.E.E.); les paramètres sont exprimés par rapport à la matière sèche.

$$EB = 64,7 + 114,1\ CB + 96,5\ MG + 41,7\ A + 35.3\ S$$

ou

$$EB = 64,1\ PB + 46.8\ NDF + 90,5\ MG + 38,9\ A + 37,2\ S$$

ou

$$EB = 57,9\ PB + 53,2\ PAR + 94,9\ MG + 39,1\ A + 31,7\ S$$
$$\text{(INRA,1984)}$$

où tous les paramètres sont ici exprimés en pourcentage du produit brut; NDF étant le «neutral detergent fibre» (Van Soest), A l'amidon, S les sucres libres et PAR les parois végétales insolubles par méthode enzymatique (Carré).

1. Différentes formes d'énergie métabolisable

Jusque vers 1970, les nutritionnistes avicoles utilisaient la notion d'énergie métabolisable (EM) définie par l'équation :

$$EM = (E_i - E_e)/\ i$$

où E_i est l'énergie brute ingérée et E_e l'énergie excrétée (fèces + urine) et i la quantité d'aliment ingérée.

Deux types de méthodologies étaient utilisées : soit la collecte totale, soit l'emploi de marqueurs non absorbables. La collecte totale consiste à faire jeuner l'oiseau avant le bilan en vue de vider son tractus digestif. On procède ensuite à une mesure de bilan par distribution à volonté *(ad libitum)* de l'aliment dont on veut déterminer la valeur énergétique. Cette distribution peut s'étendre sur plusieurs jours, souvent 3 jours. Cette période d'alimentation est suivie d'un jeûne de durée égale à celui qui a précédé le bilan. Les fientes sont collectées quotidiennement pendant toute la période d'alimentation et le second jeûne. La quantité d'aliment consommée est minutieusement contrôlée et mesurée. L'énergie brute de l'aliment et des fientes est déterminée par combustion dans un calorimètre.

La méthode des marqueurs consiste à introduire de façon homogène dans l'aliment un marqueur non absorbable au niveau digestif; en dosant ce marqueur dans l'aliment et dans les fientes et en mesurant leurs énergies brutes respectives, on détermine l'énergie métabolisable suivant l'équation :

$$EM = EB_a - (M_a\ /\ M_f).\ EB_f$$

où EB_a est l'énergie brute de l'aliment (kcal/kg), EB_f l'énergie brute des fientes, M_a la concentration du marqueur dans l'aliment et M_f la concentration du marqueur dans les fientes.

Cette méthode dispense donc de contrôler quantitativement et l'aliment consommé et les fientes excrétées. Les oiseaux ne subissent pas de période de jeûne. En revanche il faut s'assurer que :

— il n'y a pas de contamination des fientes par de l'aliment gaspillé,
— le marqueur est et reste mélangé dans l'aliment de façon très homogène,
— le transit intestinal du marqueur est le même que celui de l'aliment,
— les méthodes de dosage du marqueur sont précises.

Plusieurs marqueurs ont été proposés : l'oxyde de chrome, les cendres insolubles dans l'acide chlorhydrique (oxyde de silicium), les fibres végétales insolubles. En pratique, la méthode du marqueur est peu utilisée, bien qu'elle fournisse des résultats pratiquement identiques à ceux de la méthode de la collecte totale.

L'EM a été mieux précisée lorsqu'on a introduit la correction liée au bilan azoté. En effet, si les protéines alimentaires étaient parfaitement utilisées pour la production, aucune excrétion de résidus azotés (en pratique l'acide urique représente plus de 80 p.100 de l'azote excrété) ne serait constatée. A l'opposé, si toutes les protéines alimentaires sont catabolisées (bilan azoté nul), une excrétion importante d'énergie est observée sous forme de déchets azotés; l'acide urique contient en effet de l'énergie. Selon la valeur de son bilan azoté, l'oiseau excrétera plus ou moins d'azote, donc plus ou moins d'énergie. C'est ainsi que le jeune en croissance ou la poule en ponte présentent le plus souvent une EM supérieure à celle du coq. On corrige donc l'EM pour la rapporter à un bilan azoté nul selon la formule :

$$EMA_n = EM - 8{,}22 . (\Delta N/i)$$

où ΔN est le bilan azoté en grammes (négatif ou positif), i est la quantité d'aliment ingérée (kg); les valeurs énergétiques sont exprimées en kcal/kg.

La recherche d'un test rapide et miniaturisé (faible quantité d'aliment ingérée) a conduit Sibbald (1976) à proposer la TME (« true metabolizable energy ») ou énergie métabolisable vraie (EMV). On sait en effet que, chez le coq, l'EM dépend un peu de la quantité d'aliment ingérée. Elle diminue pour une forte réduction de la consommation. Lorsque celle-ci est faible par rapport à celle observée lors d'une alimentation à volonté, l'EM diminue. L'ingestion d'une faible quantité d'aliment proposée par Sibbald conduit à des valeurs anormalement basses de l'EM. Il est donc apparu nécessaire de corriger l'énergie des fientes pour l'excrétion dite « endogène », c'est-à-dire ne provenant pas directement de l'aliment. L'EMV s'exprime donc selon la relation :

$$EMV = EMA \text{ ou } EM + e/i$$

où e est l'énergie endogène en kcal pendant la durée du bilan.

Par analogie avec les relations entre EM et EMA_n on peut calculer l'EMV_n :

$$EMV_n = EMV - 8{,}22 . (\Delta N/i)$$

ou

$$EMV_n = EMA_n + (e_N/i) - 8{,}22 . (\Delta N/i)$$

avec :

$$e_N = e - 8{,}22 \; \Delta N$$

L' EMV_n est théoriquement la meilleure estimation de l'énergie métabolisable d'un aliment puisqu'elle exclut ce qui provient des pertes endogènes. Dans la pratique, l'EMV_n est très peu différente de l'EMA_n, car les pertes endogènes non azotées (e_N) sont extrêmement faibles. Chez un coq de type Rhodes Island, elles ne représentent que 3 à 5 kcal par jour. La correction est donc faible (100 à 200 kcal/kg) pour les faibles ingérés (40 g) et négligeable pour les ingérés supérieurs à 100 g par jour. Chez les jeunes en croissance on ne constate pas d'effet du niveau de consommation alimentaire sur EMA ; sans doute à cause du niveau élevé de l'ingéré énergétique par rapport au besoin d'entretien. En outre, il est pratiquement impossible d'estimer l'excrétion endogène d'énergie chez les jeunes en croissance.

La figure 4-9 illustre la notion de pertes endogènes. Celles-ci peuvent être mesurées sur des animaux à jeun. Elles sont alors riches en composés azotés. Chez un coq de type Rhodes Island, elles atteignent 12 kcal par jour. Si on déduit l'énergie des composés azotés on aboutit à une valeur inférieure à 5 kcal. Les pertes endogènes peuvent également être estimées par régression entre l'énergie brute excrétée et l'énergie brute ingérée, en extrapolant linéairement pour un ingéré nul. Cette méthode fournit un endogène quotidien de 8 à 10 kcal si l'on ne corrige pas pour le bilan azoté nul, et de 3 à 5 kcal si on corrige pour un bilan azoté nul.

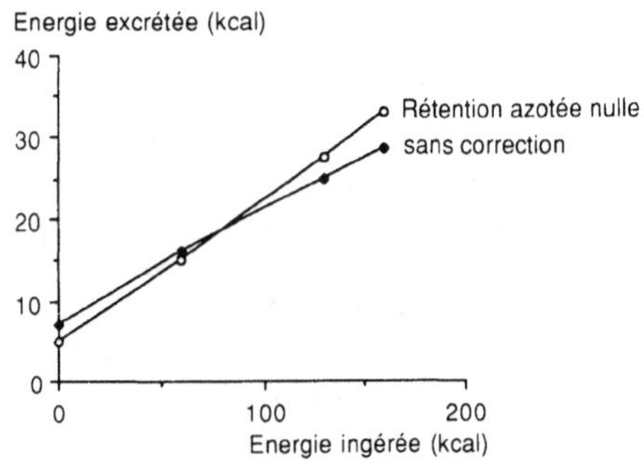

Figure 4.9. – Estimation des pertes énergétiques endogènes par régression, corrigées pour une rétention azotée nulle ou non corrigées.

En pratique l'EMA_n et l'EMV_n sont très proches et on peut facilement passer de l'une à l'autre grâce à la relation donnée précédemment. Chez le jeune en croissance, la correction pour le bilan azoté peut être effectuée en mesurant le gain de poids et en estimant qu'il renferme 0,032 g d'azote par gramme. Toutes les méthodes proposées pour la mesure de l'EMA_n fournissent les mêmes résultats, à condition que les durées des périodes de jeûne précédant et suivant l'ingestion d'aliment soient d'égale durée. La valeur énergétique des aliments dépend de plusieurs facteurs :

1-1. *Effet de l'âge*

L'âge peut exercer un effet sur la valeur énergétique (EMA_n) des aliments composés et des matières premières. Le principal facteur de variation est la présence de matières grasses. En effet, les jeunes oiseaux digèrent les lipides avec une efficacité inférieure à celle de l'adulte. Ce phénomène est lié à une sécrétion biliaire insuffisante, aggravée le plus souvent par la flore intestinale qui catabolise une partie des sels biliaires. L'addition de sels biliaires à l'aliment améliore d'autant plus la digestibilité des graisses que l'animal est jeune et que les graisses sont riches en acides gras saturés (acides palmitique et stéarique). La digestibilité de l'amidon et des protéines est en moyenne peu influencée par l'âge. Les équations d'estimation de l'EMA_n fournies ci-après illustrent ce phénomène.

1-2. *Effet de l'espèce aviaire*

D'une manière générale, on ne remarque pas de différence notable de valeurs de l'EMA_n entre espèces domestiques. On peut donc retenir pour les espèces les moins étudiées (dindon, pintades, canards...) les valeurs mesurées sur l'espèce *Gallus* qui est la mieux connue.

1-3. *Influence des traitements technologiques*

En moyenne, la granulation améliore légèrement les valeurs énergétiques des aliments composés. Ce phénomène n'est pas très bien expliqué. On sait que certains lots de blé et les protéagineux (pois et féverole) possèdent des amidons mal digérés en l'absence de traitement thermique. La simple granulation à la vapeur (80°C) suffit souvent à améliorer significativement cette digestibilité et la valeur énergétique. De même, certains lots de tourteau de soja présentent une valeur énergétique légèrement améliorée par la granulation qui doit dénaturer des facteurs antitrypsiques résiduels. Il est cependant impossible de donner une valeur fixe et systématique à cet effet bénéfique de la granulation. D'autres traitements, tels que l'extrusion, peuvent également améliorer la valeur énergétique des matières premières.

2. Valeur énergétique des aliments complets et des matières premières : équations de prédiction

Les valeurs énergétiques des principales matières premières entrant dans les rations distribuées aux oiseaux domestiques sont présentées dans le chapitre 11. La détermination de ces valeurs peut poser des problèmes méthodologiques. En effet, on les mesure le plus souvent par la méthode de substitution. Elle consiste à remplacer une partie d'un aliment de valeur énergétique connue par la matière première à analyser. Le calcul peut alors se faire par simple règle de trois. L'erreur de mesure (erreur standard) s'estime alors selon la formule :

$$S_{ing} = S\sqrt{(1 + (1 - \alpha)^2)/(n \cdot r \cdot \alpha^2)}$$

où s_{ing} est l'erreur standard sur l'EMA$_n$ de l'ingrédient, S l'écart-type de l'EMA$_n$ des régimes expérimentaux, α le taux d'incorporation de l'ingrédient (entre 0 et 1), n le nombre de sujets par répétitions et r le nombre de répétitions. Cette erreur est d'autant plus élevée que le taux d'incorporation est faible. La figure 4-10 illustre ce phénomène. La détermination devient assez précise si le taux d'incorporation dépasse 30 p.100 ($\alpha = 0,3$).

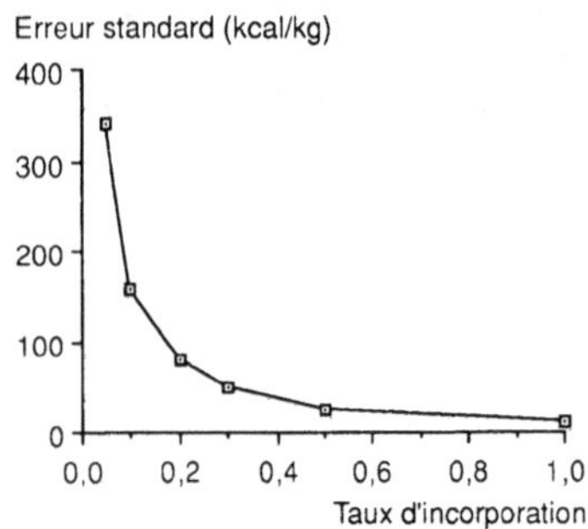

Figure 4.10. – Influence du taux d'incorporation d'une matière première sur l'erreur standard de sa valeur énergétique (hypothèses : 6 répétitions, écart-type des régimes = 30 kcal/kg).

Une autre méthode consiste à utiliser plusieurs taux de substitution et à extrapoler à 100 p.100 d'incorporation qui fournit alors l'estimation de la matière première. Cette méthode est en général plus précise. En outre, elle renseigne sur la présence éventuelle de phénomènes de non-additivité des valeurs énergétiques, c'est-à-dire des interactions entre la matière première et le reste de l'aliment ou des limites de digestibilité ; ces effets peuvent être détectés par test statistique de linéarité. La figure 4-11 illustre les résultats de cette méthode. Des phénomènes de non-additivité sont fréquemment observés avec les matières riches en graisses (matières grasses, farine de viande...) ou les matières contenant des facteurs antinutritionnels (farine de luzerne, graines de légumineuses...).

Faute de pouvoir mesurer directement la valeur énergétique d'un aliment, ou de pouvoir la calculer à partir de la formule de composition en matières premières, on peut en avoir une estimation grâce à diverses équations proposées ci-dessous et applicables chez les adultes à des aliments complets :

$$EMA_n = 37,1 \text{ PB} + 82 \text{ MG} + 40 \text{ A} + 31,1 \text{ S} \qquad \text{(équation C.E.E.)}$$

où PB est la teneur en protéines brutes (Kjeldahl) en p.100, MG les matières grasses brutes, A l'amidon (Ewers) et S les sucres libres ; l'EMA$_n$ est exprimée en kcal/kg.

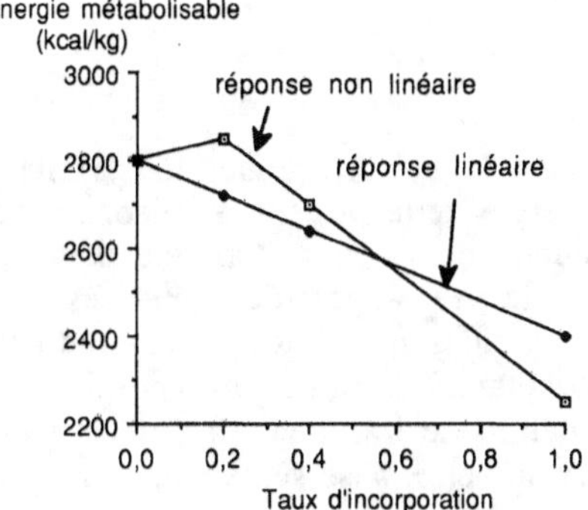

Figure 4.11. – Valeurs énergétiques des régimes expérimentaux en fonction du taux d'incorporation de la matière première.

$$EMA_n = 3951 + 54,4\ MG - 88,7\ CB - 40,8\ Ce \qquad (Sibbald, 1980)$$

Dans cette équation et dans celles qui suivent, tous les paramètres sont exprimés par rapport à la matière sèche ; CB est la cellulose brute et Ce les cendres brutes exprimées en p.100.

$$EMA_n = 0,913\ EB - 18,5\ PB - 109,5\ CB$$

et

$$EMA_n = 0,9362\ EB - 15,38\ PB - 25,16\ PAR^{1,2} \qquad (Carré\ et\ al., 1989)$$

$$EMA_n = 3985 + 47,02\ L_a - 53,07\ Ce - 44,62\ PAR \qquad (Carré\ et\ al., 1989)$$

où EB est l'énergie brute (kcal/kg) et PAR les parois végétales par méthode enzymatique (p.100), L_a les lipides bruts sans acidification. Toutes ces équations présentent des écarts-types résiduels de l'ordre de 50 kcal/kg.

Des équations ont été également établies chez les jeunes en croissance (poulets de 21 jours), en même temps que chez les adultes, en retenant les paramètres PB, MG, A et S. Ces équations fournissent les mêmes coefficients que chez l'adulte pour PB, A et S ; en revanche le coefficient de MG est plus faible chez le jeune de 1500 kcal par kg de matière grasse. Au moins 50 p.100 des différences entre jeunes et adultes proviennent donc d'une différence de digestibilité des lipides ; toutefois ce phénomène n'explique pas tout. Des fractions mineures comme les sucres libres sont probablement moins bien utilisés par le jeune.

La précision de ce mode de prédiction de l'EMA_n dépend de celle de l'équation et de celle des paramètres analytiques. Cette dernière est souvent assez médiocre, en particulier pour l'amidon. L'erreur-standard de l'équation C.E.E. est de l'ordre de 50 kcal/kg. Celle de l'ensemble équation + paramètres analytiques est de l'ordre de 100 kcal/kg. Ces équations ne fournissent donc qu'une valeur approchée de l'EMA_n. Des équations applicables aux matières premières sont disponibles et présentées dans le chapitre 11. En général, elles rendent des services plus intéressants que les équations destinées aux aliments complets. Il faut noter enfin que ces équations sont applicables aux oiseaux domestiques autres que le poulet, sans grand risque d'erreur.

VI. Energie nette

Contrairement à la plupart des autres productions animales, l'aviculture n'utilise pas le système d'énergie nette. Plusieurs raisons expliquent ce choix.

Tout d'abord, il y a autant de valeurs d'énergie nette d'un même aliment qu'il y a d'animaux. En effet, le rapport des dépenses : entretien/production et le rapport des teneurs : lipides /protéines de la production (gain de poids ou œuf) caractérisent chaque animal. En outre, l'énergie nette d'entretien n'est guère influencée par la nature de l'aliment. Enfin les tentatives de mise en place d'un système d'énergie nette, basé seulement sur les différences de rendement de synthèse des lipides, se sont heurtées à des limites technologiques (impossibilité de dépasser un taux d'incorporation de graisse de 8 p.100) ou qualitatives (carcasses trop grasses). De nouvelles approches méthodologiques peuvent toutefois rendre à l'avenir un système d'énergie nette envisageable chez les oiseaux.

VII. Influence du taux énergétique sur les performances

D'une manière générale, le taux énergétique, en tant que tel, (ou mieux la concentration énergétique) des aliments influence peu la croissance et la ponte. Il est corrélé négativement avec la consommation d'aliment et l'indice de consommation (rapport entre le poids d'aliment et le poids de viande ou d'œuf produit). Cet aspect important de l'alimentation est exposé dans les chapitres correspondant aux diverses productions avicoles.

Ouvrages de référence

CARRE B., ROZO E., 1990. La prédiction de la valeur énergétique des matières premières destinées à l'aviculture. *I.N.R.A. Prod. Anim.*, 3, 163-169

FISHER C., BOORMAN K., 1986. *Nutrient requirement of poultry and nutritional research.* Butterworths edit.

KLEIBER M., 1961. *The fire of life.* John Wiley edit.

LECLERCQ B., PREVOTEL B., CARRE B., 1984. *Equations de prédiction de la valeur énergétique des aliments destinés aux volailles : étude expérimentale.* I.N.R.A. edit.

LECLERCQ B., 1986. Energy requirement of avian species. in *Nutrient Requirement of Poultry.* Butterworths edit.

MAC LEOD M.G., GERAERT P.A., 1988. Energy metabolism in genetically fat and lean birds and mammals. in *Leanness in domestic birds*, chap.8, Butterworths edit.

MORRIS T.R., FREEMAN B. M., 1973. *Energy requirement of poultry.* British Poultry Science ltd

5

MÉTABOLISME PROTÉIQUE

Les produits de la digestion des protéines d'origine alimentaire ou endogène sont absorbés essentiellement sous la forme d'acides aminés libres mais aussi d'oligopeptides qui sont rapidement hydrolysés dans les entérocytes (cf. chap. 3).

Dans le sang comme dans tous les tissus, il existe une quantité appréciable d'acides aminés dits libres parce que non engagés dans des liaisons peptidiques. Ils sont utilisés à des fins anaboliques ou cataboliques : synthèse protéique, interconversion entre acides aminés, néoglucogénèse, cétogénèse, oxydation..., l'ensemble de ces réactions constituant le métabolisme protéique. Avant de décrire ses différents aspects, en soulignant les particularités des volailles, il importe de rappeler brièvement la structure et les principales propriétés physico-chim.ques des acides aminés. En guise d'application, nous envisagerons l'efficacité des protéines alimentaires en étudiant l'influence des principaux facteurs de variation, liés aux protéines elles-mêmes ou à la présence des autres nutriments dans l'aliment. Nous nous intéresserons tout particulièrement à la notion de disponibilité, dans la mesure où elle intervient, pour, à la fois, estimer la valeur nutritionnelle des matières premières et formuler les aliments composés.

I. Propriétés physico-chimiques des acides aminés

Les acides aminés sont des molécules organiques possédant à la fois un groupement carboxyle et un groupement aminé liés à un même carbone lui-même attaché à un radical (R), variable d'un acide aminé à l'autre. Ce carbone est toujours asymétrique sauf pour la glycine ou glycocolle (R étant un atome d'hydrogène) :

$$R - CH - COOH \qquad H - CH - COOH$$
$$\quad\quad | \qquad\qquad\qquad\quad\quad |$$
$$\quad\quad NH_2 \qquad\qquad\qquad\quad NH_2$$

Acide aminé   Glycine

1. Ionisation

En solution aqueuse, les acides aminés sont faiblement ionisés et comportent un COOH et un NH_3^+, tous les deux donneurs de protons :

$$R - COOH \rightarrow R - COO^- + H^+$$
$$R - NH_3^+ \rightarrow R - NH_2 + H^+$$

A l'inverse, R-COO$^-$ et R-NH$_2$ sont des bases conjuguées ou des accepteurs de protons. Dans les conditions physiologiques (pH = 7,4), R-COOH n'existe plus que sous forme R-COO$^-$ alors que le groupement aminé libre est sous la forme R-NH$_3^+$.

2. Classification

La classification chimique des acides aminés repose sur la nature du radical (R) dit chaîne latérale, attaché au carbone en position α. On distingue, dans une première approche, les acides aminés polaires des non polaires, selon que le radical peut être chargé ou non. On dénombre ainsi dix acides aminés polaires (acides aspartique et glutamique, arginine, cystéine, glycine, histidine, lysine, sérine, thréonine, tyrosine) et huit non polaires (alanine, valine, leucine, isoleucine, méthionine, phénylalanine, proline, tryptophane)(tabl.5-1).

Tableau 5-1. Classification des acides aminés.

Nom	Polarité	Particularité	*
Glycine	polaire	chaîne latérale aliphatique	0+
Alanine	non polaire	chaîne latérale aliphatique	0
Valine	non polaire	chaîne latérale ramifiée	+
Leucine	non polaire	chaîne latérale ramifiée	+
Isoleucine	non polaire	chaîne latérale ramifiée	+
Sérine	polaire	hydroxylé	0+
Thréonine	polaire	hydroxylé	+
Tyrosine	polaire	hydroxylé, noyau phénol	+
Cystéine	polaire	soufré	0+
Méthionine	non polaire	soufré, groupe méthyl	+
Acide aspartique	polaire	diacide	0
Asparagine	polaire	fonction amide	0
Acide glutamique	polaire	diacide	0
Glutamine	polaire	fonction amide	0
Arginine	polaire	quadri-aminé	+
Lysine	polaire	diaminé	+
Histidine	polaire	diaminé	+
Phénylalanine	non polaire	noyau aromatique	+
Tryptophane	non polaire	noyau indole	+
Proline	non polaire	acide aminé	0+

* caractère nutritionnel : 0 = non indispensable; + = indispensable; 0+ = indispensable sous certaines conditions

Mais le plus souvent, on classe les acides aminés en fonction de la structure ou de la composition du radical selon qu'il est aliphatique, aromatique, qu'il comporte des groupements hydroxyle, carboxyle ou basique, des atomes de soufre (fig. 5-1). Il reste le cas particulier de la proline qui est un acide α aminé.

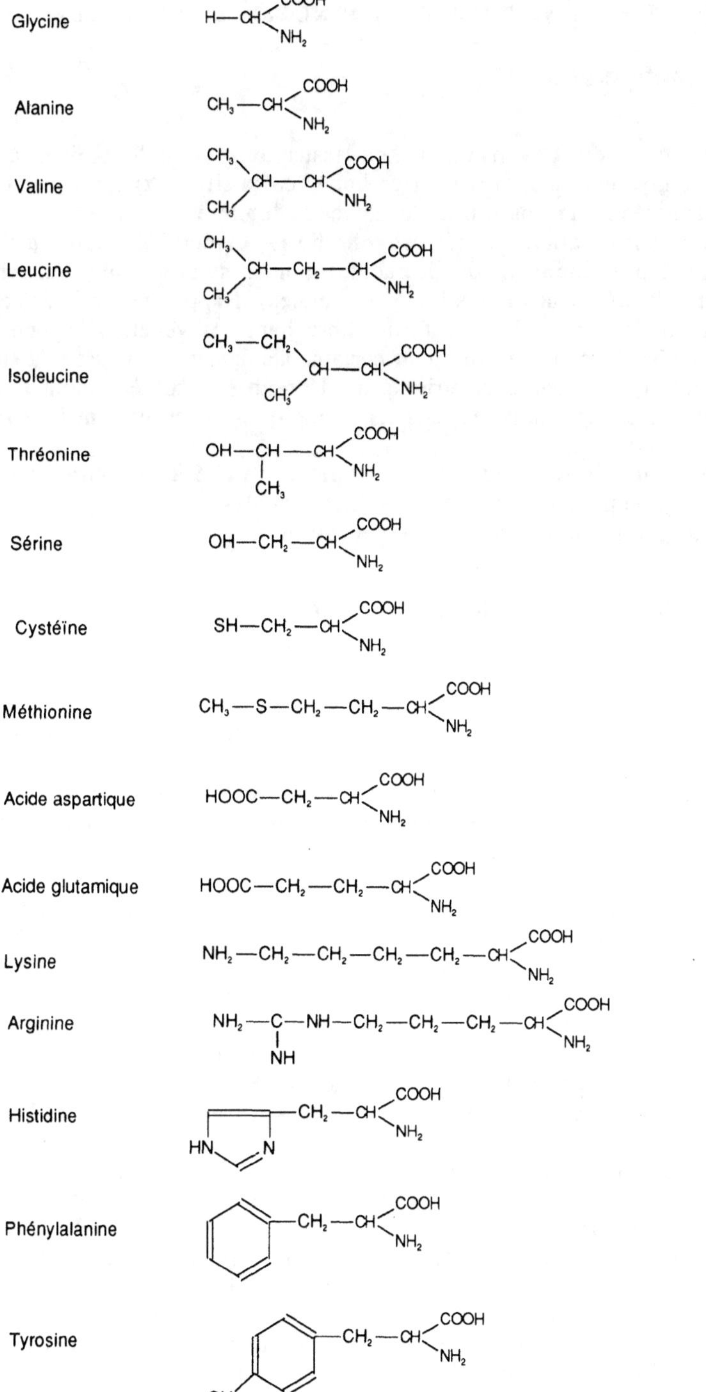

Figure 5.1. – Formule chimique des acides aminés naturels.

3. Configuration

Comme nous l'avons indiqué ci-dessus, tous les acides aminés, à l'exception de la glycine, comportent un carbone (en position α) asymétrique conférant à la molécule la possibilité de dévier la lumière polarisée.

La configuration spatiale est celle du L– glycéraldéhyde d'où l'appellation acide L α aminé pour tous les acides aminés naturels (que l'on retrouve dans toutes les protéines animales ou végétales). Rappelons qu'il existe aussi des isomères D à la fois sous forme libre dans les végétaux et constitutifs des parois bactériennes. Enfin, pour certains acides aminés possédant sur la chaîne latérale un carbone asymétrique, on dénombre 4 isomères dont un seul se retrouvera engagé dans les liaisons peptidiques. Il en est ainsi de la thréonine et de l'isoleucine.

Le pouvoir rotatoire n'est pas strictement lié à la configuration spatiale. Bien qu'étant tous des isomères L, les acides aminés naturels, sont souvent dextrogyres, mais certains sont lévogyres.

4. Solubilité et caractérisation chimique

Les acides aminés sont généralement solubles dans les solvants polaires (alcool) mais insolubles dans les solvants non polaires (éther, benzène, hexane). Dans l'eau, la solubilité augmente à faible pH. Pour les acides aminés basiques, la forme monochlorhydrate est très soluble en milieu aqueux.

Certains acides aminés (tyrosine et tryptophane) absorbant les radiations ultraviolettes, peuvent être eux-mêmes, ou les protéines qui les contiennent, dosés par spectrophotométrie UV, à 280 nm correspondant à la densité optique maximum.

Plus couramment, les acides aminés sont dosés par spectrophotométrie dans le visible. Dans le cas des acides aminés libres, on procède à leur extraction préalable, en employant divers agents (éthanol, solutions d'acides picrique, sulfosalicylique ou trichloroacétique) qui précipitent les protéines et les peptides en laissant les acides aminés libres dans le liquide surnageant. Le dosage proprement dit, comprend une chromatographie sur colonne de résine échangeuse d'ions, permettant de séparer les différents acides aminés qui sont élués dans l'ordre acides, neutres puis basiques. On utilise alors des solutions tampon que l'on fait passer dans la colonne de résine selon un gradient de pH croissant. Les acides aminés, sortant de la colonne, sont mis en présence de ninhydrine sous ses deux formes oxydée et réduite. La première permet la décarboxylation oxydative avec production de CO_2, de NH_3 et du dérivé aldéhyde de l'acide aminé (avec un carbone en moins). La ninhydrine réduite réagit avec NH_3 en formant un complexe violet absorbant à 570 nm. Dans le cas de la proline et l'hydroxyproline, la réaction avec la ninhydrine donne une coloration jaune absorbant à 440 nm. Enfin pour les amines, dérivant des acides aminés, on obtient des complexes bleus mais sans dégagement de CO_2.

II. Métabolisme des acides aminés

Les acides aminés libres (circulants ou tissulaires) constituent des pools dont les concentrations sont des bilans entre les apports et les dépenses (fig.5-2). Ils ont deux origines : digestive et métabolique.

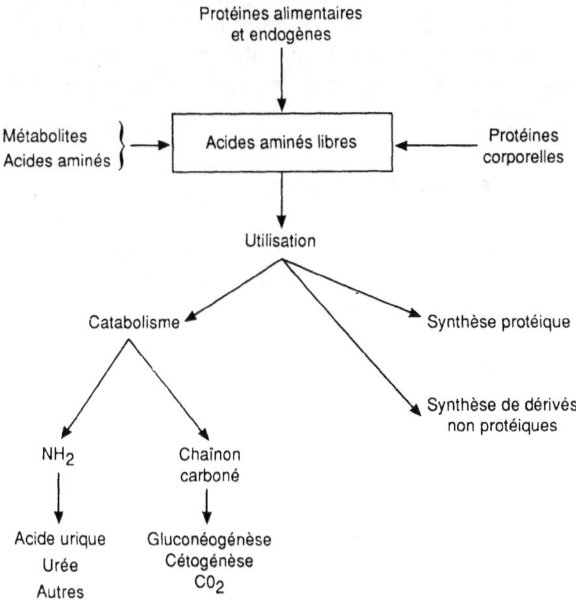

Figure 5.2. – Origine et devenir des acides aminés libres tissulaires et circulants.

Les protéines de l'aliment comme celles du tube digestif (enzymes, protéines des cellules desquamées et des bactéries) sont hydrolysées avant d'être absorbées. Dans l'organisme, les protéines tissulaires se renouvellent constamment avec libération d'acides aminés « endogènes ». En outre, il existe de nombreuses réactions métaboliques au cours desquelles des métabolites sont convertis en acides aminés non essentiels.

L'utilisation métabolique des acides aminés est également diversifiée. Tandis que la synthèse protéique permet l'élaboration de nouvelles protéines, la dégradation aboutit, d'une part à l'élimination de l'azote, d'autre part à la production de molécules hydrocarbonées (néoglucogénèse, lipogénèse), de gaz carbonique et d'énergie.

Le métabolisme des acides aminés concerne l'ensemble des réactions de leur biosynthèse et de leur utilisation à des fins anaboliques ou cataboliques. Nous en envisagerons les principaux aspects qui sont souvent communs à toutes les espèces, en mettant l'accent sur les particularités des oiseaux.

1. Biosynthèse des acides aminés

Contrairement aux végétaux et à de nombreuses espèces bactériennes, les volailles, tout comme tous les animaux supérieurs, sont incapables de synthétiser certains acides aminés, dits indispensables, dont ils ont besoin pour leur synthèse protéique et leur renouvellement tissulaire. Ils doivent les consommer dans leur alimentation. Au regard de la synthèse protéique, tous les acides aminés sont également indispensables dans la mesure où l'absence de l'un d'entre eux empêchera le processus anabolique. Mais du point de vue de la Biochimie et par voie de conséquence de la Nutrition, les acides aminés sont classés en trois groupes.

1-1. *Acides aminés indispensables*

Ils doivent être apportés dans l'aliment. On les répartit en trois catégories :
— ceux qui sont strictement indispensables parce qu'il ne peuvent être synthétisés, même à partir de métabolites intermédiaires, en particulier de dérivés α cétoniques. Il en est ainsi de la lysine et de la thréonine, les transaminases correspondantes faisant défaut ;
— ceux qui peuvent être synthétisés par transamination à partir de leur dérivés α cétoniques mais à une vitesse insuffisante : leucine, valine, isoleucine ;
— ceux qui peuvent être synthétisés dans le cadre du métabolisme intermédiaire mais à une vitesse trop insuffisante pour satisfaire les besoins de l'animal. Il en est ainsi de l'arginine et de l'histidine. La première peut-être formée soit à partir du glutamate en utilisant une voie métabolique impliquant des dérivés N acétylés, soit à travers le cycle de l'urée (fig. 5-3).

1-2. *Acides aminés semi-indispensables*

Ils peuvent être synthétisés à partir d'acides aminés indispensables. Il s'agit de la cystéine et de la tyrosine formées respectivement à partir de la méthionine et de la phénylalanine.
La cystéine est formée à partir de la méthionine et de la sérine qui sont respectivement indispensable et non indispensable. La méthionine est d'abord transformée en adénosylméthionine puis en S-adénosylhomocystéine, enfin en homocystéine qui va se condenser avec la sérine pour former la cystéine et l'homosérine.
La tyrosine est synthétisée par l'hydroxylation de la phénylalanine (acide aminé indispensable) en présence de phénylalanine hydroxylase qui est une oxygénase. La molécule d'oxygène est utilisée de manière qu'un seul atome va se fixer en position para dans la phénylalanine tandis que l'autre est réduit en donnant une molécule d'eau.
Il faut aussi signaler le cas particulier de l'hydroxylysine (acide α ε diamino hydroxycaproïque) qui n'est présent que dans le collagène. Sa biosynthèse s'effectue par hydroxylation des résidus lysyl du collagène en présence de lysyl-hydroxylase.

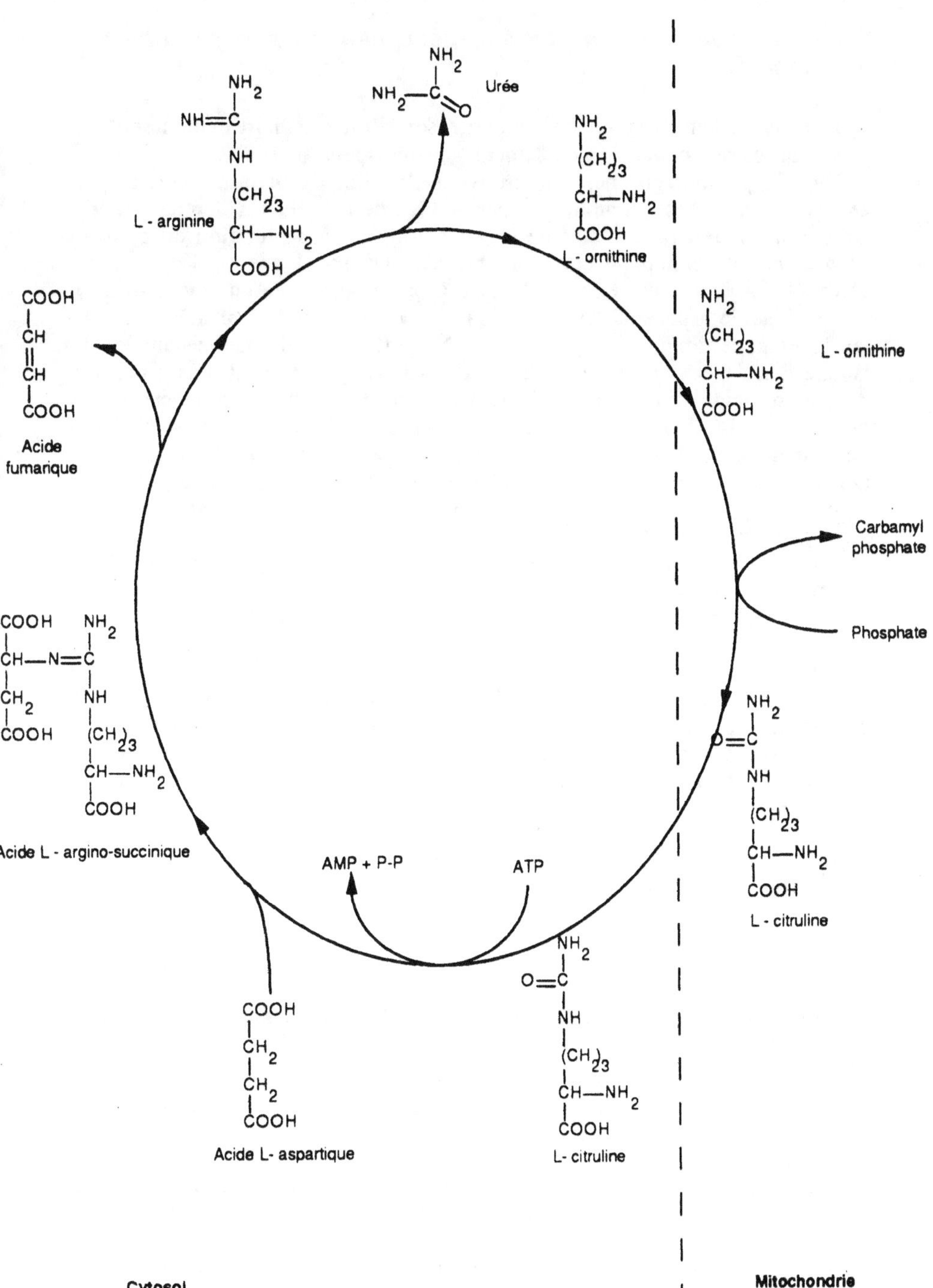

Figure 5.3. – Cycle de l'urée chez les mammifères.

1-3. *Les acides aminés non indispensables* ou *non essentiels* ou *banals*

Ils sont facilement synthétisés à partir, soit d'intermédiaires amphiboliques, soit d'autres acides aminés également non indispensables.

Dans le premier groupe, nous trouvons l'alanine, la glycine, la sérine, les acides aspartique et glutamique, ainsi que les dérivés de ces derniers, la glutamine et l'asparagine. L'alanine est obtenue par transamination du pyruvate en présence de glutamate ou d'aspartate en tant que donneur de groupement aminé. La glycine peut être synthétisée à partir soit de la choline, soit de la sérine. L'acide aspartique est formé par transamination de l'oxaloacétate, l'alanine étant le donneur de groupement NH_2. Il en est de même pour le glutamate constitué à partir de l'α-cétoglutarate. Le groupement amine provient d'un autre acide aminé ou simplement à partir de l'ammoniac (réaction catalysée par la L-glutamate déshydrogénase en présence de NAD^+ ou $NADP^+$). La glutamine-synthétase catalyse la synthèse de la glutamine à partir du glutamate et de NH_4^+ en présence d'ATP et Mg^{++}. Cette réaction est analogue à celle qui permet la formation de l'asparagine, à partir de l'aspartate grâce à l'asparagine synthétase.

Dans le cas de la sérine, il existe deux voies métaboliques de biosynthèse à partir d'un même métabolite de la glycolyse le D-3 phospho-glycérate. Par la voie des intermédiaires phosphorylés, celui-ci est d'abord oxydé en phosphohydroxypyruvate qui va subir une transamination en phosphosérine, puis la perte du groupement phosphate. Dans la voie dite des intermédiaires non phosphorylés, la molécule de phosphoglycérate de départ perd immédiatement son groupement phosphate pour donner du D-glycérate, lui-même oxydé en hydroxypyruvate avant d'être transaminé pour former la L-sérine.

Enfin, la proline est synthétisée directement à partir de l'acide glutamique, la biosynthèse suivant rigoureusement le chemin inverse du catabolisme.

2. Utilisation des acides aminés

2-1. *Synthèse protéique – Mécanisme général*

La synthèse protéique comprend un ensemble de processus complexes mettant en œuvre trois sortes d'acides ribonucléiques (RNA) :

— les acides ribonucléiques messagers (m-RNA) transportent dans leur séquence nucléotide un code déterminant l'ordre d'insertion des acides aminés dans les chaînes polypeptidiques ;

— les acides ribonucléiques ribosomaux se combinant avec environ 100 protéines forment les ribosomes (organites sub-cellulaires) et organisent l'alignement structurel correct pour les différents constituants de la synthèse protéique ;

— les acides ribonucléiques de transfert (t-RNA) sont chacun spécifique d'un acide aminé. Ils sont impliqués dans l'activation et la liaison des acides aminés successifs au ribosome dans un ordre dirigé par les acides ribonucléiques messagers qui sont liés aux ribosomes.

La synthèse protéique comporte trois étapes dans son processus appelé traduction :
— l'initiation : un ribosome et une molécule de t-RNA, initiateur spécifique, se lient à un site particulier sur un ARNm au début de la séquence de codage. Un autre amino-acyl-t-RNA peut alors venir se fixer sur le complexe ainsi constitué et on a alors la première liaison peptidique ;
— l'élongation : le ribosome se déplace le long du m-RNA et la chaîne polypeptidique s'élabore à partir d'acides aminés dans une séquence spécifique dirigée par l'ordre des nucléotides dans les m-RNA ;
— la terminaison : le ribosome atteint le site de fin de la séquence de codage et est libéré en même temps que le m-RNA, une fois la chaîne protéique complétée.

Dans la plupart des tissus, in vivo, chaque molécule de m-RNA est traduite simultanément par plusieurs ribosomes, la structure entière étant un polyribosome ou polysome. Toutes les molécules de protéines sont synthétisées en commençant par leur partie NH_2-terminale et en finissant par leur partie COOH-terminale.

2-2. *Rôle dans la synthèse de substances remarquables*

Plusieurs acides aminés interviennent directement, en remplissant des fonctions spécifiques dans la synthèse de nombreuses substances biologiquement très actives.

La glycine est utilisée dans la synthèse de la partie porphyrique de l'hémoglobine. L'azote et le carbone α entrent dans la constitution du noyau pyrrole. De même, la molécule toute entière de la glycine forme les positions 4, 5 et 6 du squelette des bases puriques. Elle constitue un précurseur du glutathion et se conjuge avec l'acide cholique pour former les glycocholates (sels biliaires). Enfin elle est nécessaire dans la synthèse de la créatine et surtout de l'acide urique, principale forme d'élimination de l'azote chez les oiseaux. Pour toutes ces raisons, on considère souvent la glycine comme acide aminé indispensable chez le jeune oiseau dans la mesure où elle doit être apportée dans la ration, sa biosynthèse ne s'effectuant pas à une vitesse suffisante en période de démarrage.

La sérine se retrouve en grande quantité dans les phospho-protéines (phosvitine de l'œuf par exemple). Elle participe à la synthèse de certains phospholipides (céphalines, sphingomyéline) ainsi que dans celle des bases puriques et pyrimidiques.

Sous l'action de l'arginase, l'arginine se convertit en ornithine qui permet la synthèse de la putrescéine puis celle de la spermidine et de la spermine, polyamines considérées comme des facteurs de croissance. Ces molécules stimulent la transcription de l'acide désoxyribonucléique en favorisant la synthèse des acides ribonucléiques et agissent comme inhibiteurs de nombreuses enzymes dont plusieurs kinases.

La synthèse de spermidine et de la spermine nécessite aussi l'intervention de la méthionine qui doit au préalable se transformer en S-adenosyl-méthionine, ce dérivé étant par ailleurs le principal donneur de groupements méthyl de l'organisme animal.

La méthionine est aussi un donneur de soufre comme la L-cystine, elle est en outre impliquée dans la synthèse de coenzyme A (cf. chap.7) et dans celle de la taurine qui se conjugue avec les acides biliaires pour former des taurocholates.

L'histidine se convertit en histamine, par décarboxylation au moyen d'une enzyme spécifique (histidine décarboxylase), ou de la L-amino-acide aromatique décarboxylase qui catalyse aussi la décarboxylation des trois acides aminés aromatiques : la phénylalanine, la tyrosine et le tryptophane et de quelques dérivés (3,4 dihydroxyphénylalanine ou DOPA, 5 hydroxytryptophane). L'histidine est également à l'origine de la synthèse de la carnosine et de l'ansérine qui sont deux constituants du muscle squelettique.

La phénylalanine et la tyrosine permettent la synthèse de nombreuses substances. La tyrosine, qui peut être synthétisée à partir de la phénylalanine, est le précurseur des hormones thyroïdiennes : la triiodothyronine et la thyroxine. Elle est aussi le précurseur de l'adrénaline et de la noradrénaline obtenues après une série de réactions : hydroxylation en DOPA, décarboxylation en dopamine puis oxydation en noradrénaline, enfin transfert d'un groupement méthyl par la phényléthanolamine N-méthyl transférase, en adrénaline.

Enfin, c'est à partir du tryptophane que l'on obtient surtout la sérotonine qui est à la fois un vasoconstricteur puissant, un stimulant de la contraction des muscles lisses et un neurotransmetteur du système nerveux central.

2-3. *Devenir catabolique des acides aminés*

Contrairement aux glucides et aux lipides dont l'excès par rapport aux besoins de l'animal peut être stocké respectivement sous forme de glycogène hépatique et musculaire et de lipides corporels, les acides aminés ne peuvent être conservés dans l'organisme. Tout excès par rapport au besoin d'entretien (renouvellement tissulaire) et de production (croissance du jeune animal, synthèse des protéines de l'œuf) est catabolisé. Le groupement aminé est enlevé, puis éliminé. La copule carbonée peut être utilisée à des fins énergétiques en se convertissant en glucides (néoglucogénèse), en lipides (néolipogénèse) ou en s'oxydant en CO_2 expiré.

— *Catabolisme du groupement amine*

Chez les animaux, l'azote provenant du catabolisme des acides aminés est éliminé essentiellement sous l'une des trois formes :
— ammoniac libre (espèces ammoniotéliques),
— urée chez les mammifères (espèces uréotéliques),
— acide urique chez les oiseaux (espèces uricotéliques).

Avant d'envisager la synthèse de l'acide urique, nous considérons les principales réactions permettant de détacher le groupement aminé. Il s'agit de la transamination et de la désamination oxydative catalysées respectivement par des transaminases ou aminotransférases et des désaminases.

— *Transamination*

Le principe général repose sur le transfert du groupement amine d'un acide aminé à un dérivé α cétonique pour donner alors un acide aminé et un dérivé α cétonique. La réaction est catalysée par le phosphate de pyridoxal (vitamine B_6). Les transaminases les plus répandues sont l'alanine-pyruvate et l'aspartate-oxaloacétate transaminases, appelées respectivement alanine et aspartate transaminases (cf.chap.7)

alanine + α cétoglutarate ↔ pyruvate + acide glutamique

acide aspartique + α cétoglutarate ↔ oxaloacétate +acide glutamique

La réaction de transamination étant réversible, intervient aussi bien dans la dégradation que dans la biosynthèse des acides aminés (sauf la lysine la thréonine, les acides aminés cycliques, la proline et l'hydroxyproline qui ne transaminent pas). Les transaminases sont spécifiques de l'acide aminé et du dérivé α-cétonique constituant la paire de substrats. Aussi, peut-on remarquer que l'acide α-cétoglutarate sera l'accepteur commun du groupement amine de nombreux acides aminés.

La transamination ne concerne pas seulement le groupement α-aminé. Le groupement δ-aminé de l'ornithine peut aussi être transaminé pour former le glutamate δ-sémi-aldéhyde tandis que le groupement ε-aminé de la lysine ne participe à aucune transamination.

— *Désamination oxydative*

Il s'agit, là aussi, de la conversion des acides aminés en dérivés α-cétoniques, en présence d'amino-acide oxydases qui sont des flavoprotéines auto-oxydables. Le FMN ou le FAD réduits sont réoxydés par l'oxygène moléculaire. L'eau oxygénée formée est scindée par la catalase en oxygène et eau (cf. chap.7). La réaction de désamination comporte d'abord une déshydrogénation de l'acide aminé par la flavoprotéine de l'oxydase donnant ainsi un acide α-iminé. Avec l'addition d'eau, celui-ci se décompose pour former le dérivé α-cétonique et la libération du groupement α-iminé en ion ammonium.

On distingue deux amino-acide oxydases. La L-amino-acide oxydase (FMN flavoprotéine) se trouve dans le foie et les reins mais possède une activité relativement réduite dans les conditions nutritionnelles normales.

La D amino acide-oxydase, qui est une FAD flavoprotéine, est beaucoup plus active. Elle permet d'oxyder les isomères D d'acides aminés en particulier la D-méthionine avant de convertir le dérivé α-cétonique correspondant en L-méthionine par transamination. De même elle intervient dans l'oxydation de l'analogue hydroxylé de la méthionine (méthionine hydroxyanalogue ou MHA) en cétoanalogue.

L'existence de la D-amino-acide oxydase chez les mammifères comme chez les oiseaux a permis de développer la production industrielle par synthèse chimique de DL méthionine puis de méthionine-hydroxyanalogue. Il n'en est pas de même pour la lysine; les isomères D des acides aminés basiques et des acides aminés acides étant d'une façon générale de mauvais substrats pour la D amino-acide oxydase.

Les groupements aminés sont généralement transférés sur l'α– cétoglutarate par transamination pour donner du glutamate, réaction catalysée par la L-glutamate déhydrogénase utilisant NAD^+ ou $NADP^+$ comme coenzymes. La réaction est réversible puisqu'elle permet aussi bien la biosynthèse de l'acide glutamique par amination à partir de l'α– cétoglutarate que le catabolisme en permettant l'élimination de l'azote de l'acide glutamique.

— *Synthèse de l'acide urique*

Chez les mammifères, l'urée constitue la principale forme d'élimination de l'azote par le biais du cycle de l'urée (fig.5-3). La première réaction qui est une condensation d'ion ammonium, d'une molécule de CO_2 et d'un phosphate provenant de l'ATP nécessite la présence de la carbamyl phosphate synthétase. Cette enzyme fait défaut chez l'oiseau. L'urée qu'on retrouve dans les urines provient de la dégradation de l'arginine par l'arginase. Sur le plan nutritionnel, l'arginine est indispensable chez les oiseaux, dans la mesure où, contrairement aux mammifères, les possibilités de régénération à partir de l'ornithine et du carbamyl phosphate, n'existent pas.

Dans l'urine des oiseaux, l'acide urique représente donc à la fois, le principal composé d'élimination de l'azote et le plus important constituant (80 p.100), à côté de sels d'ammonium, d'urée, de créatine et d'acides aminés libres. Sa synthèse est celle des bases puriques (fig.5-4). Les quatre atomes d'azote de la molécule proviennent de la glycine, de la glutamine et de l'acide aspartique.

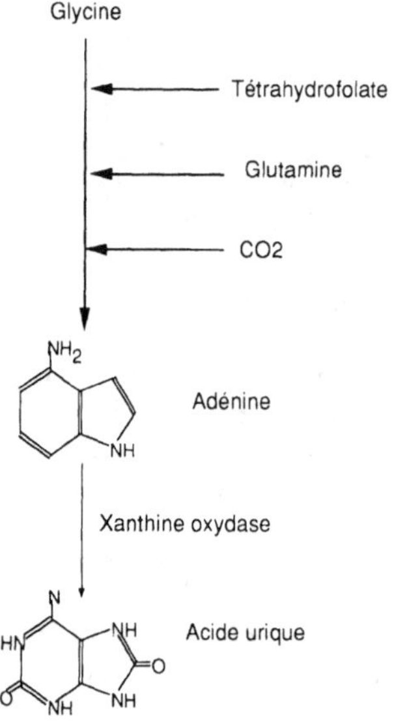

Figure 5.4. – Synthèse de l'acide urique.

L'acide urique est une molécule très peu soluble dans l'eau (0,4 mmole/l), contrairement à l'urée. Sa concentration plasmatique évolue, selon l'état nutritionnel entre 40 et 100 µg par ml. L'excrétion rénale doit être permanente pour éviter les dépôts endogènes (goutte viscérale). A jeun, l'uricémie diminue ainsi que l'excrétion. La composition de l'urine est également modifiée ; les sels d'ammonium représentent alors une plus importante proportion de l'azote excrété (25 p.100). Inversement, la consommation d'un aliment très riche en protéines augmente l'excrétion rénale d'acide urique. Enfin, il existe une composante génétique du catabolisme protidique contrôlant, par voie de conséquence, l'élaboration de l'acide urique. Il en est ainsi du gène de nanisme dw (cf. chap.10) qui semble augmenter le catabolisme des acides aminés.

— Devenir du chaînon carboné

Après la perte du groupement aminé qui, selon la demande, sera rentabilisé par l'anabolisme ou bien éliminé, les acides aminés deviennent des chaînes d'hydrocarbure oxygéné. Ils sont alors convertis en intermédiaires amphiboliques qui sont à l'origine du glycogène (acides aminés glucoformateurs) ou des graisses (acides aminés cétogènes). La figure 5-5 résume le catabolisme des acides aminés et permet de classer ces derniers non plus en fonction de leur structure initiale ou de leurs propriétés physico-chimiques mais de leur devenir métabolique.

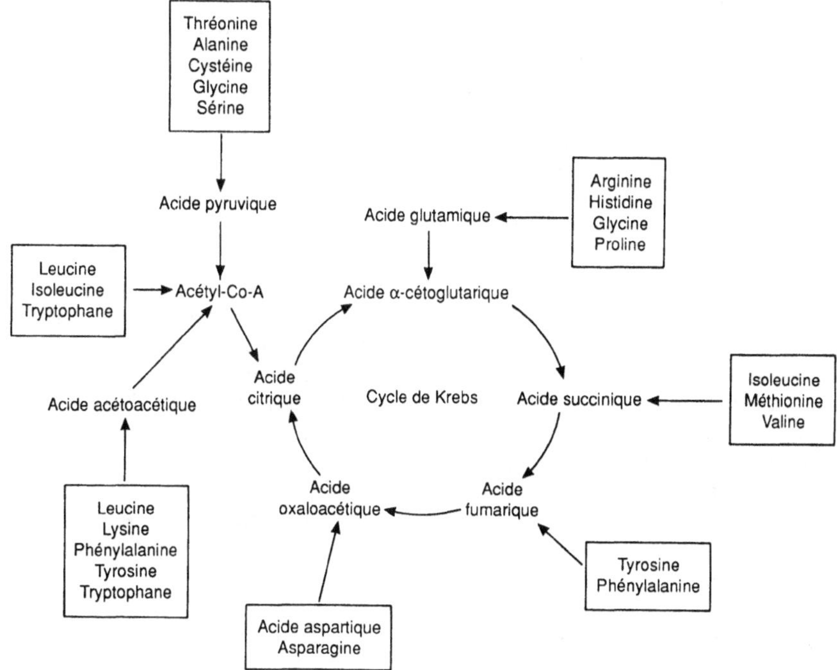

Figure 5.5. – Devenir métabolique des acides aminés et métabolisme intermédiaire.

Nous distinguerons cinq groupes d'acides aminés. Trois d'entre eux ont un catabolisme qui aboutit directement au cycle du citrate par l'intermédiaire respectivement de l'oxaloacétate (transamination de l'acide aspartique), de l'α cétoglutarate et du succinyl CoA. Les deux autres groupes débouchent sur la synthèse de l'acétyl CoA directement ou par l'intermédiaire du pyruvate.

— Formation de l'α-cétoglutarate

La glutamine est désaminée par la glutaminase (différente de l'asparaginase) en acide glutamique. Celui-ci subit simplement une transamination en présence de pyruvate-alanine transaminase pour former l'α– cétoglutarate.

Dans la cas de la proline, on a d'abord une oxydation en déshydroproline qui donne le γ semi-aldéhyde du glutamate par addition d'une molécule d'eau. L'α-cétoglutarate est obtenu après oxydation en glutamate suivie d'une transamination.

L'arginine subit l'action de l'arginase qui permet d'enlever un atome de carbone (urée). L'ornithine obtenue est transaminée en glutamate γ semi-aldéhyde.

Dans le cas de l'histidine, une désamination par l'histidase est suivie de trois réactions permettant d'enlever au total un atome de carbone et trois atomes d'azote.

— Formation du succinyl-CoA

Le métabolisme de trois acides aminés : la méthionine, la valine et l'isoleucine, aboutit au succinate.

La méthionine est d'abord condensée avec l'ATP pour donner la S-adénosylméthionine. Le groupement méthyl est ensuite éliminé. Il est en fait transféré à plusieurs composés possibles (choline, bétaines, adrénaline, sarcosine, créatine, mélatonine etc.). L'hydrolyse de S-adénosylhomocystéine ainsi obtenue libère de la L-homocystéine et de l'adénosine. Intervient alors un autre acide aminé, la sérine, qui va conduire à la cystathionine dont l'hydrolyse produira l'homosérine et la cystéine. L'α-cétobutyrate qui est obtenu par désamination de l'homosérine est décarboxylé de façon oxydative en dérivé acyl-CoA (propionyl-CoA).

Les trois acides aminés ramifiés (valine, leucine et isoleucine) sont catabolisés de façons analogues, du moins pour les trois premières étapes. Dans tous les cas, la première réaction est une transamination formant les dérivés α-cétoniques correspondants. Ensuite une décarboxylation oxydative, suivie d'une déshydrogénation, permet l'obtention du méthylacrylyl-CoA, du β-méthylcrotonyl-CoA et du tiglyl-CoA, dérivés thioesters d'acyl-CoA de la valine, de la leucine et de l'isoleucine respectivement.

Les trois acides aminés ramifiés ont par la suite des réactions cataboliques spécifiques aboutissant respectivement au succinate pour la valine, à l'acétyl-CoA et au propionyl-CoA pour l'isoleucine, et à l'acétyl-CoA et l'acétoacétate pour la leucine.

— Formation du pyruvate

Le pyruvate, dérivé α-cétonique de l'alanine, provient de quatre autres acides aminés : la glycine, la sérine, la thréonine et la cystéine. La molécule se constitue partiellement à partir de la glycine mais en totalité de l'alanine, de la cystéine, de la sérine et seulement pour deux carbones de la thréonine. Celle-ci est coupée en acétaldéhyde et glycine par la thréonine-aldolase. Le premier est transformé en acétyl-CoA. La glycine se transforme, en présence de hydroxyméthyl-tranférase en sérine qui est désaminée par la sérine-déshydratase en pyruvate.

La cystine est réduite en cystéine (en présence de NADH et d'une oxydo-réductase) elle-même convertie en pyruvate selon trois schémas réactionnels différents :

— par la cystéine disulfhydrase,
— par transamination puis élimination de soufre sous la forme d'acide sulf-hydrique,
— par oxydation du groupement sulfhydryle suivie d'une transamination puis de la perte du soufre.

— Formation de l'acétyl-CoA

La conversion en acétyl-CoA est directe (sans passer par le pyruvate) pour la phénylalanine, la tyrosine, le tryptophane, la lysine et la leucine.

Les deux acides aminés aromatiques suivent la même voie de dégradation dans la mesure où la phénylalanine se transforme d'abord en tyrosine en présence de phénylalanine-hydroxylase. La conversion de la tyrosine en acétyl-CoA et acétate s'effectue en six étapes, la première réaction étant une transamination comme pour la plupart des acides aminés. Le p. hydroxy-phénylpyruvate obtenu est oxydé puis décarboxylé. L'isomérisation du maleyl-acéto-acétate en fumarylacétoacétate est suivie d'une hydrolyse en fumarate et acéto-acétate. Celui-ci est alors scindé en acétate puis combiné avec un groupement sulfhydryle pour donner l'acétyl-CoA.

La lysine ne transamine pas mais se condense avec l'α— cétoglutarate pour former une base de Schiff. Après une réduction en saccharopine suivie d'une déshydrogénation et d'une hydrolyse, on obtient du glutamate et du δ semi-aldéhyde du L-amino adipate. Le bilan de toutes ces réactions est identique à une simple transamination du ε NH_2 :

lysine + α cétoglutarate $\rightarrow$ glutamate + α aminoadipate δ semi aldéhyde

Le dérivé acide α-aminé de la lysine (L-α-amino adipate) est catabolisé par transamination en α cétoadipate puis décarboxydé en glutaryl-CoA aboutissant lui même à l'acétyl-CoA.

Le tryptophane est oxydé au niveau de son anneau indolique qui incorpore 2 atomes d'oxygène pour former la N-formyl-kynurénine. Celle-ci est hydrolysée en kynurénine. Une série de réactions : hydrolyse, oxydation, décarboxylation, réduction.., permettent d'ouvrir les structures cycliques en une chaîne aliphatique l'α-cétoadipate déjà rencontré dans le cas de la lysine.

3. Contrôle hormonal du métabolisme protéique

Plusieurs hormones contrôlent le métabolisme azoté des animaux, aussi bien l'anabolisme et le catabolisme que le transport à travers les membranes.

L'insuline diminue la concentration des acides aminés libres circulants (fig. 5-6) et augmente l'uricémie (fig. 5-7). Le premier effet s'explique par l'action stimulante sur la pénétration d'acides aminés dans les cellules de l'organisme. Ce faisant, la synthèse protéique se trouve indirectement activée. Les acides aminés en excès par rapport aux besoins de la protéinogénèse sont alors dégradés, augmentant la concentration de l'acide urique circulant. L'action stimulante de l'insuline sur le transport des acides aminés libres dépend du nombre de récepteurs membranaires à l'insuline et de leur affinité. Les deux paramètres cinétiques varient surtout en fonction de l'origine génétique des animaux. Pour une même sécrétion d'insuline, le nombre et l'activité des récepteurs, donc le mode d'action, peuvent être différents d'un individu à l'autre.

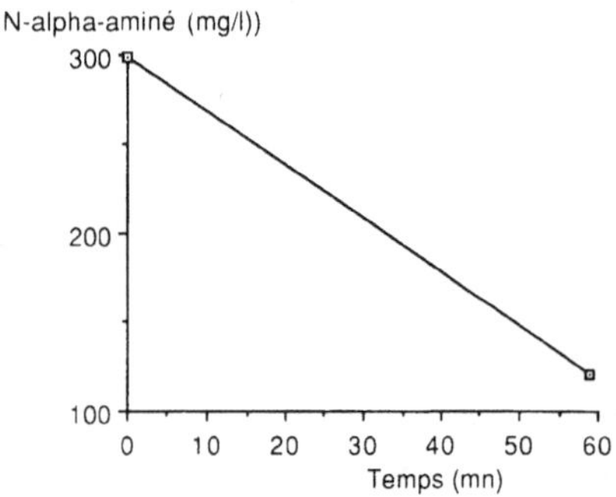

Figure 5.6. – Effet de l'injection d'insuline sur la concentration du plasma en azote alpha-aminé (acides aminés libres).

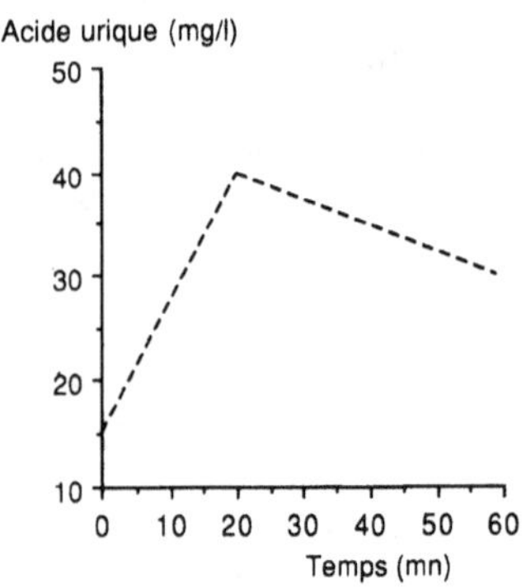

Figure 5.7. – Effet de l'injection d'insuline sur la concentration d'acide urique plasmatique chez le poulet.

Les hormones thyroïdiennes contrôlent à la fois la protéinogénèse et le catabolisme protéique à des fins de lipogénèse. Les animaux thyroïdectomisés ont une croissance ralentie pouvant être rétablie à un niveau normal après injection de la triiodothyronine (T_3) qui est la forme la plus active. De même un excès de T_3, dû à un hyperthyroïdisme ou à une supplémentation alimentaire massive, réduit à la fois la vitesse de croissance et la lipogénèse et augmente la production de chaleur. Le rôle de la T_3 pourrait contribuer à expliquer les intéractions entre l'ingéré protéique et l'état d'engraissement des animaux. On a souvent observé une diminution de la lipogénèse mesurée par la proportion du gras abdominal chez les poulets nourris avec des aliments comportant un excès d'acides aminés (tabl. 5-2).

Tableau 5-2. Influence de l'apport alimentaire de protéines en période de finition sur l'engraissement du poulet de chair : composition corporelle à 49 jours.

Sexe	Mâle		Femelle	
Taux protidique[1]	19	22	19	22
Poids vif (g)	2199	2222	1840	1833
Gras abdominal/ Poids vif[2]	2,97	2,77	3,69	3,16
Gras abdominal/ Poids de carcasse[2]	4,04	3,76	3,69	3,16
Lipides de carcasse/ Poids de carcasse[2]	16,8	14,9	18,1	16,7
Lipides totaux/ Poids de carcasse[2]	20,3	18,1	22,5	20,5

(1) N*6,25 p. 100 de l'aliment
(2) Teneurs exprimées en p. 100

L'hormone de croissance (GH) et les somatomédines (IGF), stimulent directement la synthèse protéique et activent comme l'insuline le transport à travers les membranes. Les mécanismes semblent cependant complexes, dans la mesure où, d'une part, les taux circulants de GH sont chez les oiseaux souvent inversement proportionnels à la vitesse de croissance et que, d'autre part, la sécrétion de cette hormone n'est pas continue mais par «pulses» dont la périodicité varie de 90 à 300 minutes selon l'âge des animaux.

La somatostatine inhibe la secrétion d'hormone de croissance et pourrait jouer un rôle négatif sur la croissance des oiseaux comme cela a été observé chez les jeunes mammifères. On a d'ailleurs observé une amélioration du gain de poids en même temps qu'une augmentation de la sécrétion d'hormone de croissance à la suite d'injection d'anticorps antisomatostatine.

La corticostérone constitue la principale hormone du cortex surrénalien des oiseaux. Elle agit en stimulant le catabolisme protidique. Cela se traduit par une diminution du gain de poids, une augmentation de l'uricémie, de la glycémie et de l'adiposité chez le poulet ayant reçu des injections de corticostérone. Le mécanisme d'action semble faire intervenir l'insuline en créant un état voisin de la résistance à cette dernière, puisque l'on observe à la fois une hyperglycémie et une hyperinsulémie.

Enfin d'autres hormones peuvent contrôler le métabolisme protéique, en particulier les hormones sexuelles qui agissent à la fois sur la vitesse de croissance et l'état d'adiposité d'animaux.

4. Conséquences nutritionnelles

Quelque soit son âge, l'oiseau renouvelle ses protéines tissulaires. Aussi il existe en permanence une superposition entre synthèse protéique ou protéinogénèse et catabolisme ou protéolyse.

L'étude des deux processus fait appel à des méthodologies différentes. La synthèse protéique peut être estimée grossièrement par la mesure de la variation du gain de poids et la connaissance de la composition corporelle. Elle peut être déterminée plus finement en employant des acides aminés marqués par des atomes radioactifs (^{14}C, tritium) ou des isotopes stables (^{15}N). Il suffit alors de mesurer les activités spécifiques dans les tissus et organes étudiés et de connaître les tailles des « pools » intra et extracellulaires d'acides aminés. Cette méthode étant longue et onéreuse, on préconise l'emploi d'acides aminés en « large dose » de manière à saturer les pools du précurseur, ce qui permet de minimiser l'effet de leurs tailles. Les mesures d'incorporation dans les protéines sont alors effectuées à court terme (30 à 60 min) après l'injection.

La protéolyse est souvent calculée par différence entre protéinogénèse vraie et gain net de protéines. En général la protéinogénèse est largement supérieure au gain net de protéines conduisant à estimer le renouvellement du pool protéique total (hors plumes) égal à 20 p.100 par jour. Rapportée au poids vif, la protéinogénèse est estimée égale à 30 g/kg poids vif. Cette valeur varie à l'inverse de l'âge des animaux. En outre, elle est diminuée chez l'oiseau à jeun et augmente en cas de production (croissance, ponte). Mais la déficience partielle en acides aminés semble davantage augmenter la protéolyse que diminuer la protéinogénèse.

Au fur et à mesure que l'oiseau veillit, la protéinogénèse et la protéolyse diminuent en valeur relative. La première passe de 40 p.100 du pool protéique chez le poussin de 7 jours à 16 p.100 lorsqu'il a 6 semaines. Chez l'adulte, anabolisme et catabolisme s'équilibrent dans la mesure où le poids vif de l'animal reste constant. Sur le plan nutritionnel, cet état peut-être assuré par un apport d'acide aminé correspondant au besoin d'entretien. On estime ce dernier égal à 1,11 g d'azote par kg de poids vif et par jour. Dans la pratique, le coq maintient son équilibre azoté à long terme lorsque la ration journalière apporte environ 7 grammes de protéines soit en consommant *ad libitum* un aliment titrant 3 à 4 p.100 de protéines de bonne qualité. Un tel aliment nécessiterait l'emploi de matières premières très peu pourvues en protéines.

Chez l'animal en croissance, ou l'adulte en production, la protéinogénèse doit être largement supérieure à la protéolyse. Pour définir les besoins théoriques en acides aminés, il faut tenir compte de l'origine génétique des animaux, de l'intensité des productions et du coût énergétique. Les premiers points sont présentés et discutés dans les chapitres 8, 9 et 10. Pour ce qui est du coût énergétique, on considère que 1 g de protéines synthétisées nécessite théoriquement 1,1 kilocalorie. Une liaison peptidique exige en moyenne 4 molécules de ATP. En considérant le rendement énergétique chez le poulet en croissance, compris entre 40 et 50 p.100, on est conduit à estimer le coût énergétique du gain protéique net entre 11,4 et 14, 3 kcal/g (l'énergie contenue dans les protéines étant évaluée à 5,7 kcal/g).

Chez la poule pondeuse, les protéines de l'œuf ne subissent pas, comme celles du muscle, un perpétuel renouvellement. Aussi le coût énergétique de leur synthèse sera plus faible et l'on considère le rendement énergétique égal à 60 p.100. Aussi, pour produire 1 g de protéine d'œuf, la poule a besoin de 9,5 calories.

Ainsi, on montre clairement que le coût énergétique de la synthèse protéique est relativement élevé : il est supérieur à deux fois le contenu énergétique des protéines surtout chez les animaux en croissance et les coqs adultes. Le renouvellement rapide de la masse protéique corporelle lui confère un besoin d'entretien élevé, c'est la raison pour laquelle le besoin global d'entretien sera de plus en plus rapporté non pas au poids vif total des animaux mais à la masse maigre de l'organisme :

Protéines corporelles = Poids vif − (Protéines des plumes + Lipides + Eau + Cendres).

III. Facteurs d'efficacité protidique

1. Equilibre des acides aminés : facteurs limitants et besoins

Pour que les potentialités génétiques puissent s'exprimer et permettre à l'animal de réaliser les meilleures performances zootechniques par une synthèse protéique maximum, les acides aminés doivent être apportés en quantités nécessaires, évitant à la fois les excès et les carences. La notion d'équilibre conduit sur le plan pratique à définir, pour chaque production, les besoins quantitatifs en acides aminés (cf. chap. 8, 9 et 10). Sa mise en évidence ne peut cependant se faire qu'indirectement, en définissant, les situations de déséquilibre et en envisageant leurs conséquences.

La situation de déficit s'explique en faisant appel à la notion de facteur limitant. Lorsqu'un animal en production (croissance ou ponte) reçoit par son alimentation une certaine quantité de chacun des acides aminés, il exprime, en général, une performance de production correspondant à l'apport de l'acide aminé le plus limitant pour son besoin. C'est une notion qui peut s'illustrer par ce qui se passe sur une chaîne de fabrication. Pour faire une voiture, il faut quatre roues, un volant, deux sièges-avant, etc. Le nombre de véhicules fabriqués dépendra du type de pièces qui est limitant : peu importe le grand stock de volants ou de sièges-avant, on ne pourra fabriquer complètement que deux voitures au maximum, si l'on ne dispose que de 11 roues. Dans le cas des acides aminés ceux qui sont en excès par rapport au limitant n'ont aucun intérêt et peuvent même, comme nous le verrons plus loin, être gênants.

Si on supplémente l'aliment avec l'acide aminé (facteur limitant primaire), de façon à couvrir le besoin, la performance de production va s'améliorer et s'ajuster au niveau d'un autre acide aminé dont l'apport devient, maintenant, facteur limitant secondaire ; et ainsi de suite jusqu'à ce que les besoins en tous les acides aminés soient satisfaits. On peut ainsi trouver un mélange de maïs et de tourteau de soja destiné aux poules pondeuses où le premier limitant sera la méthionine. Après supplémentation de l'aliment par de la méthionine, la lysine peut devenir le second limitant, puis le tryptophane, etc. L'une des responsabilités du nutritionniste est de bien connaître les besoins pour repérer les facteurs limitants dans les aliments. Ensuite il lui revient d'associer des matières premières à profils complémentaires en acides aminés, de façon à assurer les besoins en tous les acides aminés indispensables.

En principe, si on parvient à couvrir exactement (sans aucun excès) les besoins en chacun des acides aminés, on aboutit à ce qu'on appelle la protéine idéale, notion de plus en plus utilisée. En pratique, on est toujours plus ou moins éloigné de cette situation parce que la plupart des matières premières présentent des profils en acides aminés excédentaires pour certains d'entre eux ; c'est surtout le cas des céréales très riches en acides aminés non essentiels (acide glutamique, acide aspartique...). L'intérêt de la production industrielle d'acides aminés destinés à l'alimentation animale est de se rapprocher de cette protéine idéale. Leur utilisation permet d'améliorer l'efficacité métabolique des protéines alimentaires et de réduire les pertes azotées (acide urique).

Dans les situations de déséquilibre par excès, nous distinguons les antagonismes des excès proprement dits.

Il y a antagonisme lorsque l'excès d'un acide aminé entraîne des effets de carence en d'autres acides aminés, augmentant leur besoin. Le cas le mieux connu est celui du couple arginine – lysine. Un excès de cette dernière (rapport lysine / arginine = 1,2) déprime la croissance du poulet. Les effets dépressifs sont corrigés par un apport supplémentaire d'arginine. Ainsi, la caséine (rapport lysine / arginine = 2) est une protéine déséquilibrée qui doit être associée à une matière première riche en arginine. L'antagonisme n'a pas une origine intestinale mais métabolique. L'excès de lysine induit une activité arginasique rénale très élevée qui aboutit à la dégradation anormalement prononcée de l'arginine. La thréonine, l'acide alpha-aminobutyrique et la glycine en excès réduisent l'activité arginasique et peuvent ainsi contrebalancer les effets négatifs de l'excès de lysine. D'autres mécanismes ont également été évoqués : défaut de réabsorption rénale d'arginine, activité transaminasique excessive dans le foie. On remarquera enfin que l'antagonisme inverse arginine-lysine n'existe pas : l'excès en arginine n'affecte pas la croissance du poulet et ne nécessite pas d'être corrigé par des additions de lysine.

Au contraire, le second type d'antagonisme connu, celui qui régit les relations entre acides aminés ramifiés, s'explique à 70 p.100 par une réduction de l'appétit. L'excès de leucine entraîne des baisses d'appétit et des retards de croissance qui sont abolis par la supplémentation en isoleucine et en valine. C'est ce qu'on peut observer avec certaines matières premières comme le gluten de maïs ou la farine de sang très riches en leucine. L'alimentation ajustée ou « pair feeding » et le gavage ou « force-feeding » montrent, qu'à quantités égales ingérées, le régime excédentaire en leucine et le régime normal conduisent à des croissances beaucoup moins différentes qu'en alimentation à volonté. Il subsiste cependant une différence (environ 30 p.100) d'origine métabolique. L'excès de leucine induit un catabolisme accru des deux autres acides aminés ramifiés, valine et isoleucine, et réduit leur vitesse de transport à travers les membranes (effet de compétition des acides aminés partageant le même système de transport).

Enfin, les situations, proprement dites, d'**excès d'acides aminés** sont celles où ces derniers deviennent toxiques. C'est surtout le cas de la méthionine, mis en évidence depuis longtemps en utilisant des additions massives de méthionine de synthèse. Chez le poulet en croissance, comme chez la poule pondeuse, les signes de toxicité apparaissent quand l'apport est supérieur à 2 ou 3 fois le besoin. La tyrosine, la phénylalanine, le tryptophane et l'histidine sont également toxiques mais à des doses nettement supérieures, 10 à 20 fois le besoin. Dans tous ces cas, les effets dépressifs liés aux excès ne peuvent être atténués ou supprimés que par la diminution d'apport des acides aminés en question.

2. Qualité des acides aminés : notion de disponibilité

2-1. *Considérations générales*

Théoriquement, la valeur nutritionnelle d'une protéine alimentaire dépend essentiellement de sa composition en acides aminés. Cette relation est vraie pour les protéines natives facilement digestibles et parfaitement utilisées au niveau métabolique : caséine, protéines de l'œuf. Elle ne l'est plus lorsque la matière première, ou l'aliment composé, présente une fraction protéique plus ou moins associée à des molécules glucidiques et partiellement protégée des enzymes digestives par des constituants pariétaux. Il en est de même lorsque l'aliment a été soumis à un traitement thermique de longue durée et comportant une forte élévation de température. Dans ce cas, la concentration en acides aminés déterminée par hydrolyse, suivie de dosage spectrophotométrique à la ninhydrine, ne correspond plus à la teneur en acides aminés métaboliquement « disponibles ».

La disponibilité d'un acide aminé se définit comme étant le pourcentage d'utilisation pour la synthèse protéique lorsque cet acide aminé constitue le seul facteur limitant du régime. De cette définition découlent deux conséquences, l'une relative à la nature des acides aminés pour lesquels se pose le problème de la disponibilité, l'autre à la méthodologie.

La disponibilité ne concerne que les acides susceptibles d'être des facteurs limitants dans le régime alimentaire. Il s'agit donc de ceux pour lesquels l'animal a un besoin spécifique pour assurer son entretien, ou sa production. A ce titre, la lysine occupe une place prépondérante à la fois par son caractère indispensable, sa faible teneur dans la plupart des matières premières à l'exclusion du soja et des farines de poisson, et aussi, parce qu'elle présente dans sa molécule un groupement ε-NH_2 susceptible de réagir au cours des traitements technologiques (cf.chap.12).

Etant directement liée à un niveau de synthèse protéique, la disponibilité des acides aminés peut être déterminée aussi bien chez le jeune (anabolisme de croissance) que chez l'adulte en production (ponte d'œufs) ou à l'entretien (renouvellement des protéines tissulaires).

2-2. *Méthodes de mesure*

Pour apprécier la valeur nutritionnelle des protéines, on dispose de nombreuses méthodes de mesure de la disponibilité des acides aminés. Ces méthodes peuvent être classées en deux groupes.

— Méthodes chimiques

Les méthodes chimiques ne font pas appel à l'animal, mais procèdent à une détermination de la disponibilité directement dans la protéine à tester. De tous les acides aminés, la lysine est la plus sensible au traitement technologique. Cela explique que le dosage de la lysine suscite beaucoup d'intérêt. Parmi les méthodes chimiques proposées, celle de Carpenter est la plus couramment utilisée. Son principe repose sur la réaction de Sanger qui fait intervenir le 1-fluoro, 2-4-dinitrobenzène (FDNB) comme réactif du groupement ε-NH_2 de la lysine. Le FDNB forme un complexe stable : le dinitro-phényl-lysine (DNP-lysine). Par hydrolyse, puis chromatographie, on sépare la lysine et le DNP-lysine. La lysine disponible est alors définie comme le pourcentage de lysine réactive au FDNB, par rappport à la lysine totale.

Le FDNB a l'inconvénient d'être faiblement soluble dans l'eau et de se comporter comme substance vésicante pour l'utilisateur. Des réactifs autres que le FDNB sont proposés, en particulier l'acide 2-4-6-trinitrobenzène sulfonique (TNBS).

D'une façon générale, les méthodes chimiques conviennent pour la détermination de la lysine disponible dans les protéines d'origine animale (farine de poisson, protéines de lait) à l'exception des autolysats dans lesquels une importante quantité de lysine se trouve sous forme libre, ou en petits peptides, particulièrement disponible pour l'animal, mais non réactive au fluorodinitrobenzène. La technique est inapplicable aux matières premières végétales, en particulier lorsqu'elles sont riches en glucides ou en groupements guanidine.

— Méthodes biologiques

Le deuxième groupe de méthodes de mesure de la disponibilité comprend toutes celles où la disponibilité est définie comme un pourcentage de transformation ou d'utilisation mesuré *in vitro* ou *in vivo* à un niveau donné entre l'ingestion de la protéine et la synthèse protéique (fig. 5-8).

Dans les méthodes de digestibilité, il s'agit de déterminer le pourcentage d'acides aminés libérés par hydrolyse enzymatique (méthode *in vitro*). Dans les méthodes basées sur le dosage des acides aminés libres, la disponibilité est définie par la quantité d'acides aminés absorbés et retrouvés sous forme libre dans le sang et les tissus. Enfin, dans les méthodes de croissance, qu'il s'agisse de vertébrés ou de microorganismes, la disponibilité est déterminée, du moins en théorie, conformément à la définition, comme étant le pourcentage utilisé pour la synthèse protéique. Celle-ci est estimée par les performances zootechniques de croissance (vertébrés pendant le jeune âge) ou par le développement d'une culture microbienne.

— Méthodes de digestibilité in vitro

Dans les méthodes de digestibilité *in vitro,* la protéine à tester est hydrolysée par voie enzymatique, les acides aminés ainsi libérés sont ensuite dosés. Les différences entre méthodes sont davantage liées à la nature et à l'origine des enzymes protéolytiques utilisées qu'à la technique de dosage. Les techniques qui essayent de reproduire les conditions de digestion dans l'estomac

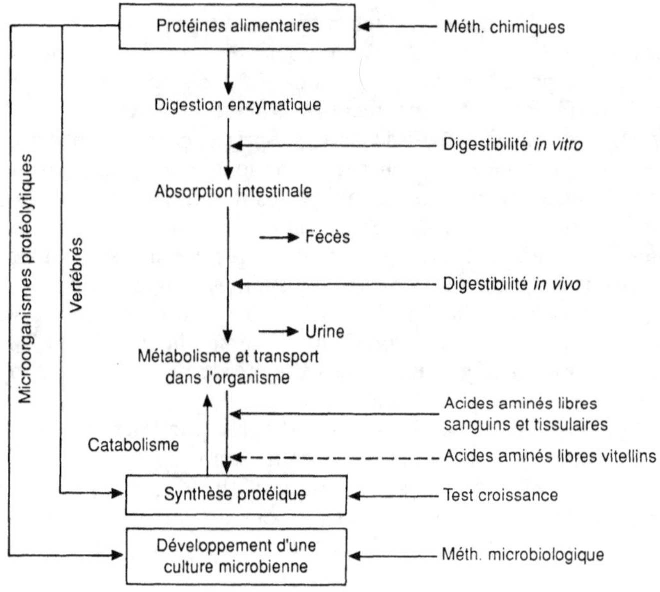

Figure 5.8. – Fondement des méthodes de mesure de la disponibilité des acides aminés.

(prédigestion à la pepsine en milieu chlorhydrique) et dans l'intestin grêle tendent de se rapprocher des conditions physiologiques. Elles présentent au moins deux inconvénients :

— le suc intestinal prélevé n'a pas une composition constante. En particulier son efficacité pour la digestion dépend des conditions alimentaires qui ont précédé son prélèvement ;
— on ne rend pas compte des phénomènes digestifs qui se produisent dans la partie terminale du tube digestif.

Ces méthodes représentent néanmoins un progrès, par rapport au simple dosage des acides aminés, pour l'estimation de la valeur nutritive, mais ne reproduisent que très imparfaitement les conditions physiologiques de la digestion. On peut dire qu'elles permettent seulement de distinguer une bonne d'une mauvaise protéine mais en aucun cas de quantifier avec précision la disponibilité des acides aminés. Certes, elles peuvent servir d'indicateur en montrant comment les différents acides aminés sont libérés au cours de la digestion enzymatique, mais elles ne renseignent ni sur le pourcentage absorbé, ni sur celui qui sera utilisé pour la synthèse protéique.

— *Méthodes de digestibilité in vivo*

Les méthodes de digestibilité *in vivo* permettent une meilleure approche du problème de la disponibilité. Celle-ci est alors définie comme le pourcentage des acides aminés absorbés. Le principe repose sur une double détermination des acides aminés : dans la protéine à tester et dans les fèces.

Chez les oiseaux, l'urine et les fèces sont mélangées et leur séparation nécessite soit une intervention chirurgicale pour créer un anus artificiel en abouchant le colon à la peau (animaux colostomisés), soit des méthodes chimiques permettant de différencier l'azote fécal de l'azote urinaire.

L'intervention chirurgicale d'une part, supprime la réabsorption d'eau à la fois au niveau du cloaque et au cours de la remontée de l'urine jusqu'au colon et aux caeca, d'autre part peut occasionner des modifications dans la digestion des nutriments, en particulier des acides aminés.

Pour quantifier l'azote fécal, on considère que les acides aminés indisponibles sont essentiellement sous forme de protéines indigestibles. Dans un premier temps, on procède à la dissolution de l'acide urique dans les excreta à l'aide d'une solution de formaldehyde en milieu acétique (pH = 4,7). Les protéines fécales sont ensuite précipitées à l'acétate de plomb ou d'uranyle avant d'être dosées.

Cette technique suppose que la réaction de précipitation concerne la totalité de l'azote fécal et seulement celui-ci. Or on a montré que, d'une part, la quantité d'azote fécal réel est supérieure à la quantité d'azote précipitée et que d'autre part certains constituants urinaires sont précipitables par l'acétate de plomb. En revanche, 10 p.100 de l'azote urinaire peuvent se lier à des structures protéiques.

A partir de ces considérations, on a proposé des facteurs de correction établis pour des régimes alimentaires dont la teneur en protéines totales varie de 16 à 28 p.100 (tabl.5-3).

La digestibilité est réelle ou apparente selon que l'on tient compte ou non des acides aminés provenant des sécrétions digestives, des cellules desquamées et de la flore intestinale. La détermination de l'azote endogène continue de poser de nombreux problèmes méthodologiques : doit-on utiliser des animaux à jeun ou nourris avec un aliment protéiprive?. Doit-on pratiquer l'ablation des caeca? Comment tenir compte des éventuelles variations des sécrétions

Tableau 5-3. Facteurs de conversion pour la détermination de l'azote dans les urines et les fèces.

L'azote total (N.F.T.) peut être calculé à partir de l'azote des protéines précipitées à l'acétate de plomb (N.P.E.) tel que :

$$N.F.T. = 1,18 \; N.P.E$$

Il peut-être déterminé de façon plus précise en tenant compte de l'azote total des excréta (N.T.E.) :

$$N.F.T. = 1,29 \; N.P.E. - 0,02 \; N.T.E.$$

L'azote urinaire total (N.U.T.) peut être estimé à partir de l'azote de l'acide urique excrété (N.U.E.) :

$$N.U.T. = 1,20 \; N.U.E.$$

Il peut être défini en tenant compte de l'azote excrété en totalité (N.T.E.) ou sous forme ammoniacale (N.A.E.) :

$$N.U.T. = 1,09 \; N.U.E. + 1,09 \; N.A.E.$$
$$N.U.T. = 1,14 \; N.U.E. + 1,14 \; N.A.E. - 0,04 \; N.T.E$$

digestives en fonction des matières premières à tester? Et, tout d'abord, comment faire ingérer les matières premières à tester? En les incorporant dans un aliment composé ou en les distribuant sous forme pure à sec ou en bouillie? En nourrissant les animaux par gavage ou *ad libitum*? Quelle quantité de protéines faut-il faire ingérer? Il semble que la digestibilité réelle des acides aminés diminue pour des quantités de protéines gavées supérieures à 15 grammes (tabl. 5-4)

Ces questions continuent de faire l'objet de nombreuses études. Les résultats obtenus sont quelquefois contradictoires. Ils ne permettent pas encore d'établir une méthodologie standardisée et surtout unanimement reconnue. Le tableau 5-5 donne des valeurs de digestibilité de la lysine, des acides aminés soufrés et de la thréonine dans les matières premières les plus courantes. Dans le chapitre 11, nous indiquons la digestibilité globale des protéines de toutes les sources protéiques.

Tableau 5-4. Influence de la quantité ingérées (par gavage) sur la digestibilité réelle (en p. 100) des acides aminés dans un tourteau de soja chez le coq adulte.

Acides aminés	Quantité de protéines ingérées (g)		
	10,50	17,50	31,00
Acide aspartique	90,18	84,98	84,17
Thréonine	87,76	81,70	80,30
Sérine	91,08	85,48	84,58
Acide glutamique	92,38	86,57	85,83
Alanine	87,23	81,34	78,71
Valine	88,84	83,71	81,95
Isoleucine	89,85	84,57	83,70
Leucine	89,41	83,63	82,86
Tyrosine	89,22	83,87	84,33
Phénylalanine	90,02	84,01	83,58
Lysine	87,53	82,56	82,54
Arginine	85,23	82,56	82,54
Digestibilité moyenne	89,06	83,87	82,93

— Méthodes basées sur le dosage des acides aminés libres du sang et des tissus

Les acides aminés libres provenant de la digestion des protéines sont absorbés par la muqueuse intestinale puis véhiculés par le sang jusqu'aux tissus où ils sont utilisés essentiellement à des fins anaboliques. Leur concentration dépend en partie de l'intensité de la synthèse protéique. Lorsqu'un acide aminé essentiel est fourni en quantité insuffisante, sa concentration dans le plasma et les tissus est faible. Par contre, si l'apport alimentaire dépasse les besoins, on observe une accumulation souvent proportionnelle au taux de l'acide aminé dans l'aliment.

Les premiers résultats obtenus chez le poulet entre 1965 et 1970 laissaient espérer une nouvelle méthodologie simple et rapide pour déterminer la disponibilité des acides aminés dans les matières premières. Il suffisait de distribuer des rations alimentaires renfermant les matières premières à tester puis

Tableau 5-5. Digestibilité réelle (en p. 100) des acides aminés dans quelques matières premières.

	Lysine	Acides aminés soufrés	Thréonine
Maïs	85	90	86
Blé	81	87	82
Orge	78	80	76
Pois	91	82	80
Tourteau de soja	91	88	89
Tourteau de colza	79	87	86
Tourteau de tournesol	84	89	86
Farine de plumes	62	65	71
Farine de poisson	90	85	91
Farine de viande	85	74	84
Son de blé	74	75	72
Gluten de maïs	89	93	93

de procéder au prélèvement d'échantillons de sang et au dosage des acides aminés libres. Mais comme pour toute nouvelle méthode, il était nécessaire au préalable de rechercher les lois de variation et de définir avec précision l'ensemble des conditions expérimentales.

En fait, il existe de nombreux facteurs de variation qui ont progressivement fait abandonner la méthode pour des mesures de routine : mode d'alimentation (*ad libitum*, par repas), cinétique de variation au cours de la journée (par rapport à la prise alimentaire), importance des nutriments énergétiques (glucides, lipides), variabilité individuelle.

— *Méthodes de croissance*

Il s'agit d'un ensemble de méthodes dont le principe général consiste à mesurer l'aptitude que possède une protéine de composition en acides aminés connue, à remplacer un acide aminé essentiel dans le régime alimentaire du jeune en croissance. Le régime de base doit être déficient en l'acide aminé dont on recherche à déterminer la disponibilité dans la protéine à tester. Il comprend soit des matières premières, soit des acides aminés de synthèse.

Dans l'une des méthodes parmi les plus utilisées pour la détermination de la disponibilité de la lysine, les poulets sont nourris *ad libitum*, avec un régime préexpérimental pendant les sept premiers jours de leur vie, puis pendant 6 à 10 jours avec des régimes de compositions différentes :

— les régimes de référence sont constitués à partir d'un aliment de base totalement ou partiellement déficient en lysine et supplémenté avec des doses croissantes de L-lysine, HCl ;
— les régimes expérimentaux sont formés à partir de l'aliment de base et supplémentés avec des quantités variables de la matière première à tester.

On établit ensuite les équations de régression reliant le gain de poids à la quantité de lysine ingérée. La disponibilité de celle-ci est déterminée soit en calculant le rapport des coefficients angulaires des droites de régression obtenues, soit à l'aide d'une régression multiple incluant toutes les données expérimentales (fig. 5-9).

Outre le procédé de calcul et la composition des régimes expérimentaux dans lesquels la lysine est apportée exclusivement ou non par la protéine à tester, d'autres facteurs de variation de la disponibilité ont fait l'objet d'études plus ou moins systématiques. Il s'agit en particulier de la linéarité de la relation entre le gain de poids et l'apport d'acides aminés, de la durée de la période expérimentale et de la composition en acides aminés des régimes de référence. On a aussi envisagé l'application de cette méthodologie à la fois pour des acides aminés autres que la lysine et pour différentes espèces de volailles.

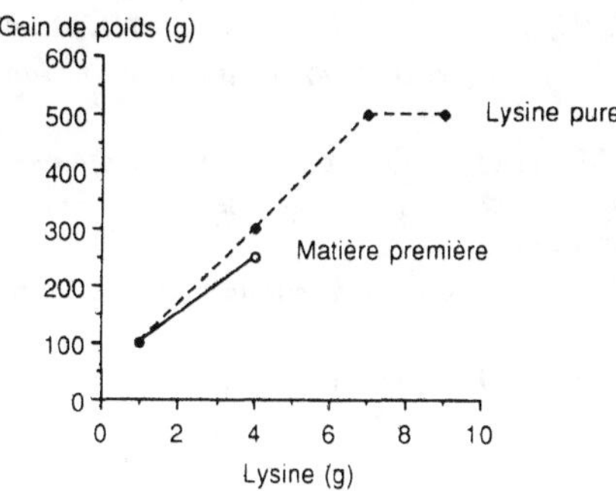

Figure 5.9. – Mesure de la disponibilité de la lysine par un essai de croissance.

L'avantage des méthodes de croissance est celui des tests *in vivo*. Dans ce cas particulier, elles intègrent pour une grande part la digestibilité de l'acide aminé, mais aussi ses éventuels défauts d'utilisation métabolique. Les principaux inconvénients sont surtout :

— un manque de précision ;
— la difficulté de fabriquer des régimes carencés spécifiquement en certains acides aminés ;
— les interactions possibles dues à d'autres constituants apportés par la matière première (facteur antinutritionnel, excès d'un nutriment, déséquilibre entre acides aminés) ;
— les méthodes de croissance sont un peu longues et surtout exigent des équipements lourds et coûteux en animalerie.

En définitive, la connaissance de la disponibilité des acides aminés permet de hiérarchiser les matières premières en fonction de leur valeur nutritionnelle pour mieux équilibrer les régimes alimentaires. Sa prise en compte dans la formulation nécessite que l'on dispose de tables fiables donnant, à la fois, la composition des matières premières en acides aminés disponibles et de nouvelles normes nutritionnelles intégrant la notion de disponibilité. Cela contribuera à faire faire un progrès considérable à l'alimentation des volailles, mais ne pourra être réalisé qu'après la standardisation des méthodes de mesure.

Ouvrages de références

BUTTERY P. J., LINDSAY D.B., 1980. *Protein deposition in animals*. Butterworth (Londres).

BUTTERY P. J. et coll., 1986. *Control and manipulation of animal growth*. Butterworth (Londres).

CAMPBELL J. W., 1970. *Comparative biochemistry of nitrogen metabolism*. Academic Press, New-York.

COLE D. J. A. et coll., 1976. *Protein metabolism and nutrition*. Butterworth (Londres).

FARNER D. S., KING J. R., 1972. *Avian biology (vol. II)*. Academic Press (Londres).

FREEMAN B. M., 1984. *Physiology and biochemistry of the domestic fowl*. Academic Press (Londres).

GERAERT P.A. LARBIER M., 1988. *La dégradation des protéines alimentaires : son rôle dans l'engraissement excessif du poulet de chair. Engraissement du poulet de chair*. WPSA-France edit.

MORTON R.A., AMOROSO E.C., 1967. *Protein utilisation by poultry*. Oliver & Boyd (Londres).

STRYER l., 1975. *Biochemistry*. Freeman and Cie, San Francisco.

WATERLOW J. C. et coll., 1978. *Protein turnover in mammalian tissues and in the whole body*. Elsevier (Amsterdam).

WATERLOW J. C., STEPHEN J. M., 1981. *Nitrogen metabolism in man*. Applied Sciences (Londres).

6

MÉTABOLISME DE L'EAU ET DES MINÉRAUX

On réunit habituellement l'eau et les minéraux dans une même problématique. Cette démarche est en partie justifiée par le rôle que jouent, à l'instar du sodium et du potassium, plusieurs minéraux à l'état ionisé dans l'homéostasie sanguine et cellulaire : maintenir la pression osmotique des milieux intérieurs ou le potentiel de charge électrique entre cellules et liquides extra-cellulaires. De nombreux éléments, en particulier les oligo-minéraux, sont des cofacteurs entrant dans la composition d'enzymes et existent donc à l'état associé avec des protéines. Enfin, le calcium et le phosphore entrent dans la structure des os et le phosphore dans la composition des phospholipides membranaires.

Dans ce chapitre sont abordés successivement le métabolisme et le besoin en eau, ceux des macro-minéraux (chlore, sodium, potassium, magnésium, calcium et phosphore) et des oligo-éléments.

I. Eau

Chez les oiseaux, l'eau est, comme chez tous les autres animaux, le constituant le plus abondant. Le tableau 6-1 indique la teneur moyenne en eau rapportée au poids vif pour quelques espèces aviaires. En réalité, elle varie en fonction de l'âge, du sexe, des conditions nutritionnelles et du génotype. Elle diminue avec l'âge, comme l'illustre la figure 6-1 à propos du poulet de chair de sexe mâle. Cette décroissance correspond à une augmentation parallèle des lipides, mais aussi des protéines, principalement celles des plumes qui ne sont pas associées, contrairement aux protéines corporelles, à une quantité relativement fixe d'eau.

Tableau 6-1. Teneurs en eau (g/kg de poids vif) de diverses espèces aviaires.

Poulet mâle	620
Poule adulte	530
Canard	590
Pintadeau	625

A un âge donné, les femelles renferment en général une proportion plus faible d'eau ; le phénomène est d'autant plus prononcé que les animaux approchent de la maturité sexuelle. Les conditions nutritionnelles interviennent surtout par l'intermédiaire de la lipogénèse. A un âge donné, plus un animal est gras moins il renferme d'eau. Il en est de même de l'effet du génotype qui s'explique en majeure partie par l'état d'engraissement.

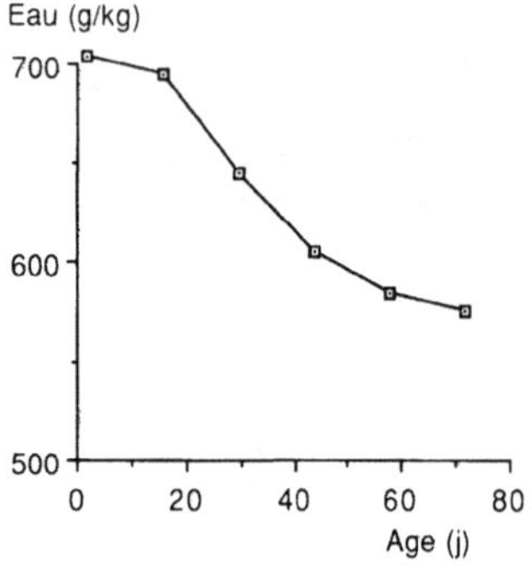

Figure 6.1. – Evolution de la teneur en eau du poulet de chair en fonction de l'âge.

1. Répartition de l'eau

Au sein de l'organisme, l'eau est répartie en eau extra-cellulaire et en eau intra-cellulaire. A l'éclosion, la majeure partie correspond à l'eau extra-cellulaire. Au fur et à mesure du développement, cette proportion diminue. A l'âge adulte, c'est l'eau intra-cellulaire qui constitue la fraction la plus importante, comme l'indique la figure 6-2. Le compartiment plasmatique qui fait partie de la fraction extra-cellulaire diminue, lui aussi, avec l'âge. L'eau du plasma, qui correspond à environ 10 p.100 du poids vif du poulet à l'éclosion, n'en représente plus que 6 à 7 p.100 à l'âge de 8 semaines et un peu moins de 5 p.100 à l'état adulte, le volume sanguin étant égal à peu près à 1,4 fois le volume plasmatique.

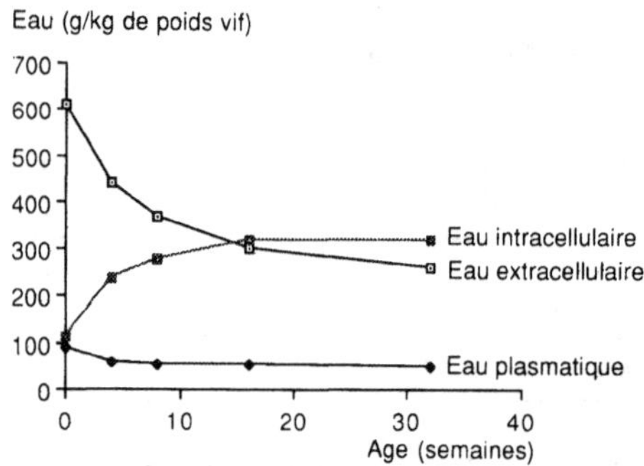

Figure 6.2. – Evolution de la teneur en eau dans différents compartiments corporels au cours de la croissance du poulet.

2. Rôle de l'eau

L'eau constitue à la fois la majeure partie des constituants cellulaires et du milieu extra-cellulaire. C'est en réalité le support de la vie. Les protéines, les minéraux et les petites molécules biologiques y sont présentes en concentrations très faibles et régulées de façon très précise par toute une série de contrôles propres à chaque molécule.

Le plasma est un lieu d'échange entre les cellules et le milieu extérieur et entre les cellules elles-mêmes. Il remplit plusieurs rôles :

— le transport des nutriments (glucose, acides aminés, minéraux, vitamines...) vers les cellules,

— le transport des gaz, en particulier de l'oxygène nécessaire aux réactions d'oxydation cellulaires et du gaz carbonique produit par ces réactions,

— l'élimination des déchets vers les organes spécialisés (rein, foie),

— le transport des hormones chargées de transmettre de la glande d'origine vers les organes cibles les signaux de régulation,

— la régulation de l'homéostasie cellulaire, car l'intégrité des cellules dépend très étroitement des paramètres (osmolarité, pH...) du milieu qui les entoure. A l'intérieur des cellules, l'eau sert aussi aux échanges entre organites cellulaires, en particulier entre mitochondries et cytosol.

3. Bilan hydrique

Comme tout organisme vivant, l'oiseau possède un grand nombre de systèmes régulateurs qui tendent à maintenir constantes les proportions d'eau au sein de chacun des tissus et des liquides extra-cellulaires, donc la teneur totale de l'eau dans l'organisme.

L'eau est fournie à l'organisme soit par abreuvement, ce qui représente en moyenne 73 p.100 des sources d'eau chez l'oiseau. Une partie assez faible provient directement de l'aliment du simple fait que celui-ci renferme souvent 12 à 15 p.100 d'eau. Enfin la troisième source est l'eau métabolique. La combustion par les cellules du glucose, des acides gras et des acides aminés produit de l'eau : 1,07g par gramme de lipides, 0,60g par gramme de glucose et, en moyenne, 0,41g par gramme de protéines. Les aliments riches en lipides produisent donc plus d'eau métabolique que les autres. La consommation d'eau par abreuvement est assez variable. Elle dépend principalement de la température et de l'hygrométrie ambiantes. La nature de l'aliment peut aussi l'influencer ; c'est ainsi que les aliments riches en protéines ou en électrolytes (potassium, sodium...) induisent des surconsommations d'eau dont les mécanismes sont évoqués ci-après. La restriction alimentaire, elle aussi, entraîne une forte surconsommation d'eau. Tout oiseau rationné accroît de façon spectaculaire la quantité d'eau qu'il ingère chaque jour.

Les « sorties » d'eau de l'organisme se font essentiellement par cinq voies : l'urine qui représente en moyenne 50 p.100 des pertes, les gaz d'expiration pulmonaire, la peau, les fèces (30 p.100 des pertes) et les productions (œuf). Les fientes contiennent en moyenne 75 à 80 p.100 d'eau dont la majeure partie provient de l'urine. Chez le poulet, quelques estimations expérimentales suggèrent que l'eau exportée par les fèces proprement dits représente chaque jour 70 p.100 de l'eau perdue par voie urinaire. Pour ce qui concerne l'eau exportée dans les productions, signalons qu'une poule en pleine ponte peut perdre par son œuf de l'ordre de 40g d'eau, soit 20 p.100 de sa consommation d'eau, soit aussi 14 p.100 des « entrées » totales d'eau dans son organisme. La quantité exportée par les gaz d'expiration varie selon la température extérieure et atteint des valeurs très élevées quand la température dépasse 30°C.

La quantité d'eau évaporée à la température de neutralité peut être reliée au poids vif par une équation interspécifique moyenne :

$$E \ (g/j) = 0,43 \ P^{0,585}$$

où E est l'eau évaporée et P le poids vif exprimé en grammes.

Chez le poulet de chair, à la neutralité thermique, elle représente 2,5 p.100 du poids vif par jour. Si la température s'élève et que l'hygrométrie est faible, les pertes d'eau par voie d'évaporation (pulmonaire et cutanée) peuvent atteindre le maximum de 20 p.100 du poids vif par jour. Les pertes d'eau par évaporation représentent une proportion d'autant plus faible du poids vif que l'animal est lourd (un peu plus de 1 p.100 du poids vif chez le dindon de 10 kg).

4. Régulation du bilan hydrique

Le bilan (différence entre entrées et sorties) hydrique est régulé de façon très précise. Les deux régulations prédominantes sont la prise d'eau liée à la sensation de soif, qui permet de moduler les entrées, et la résorption d'eau dans le rein sous contrôle hormonal par l'arginine-vasotocine (AVT) qui règle les sorties. L'AVT est un octapeptide d'origine neurohypophysaire dont la structure est apparentée à la fois à la vasopressine des mammifères et à l'ocytocine. L'abreuvement dû à la soif est déclenché par des récepteurs (récepteurs à la pression osmotique ou aux ions tels que Na^+) situés dans la région hypothalamique et juxtraventriculaire. L'angiotensine II, hormone d'origine hépatique dont la synthèse est déclenchée par la rénine, est l'octapeptide stimulant ces centres nerveux selon le schéma de la figure 6-3.

La régulation rénale consiste en une réabsorption plus ou moins intense de l'eau par les glomérules rénaux sous l'effet de AVT. Les facteurs déclenchant la sécrétion de celle-ci, sont : l'augmentation de la pression osmotique du plasma, la baisse de la pression sanguine ou la baisse du volume sanguin (hémorragie). Des capteurs spécifiques informent l'hypophyse qui relargue alors l'hormone. Ces capteurs sont soit des osmo-capteurs situés dans l'hypophyse, soit des récepteurs de pression situés dans la paroi de l'aorte ou des artères carotides. C'est ainsi qu'une augmentation de la pression osmotique sanguine (valeur normale 315 mOs/l) ou un apport élevé de cations Na^+ provoquent une secrétion d'AVT et une intense réabsorption d'eau au niveau rénal. Ce sont les mécanismes mis en œuvre lors de la privation d'eau, de l'ingestion d'aliments enrichis en sel ou de l'hyperventilation pulmonaire occasionnée par les fortes températures. De même une perte d'eau par hémorragie ou lors de la synthèse du blanc de l'œuf (plumping) entraîne une secrétion d'AVT et la consommation d'eau. Dans ce dernier cas, une secrétion d'angiotensine II se produit parallèlement, informant le centre nerveux de la soif évoqué précédemment.

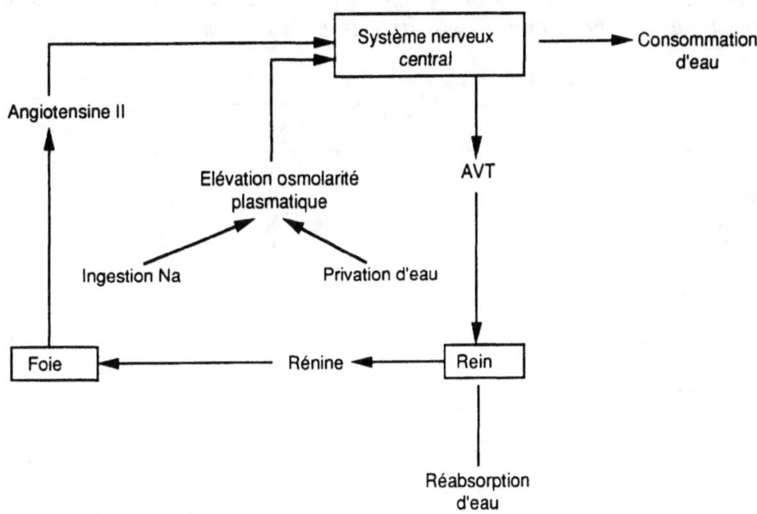

Figure 6.3. – Régulation neuro-hormonale du bilan hydrique.

II. Sodium, potassium et chlore

Le sodium, le potassium et le chlore existent surtout à l'état ionisé dans l'organisme. Leur répartition est très inégale entre liquides extra-cellulaires et liquides intra-cellulaires. Comme on peut l'observer dans le tableau 6-2, les liquides extra-cellulaires contiennent essentiellement le sodium, le chlore le calcium et les ions bicarbonates. Au contraire, le potassium, le magnésium, les ions sulfates et les phoshates sont surtout présents à l'intérieur des cellules. Celles-ci règlent en permanence leurs concentrations internes en chacun des ions, de façon à les maintenir dans des limites étroites et compatibles avec leur fonctionnement normal et leur intégrité. Le plus connu de ces systèmes est la pompe à sodium ($Na^+ K^+$ ATPase) qui exporte hors de la cellule le sodium et au contraire concentre le potassium à l'intérieur. Cette pompe fonctionne avec l'ATP comme source d'énergie, donc, indirectement, par oxydation du glucose.

Le sodium plasmatique joue un rôle très important dans l'équilibre de la pression osmotique. Sa concentration est réglée par des mécanismes décrits ci-après. Les matières premières naturelles destinées aux volailles (céréales, tourteaux...) sont excessivement pauvres en sodium ; la supplémentation est toujours nécessaire. En cas de carence, les mécanismes de régulation conduisent à une réabsorption intense du sodium par les tubules rénaux, les réserves corporelles n'existant guère. Au contraire, en cas d'excès, le rein excrète une grande quantité de sodium. Quand ses capacités d'excrétion sont dépassées, les phénomènes de toxicité s'installent : hypertrophie rénale, ralentissement de la croissance. D'une manière générale, les apports doivent donc être très réguliers, pour éviter les carences et les excès.

Tableau 6-2. Teneurs du plasma et du cytosol en anions et cations.

	Plasma	Cytosol
Na^+ (mEq/l)	150	10
K^+ (mEq/l)	4,5	160
Ca^{++} (mEq/l)	5	traces
Mg^{++} (mEq/l)	3	35
Cl^- (mEq/l)	120	2
HCO_3^- (mEq/l)	30	8
SO_4^- (mEq/l)	1	
Phosphates (mEq.l)	2	150
Protéines (mEq/l)	40	55
Pression osmotique (mOs/l)	315	315

Le potassium est très abondant dans les matières premières d'origine végétale. Les apports dépassent donc toujours les besoins dans les conditions pratiques. Le rein est donc amené à excréter en permanence l'excès de potassium fourni par l'alimentation. Du fait que la réabsorption rénale de sodium se fait au dépens du potassium, il existe en permanence une perte inéluctable de ce dernier. En cas de carence, phénomène très rare, les cellules diminuent leur concentration interne en K^+, entraînant une acidification du milieu cellulaire. En cas d'excès (plus de 20g/kg d'aliment), le rein est incapable d'éliminer tout le potassium plasmatique ; la kaliémie s'élève et entraîne des troubles cardiaques mortels.

1. Régulation de l'équilibre sodium-potassium (fig. 6-4)

Il existe en permanence une réabsorption rénale du sodium, sauf dans les situations d'excès. Elle a lieu dans les tubules rénaux et est stimulée par l'aldostérone, hormone minéralocorticoïde de nature stéroïdienne et synthétisée par les glandes surrénales. Lorsque la concentration plasmatique en Na^+ diminue, l'hypophyse sécrète l'ACTH qui stimule la sécrétion d'aldostérone par les surrénales. Cette dernière hormone entraîne une réabsorption intense de sodium par le rein ainsi qu'une excrétion accrue de potassium. Le rapport Na^+/K^+ de l'urine diminue et la teneur en Na^+ du plasma augmente. Il existe parallèlement une stimulation par la sécrétion d'angiotensine II. L'excès de potassium alimentaire produit des effets semblables.

Il existe donc une certaine synergie entre Na^+ et K^+. L'excès de K^+ dans des limites inférieures à celles de la toxicité produit une réabsorption de Na^+. Inversement un excès de Na^+, réduisant la secrétion d'aldostérone et la réabsorption de Na^+, ralentit l'excrétion, et par là-même, le besoin en potassium.

Le chlore est souvent apporté dans l'alimentation en même temps que le sodium, sous forme de chlorure. Bien des études les confondent donc dans leurs effets. Le chlore est essentiellement présent dans les liquides extra-cellulaires où il assure l'équilibre ionique avec le sodium. La carence spécifique en chlore apparait chez le poulet à des concentrations alimentaires inférieures à 0,7g/kg. La croissance est ralentie. La mortalité est importante. On observe en outre une hémoconcentration, une déshydratation de l'organisme et une chute de la chlorémie.

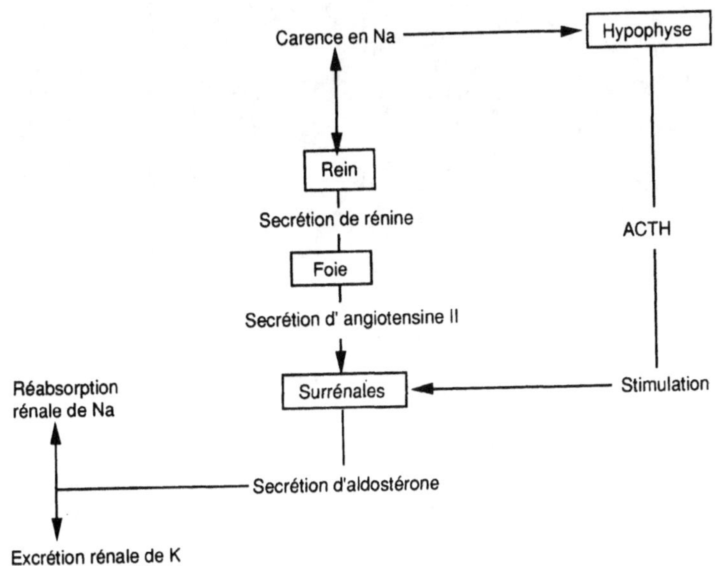

Figure 6.4. – Régulation des bilans de Na et de K.

2. Besoins en sodium, potassium et chlore

En dehors des situations de carence et d'excès, l'organisme peut supporter pour les trois éléments de larges variations, grâce aux régulations décrites précédemment. Les besoins en Na^+, K^+ et Cl^- comportent surtout une composante liée à l'entretien. C'est la raison pour laquelle il n'existe pas de différences importantes entre espèces et entre états physiologiques. Par ailleurs, l'absence de réserves corporelles implique des apports réguliers, toute carence ou tout excès se traduisant par une diminution rapide de l'appétit. En pratique, le principal facteur de variation de la concentration des aliments est leur niveau énergétique; les aliments peu énergétiques devront être moins riches en Na^+, K^+ et Cl^- que les aliments très énergétiques.

Les compositions chimiques respectives du poulet et de l'œuf en minéraux font l'objet des tableaux 6-3 et 6-4. La part de ces éléments contenue dans les productions intervient peu dans le besoin total. Le tableau 6-7 fournit les besoins et les limites de carence et de toxicité.

Tableau 6-3. Composition en minéraux du poulet (g/kg poids vif).

	Eclosion	7 semaines	Adulte
Cendres totales	32	31	30
Na	1,97	1,27	1,05
K	1,90	1,82	2,5
Cl	0,69	0,15	0,53
Ca	3,40	6,80	12,0
P	3,30	5,10	7,20
Mg	0,37	0,65	0,60
Fe	0,038	0,038	0,035
Cu	0,0015	0,0015	0,0015
Zn	0,030	0,030	0,031
I	nd	nd	0,0003
Se	0,00014		0,00020

Tableau 6-4. Composition minérale de l'œuf de poule (mg/g d'œuf).

	Total	Coquille	Blanc	Jaune
Calcium	36	35,5	0,07	0,45
Phosphore	2	0,1	0,1	1,8
Magnésium	0,45		0,05	0,40
Sodium	1,2	0,10	0,88	0,21
Potassium	1,2		0,82	0,38
Chlore	1,4		0,93	0,47
Fer*	38		5	33
Cuivre*	1,7 à 6,0		0,5	1,0 à 5,5
Zinc*	19 à 17		0,01	10 à 17
Manganèse*	0,1 à 0,6		0,1	0,1 à 0,6
Iode*	0,05 à 0,15			0,05 à 0,15
Sélénium*	0,04 à 0,14			

(*) = microgrammes

Tableau 6-5. Teneurs en oligo-éléments de quelques matières premières (mg/kg).

	Fer	Cuivre	Zinc	Manganèse	Iode	Sélénium
Maïs	35	4,5	20	6	0,05	0,10
Blé	50	8	30	40	0,04	0,10
Son	170	10		110	0,08	0,50
Tourteau de soja	150	20	50	30	0,15	0,10
Farine poisson	270	10	100	10	2	2
Farine viande	500	12	100	10	1,3	0,3
Farine luzerne	230	8	20	40		0,15
Graine de soja	90	15	40	25	0,05	0,50
Pois	75	7	40	10	0,15	0,18

III. Calcium

C'est le minéral le plus abondant au sein de l'organisme. En outre, les oiseaux en production ont à faire face à des dépenses importantes en cet élément, soit qu'ils fabriquent leur squelette (oiseaux en croissance), soit qu'ils effectuent la synthèse de la coquille de l'œuf. La majeure partie du calcium se trouve concentrée dans les os sous forme d'hydroxyapatite ($Ca_{10}(PO_4)_6(OH)_2$) et des phosphates et carbonates de calcium non cristallisés. Le calcium n'est présent dans les liquides extra-cellulaires et intra-cellulaires qu'en faibles concentrations (tabl. 6-2). Il joue cependant un rôle très important pour la régulation de nombreuses fonctions cellulaires telles que les fonctions nerveuses, musculaires et hormonales. En outre, il assume une fonction primordiale dans la coagulation sanguine.

Le calcium est le plus souvent lié aux protéines plasmatiques (Calcium Binding Protein : Ca BP) ou intra-cellulaires (calmoduline...) et en équilibre avec l'état ionisé dont la concentration est régulée avec une très grande précision, tant à l'intérieur (10nM) qu'à l'extérieur des cellules. Les mécanismes décrits ci-après assurent la constance de cette concentration ionique.

1. Absorption intestinale

Le calcium est absorbé dans le duodénum et le jéjunum. Il est lié alors à la CaBP dont la synthèse dépend d'un dérivé actif de la vitamine D_3, le 1-25 dihydrocholécalciférol ($1,25\text{-}(OH)_2D_3$). La CaBP est une protéine à renouvellement lent (demi-vie de 24 heures). Plusieurs facteurs influencent le coefficient d'absorption intestinale. Tout d'abord, la concentration de l'aliment en calcium : plus l'aliment en est riche, moins efficace est l'absorption et vice-versa. La figure 6-5 illustre ce phénomène dû probablement à la saturation du système de transport de la CaBP. Certains constituants de la ration peuvent aussi exercer des effets négatifs sur l'absorption par la formation de sels insolubles : phytates, savons d'acides gras, oxalates, etc... En cas de carence en calcium, la teneur du plama en $1,25 (OH)_2 D_3$ est fortement augmentée (x3).

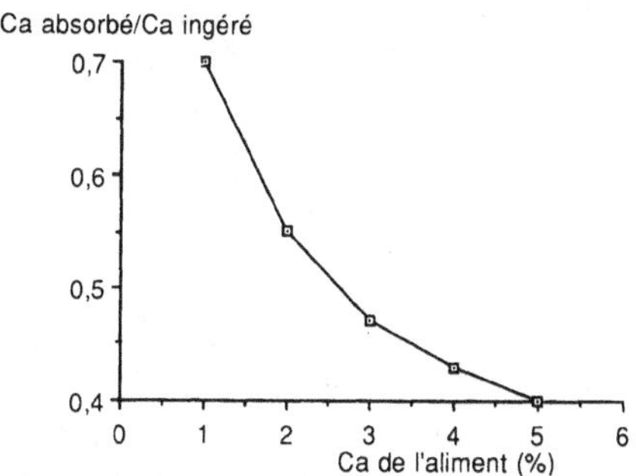

Figure 6.5. – Influence de la concentration du calcium dans l'aliment sur son absorption intestinale.

Il faut rappeler aussi qu'une carence en vitamine D_3 réduit notablement l'absorption intestinale du calcium. Enfin l'état physiologique de l'animal exerce un effet très important. L'absorption du calcium est beaucoup plus intense chez la poule pondeuse, en particulier aux heures de formation de la coquille. En pratique on mesure le plus souvent un bilan entre le calcium ingéré et l'ensemble des excrétions fécale et urinaire. En moyenne l'utilisation du calcium alimentaire est de 60 p.100 dans la phase rapide de la croissance du jeune oiseau (jusqu'à 7 semaines d'âge chez le poulet) et décroît par la suite à un niveau proche de 50 p.100. Aux doses habituellement utilisées chez la poule pondeuse, une utilisation du même ordre est retrouvée chez la poule en ponte.

2. Régulation du métabolisme du calcium

En cas d'excès de calcium plasmatique (hypercalcémie) dû par exemple à l'ingestion d'un aliment très riche en calcium, ou d'hypocalcémie (carence ou besoin intense de calcium), plusieurs mécanismes de contrôle d'origine hormonale sont mis en œuvre. Ils sont résumés dans la figure 6-6. L'hypocalcémie entraîne une secrétion de parathormone (Pth), hormone peptidique d'origine parathyroïdienne. La Pth libère le calcium osseux et contribue à relever la calcémie. Cette action passe par l'activation du $1\text{-}25(OH)_2D_3$. La Pth augmente la synthèse rénale de ce dérivé actif de la vitamine D qui stimule l'absorption intestinale de calcium. Enfin, elle accroît la réabsorption rénale de calcium. Inversement, l'ablation des glandes parathyroïdes réduit la teneur du plasma en $1,25\ (OH)_2\ D_3$, la synthèse de CaBP et l'absorption du calcium. L'hypercalcémie exerce les effets inverses sur la Pth. De plus, elle provoque la secrétion de la calcitonine (CT), hormone peptidique d'origine thyroïdienne. La CT inhibe l'ostéolyse et par conséquent la libération de calcium. Elle augmente l'excrétion rénale de calcium, de phosphate et également des autres minéraux tels que Na^+, K^+ et Mg^{++}. Enfin elle augmente le flux cellulaire de Ca^{++} à l'intérieur des mitochondries.

D'autres hormones comme les prostaglandines peuvent, elles aussi, intervenir secondairement dans le métabolisme calcique, de même que l'oestradiol et la testostérone (effet de synergie) chez la poule pondeuse. Ces hormones stéroïdes stimulent l'absorption du calcium et augmentent la teneur du plasma en $1,25\ (OH)_2\ D_3$.

3. Besoins calciques

Le besoin en calcium comporte deux parties : le besoin d'entretien et le besoin de production. Cette distinction, quoique critiquable du point de vue physiologique, permet de raisonner de façon opérationnelle la formulation des régimes destinés aux oiseaux. Contrairement au sodium et au potassium, le besoin en calcium comporte surtout une composante de production, alors que la composante de l'entretien est faible. Un oiseau adulte à l'entretien n'a besoin en effet que de très faibles apports de calcium du fait des mécanismes de régulation décrits précédemment : 50mg par jour et par kg de poids vif chez le poulet. Le besoin net de production peut être estimé grâce aux tableaux 6-3 et 6-4. L'apport alimentaire de calcium peut donc être calculé en divisant le besoin total par le coefficient d'utilisation qui est de 50 à 60 p.100. En pratique, une déficience modérée en calcium n'affecte de façon sensible la croissance que chez le très jeune animal. Chez l'animal plus âgé, la déficience ne ralentit guère la croissance mais diminue la minéralisation des os, surtout ceux qui sont en phase de croissance intense au moment où survient la déficience.

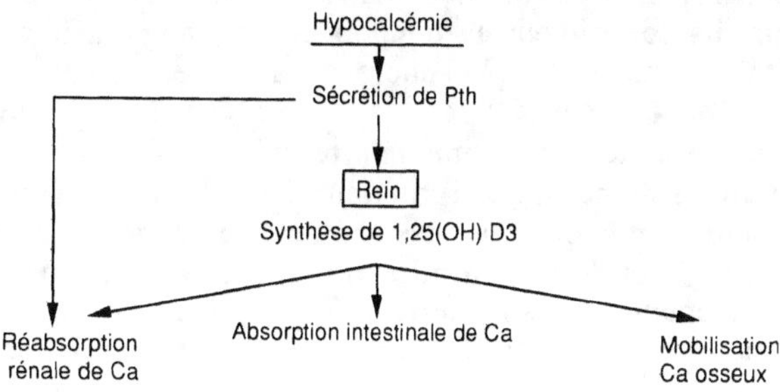

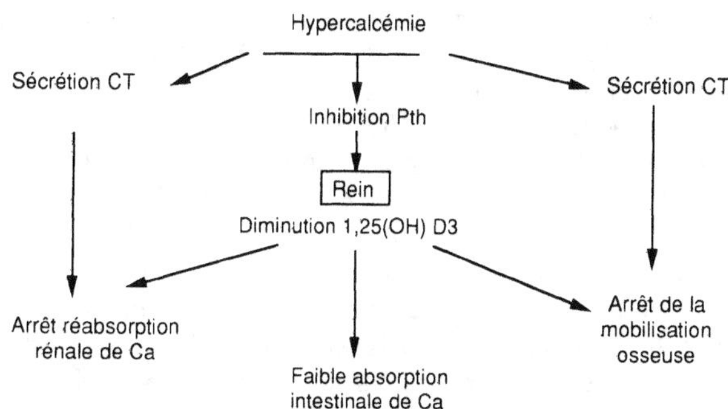

Figure 6.6. – Régulation du métabolisme calcique.

Chez l'animal en croissance, on peut estimer que le besoin est constant tout au long de la journée et fonction surtout de la vitesse de croissance. Chez la poule en ponte, il existe une période de la journée où le besoin est particulièrement élevé: il s'agit des heures au cours desquelles se réalise la formation de la coquille. Il apparait alors un appétit spécifique pour le calcium qui peut être satisfait par un apport séparé de calcium soit sous forme de coquilles d'huîtres broyées, soit de granulés de carbonate de calcium. Ce mode de distribution peut conduire à des consommations moins importantes de calcium mais surtout à une utilisation plus efficace (cf. chap. 9).

IV. Phosphore

Cet élément joue un rôle majeur dans la structure (squelette, phospholipides membranaires) et les fonctions cellulaires des êtres vivants. A l'état ionisé les groupements PO_4H^- sont surtout abondants dans les liquides intra-cellulaires. Dans le plasma, ils contribuent au tampon du pH sanguin, bien qu'ils soient présents à l'état de traces. Le phosphore constitue entre 16 et 17 p.100 des cendres de l'os, soit 6 à 8 p.100 de la matière sèche. Il est trouvé à l'état de cristaux d'hydroxyapatite et constitue une réserve de phosphore permettant de réguler les variations de besoin. A l'intérieur des cellules, de nombreuses réactions de phosphorylation de protéines ou de nucléotides sont à la base du transport de l'énergie et de la transmission des messages d'origine hormonale de l'extérieur (récepteurs) vers l'intérieur des cellules. La phosphorylation des tyrosines et des sérines des protéines-enzymes intra–cellulaires constitue le plus souvent leur mode d'activation.

1. Absorption intestinale

Le phosphate est absorbé au niveau du jéjunum. Le $1-25(OH)_2D_3$ stimule cette absorption. Le phosphore peut provenir soit des sels minéraux (phosphate dit « minéral » ou « inorganique »), soit des molécules organiques (phospho-protéines, phytates, phospholipides...) des aliments. Alors que les sels minéraux fournissent en général un phosphore correctement disponible, les molécules organiques libèrent plus ou moins facilement leur phosphore dans l'intestin. En général, phosphoprotéines et phospholipides sont hydrolysés aisément. En revanche, les phytates végétaux ne peuvent être hydrolysés qu'en présence de phytases, enzymes présentes dans le végétal d'origine ou phytases ajoutées. On a considéré jusqu'à présent que le phosphore « végétal » était en moyenne disponible à raison de 30 p.100. En fait, de très grandes différences existent entre espèces botaniques. C'est ainsi que le phosphore du blé et de l'orge est nettement plus disponible que celui du maïs. Pour plus de détails sur les disponibilités réelles, se reporter aux tables de composition des matières premières (cf. chap.11).

2. Régulation du métabolisme du phosphore

L'équilibre du phosphore au sein de l'organisme est réglé principalement à deux niveaux : l'os et le rein. Le calcium et le phosphore sont tous les deux mobilisés par résorption de l'os médullaire sous l'action de la Pth (voir ci-dessus). Cette action de la Pth passe par le $1-25(OH)_2D_3$. Le rein, lui, excrète le phosphate de façon variable puisqu'une réabsorption plus ou moins intense peut y être observée. L'action de la Pth y est plus complexe. Augmentant la formation de 1-25(OH)$_2$D$_3$, la Pth stimulerait la résorption du phosphate comme celle du calcium dans la partie proximale des tubules rénaux. En revanche, elle favorise l'excrétion par la partie distale des tubules rénaux. Le bilan est une excrétion accrue de phosphates sous l'action de la Pth qui se traduit par une phosphaturie (présence de phosphate dans l'urine). La phosphatémie est peu modifiée par cette hormone, puisqu'il y a superposition d'un effet hyperphosphatémiant (mobilisation osseuse) et d'un effet hypophosphatémiant (excrétion urinaire).

La phosphatémie est cependant susceptible de varier sous l'effet de l'alimentation : absorption intestinale, teneur de l'aliment en phosphore disponible et en vitamine D$_3$. Les variations de la phosphatémie peuvent influencer l'activité cellulaire : ostéoblastes (cellules osseuses), cellules sanguines, cellules hépatiques. Les hypophosphatémies entraînent le rachitisme. Au contraire, les hyperphosphatémies sont surtout le résultat d'une déficience rénale et ont rarement été signalées chez les oiseaux.

3. Besoins en phosphore

Comme pour le calcium, la part la plus importante du besoin en phosphore correspond à la production. En effet, l'adulte à l'état d'entretien maintient son équilibre en phosphore grâce à la mise en place des mécanismes décrits précédemment. Les faibles besoins d'entretien sont alors satisfaits par l'énorme réserve osseuse et grâce à une phosphaturie très faible. Au contraire, le jeune en croissance et la femelle en ponte doivent trouver dans leur alimentation les quantités nécessaires à leurs synthèses. Les quantités de phosphore contenues dans les productions sont données dans les tableaux 6-3 et 6-4.

La carence en phosphore se traduit par une perte d'appétit, un ralentissement de la croissance, des troubles locomoteurs graves et de la mortalité. Chez les animaux en croissance, les symptômes sont d'autant plus aigus que les animaux sont jeunes. Leur besoin est déterminé en prenant comme paramètre la vitesse de croissance et la teneur des os en cendres. Chez le poulet et le dindonneau, on utilise souvent la teneur du tibio-tarse en cendres comme critère fixant le besoin. On peut exprimer ces cendres par rapport à la matière sèche ou par rapport à la matière sèche dégraissée de l'os. La teneur rapportée à la matière sèche chez le poulet est d'environ 35 p.100 à l'âge d'1 semaine, d'environ 45 p.100 à 7 semaines et de près de 50 p.100 à l'âge adulte.

D'une manière générale, le besoin en phosphore pour atteindre la vitesse de croissance maximale est inférieur à celui correspondant à la minéralisation maximale de l'os, comme cela est illustré par la figure 6-7. Toutefois, on constate fréquemment que la vitesse de croissance, elle-même, tend à augmenter très légèrement mais significativement avec des apports élevés de phosphore. Un équilibre entre calcium et phosphore a été souvent préconisé dans le passé. Cette notion a perdu une bonne part de son intérêt. La première raison vient du fait que les apports de vitamine D rendent les animaux en croissance moins sensibles à cet équilibre. De plus, on constate expérimentalement que celui-ci ne manifeste ses effets qu'en cas de carence en phosphore.

En effet, pour un même apport de phosphore, en dessous du besoin, la croissance est moins ralentie si l'aliment présente un rapport Ca/P de 2 que si ce rapport est supérieur à 2. En d'autres termes, la carence en phosphore est aggravée par les excès de calcium. Au contraire, quand le besoin en phosphore est couvert, les variations du rapport Ca/P n'exercent pas d'effets sur la croissance et la minéralisation, dans la mesure où le besoin en calcium est couvert lui aussi.

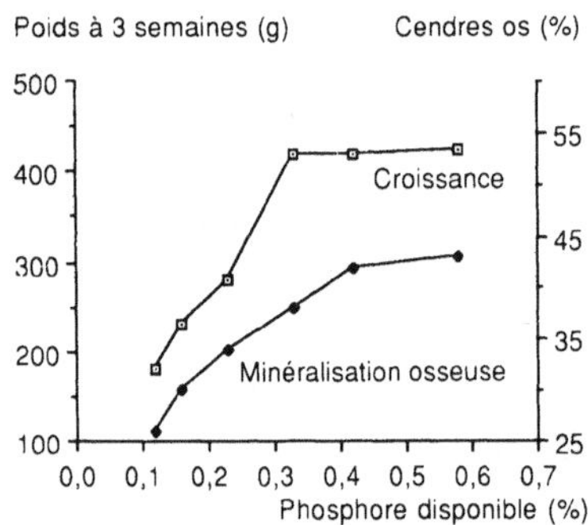

Figure 6.7. – Influence de la teneur de l'aliment en phosphore sur la croissance et la minéralisation osseuse.

Le besoin de la poule pondeuse en phosphore est nettement moins élevé que le besoin en calcium. En effet, la coquille de l'œuf renferme du carbonate de calcium et très peu de phosphate. Le jaune renferme la majeure partie du phosphore de l'œuf; mais la quantité exportée chaque jour est nettement moins élevée que celle de calcium. Les déficiences alimentaires en phosphore réduisent surtout l'intensité de ponte et affectent très peu le poids de l'œuf. Les excès de phosphore tendent à réduire la solidité de la coquille. Il y a donc lieu d'être prudent en matière d'apport de phosphore chez la poule pondeuse.

En pratique, les aliments destinés aux oiseaux en ponte ou en croissance doivent être supplémentés par une source de phosphore, l'apport par les céréales et les tourteaux étant insuffisant. Pendant la croissance, les apports peuvent décroître au fur et à mesure que les animaux grandissent. Les teneurs des aliments et des minéraux en phosphore, ainsi que les valeurs de disponibilité sont présentées dans le chapitre 11.

V. Magnésium

Le magnésium est surtout présent à l'intérieur des cellules et intervient dans les réactions mettant en œuvre l'ATP. Ainsi toutes les synthèses tissulaires (protéines, lipides..) et l'activité musculaire requièrent du magnésium. Cet élément est absorbé dans l'intestin grêle selon un système de transport actif, contrairement aux autres éléments comme le calcium et le sodium. L'excrétion de magnésium a lieu au niveau rénal. Cependant le rein possède une capacité exceptionnelle de réabsorption de cet élément; ce qui conduit à un besoin d'entretien très faible. Les besoins nets de production peuvent être calculés d'après le contenu de l'œuf ou du gain de poids en magnésium (tabl. 6-3 et 6-4). On admet en général que le coefficient d'utilisation (comportant principalement l'absorption intestinale) du magnésium est de l'ordre de 60 p.100; ce qui permet de calculer les apports nécessaires et d'en déduire la concentration à assurer aux aliments.

En pratique, les matières premières utilisées dans l'alimentation des oiseaux domestiques sont largement pourvues en magnésium; ce qui rend les risques de carences extrêmement rares et la supplémentation des aliments superflue. Les symptômes de toxicité apparaissent pour des teneurs proches de 0,3 à 0,4 p.100 (3 à 4g/kg). Le premier d'entre eux est un ralentissement de la vitesse de croissance. La carence, qui ne peut être qu'exceptionnelle (régimes synthétiques, interférences pathologiques...), se traduit chez le jeune par un ralentissement de la croissance, la léthargie, des crises de convulsions et, en cas de carence aiguë, la mortalité. Chez la poule pondeuse, on constate surtout un ralentissement de l'intensité de ponte, un abaissement du poids de l'œuf, la fragilité des coquilles et une diminution de la concentration de l'œuf (surtout le jaune) en magnésium.

VI. Oligo-éléments

Les oligo-éléments sont des éléments présents à l'état de traces dans les tissus des animaux mais remplissant souvent des fonctions essentielles pour la vie et la croissance. Ne seront évoqués ici que ceux d'entre eux qui posent des problèmes spécifiques aux volailles ou exigent en pratique une supplémentation de l'aliment. Ce sont principalement le fer, le cuivre, le zinc, le manganèse, l'iode et le sélénium. Leur niveau de concentration dans l'aliment se traduit par trois types de réaction de l'animal : aux faibles concentrations la zone de carence, aux concentrations supérieures une zone assez large où le besoin est satisfait et où l'animal maintient constant ses réserves, enfin aux concentrations élevées la zone de toxicité qui se traduit chez le jeune par un ralentissement de la croissance et chez la femelle en ponte par une baisse du taux de ponte. Le tableau 6-7 fournit, quand elles sont disponibles, les bornes de ces différentes zones pour chacun des oligo-éléments. Ces paramètres zootechniques ne sont pas les seuls critères servant à déterminer les besoins. Très souvent, la croissance maximale est atteinte pour des teneurs de l'aliment inférieures à celles nécessaires pour atteindre la concentration plasmatique ou tissulaire maximale.

Le fer est présent dans l'organisme à des concentrations qui se situent entre 35 et 50 mg par kg de poids vif. Les deux tiers du fer sont complexés à l'hémoglobine et servent au transport de l'oxygène dans le sang en vue de la respiration cellulaire. Le reste se trouve réparti entre plusieurs protéines : l'apoferritine (10 p.100 du fer total) qui sert de réserve en fer pour l'organisme, l'hémosidérine qui remplit la même fonction, la myoglobine (10 p.100 du fer total) qui sert au stockage de l'oxygène, enfin toute une série d'enzymes impliquées dans les mécanismes d'oxydation cellulaires.

Le fer est absorbé sous forme d'ion réduit Fe^{++} au niveau du duodénum et du jéjunum. Il est alors oxydé à l'état de Fe^{+++} et fixé à l'apoferritine, puis transporté dans le sang par la transferrine. Il est stocké ensuite dans la moelle osseuse. L'absorption du fer alimentaire présente une efficacité assez faible (de l'ordre de 10 p.100). La majeure partie est retrouvée dans les fèces. En fait la disponibilité du fer est très variable d'une matière première à une autre, comme l'indique le tableau 6-6. Le fer Fe^{++} fourni par le sulfate ferreux est utilisé avec une efficacité moyenne de 40 p.100. Certaines sources de minéraux, comme les phosphates ou les coquilles d'huîtres, sont riches en fer aisément assimilable (2 à 5 mg/kg). En pratique, les meilleures sources de fer non organique sont le sulfate ferreux, le chlorure ferreux, le citrate ferrique et le glycérophosphate ferrique. Au contraire, l'oxyde ferrique et le carbonate ferreux sont de très mauvaises sources de fer. Le fer absorbé peut être excrété par l'urine et la bile.

Tableau 6-6. Disponibilité relative du fer des matières premières (par référence au sulfate ferreux, valeur 1).

Avoine	0,20
Maïs	0,10
Blé	0,20
Germe de maïs	0,40
Germe de blé	0,50
Concentré de poisson	0,30
Tourteau de soja	0,80
Isolats de soja	0,97

Le besoin en fer est estimé par l'effet sur la croissance, l'hématocrite ou la concentration du sang en hémoglobine. Ces trois paramètres aboutissent à un besoin proche de 80 mg/kg d'aliment pour les deux premières semaines chez le poulet de chair. Cette valeur correspond à celle obtenue par le calcul en divisant la teneur en fer du poids vif par un coefficient d'utilisation du fer assimilable (équivalent fer du sulfate de fer) et en tenant compte de la consommation d'aliment. Un calcul identique peut être réalisé chez la poule pondeuse connaissant le contenu de l'œuf en fer (tabl. 6-4). La carence en fer, très rare en pratique, se traduit par un ralentissement de la croissance, une anémie et une dépigmentation des plumages roux et noirs. Les excès de fer ne conduisent à des effets toxiques que pour des teneurs très élevées dans l'aliment (tabl. 6-7). En pratique, on supplémente légèrement les aliments avec un sel très assimilable de façon à prévenir les défauts de biodisponibilité du fer des matières premières, en particulier de celui des céréales. Les matières grasses saturées (suif) réduisent l'absorption intestinale du fer de 50 p.100. Il y a donc lieu de surveiller particulièrement la supplémentation des aliments enrichis en matières grasses.

Le cuivre est présent en très faible concentration dans l'organisme animal (1,5 mg/kg de poids vif). Les organes les plus riches sont le foie, le cerveau, les reins et le cœur. Presque tout le cuivre est complexé à une protéine, la céruloplasmine (95 p.100 du cuivre). On le trouve aussi dans certaines enzymes : cytochrome-oxydase, tyrosinase, monoamine-oxydase. Le cuivre des matières premières présente en moyenne un biodisponibilité élevée : 70 à 90 p.100 pour les céréales, 50 p.100 pour le soja, 60 p.100 pour le tourteau de colza. L'utilisation globale du cuivre est très médiocre, de l'ordre de 20 p.100, compte tenu d'une forte excrétion biliaire qui est la voie majeure d'excrétion. En outre, les excès de cuivre réduisent notablement son absorption. La déficience en cuivre, comme celle du fer, est très rare dans les conditions usuelles d'alimentation. Le principal symptôme de carence est l'anémie, un retard de croissance, des troubles de l'ossification et de la pigmentation du plumage, enfin des troubles nerveux et des fibroses du myocarde. Les troubles de l'ossification ressemblent à ceux d'une carence en vitamine A : fragilité osseuse, épaississement des cartilages épiphysaires. On ne signale pas d'effets toxiques des doses élevées de cuivre. Certaines expérimentations ont même conduit à attribuer au sulfate de cuivre un effet favorable à la croissance par action sur la flore intestinale, à la manière des antibiotiques. Comme pour le fer, une légère supplémentation des aliments permet de se mettre à l'abri des subcarences éventuelles dues aux variations d'apports par les matières premières.

Le zinc est présent à la concentration moyenne de 27 mg par kg de poids vif chez les oiseaux. On le trouve comme cofacteur de plusieurs enzymes essentielles : la lactate-déshydrogénase, la phosphatase alcaline, l'anhydrase carbonique (importante pour la formation de la coquille de l'œuf) etc... Absorbé par les cellules intestinales, le zinc est transporté par l'albumine. On le trouve en forte concentration dans les os et les reins. Sa principale voie d'excrétion est le suc pancréatique. La carence en zinc induit un ralentissement de la croissance chez les jeunes animaux, un épaississement et un racourcissement des pattes, un emplumement retardé et une consommation réduite d'aliment. Chez la pondeuse, l'intensité de ponte est abaissée, mais ce sont surtout la viabilité embryonnaire et l'éclosivité qui sont affectées de façon spectaculaire. Chez l'embryon, le développement du squelette est retardé, les os sont déformés et certains doigts peuvent être absents.

Contrairement au fer et au cuivre, le zinc est souvent présent en quantité insuffisante dans les matières premières d'origine végétale destinées aux volailles. La supplémentation s'impose donc. La biodisponibilité du zinc est assez élevée : 50 à 60 p.100 dans les céréales, 60 à 70 p.100 dans les tourteaux, 75 à 85 p.100 dans les farines animales. Peu de différences d'efficacité ont pu être trouvées entre les sources minérales de zinc. Sulfates, oxyde, carbonate sont équivalents et estimés comme proches de 100 p.100 de la référence (sulfate de zinc). La présence de fortes concentrations d'acide phytique peut entraîner une indisponibilité partielle du zinc alimentaire. L'antagonisme calcium-zinc signalé parfois s'explique par les phytates. Les besoins usuels en zinc assimilable sont présentés dans le tableau 6-7. En présence de fortes concentrations de matières grasses saturées, il y a lieu d'augmenter la valeur du besoin, la digestibilité du zinc pouvant être alors réduite de près de 30 p.100.

Le manganèse est un élément abondant dans les os et les mitochondries. C'est aussi un cofacteur des enzymes assurant la glycosylation des glycoprotéines. La teneur moyenne des oiseaux en manganèse est de 0,9 mg/kg de poids vif. Absorbé avec une efficacité médiocre par l'intestin, le manganèse présente un antagonisme avec le fer ; ce qui conduit à respecter des proportions correctes de chacun des oligoéléments les uns par rapport aux autres. Le manganèse est excrété sous forme complexée avec les sels biliaires et peut être réabsorbé avec eux. La disponibilité du manganèse des matières premières ressemble à celle du zinc : 50 à 60 p.100 pour les céréales, 60 à 75 p.100 pour les tourteaux. Parmi les sels de manganèse, chlorure, sulfate et oxyde présentent une excellente efficacité. Seul le carbonate est mal utilisé.

La carence en manganèse peut être aisément observée en l'absence de supplémentation. Elle se traduit de façon classique par le pérosis (enflure et déformation de l'articulation tibio-métatarsale, accompagnée souvent d'une sortie des tendons de leur gouttière). Chez la poule pondeuse on observe des coquilles fragiles, une chute de l'éclosivité et une baisse de l'intensité de ponte. Le rôle du manganèse dans les phénomènes de glycosylation explique les défauts observés dans la synthèse des cartilages qui contiennent de fortes concentrations de sulfate de chondroïtine (association d'une protéine et d'un polysaccharide par des liaisons xylose-sérine, galactose-xylose). Les besoins en manganèse sont présentés dans le tableau 6-7. Compte-tenu du mauvais coefficient d'utilisation du manganèse et de la variabilité des apports des matières premières, la supplémentation est toujours nécessaire.

L'iode est spécifiquement impliqué dans la synthèse des hormones thyroïdiennes (thyroxine et triiodothyronine) et se trouve donc concentré dans la glande thyroïde sous forme d'une protéine de réserve, la thyroglobuline, et des métabolites de la synthèse et de la dégradation des deux hormones. On rencontre aussi cet élément à l'état de traces dans le plasma, dans le foie où la thyroxine est déiodé partiellement pour donner la forme active (triiodothyronine, T_3) et les tissus cibles de ces deux hormones.

La carence en iode induit une déficience en hormones thyroïdiennes qui entraîne un effet « feed back » sur l'hypophyse et une hypersécrétion de TSH (Thyroid Stimulating Hormone) destinée à stimuler la glande thyroïde. Il s'ensuit une hypertrophie de la glande due à la fois à une hyperplasie et à une hypertrophie des follicules thyroïdiens. La carence en iode ralentit aussi la croissance des animaux et entraîne une baisse notable de la ponte. Le besoin dépend du critère utilisé pour l'estimer. Une croissance normale est obtenue avec 0,10 mg d'iode par kg d'aliment ; mais la résorption de l'hypertrophie de la thyroïde nécessite l'apport de 0,35 mg. De même, chez la poule pondeuse, une ponte normale peut être observée avec 0,05 mg par kg d'aliment, mais le développement de l'embryon n'est normal qu'avec 0,30 mg. Certains facteurs antinutritionnels peuvent entraîner des symptômes de carence en iode. C'est le cas des tourteaux de colza riches en glucosinolates. Le vinylthio-oxalozidone (VTO) induit une baisse de la T_3 plasmatique et une hypertrophie thyroïdienne que ne peut corriger l'apport d'iode.

En pratique, la supplémentation des aliments en iodure est indispensable, surtout quand il s'agit de matières premières d'origine végétale dont les teneurs en iode sont faibles et très variables. Les farines animales contiennent en général plus d'iode, en particulier les farines de poisson. En pratique, il est indispensable d'assurer une légère supplémentation en iode. Tous les sels (iodures, iodates) sont efficaces. Le principal problème réside dans l'instabilité des iodures de sodium et de potassium, sels les plus usuels mais les moins résistants.

Le sélénium est un constituant de la glutathion-peroxydase, enzyme jouant un rôle antioxydant à l'intérieur des cellules. Cette enzyme oxyde le glutathion et détruit de ce fait l'eau oxygénée apparaissant dans les cellules en la transformant en eau. Il s'agit d'un phénomène de détoxification cellulaire, les peroxydes produits par l'eau oxygénée risquant d'oxyder à leur tour les acides gras polyinsaturés des membranes cellulaires. De ce fait, l'activité de la glutathion-peroxydase économise la vitamine E (α-tocophérol) qui, elle aussi, protège les cellules des peroxydes. La carence en sélénium conduit donc à des dépenses accrues de vitamine E. Réciproquement, la vitamine E réduit le besoin en sélénium. Il s'agit donc d'une synergie d'action de la vitamine et de l'oligo-élément. La diathèse exsudative est le principal symptôme de carence. Il s'agit de la formation d'oedèmes dus à la modification de la perméabilité capillaire. Une partie des protéines de faible poids moléculaire diffuse avec l'eau dans les exsudats. Parallèlement on observe une concentration plasmatique avec élévation de l'albuminémie.

Tableau 6-7. Apports optimum et limites inférieures (Carence) et supérieures (Toxicité) des principaux éléments sous forme disponible (g/kg)*.

		Optimum	Minimum	Maximum
Na+	croissance	1,32	1,00	10
	ponte	1,45	1,00	10
K+	croissance	3,00	1,90	20
	ponte	1,90	1,70	20
Cl⁻	croissance	1,23	0,80	4
	ponte	1,33	0,80	4
Mg++	croissance	0,42	0,40	3
	ponte	0,45	0,40	10
Fer**	croissance	45	35	1000
	ponte	60	45	500
Cuivre**	croissance	10	4	250
	ponte	10	4	250
Zinc**	croissance	50	40	800
	ponte	50	40	800
Manganèse**	croissance	60	45	600
	ponte	40	30	1000
Iode**	croissance	0,35	0,10	1000
	ponte	0,30	0,10	1000
Sélénium**	croissance	0,10	0,05	4
	ponte	0,10	0,05	4

(*) = aliment titrant 3000 kcal/kg
(**) = mg/kg

Le contenu moyen des matières premières est proposé dans le tableau 6-5. De grandes différences sont observées pour une même matière première selon la teneur des sols en sélénium. La disponibilité du sélénium des matières premières, comparée à celle du sélénite de sodium (pris pour valeur de référence 100), se situe entre 70 et 80 pour les céréales, 60 pour les tourteaux de soja et de colza, 90 pour la farine de luzerne. En revanche, les produits d'origine animale renferment un sélénium peu disponible (15 à 25). Le besoin en sélénium dépendant des apports de vitamine E et les teneurs et la biodisponibilité du sélénium des matières premières étant variables, on est amené à supplémenter les aliments destinés aux oiseaux avec une source de sélénium très disponible. Les sélénites sont les plus efficaces, suivis par les sélénates (75 p.100 de l'efficacité des sélénites) et par des molécules où le sélénium remplace le soufre, comme la sélénocystine, la sélénométhionine (40 p.100 d'efficacité).

Les besoins des oiseaux en croissance et en ponte sont proposés dans le tableau 6-7. Il faut toutefois être prudent, le sélénium présentant de grands risques de toxicité à partir d'une teneur de 4 mg/ kg d'aliment. Les excès de sélénium conduisent à l'inhibition de nombreuses activités enzymatiques (choline-oxydase, déshydrogénase de l'acide succinique...). Ils entraînent des malformations de l'embryon. Les risques de toxicité sont moins élevés chez la poule pondeuse. Cependant la teneur de l'œuf s'élève avec les apports de sélénium alimentaire, entraînant des risques de toxicité pour les consommateurs d'œufs. Il y a donc lieu de veiller à l'homogénéité des mélanges d'oligo-éléments et à leur incorporation homogène dans les aliments destinés aux volailles.

Ouvrages de référence

ANONYMUS, 1985. Mineral requirement of poultry. *World Poultry Sci. J.,* vol. 41, p. 252-258.

FISHER C., BOORMAN K. N., 1986. *Nutrient requirement of poultry and nutritional research.* Butterworths.

SKADHAUGE E., 1981. *Osmoregulation in birds.* Springer-Verlag.

TRUCHOT J. P., 1987. *Comparative aspects of extra-cellular acid-base balance.* Springer-Verlag.

7

RÔLE PHYSIOLOGIQUE ET NUTRITIONNEL DES VITAMINES

Le terme vitamine a été créé par Funk en 1911 pour désigner la thiamine du fait de son caractère indispensable à la vie et de sa structure aminée. Il a ensuite été attribué à un ensemble de substances organiques actives à très faible dose et vitales pour les animaux. L'organisme étant incapable de les synthétiser, les vitamines doivent être apportées dans la ration alimentaire à l'exception de certaines qui sont produites par la flore digestive en quantité quelquefois suffisante pour satisfaire les besoins. (cf. chap. 3).

On connait actuellement treize familles de vitamines comportant chacune un ou plusieurs composés. Leur classification repose sur leur solubilité en milieu aqueux (vitamines hydrosolubles) ou dans les lipides et solvants de ces derniers (vitamines liposolubles). Les premières possèdent des fonctions biochimiques voisines, puisqu'elle interviennent toutes, sans exception, dans le métabolisme cellulaire en représentant les groupes prosthétiques de co-enzymes (fig. 7-1). Leur action dépend étroitement de leur structure ; la moindre modification pouvant conduire à une totale inactivation.

Les vitamines liposolubles ont, en revanche, des modes d'action très diversifiés. Pour chacune, on peut rencontrer de nombreux composés de différentes structures et continuant à posséder une activité biologique, les formes naturelles étant, cependant, toujours les plus actives.

Les principales fonctions des vitamines sont résumées dans le tableau 7-1. Elles seront développées à l'occasion de l'étude de chacune. Nous décrirons aussi les symptômes de carence tout en nous limitant aux volailles. Nous indiquerons les principales méthodes de dosage, et préciserons les recommandations alimentaires pour les animaux en croissance, les poules pondeuses et les reproducteurs.

I. Vitamines liposolubles

Du fait de leur caractère liposoluble, les vitamines A, D, E et K sont absorbées selon les mêmes mécanismes que les lipides, le rôle des sels biliaires étant chaque fois prépondérant. Elles sont ensuite stockées dans le foie et le tissu adipeux en quantité plus ou moins importante en fonction de l'apport alimentaire. La constitution de telles réserves présente, à la fois, l'avantage

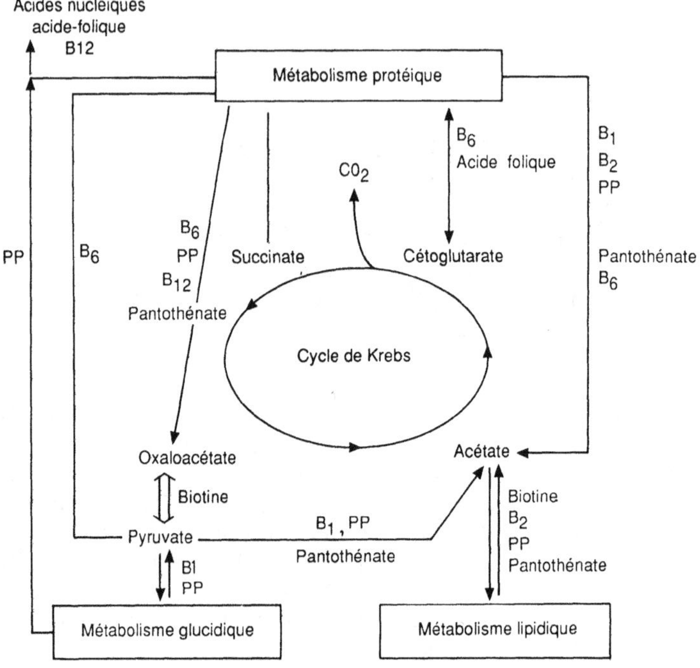

Figure 7.1. – Rôle des vitamines hydrosolubles dans le métabolisme des glucides, des lipides et des acides aminés.

Tableau 7-1. Principales fonctions vitaminiques.

Vitamine A	Mécanisme de la vision
	Maintien de l'intégrité des cellules épithéliales
Vitamine D	Régulation de l'absorption intestinale et
	du métabolisme du calcium
Vitamine E	Antioxydant – Immunité
Vitamine K	Synthèse des éléments de la coagulation
Thiamine	Transporteur du groupement aldéhyde
	(décarboxylation des acides cétoniques)
Pyridoxine	Métabolisme des acides aminés
	Formation des amines biogènes
Acide	Transporteur de groupements acétyl et acyl
Biotine	Transporteur de groupements formyl
Acide folique	et de groupements monocarbonés
	Isomérication. Deshydrogénation. Méthylation
Cobalamine	Transport du groupement méthyl
	Biosynthèse et dégradation des glucides, des acides aminés
Nicotinamide	et des acides gras
	Transporteur d'hydrogène
Riboflavine	Processus d'oxydo-réduction
Acide ascorbique	Donateur de groupements méthyl
Choline	Constituant de phospholipides

de fournir, à l'organisme, de façon régulière, les quantités nécessaires à ses besoins et aussi l'inconvénient que l'accumulation peut devenir toxique lorsqu'elle est excessive. Sur le plan métabolique les vitamines liposolubles ont en commun de jouer un rôle déterminant au niveau des membranes cellulaires pour assurer leur intégrité.

1. Vitamine A

Sa structure chimique a été définie par Karrer en 1931. Sa synthèse chimique a été réalisée en 1946 par Isler. Il s'agit d'un alcool (rétinol, axerophtol) à longue chaîne que l'on trouve dans les produits naturels sous forme d'esters d'acides gras. On connait six isomères rapportés dans la figure 7-2. La forme all-trans possède la plus grande activité biologique. Les formes cis obtenues par réarrangement moléculaire ont une activité variant de 75 à 15 p.100 de celle des all-trans.

L'absorption intestinale est réalisée sous la forme alcool et aussi d'esters et de β carotène. Celui-ci peut théoriquement se convertir en deux molécules de vitamines A en se scindant par le milieu. En fait, il s'agit d'une dégradation se produisant à partir de l'une des deux extrémités. Une molécule de β carotène ne donnerait, en réalité, qu'une seule molécule de vitamine A (fig. 7-3).

Le stockage se fait dans les cellules hépatiques de Kupffer, essentiellement sous forme de palmitate. Celui-ci sera par la suite hydrolysé en libérant du rétinol qui circule dans le sang tout en restant lié à une protéine spécifique la R.B.P. (Rétinol Binding Protein) dont la synthèse est effectuée dans le foie. Enfin, le catabolisme implique une glycuro-conjugaison avec oxydation en rétinal puis en acides rétinoïque et oxo-rétinoïque.

La vitamine A intervient dans la vision crépusculaire en participant à la formation du pourpre rétinien récepteur de la lumière (fig.7-4). Celui-ci est une chromoprotéine élaborée dans l'obscurité par l'association d'une protéine l'opsine et du 11 cis rétinal constituant le groupement prosthétique. Sous l'action de la lumière, le pourpre rétinien est décomposé en opsine et en rétinal all-trans, le régénération s'effectuant à l'obscurité par combinaison de l'opsine avec le rétinal 11-cis (isomérisation directe du all-trans).

La synthèse du pourpre rétinien nécessite à la fois une oxydation de l'alcool en aldéhyde et une isomérisation. L'oxydo-réduction est contrôlée par voie enzymatique tandis que l'isomérisation est possible aussi bien entre alcools qu'entre aldéhydes. On comprend alors qu'une carence en vitamine A entraîne des troubles de régénération du pourpre rétinien aboutissant rapidement à la cécité crépusculaire.

Pour la vision diurne, il existe aussi, dans les cônes rétiniens, trois pigments visuels sensibles aux lumières rouge, bleue et verte qui diffèrent par leurs opsines (iodopsine) contenant toutes les mêmes chromophores (le 11-cis retinal).

La vitamine A intervient aussi au niveau de la peau et des muqueuses en favorisant la synthèse des mucopolysaccharides et la sécrétion de mucus. La carence entraînera alors une atrophie des cellules épithéliales qui évoluent vers

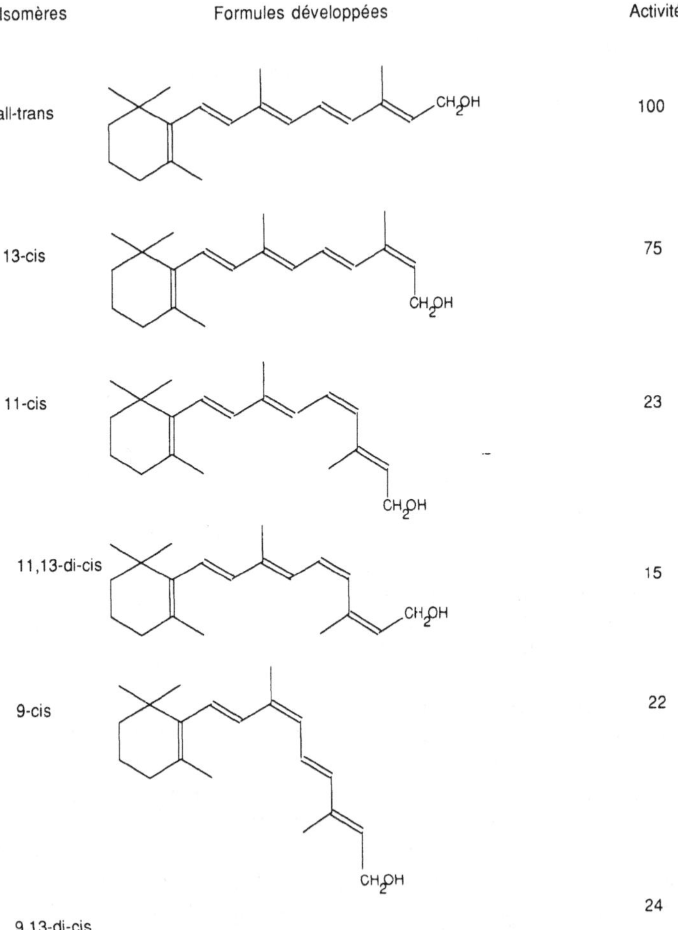

Figure 7.2. – Activités comparées des isomères de la vitamine A.

la kératinisation en même temps qu'une prolifération des couches cellulaires sous-jacentes.

Enfin certains travaux laissent penser que la vitamine A participe au métabolisme des stéroïdes, en particulier à celui de la corticostérone, du cholestérol et des hormones sexuelles.

Chez les oiseaux, les symptômes d'une carence en vitamine A apparaissent au bout de deux ou trois semaines. Les jeunes sont plus sensibles que les adultes. Leur vitesse de croissance diminue et leur plumage devient ébouriffé. Les sécrétions digestives, surtout de salive et de mucus, cessent progressivement. Les troubles visuels peuvent conduire à la cécité. Enfin le pourcentage

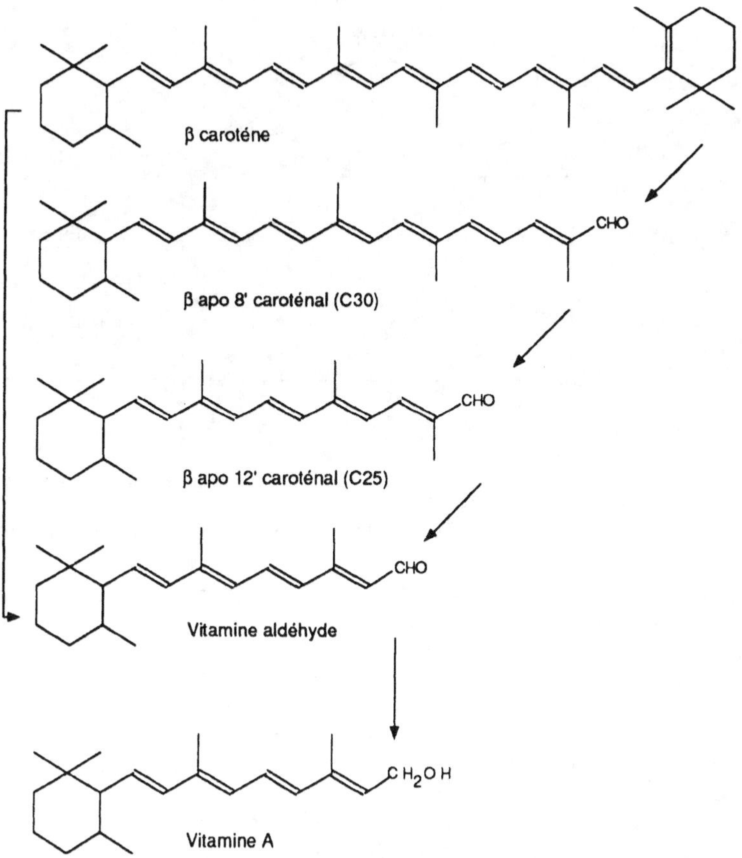

β caroténe

β apo 8' caroténal (C30)

β apo 12' caroténal (C25)

Vitamine aldéhyde

Vitamine A

Figure 7.3. – Synthèse de la vitamine A à partir de la dégradation du β carotène : une molécule de β carotène ne donne qu'une seule molécule de vitamine A.

de mortalité augmente considérablement, en relation directe avec la carence, ou indirectement, dans la mesure où celle-ci diminue la résistance de l'organisme aux infections.

Chez les adultes, les symptômes se développent plus lentement sauf pour la vision, la cécité se produisant plus vite. La ponte d'œufs ainsi que l'éclosivité diminuent considérablement. Il existe quelques symptômes propres à certaines espèces aviaires. Chez la dinde, la carence en vitamine A fait apparaître des taches brunes sur la surface de la coquille des œufs. Le caneton peut devenir paralysé.

Concernant le dosage, la spectrophotométrie en UV sert de base aux méthodes de référence. L'absorption est mesurée à 328 nm pour la vitamine A en solution dans l'éthanol. La présence de substances interférantes oblige à faire des corrections tenant compte d'une « absorption de base » obtenue lorsque l'on a détruit sélectivement la vitamine A par irradiation ultra violette.

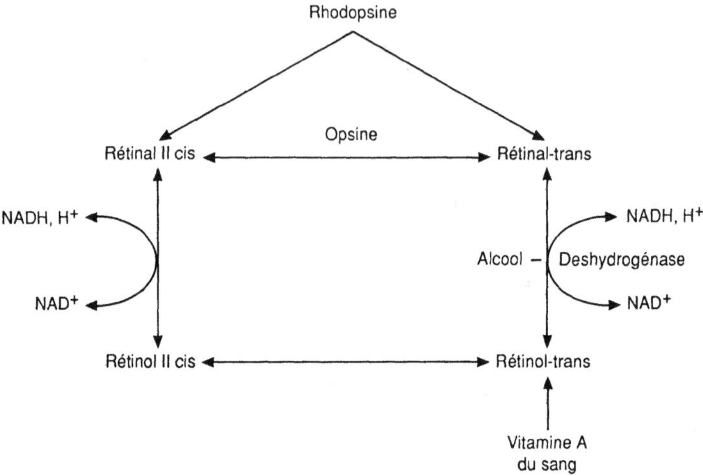

Figure 7.4. – Rôle de la vitamine A dans les mécanismes de la vision crépusculaire.

Le plus souvent on utilise une colorimétrie à partir de la réaction de Carr et Price : le trichlorure d'antimoine en solution chloroformique donne avec la vitamine A une coloration bleue que l'on mesure à 620 nm. Pour améliorer la précision de la méthode, il est nécessaire de travailler dans des conditions bien standardisées : la coloration développée étant peu stable.

L'activité de la vitamine A est exprimée en unité internationale : 1 UI correspond à 0,344 µg d'acétate de vitamine A cristallisé, à 0,55 µg de palmitate et à 0,60 µg de β carotène.

Pour les matières premières ou les aliments composés, on exprime les teneurs en µg de rétinol ou de rétinol équivalent :

    1 rétinol équivalent : 1 µg ou 3,33 UI de rétinol
                   6 µg ou 10 UI de β carotène
                  12 µg de caroténoïdes

Enfin, pour la conservation, il est nécessaire d'éviter l'action de la lumière, de la chaleur et des graisses oxydées. La vitamine A, ainsi que ses précurseurs, sont en effet facilement oxydables. La présence de Fe ou de Mn augmente les risques d'oxydation. Aussi est-il recommandé de n'effectuer les prémélanges vitamines-oligoéléments que juste immédiatement avant leur incorporation dans l'aliment.

2. Vitamine D

Isolée puis synthétisée en 1931, la vitamine D existe aujourd'hui sous deux formes actives (fig.7-5). La vitamine D$_2$ ou ergocalciférol synthétique est très utilisée en thérapeutique contre le rachitisme. La vitamine D$_3$ ou cholécalciférol est naturelle. Il s'agit en fait de deux stéroïdes ayant un même noyau cyclo-pentanophénanthrénique mais différents par la chaîne latérale qui comporte un groupement méthyl supplémentaire dans le cas de la vitamine

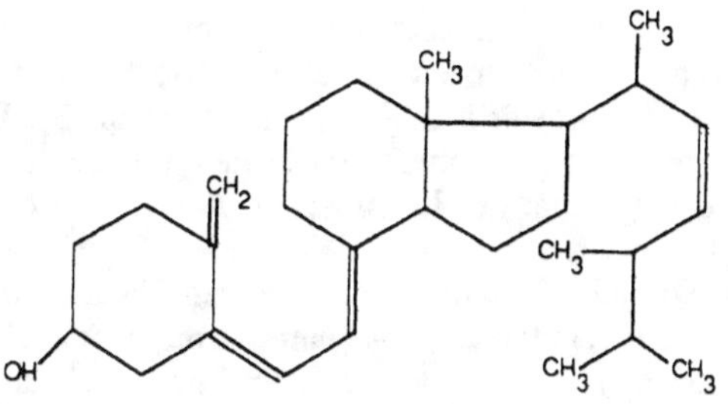

Vitamine D3

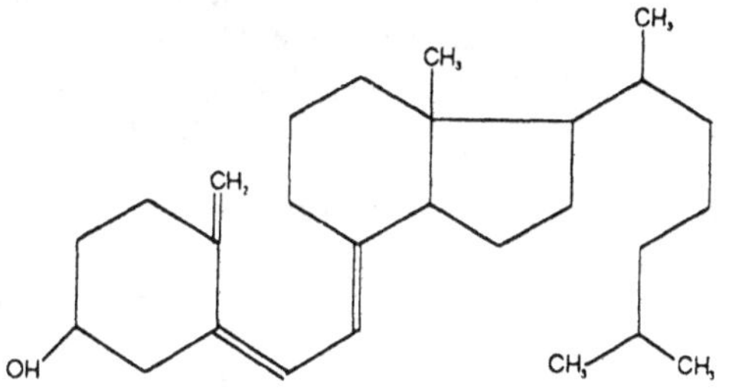

Vitamine D2

Figure 7.5. – Structure des formes actives de vitamine D (formules brutes et développées des vitamines D2 et D3).

D_2. Pour information, rappelons que le nom de vitamine D_1 avait été donné à une substance qui s'est révélée être la combinaison de vitamine D_2 et de lumistérol, ce dernier étant inactif.

Absorbée en présence de sels biliaires et principalement dans le jéjunum, la vitamine D est transportée par une protéine qui la protège de l'oxydation et donc de l'inactivation. Elle subit une première hydroxylation en 25 aboutissant à la formation du 25 hydroxycholécalciférol ou 25 (OH) D_3, sous l'effet d'une hydroxylase spécifique dont l'activité est rétro-contrôlée par le taux circulant du produit de la réaction.

Le métabolite de la vitamine D est alors transporté par une γ globuline jusqu'au rein où il subit une deuxième hydroxylation par la 25 (OH) D_3 1-α hydroxylase. On obtient alors le 1, 25 dihydroxycholécalciférol ou 1, 25 (OH)$_2$ D_3 considérée comme étant la forme la plus active de la vitamine D, du moins pour l'absorption intestinale du calcium. Comme pour la première hydroxylation, la deuxième est également retro-contrôlée en fonction des besoins de l'organisme.

La 1, 25 $(OH)_2$ D_3 est considérée en fait comme une véritable hormone stéroïde. Son principal récepteur est la cellule absorbante de la muqueuse intestinale, siège du transport actif du calcium (cf. chap. 3). Elle s'y fixe pour déterminer la fonction d'un ARN messager et la synthèse de la CaBP (Calcium Binding Protein). Celle-ci permet le transport du calcium et le rétablissement de la calcémie à son niveau normal.

La 1, 25 $(OH)_2$ D_3 intervient indirectement dans la mobilisation du calcium osseux en ayant un rôle régulateur de la parathormone (cf. chap. 3 et 6). L'hypocalcémie due à la carence en vitamine D provoque une augmentation de sécrétion de parathormone. Celle-ci a une action ostéolytique qui permet d'augmenter la concentration plasmatique en calcium et de favoriser l'excrétion urinaire de calcium et de phosphore au détriment de l'os qui se déminéralise.

Chez les jeunes volailles, la carence en vitamine D entraîne de nombreuses déformations osseuses ainsi qu'un ramollissement du bec. Les signes internes les plus caractéristiques sont « le chapelet costal », dû à un épaississement des épiphyses et des cartilages de conjugaison des côtés. On a aussi un épaississement des épiphyses du tibia et du fémur. Le sternum devient incurvé. Chez le dindon, la déficience en vitamine D entraîne la dyschondroplasie qui se traduit par des boiteries. L'oiseau s'assoit sur ses talons et refuse de marcher. Ces symptômes se rencontrent aussi chez le poulet.

Chez les volailles adultes, les os s'appauvrissent en matières minérales et deviennent fragiles (ostéomalacie). La coquille de l'œuf devient mince et fragile. La ponte diminue ainsi que l'éclosivité. Chez le canard, le bec se recourbe. Les mêmes signes apparaissent également lorsque le régime alimentaire est déficient, partiellement ou totalement, en calcium et en phosphore. Aussi, avant de se prononcer sur l'origine de ces symptômes, il est nécessaire d'envisager les trois éléments à la fois : calcium, phosphore et vitamine D.

Le dosage de la vitamine D n'est ni facile ni précis. Il existe des méthodes de dosage des métabolites utilisant leur capacité de liaison aux protéines plasmatiques, on évalue ainsi la quantité de 25 (OH) D_3 plasmatique, principal métabolite circulant.

Dans les produits très purifiés, les calciférols sont caractérisés par leur absorption ultraviolette (265 nm). Il existe aussi de nombreuses réactions colorées avec le trichlorure d'antimoine, furfural et acide trichloracétique, chlorure de zinc, acétate mercurique. On utilise aussi des chromotagraphies, sur papier et sur alumine.

L'activité est souvent mesurée par méthode biologique chez le poulet en croissance. L'animal est rendu rachitique en lui allouant un régime de base dépourvu de vitamine D, avec un rapport Ca/P déséquilibré. L'activité d'une source de vitamine D ajoutée dans l'aliment de base est déterminée en évaluant la recalcification de la région épiphysaire du tibia et en dosant pondéralement la cendre du squelette ou seulement du tibia. On démontre ainsi que la vitamine D_2 est dépourvue d'activité chez les oiseaux. C'est pourquoi on utilise uniquement la vitamine D_3 dans les prémélanges destinés à l'alimentation des volailles.

L'activité est exprimée en Unité Internationale sachant qu' 1 UI de vitamine D correspond à 0,025 mg de D_3.

Enfin il faut rappeler que les vitamines D_2 et D_3 sont très facilement dégradables, par la lumière, l'oxygène et les acides. La conservation doit être en flacon opaque à l'abri de l'air.

3. Vitamine E

Découverte par Evans et Bishop en 1922, la vitamine E était considérée comme celle de la fécondité. En fait, elle ne parait jouer ce rôle que chez la rate.

Chimiquement, la vitamine E désigne les tocophérols qui constituent un squelette de base appelé tocol et formé d'un noyau hydroxychromane sur lequel se fixe une chaîne phytyl (fig.7-6). Celle-ci est entièrement saturée et comporte des groupements méthyl. L' α–tocophérol ou le 5,7,8 triméthyltocol est le composé le plus répandu et le plus actif. Dans le sang, la vitamine E circule d'abord sous forme libre puis liée à la fraction B des lipoprotéines. Le catabolisme aboutit à des composés glycuronés de l'acide torophéronique.

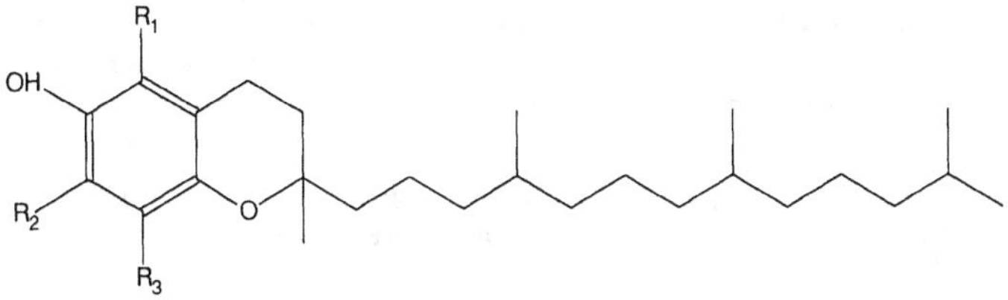

R1	R2	R3	dénomination
CH3	CH3	CH3	α – tocophérol
CH3	H	CH3	β – tocophérol
H	CH3	CH3	γ – tocophérol
H	H	CH3	δ – tocophérol
CH3	CH3	H	ζ2 – tocophérol
H	CH3	H	η – tocophérol

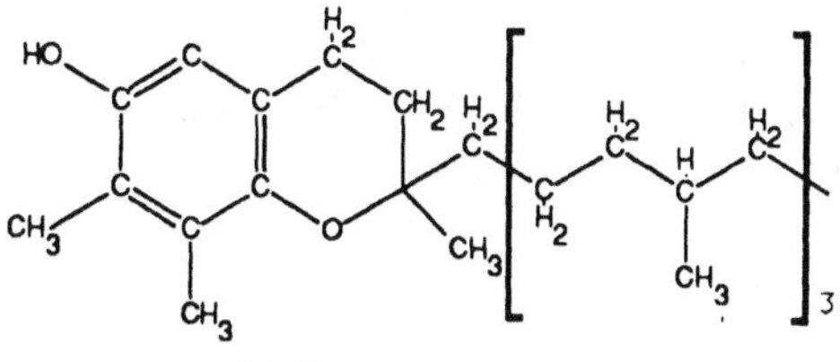

Figure 7.6. – Structure des tocophérols.

Les fonctions physiologiques sont encore mal connues. Les tocophérols sont d'abord des antioxydants, qui protègent de l'oxydation, la vitamine A, le carotène, les acides gras polyinsaturés ainsi que le co-enzyme Q jouant un rôle dans la chaîne de transporteurs d'hydrogène. Ils maintiennent la stabilité des membranes intracellulaires de la paroi érythrocytaire contenant une forte proportion d'acides gras insaturés. Le rôle d'antioxydant est manifeste dans les chaînes de réaction faisant intervenir le glutathion et le sélénium (cf. chap. 6). La vitamine joue aussi un rôle dans la synthèse de l'hème en contrôlant l'induction et la répression des enzymes qui participent à la formation de l'acide aminolevulinique et du porphobilinogène.

Elle intervient dans la synthèse des protéines hémiques dont les cytochromes et l'hémoglobine font partie. Enfin elle stimule les défenses immunitaires du poulet en agissant en synergie avec le sélénium.

La carence en vitamine chez le jeune oiseau entraîne la diathèse exsudative : apparition d'oedèmes sous la peau et d'exsudat dans la cavité péricardique. Le deuxième symptôme est l'encéphalomalacie : les poulets deviennent ataxiques, incapables de se maintenir debout ou en marche. A chaque tentative, ils tombent sur le dos. Ces signes sont associés à des lésions au niveau du cervelet.

Chez l'adulte, les effets de la carence sont moins prononcés. D'une façon générale, on obtient une baisse de l'éclosivité des œufs. La mort embryonnaire survient précocément dès le 3ème ou le 4ème jour d'incubation par rupture des premiers vaisseaux sanguins. Plus particulièrement, chez le dindon, on peut observer une myopathie avec des lésions visibles au niveau du gésier.

Pour apprécier le déficit en vitamine E, on peut contrôler la concentration plasmatique en lipoprotéines sur lesquelles se fixe la vitamine. En outre, dans le test d'hémolyse de Rose et Gyorgii, on mesure la résistance osmotique des érythrocytes aux agents oxydants comme l'eau oxygénée et l'acide dialurique. Cette résistance est corrélée avec la concentration plasmatique des α–tocophérols.

Pour doser la vitamine E dans les aliments, plusieurs méthodes sont proposées. Elles sont souvent basées sur le pouvoir oxydant des tocophérols sur des sels ferriques (réduction du ferricyanure ferrique et mesure colorimétrique du phosphomolybdate coloré en jaune vert). Ces méthodes sont difficiles à mettre en œuvre du fait de la présence de substances interférantes et également oxydantes tels que les caroténoïdes. Il y a enfin les méthodes chromatographiques qui semblent plus sensibles et permettent d'obtenir des résultats plus reproductibles.

L'activité de la vitamine E est exprimé en unité internationale correspondant à 1 mg d'acétate de DL tocophérol soit 0,97 mg de DL α tocophérol ou 0,73 mg de D α tocophérol qui est le composé le plus actif.

4. Vitamine K

A l'occasion d'une étude sur le cholestérol chez le poulet, Dam (1929) a suspecté la présence, dans les lipides alimentaires, de substances anti-hémorragiques auxquelles on a donné le nom de vitamine K (Koagulation vitamin), isolées en 1935 et synthétisées en 1939. Il s'agit d'un groupe de dérivés de la naphtoquinone (fig. 7-7). Les formes naturelles sont :

la vitamine K_1 : 2-méthyl-3-phytyl-1-4 naphtoquinone
et la vitamine K_2 : 2-méthyl-3-difarnesyl-1-4 naphtoquinone.

Il existe aussi un groupe synthétique à action vitaminique qui possède seulement le noyau 2 méthyl 1-4 naphtoquinone (vitamine K_3) sans chaîne latérale.

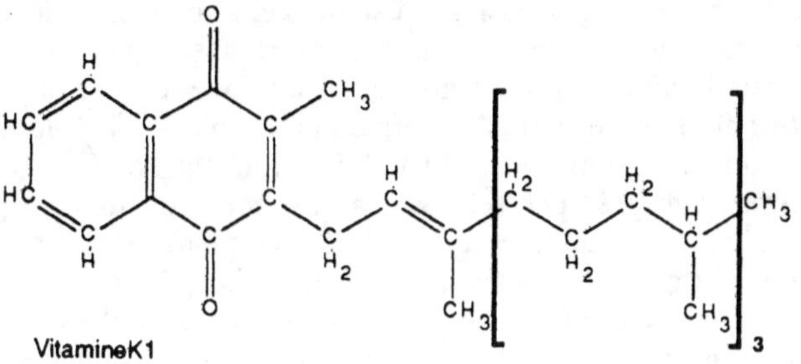

Figure 7.7. – Structure des vitamines K.

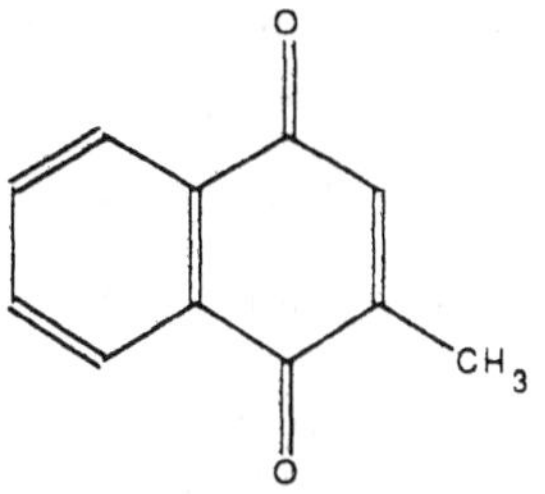

Le métabolisme de la vitamine K est peu connu. Son catabolisme procède, cependant, par oxydation en dérivés glycuronés qui sont éliminés dans l'urine. Comme pour les autres vitamines liposolubles, elle peut être stockée dans le foie et le tissu adipeux mais en quantité relativement réduite.

Sur le plan physiologique, la vitamine K est indispensable à la synthèse hépatique des facteurs de la coagulation. Il s'agit surtout de la prothrombine (facteur II), de la proconvertine (facteur VII), du facteur anti-hémophylique B (facteur IX) et du facteur Stuart (facteur X). La vitamine agirait en participant à la synthèse de ces quatre facteurs, à partir d'une même protéine, précurseur commun.

La déficience en vitamine K entraîne une diminution considérable du taux sanguin de prothrombine. Il en résulte un allongement du temps de coagulation. Le moindre choc peut déclencher une hémorragie interne entraînant la mort. Extérieurement, les hémorragies apparaissent surtout au niveau des pattes et des ailes. Chez le jeune poussin provenant d'œufs pondus par des poules carencées en vitamine K, les hémorragies sont graves et la simple fixation d'une bague à l'aile peut entraîner la mort par saignement à blanc.

Les méthodes de dosage les plus utilisées sont basées sur l'examen de la coagulation du sang. On a, dès le début, défini l'unité active comme étant la quantité de vitamine nécessaire pour ramener à dix minutes, le temps de coagulation de 50 p.100 des poussins préalablement soumis, pendant 15 jours, à un régime alimentaire carencé. Plus tard, on a mesuré non pas le temps de coagulation mais le taux de prothrombine plasmatique. La concentration d'une solution de thrombokinase tissulaire permettant au plasma à étudier de coaguler en 3 minutes est déterminée. On définit alors un coefficient (R) égal à cette concentration divisée par celle nécessaire pour coaguler un plasma normal. L'unité active de vitamine K est alors la quantité qui, par gramme de poids corporel, permet de ramener à 1 la valeur 200 de R.

Ces méthodes ont été, au fil des ans, améliorées en utilisant par exemple un plasma privé de calcium et en ajoutant des quantités connues de calcium et de thrombokinase. On peut suivre l'évolution de la coagulation par des mesures électrophotométriques relativement précises.

Dans la pratique, on dispose de deux composés vitaminiques, la vitamine K_1 ou phylloquinone des végétaux verts et la vitamine K_3 ou ménadione ou ménaphtone, avec la correspondance suivante : 1mg de K_3 équivaut à 3,8 mg de K_1. La valeur biologique dépend en fait de la longueur de la chaîne latérale. Elle semble optimale pour un nombre de 20 à 30 atomes de carbone. Un nombre trop faible ou trop élevé diminue fortement l'activité vitaminique. Cette règle ne s'applique pas pour la vitamine K_3 qui est très active malgré l'absence de chaîne latérale. Celle-ci se fixerait sur le méthyl-naphtaquinone grâce à la flore intestinale. D'ailleurs, chez les animaux axéniques, la vitamine K_3 ne possède aucune activité vitaminique. Il en est de même pour les animaux orthoxéniques recevant des antibiotiques qui perturbent la flore intestinale (sulfamides).

II. Vitamines hydrosolubles

Comme nous l'avons déjà indiqué au début de ce chapitre, les vitamines hydrosubles participent à de nombreux systèmes enzymatiques. Elles se distinguent par le fait qu'elles renferment chacune au moins un atome d'azote. On les classe aujourd'hui en fonction de leur action enzymatique. Ce faisant, il devient possible, dans de nombreux cas, d'expliquer par les réactions métaboliques l'origine de signes pathologiques associés à la déficience alimentaire. L'autre avantage est de pouvoir comprendre certaines inter-relations vitaminiques.

En tant que co-enzymes, les vitamines hydrosolubles peuvent se répartir en deux groupes :

— celles qui assurent le transfert de groupements,
— celles qui interviennent dans les réactions enzymatiques d'oxydo-réduction.

Le premier groupe comprend six vitamines hydrosolubles : la thiamine, la vitamine B6, l'acide folique, l'acide pantothénique, la vitamine B12 et la biotine. Les enzymes impliquées sont des transférases constituées d'une partie protéinique : l'apo-enzyme qui est spécifique, et d'un co-enzyme dont le rôle est d'abord d'accepter une fraction du substrat métabolisé pour la transférer ensuite sur un autre substrat appelé accepteur final.

Le groupe des vitamines co-enzymes d'oxydo-réduction comprend les vitamines B_2 et PP. Il faut ajouter la vitamine C dont le caractère indispensable dépend des espèces animales.

1. Vitamines co-enzymes de transfert

1.1. *Thiamine*

Nous devons à l'amiral japonais Takaki d'avoir lié en 1885 le syndrome polynévritique « le Béri-Béri », à une cause nutritionnelle chez les mangeurs de riz décortiqué. La maladie a été par la suite reproduite et guérie chez le poulet en 1890. Finalement, Funk isola la thiamine en 1910 dont la structure et la synthèse ont été respectivement déterminées et réalisées en 1936.

La thiamine comprend un noyau pyrimidique méthylé en 2 et aminé en 6, relié par un pont méthylène à un noyau thiazole méthylé en 4 et portant en 5 une chaîne éthanolique (fig. 7-8).

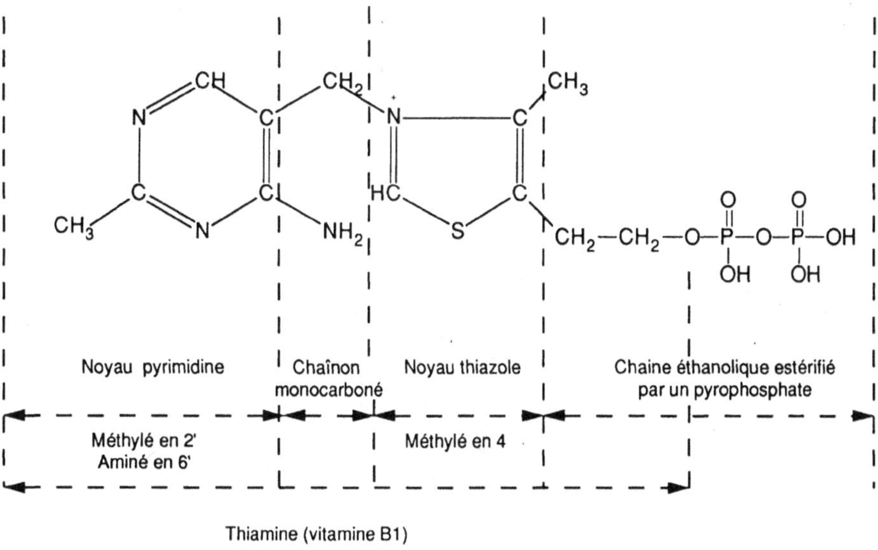

Figure 7.8. – Structure du pyrophosphate de thiamine.

Ses propriétés physiques se caractérisent par une très grande solubilité dans l'eau et l'éthanol et une stabilité en milieu acide jusqu'à un pH voisin de 4. En milieu neutre ou alcalin, la vitamine se dégrade rapidement.

Sous forme chlorhydrate, elle se présente en cristaux orthorombique ou monoclinique inodores lorsque la vitamine est parfaitement pure. Le plus souvent elle a une odeur caractéristique dite « maltée ».

Absorbée dans le duodénum supérieur à une vitesse relativement rapide, la thiamine se retrouve dans le sang et les tissus en quantité faible. Sa dégradation est effectuée dans le rein en acide thiamine-carbonique ou carbo-thiaminique, en pyramine ou 2,5 diméthyl-4-amino-pyrimidine.

Sur le plan métabolique, le pyrophosphate de thiamine joue le rôle de co-enzyme dans le métabolisme des hydrates de carbone (fig.7-9). Elle assure en particulier le transport d'un groupement aldéhyde. Celui-ci provient de la décarboxylation d'acides α-cétoniques. Le mécanisme réactionnel, dit de Breslow, comporte plusieurs étapes dont :

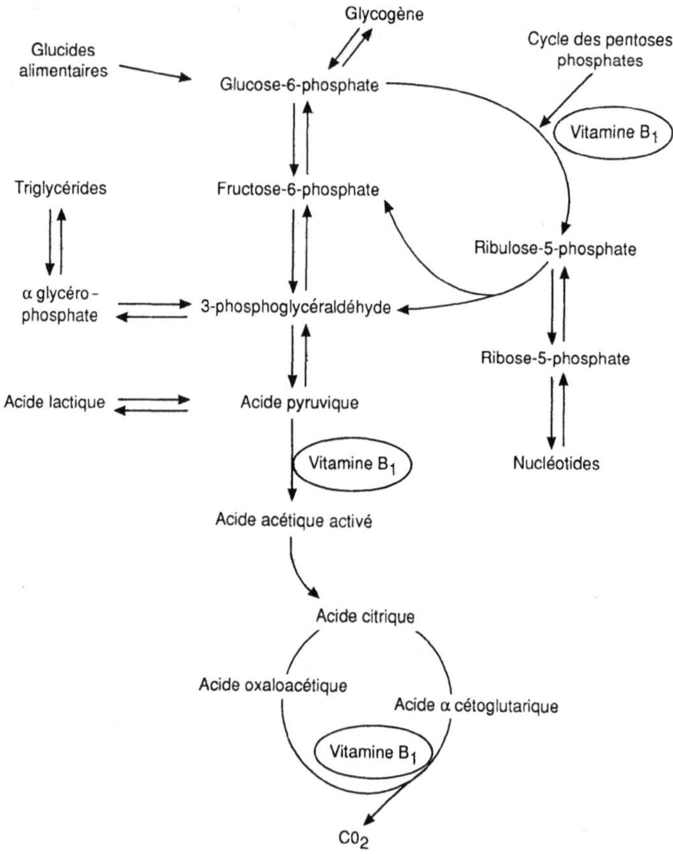

Figure 7.9. – Rôle de la vitamine B1 dans le métabolisme des glucides.

— une décarboxylation : (par le pyruvate ou l'α-cétoglutarate décarboxylase). Dans le cas du pyruvate, comme pour l'α-cétoglutarate, le substrat est d'abord activé en se fixant par son carbone a sur le carbone 2 du noyau thiazole (site anionique). Le CO2 est ensuite libéré.

— un transfert du groupement aldéhyde : le groupement acétaldéhyde se sépare du noyau thiazole en se fixant sur l'acide lipoïque oxydé qui joue le rôle d'accepteur. L'aldéhyde s'oxyde en même temps que le pont SS de l'acide disulfure s'ouvre. On obtient alors l'acide acétyl-dihydrolipoïque. Le groupement acétyl est ensuite transféré sur le CoA pour donner l'acétyl-CoA qui pénètrera dans le cycle de Krebs où il sera oxydé en CO_2 et H_2O en libérant de l'énergie.

La thiamine est également à l'origine de la synthèse des acides gras et des stérols d'où son importance dans la néolipogénèse. De cette façon, l'acide α-cétoglutarate donnera en présence de décarboxylase et de pyrophosphate de thiamine du succinyl– CoA puis de l'acide succinique, puis de l'acide acétique.

Le pyrophosphate de thiamine intervient aussi dans la trancétolisation. Il arrache le radical aldéhyde-glycol appelé aussi cétol (CHOH-CHO) du xylulose-5- phosphate (cycle des pentoses-phosphates), pour le transférer à un aldose-phosphate.

Le dosage de la thiamine peut être effectué de différentes façons :

— par méthode microbiologique en utilisant *Lactobacillus fermenti* ou *Lactobacillus viridescens,*

— par le test au thiochrome : la thiamine obtenue par hydrolyse acide du pyrophosphate puis oxydée en milieu alcalin par le permanganate donne par cyclisation intramoléculaire le thiochrome fluorescent à la lumière ultraviolette.

Les signes de carence en thiamine chez les volailles sont essentiellement une perte d'appétit, une faiblesse généralisée et des symptômes de polynévrite, surtout chez le jeune poulet. Ces troubles pourraient être liés directement au métabolisme glucidique : l'absence de vitamine B_1 entraîne une insuffisance de production de groupements acétyl nécessaires à la synthèse de l'acétylcholine qui est indispensable à la transmission de l'influx nerveux au niveau des synapses.

1.2. *Vitamine B6*

Contrairement aux autres vitamines, la carence en vitamines B_6 n'engendre ni maladie ni symptômes spécifiques. Cela explique sa découverte tardive par Gjorgyi en 1935. Il s'agit de trois composés dérivant de la pyridine et différents par le groupement fonctionnel en position 4 (fig.7-10). La pyridoxine ou pyridoxol possède une fonction alcool. Le pyridoxal et la pyridoxamine ont respectivement une fonction aldéhyde et un groupement amine.

La pyridoxine est une poudre cristalline blanche très soluble dans l'eau et très sensible à la lumière, surtout en solution à un pH neutre ou alcalin. Son élimination par l'urine se fait essentiellement sous forme d'acide pyridoxique qui est le principal métabolite.

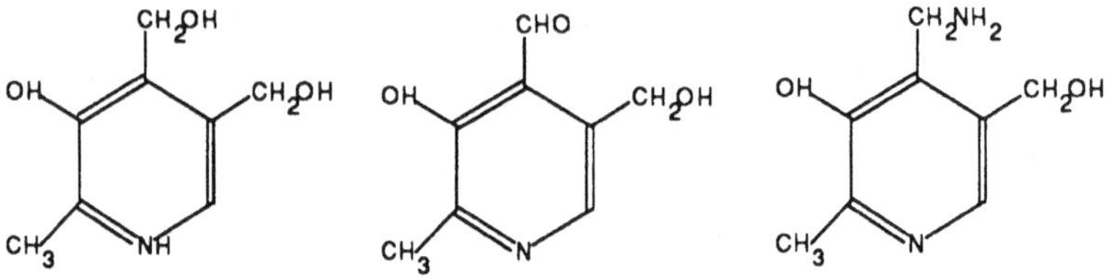

Figure 7.10. – Structure de la vitamine B6 sous ses trois formes.

L'activité biologique est liée à la présence du groupe phénolique sur le carbone- 3. Dans l'organisme, la pyridoxine est oxydée en pyridoxal ou aminée en pyridoxine. Ces deux dérivés sont ensuite phosphorylés en position 5, aboutissant au pyridoxal-5-phosphate (forme active) et au pyridoxamine 5 phosphate (forme de réserve).

Le phosphate de pyridoxal est un groupement prosthétique lié à l'apo-enzyme spécifique par des liaisons covalentes ou ioniques. Il participe alors à de nombreuses réactions enzymatiques surtout dans le métabolisme des acides aminés avec des apo-enzymes spécifiques. La vitamine B_6 intervient en particulier dans :

— les transaminations en réalisant le transfert du groupement α-aminé d'un acide aminé à un dérivé α-cétonique d'un autre acide aminé. Dans ces réactions le phosphate de pyridoxal fixe le groupement aminé en devenant la pyridoxamine-phosphate. Il le transfère ensuite sur un acide α-cétonique qui devient à son tour un acide aminé. Parmi les transaminations, deux sont particulièrement actives : l'alanine transaminase (glutamate-pyruvate transaminase ou GPT) et l'aspartate transaminase (glutamate-oxaloacétate transaminase ou GOT) jouent un rôle très important dans la biosynthèse et la dégradation des acides aminés (chap. 5). Les réactions peuvent s'écrire :

alanine + ac. α-cétoglutarique $\rightarrow$ pyruvate + ac. glutamique

ac.aspartique + ac. α-cétoglutarique $\rightarrow$ ac. oxaloacétique + ac. glutamique

Tableau 7-2. Formation de quelques amines biogènes après décarboxylation de différents acides aminés.

Histidine	Histamine
5-Hydroxy-tryptophane	5-Hydroxy-Tryptamine (sérotonine)
Acide aspartique	β alanine
Acide glutamique	Acide gamma amino butyrique (GABA)
Phénylalanine	Noradrénaline, Adrénaline
Tyrosine	Tyramine, Dopamine
Acide cystéique	Taurine

La vitamine B_6 intervient dans la décarboxylation des acides aminés. Ces réactions permettent en particulier la synthèse des amines biogènes (tabl.7-2) et aussi de l'acide γ –aminobutyrique (GABA) à partir de l'acide glutamique.

Les désaminations oxydatives des acides aminés hydroxylés : la sérine en acide pyruvique et la thréonine en acide α – cétobutyrique, sont réalisées en présence de la vitamine B_6.

La vitamine B_6 intervient dans le transfert du groupement thiol au cours de la synthèse de la cystine (transulfuration)

Rappelons enfin que le métabolisme du tryptophane nécessite la vitamine B_6 à l'occasion de plusieurs réactions conduisant en particulier à la formation de l'acide nicotinique ou vitamine PP.

Ainsi que nous l'avons indiqué ci-dessus, la déficience alimentaire de vitamine B_6 n'entraîne pas de symptômes spécifiques : les performances de croissance sont diminuées et on peut observer une altération de la peau et des muqueuses. Pour apprécier un éventuel niveau de déficience chez l'animal comme chez l'homme, on fait appel à des méthodologies indirectes : dosage de l'acide 4-pyridoxique dans les urines ; ingestion forcée d'une surcharge de L-tryptophane et mesure de l'augmentation de l'acide xanthurénique dans le sang et les urines, enfin détermination de l'activité *in vitro* de certaines trans-aminases (GOT et GPT) après addition de phosphate de pyridoxal.

1.3. *Acide pantothénique*

Découverte en 1947 par Lipmann, cette vitamine est active sous forme de co-enzyme A. L'acide pantothénique, lui-même, résulte de la condensation de la β– alanine et de l'acide pantoïque. Il se combine à la cystéamine (obtenue par décarboxylation de la cystéine) pour donner naissance à la pantothéine. Celle-ci est d'abord estérifiée en phospho-pantothéine avant de fixer une molécule d'adénosine monophosphate qui liera à son tour en position 3' du ribose une nouvelle molécule de phosphate (fig.7-11).

La fonction thiol libre du CoA constitue le site actif. Sur le plan métabolique, elle va se condenser avec le groupement carboxylique du substrat à activer pour former une liaison thio-ester ayant un potentiel énergétique particulièrement élevé. Parmi les acyl-CoA, l'acétyl CoA est le plus important. Son hydrolyse libère une énergie évaluée à 8 kilocalories par mole.

Le co-enzyme A est impliqué dans le métabolisme des glucides, des lipides et des acides aminés (fig.7-12) :

— glucides et acides aminés : liaison avec le radical acétyl provenant de la décarboxylation de l'acide pyruvique ou de dérivés α-cétoniques des acides aminés après la désamination oxydative ;
— lipides : dégradation des acides gras commençant par le rattachement du radical carboxyl pour constituer des acyl-CoA qui sont transformés en acétyl-CoA avant de participer au cycle de Krebs.

Le co-enzyme A participe à la biosynthèse des acides gras qui commence par la condensation des radicaux acétyl. Il intervient aussi dans l'estérification du glycérol par les acides gras, l'élaboration des stérols et des stéroïdes, la synthèse du noyau tétrapyrolique de l'hémoglobine et des porphyrines ainsi

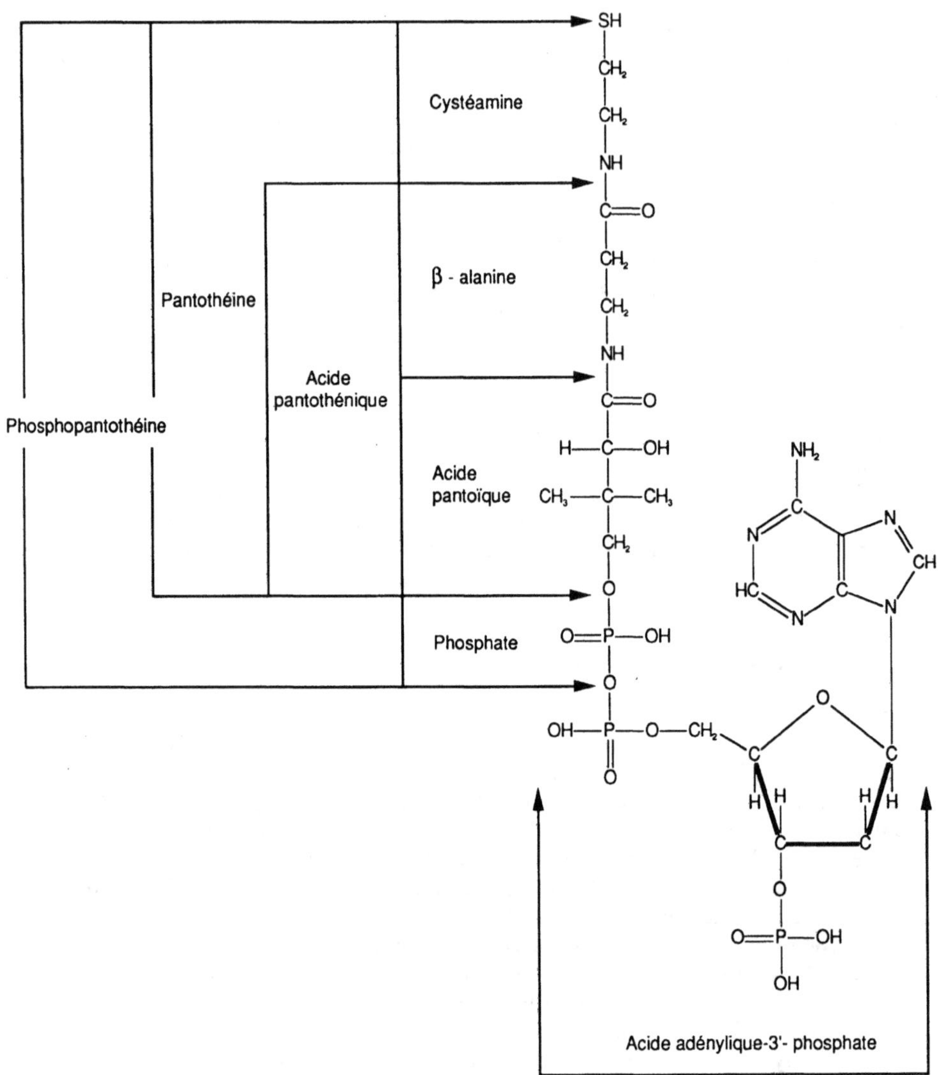

Figure 7.11. – Constitution du coenzyme A à partir de ses différents éléments.

que dans la fixation du radical acétyl sur la choline pour former l'acétylcholine.

L'acide pantothénique, qui intervient ainsi dans le catabolisme comme dans quelques biosynthèses, ne semble pas lui-même se métaboliser dans l'organisme contrairement aux autres vitamines. Il est éliminé tel quel dans l'urine et aussi dans les fèces dans des proportions de 60-70 et 40-30 p.100 respectivement.

Chez toutes les volailles, la déficience alimentaire en acide pantothénique se traduit par une diminution de la vitesse de croissance. Le poulet, qui paraît

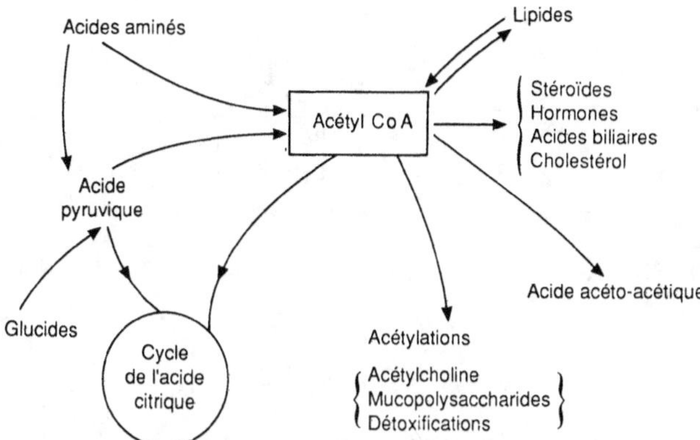

Figure 7.12. – Rôle du coenzyme A dans le métabolisme des glucides, des lipides et des acides aminés.

plus sensible que la dindon, développe rapidement des dermatites autour du bec et des yeux ainsi que sur la face dorsale des pattes.

1.4. *Biotine*

La découverte, puis l'identification de la biotine, découle de deux recherches parallèles. L'une est sur une maladie induite par l'ingestion du blanc d'œuf appelée « maladie du blanc d'œuf ». L'autre recherche concerne la mise en évidence d'un facteur de croissance appelé BIOS II b, facteur X, co-enzyme R, Biotine ou vitamine H.

La « maladie du blanc d'œuf » est en fait due à la présence dans ce dernier d'une glycoprotéine thermolabile (avidine) présentant une grande affinité pour la biotine et inhibant toutes les réactions enzymatiques auxquelles celle-ci participe.

La biotine est l'acide 2'-céto-3-4 imidazolido-tétrahydrothiophane-valérianique sous deux formes isométriques α et β entrant respectivement dans le jaune d'œuf et le foie (fig.7-13). Dans l'organisme elle est sous forme libre, relativement abondante dans la peau et le foie. Elle est éliminée, sans catabolisme préalable dans l'urine. Dans les fèces on retrouve une importante quantité endogène (synthétisée par la flore intestinale) et représentant plusieurs fois l'apport alimentaire.

Sur le plan métabolique, la biotine agit sous forme d'adénosine pyrophosphate en tant que co-enzyme spécialisé dans le transfert des radicaux CO_2. Elle joue aussi un rôle fondamental dans les réactions de carboxylation et transcarboxylation. Elle intervient dans plusieurs réactions :

— carboxylation de l'acide propionique en succinique par l'intermédiaire du méthyl-malonyl CoA,

— dégradation de la leucine et de l'isoleucine,

— carboxylation de l'acétyl-CoA en malonyl CoA dans la synthèse d'acides gras,

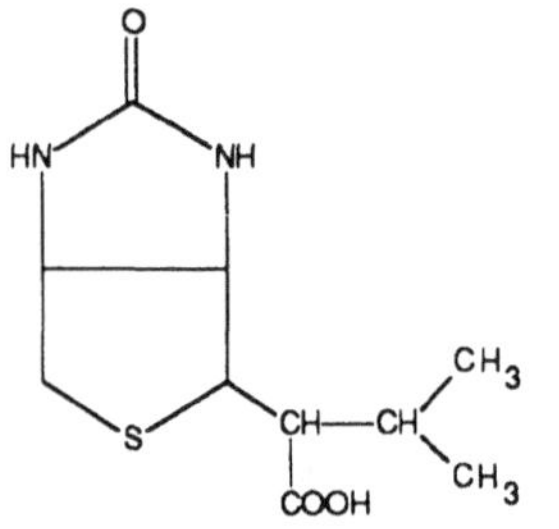

Biotine α

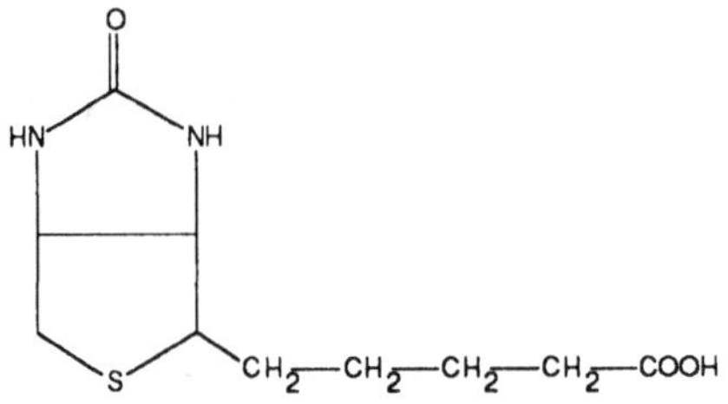

Biotine β

Figure 7.13. – Structure des isomères α et β de la biotine : acide 2-céto-3-4-midazo-lido-tétra-hydrothiophane.

— synthèse des purines, pyrimidines, glycine, leucine, ornithine, méthionine et citrulline.

Le dosage de la biotine se fait par méthode microbiologique en utilisant des souches de *Lactobacillus arabinosus* ou d'*Ochromonas danicas*.

La carence en biotine chez le poulet se manifeste par un retard de croissance et l'apparence ébouriffée des plumes (hirsutes). Les dermatites sont visibles sur les pattes et plus tard autour des yeux et du bec. L'embryon présente un bec de perroquet, une chondrodystrophie, une syndactylie. Le dindon est encore plus sensible que le poulet à la carence en biotine. On observe en outre un pérosis et une malformation du cartilage osseux des pattes, entraînant un raccourcissement et une distension du métatarse.

1.5. *Acide folique*

L'acide folique ou foliacine a été isolé en 1945 par Wieland. Auparavant, on avait attribué plusieurs noms à une substance présente dans le foie et les levures dont l'absence provoque une anémie chez le singe Rhésus, une anémie macrocytaire chez le rat et un arrêt de croissance chez certains lactobacilles et streptocoques : vitamine M, vitamine Bc, facteur éluat.

Il s'agit en fait d'une structure comprenant trois parties : un noyau ptéridine qui porte une fonction amine en 2 et un atome d'oxygène en 4, une molécule d'acide para-amino-benzoïque reliée au carbone 6 du noyau ptéridine par une chaîne monocarbonée et une molécule d'acide glutamique. L'ensemble noyau ptéridine + chaînon monocarboné + acide para-amino-benzoïde représente l'acide ptéroïque. L'acide folique est donc l'acide ptéroyl-glutamique (fig.7-14). Dans la nature on trouve des homologues supérieurs : les acides ptéroyl-polyglutamiques. Dans le tube digestif, ils doivent être hydrolysés par une conjugase pour être absorbés sous la forme exclusive de phéroyl-monoglutamate. Une première réduction en dihydrofolate (DHF ou FH_2) par l'enzyme folique-réductase puis une deuxième réduction en présence d'acide ascorbique permettent d'obtenir le tétrahydrofolate (THF ou FH$_4$) qui est la forme active utilisée par une ensemble d'enzymes : les ptéroprotéines.

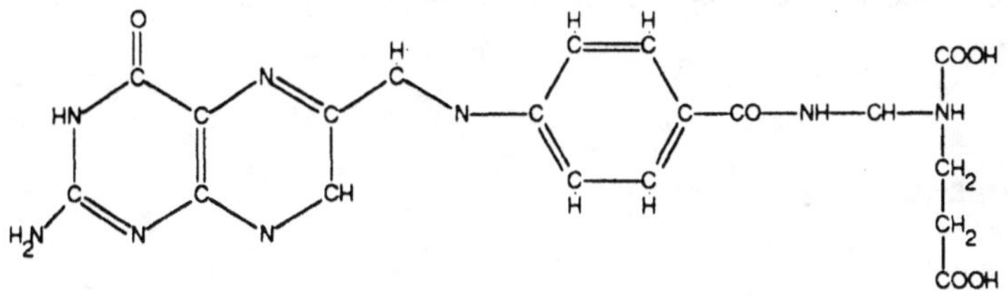

Figure 7.14. – Constitution de l'acide folique.

Ces enzymes sont spécialisées dans deux fonctions :

— le tranfert de groupements monocarbonés d'un substrat à un autre,
— la réalisation d'interconversions des groupements monocarbonés.

Les groupements monocarbonés qui sont de différentes natures chimiques et à divers degrés de saturation : formyl (CHO) ; formimino (CH = NH2) ; méthyl (-CH3) ; méthylène (= CH2) ; méthényl (= CH), sont fixés sur les azote en 5 et 10 de l'acide ptéroïque.

Sur le plan métabolique, les transferts de groupements monocarbonés se font entre un donneur et un accepteur sans modification ni oxydation. Le tétrahydrofolate fixe le groupement sur l'azote 5 ou 10 ou les deux (pour le groupement méthylène). On obtient alors un intermédiaire actif qui subit une isomérisation avant de céder le groupement monocarboné à un accepteur approprié. On retrouve ces mêmes mécanismes à propos du métabolisme de plusieurs acides aminés :

— dans le catabolisme de l'histidine : le dernier dérivé avec l'acide glutamique est l'acide formimino-glutamique (FIGLU). Le groupement formimino est fixé sur le tétrahydrofolate ;
— dans l'interconversion entre la sérine et la glycine :

$$\text{glycine + hydroxyméthyl FH}_4 \rightarrow \text{sérine + FH}_4$$

— dans la biosynthèse de la méthionine à partir de l'homocystéine. Le 5-méthyl FH4 est le donneur du groupement méthyl à une molécule de cobalamine (accepteur). La méthylcobalamine cédera ensuite le groupement méthyl à l'homocystéine qui se transforme ainsi en méthionine. Ces créations nécessitent la présence de vitamine B$_{12}$;
— dans la formation des purines et des pyrimidines.

Le dosage des folates se fait par méthode microbiologique. On peut aussi estimer le niveau de carence en acide folique en faisant ingérer à l'animal un excès d'histidine puis en dosant l'acide formimino-glutamique.

Les signes de carence en acide folique sont nombreux : chez le poulet on enregistre une anémie, une dépigmentation des plumes et des boiteries. Chez le dindon, on observe en plus une chondrodystrophie et une anémie macrocytaire hypochromique. Lorsque l'aliment carencé en acide folique renferme un excès de lysine, les plumes blanches des jeunes dindonneaux prennent une couleur bronze et deviennent rugueuses et cassantes. Chez le canard on a également décrit une hypertrophie du foie associée à une anémie macrocytaire.

1.6. *Vitamine B$_{12}$*

Confondue un temps avec l'acide folique pour son action anti-anémique, la vitamine B$_{12}$ n'a été isolée qu'en 1948 par Rickes et Lester Smith.

La structure, qui est complexe, comporte une structure plane avec un noyau tétrapyrrolique renfermant en son centre un atome de cobalt relié à 4 atomes d'azote. Au-dessous on a un système pseudo-nucléotidique : le 5-6 dimethyl-benzimidazole-ribotide. Au-dessus de la structure plane, se trouve un groupement relié à l'atome de cobalt et caractéristique de chacun des différents facteurs ayant une activité vitaminique. Ce groupement peut être cyané (CN$^-$) pour la cyanocobalamine, hydroxylé (OH$^-$) pour l'hydroxycobalamine ou nitrique (NO$_2$) pour la nitrocobalamine (fig.7-15).

Ingérée généralement sous forme d'un complexe protéinique, la vitamine B12 est libérée dans le tube digestif. Elle est absorbée surtout selon un mécanisme actif faisant participer une glycoprotéine (le facteur intrinsèque) d'origine gastrique. La vitamine est libérée dans la cellule intestinale sous l'effet du «Releasing Factor». Elle est ensuite véhiculée dans le sang porte et transportée par des protéines spécifiques, les transcobalamines. Son élimination se fait essentiellement par la bile.

Son rôle est de première importance en tant que co-enzyme du métabolisme des radicaux monocarbonés. On distingue deux co-enzymes très actifs : la méthylcobalamine et la 5-désoxyadénosyl-cobalamine.

La première est indispensable à la conversion de l'homocystéine en méthionine, réaction couplée avec la transformation de l'acide de N$_5$-méthyl-tétrahydrofolique en acide tétrahydrofolique. La 5-adénosyl-cobalamine permet la conversion du méthyl-malonyl CoA en succinyl CoA. Il s'agit de la voie d'oxydation des acides gras à nombre impair de carbone, celle du catabolisme des acides aminés ramifiés et de la thréonine.

En tant que co-enzymes de réductase, la vitamine B$_{12}$ assure la réduction du ribose en désoxy-ribose, en transformant les ribonucléotides en désoxyribonucléotides.

Ces réactions expliquent pourquoi la carence en vitamine B$_{12}$ entraîne une anémie mégaloblastique : la synthèse des ADN est bloquée tandis que l'on a une hyperproduction de ARN. L'examen de la moelle osseuse montre un gigantisme cellulaire avec un développement asynchrone du noyau et du cytoplasme. Le noyau contient des chromosomes très fins et conserve l'aspect des noyaux de cellules jeunes, tandis que le cytoplasme se charge en hémoglobine. La cellule devient géante par manque de ADN nécessaire à la mitose.

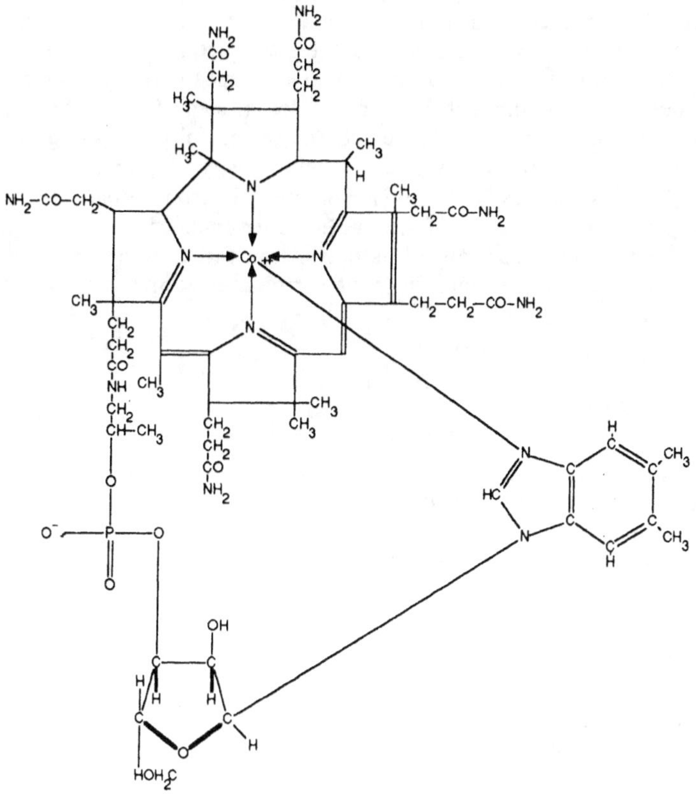

Figure 7.15. – Formule développée de la vitamine B12.

Le dosage de la vitamine B_{12} est effectué selon des méthodes microbiologiques ou isotopiques.

La carence en vitamine B_{12} chez les volailles peut avoir des effets atténués si les animaux peuvent pratiquer la coprophagie (synthèse par la flore intestinale). Dans tous les cas, c'est la multiplication cellulaire qui est perturbée. Cela est net pour le développement embryonnaire avec apparition de nombreuses malformations. La mortalité augmente fortement quelquefois à l'éclosion. Chez le jeune oiseau, la vitesse de croissance comme la génèse d'érythrocytes sont ralenties.

2. Vitamines co-enzymes d'oxydo – réduction

Ces vitamines catalysent des réactions enzymatiques comportant un transport d'électrons. Les donneurs sont des atomes d'hydrogène, du moins en système aérobie. D'une façon générale, la première réaction est une activation d'atomes d'hydrogène par des enzymes spécifiques : les deshydrogénases. La dernière réaction permet la formation d'eau oxygénée puis d'eau par la combinaison de l'hydrogène à l'eau. Entre ces deux étapes extrêmes, on a une succession de réactions mettant en œuvre des transporteurs d'hydrogène et d'électrons comme dans une chaîne (chaîne respiratoire mitochondriale).

Les systèmes de transport sont des systèmes d'oxydo-réduction réversibles : ils acceptent des atomes d'hydrogène ou des électrons lorsqu'ils sont sous forme oxydée pour acquérir la forme réduite. Inversement, ils reprennent leur état oxydé en perdant leurs électrons par le transfert à un autre système « accepteur final » ou à l'oxygène. On peut écrire sous forme schématique :

$$RH_2 + X \rightarrow R + XH_2$$
$$XH_2 + O_2 \rightarrow H_2O_2 + X$$

Enfin :
$$H_2O_2 \xrightarrow{\text{catalase}} H_2O + \tfrac{1}{2} O_2$$

RH_2 : substrat organique à l'état réduit par une deshydrogénase
R : substrat organique à l'état oxydé
X : système de transport à l'état oxydé initial
XH_2 : système de transport à l'état réduit

2.1. *Vitamine PP*

Elle doit son nom à son rôle préventif contre la pellagre (Pellagra Preventive Factor). Son identification à l'acide nicotinique a été reconnue en 1937. La vitamine se présente sous deux formes actives (fig.7-16) :

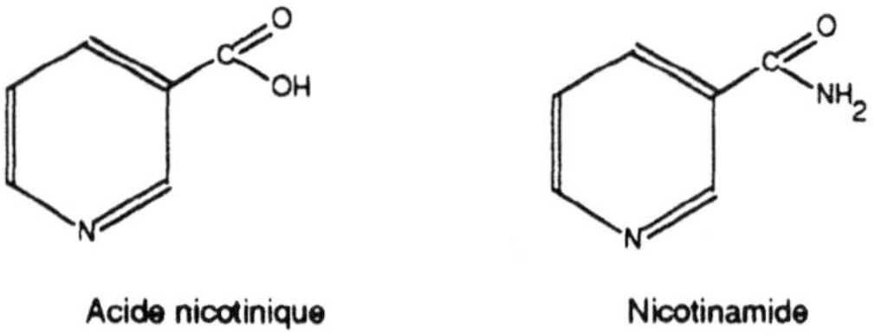

Figure 7.16. – Structure des deux formes actives de la vitamine PP.

— l'acide nicotinique ou niacine : acide pyridine-β-carboxylique,
— la nicotinamide est l'amide de l'acide nicotinique.

Dans l'organisme, la vitamine PP a une double origine ; l'aliment qui apporte de la nicotinamide libre et le tryptophane qui se transforme en nicotinamide à raison de 60 mg d'acide aminé pour 1mg de vitamine. Celle-ci se trouve dans les cellules en quantité relativement faible comme d'autres vitamines hydrosolubles. Son élimination dans l'urine s'effectue sous forme libre et surtout de métabolites : le N-méthyl-nicotinamide et le N6-pyridone-3-carboxamide.

La vitamine PP est le groupement actif de deux co-enzymes fonctionnant avec des apo-enzymes spécifiques dans de nombreuses réactions de dégradation et de biosynthèse des glucides, des acides gras et des acides aminés. Dans tous les cas, il s'agit de réaction d'oxydo-réduction.

— Le co-enzyme 1 ou codehydrase 1, ou codeshydrogénase 1, est le nicotinamide adénine-dinucléotide : NAD (appelé autrefois DPN).

— Le co-enzyme 2 ou codehydrase 2 ou codeshydrogénase 2 est le nicotinamide adénine-dinucléotide-phosphate NADP (anciennement TPN).

Les deux co-enzymes ont le pouvoir d'être alternativement réduits et oxydés grâce au carbone en position 4 qui est le site fondamental du transfert d'hydrogène et d'électrons.

En général, NAD est réduit en NADH, H^+ dans les réactions produisant de l'énergie. Au contraire NADPH, H^+ est oxydé en NADP dans des réactions consommatrices d'énergie. Les rapports NAD/NADP et NADH,H^+/NADPH, H^+ varient en fonction des besoins. Il est possible d'avoir des transformations d'un co-enzyme à l'autre grâce à une transphosphatase ainsi que la conversion de la forme oxydée en forme réduite de l'autre co-enzyme grâce à une transhydrogénase :

$$NADP \rightarrow NAD + P$$
$$NADP + NADH, H^+ \rightarrow NADPH, H^+ + NAD$$

Dans l'organisme animal, NAD est beaucoup plus abondant que NADP. Il intervient dans :
— l'oxydation du groupement alcool primaire en aldéhyde,
— l'oxydation de l'aldéhyde en groupement cétone,
— l'oxydation de l'aldéhyde en acide,
— l'oxydation du groupement aminé en créant un groupement cétone avec une étape intermédiaire (groupement iminé) avant hydratation.

La nicotinamide adénine dinucléotide phosphatase agit surtout sur sa forme oxydée dans l'oxydation du glucose-6-phosphate en phospho 6 glucomate puis ce dernier en ribulose-5-phosphate. De même, il intervient dans l'oxydation de l'acide isocitrique en acide oxalosuccinique. Le NADPH, H^+ catalyse des réactions dans la biosynthèse des acides gras (hydrogénation), ainsi que dans celles du cholestérol (hydroxylation).

La carence en vitamine PP est chez l'homme responsable de la pellagre (à ne pas confondre avec la pelade). Dans la période préclinique, on a des symptômes non caractéristiques : anorexie, vertige, perte de poids, céphalée et légère tendance dépressive. La maladie de la pellagre est quelquefois décrite par les trois mots : diarrhée, dermatite et démence.

Chez le poulet, on décrit le symptôme de la « langue bleue » avec une cavité buccale inflammée. Chez le dindon et le canard, on observe en plus l'apparition d'un perosis ainsi qu'un mauvais emplumement et des diarrhées.

2.2. Vitamine B₂

Synthétisée en 1937 par Kuhn et aussi Karrer, la vitamine B_2 ou riboflavine est constituée de la combinaison d'une flavine (corps hétérocyclique azoté à trois noyaux) : l'isalloxazine avec le ribitol (alcool du ribose). L'isoalloxazine est substituée en 6 et 7 par deux groupements méthyl. En azote 9 il y a une chaîne latérale constituée par le ribitol. (fig.7-17). La riboflavine est donc la 6,7 dimethyl-9-ribitylisoalloxazine. Les atomes d'azote en 1 et en 10 sont reliés par des doubles liaisons, ce qui permet le fonctionnement de la vitamine pour les oxydo-réductions.

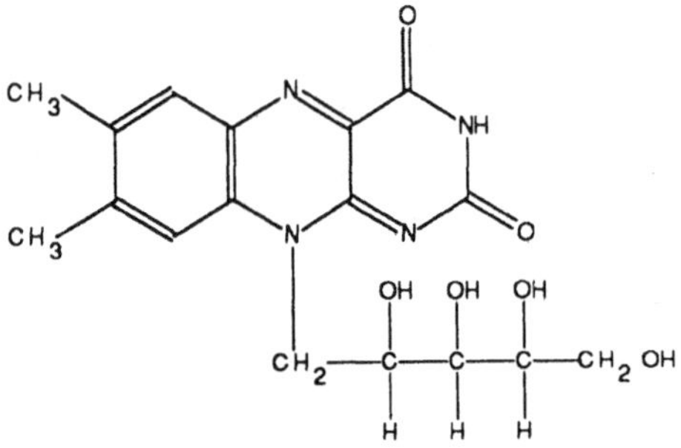

Figure 7.17. – Structure de la riboflavine.

Dans l'organisme animal, la riboflavine absorbée par l'intestin subit une phosphorylation dans les entérocytes avant d'être transportée jusqu'au foie par le sang porte, elle est alors sous formes phosphorylée et libre à raison de 75 et 25 p.100 respectivement.

L'élimination métabolique se fait par voie urinaire sous forme de riboflavine libre ou de dérivés.

La vitamine est active sous forme d'esters phosphoriques : la flavine mononucléotide (FMN) et la flavine adénine dinucléotide (FAD).

La vitamine B_2 intervient dans la chaîne respiratoire. Le NAD transporte le premier l'hydrogène et le cède à FAD. Ce dernier le transmet à son tour à des cytochromes qui, à l'état oxydé, contiennent du fer ferrique (Fe^{+++}). Celui-ci est alors réduit en fer ferreux (Fe^{++}). La chaîne respiratoire s'achève par la cession de l'hydrogène, fixé par les cytochromes, à l'oxygène pour donner une molécule d'eau.

Les deux co-enzymes de la riboflavine FMN et FAD fonctionnent avec des enzymes spécifiques. Celles qui nécessitent FMN sont :
— le ferment jaune de Warburg (extrait de levure). Il contient une enzyme qui catalyse la réoxydation du $NADPH,H^+$ en NADP :

$$NADPH, H^+ + FMN \rightarrow FMNH_2 + NADP$$
$$FMNH_2 + O_2 \rightarrow FMN + H_2O_2$$
$$H_2O_2 \rightarrow H_2O + 1/2\ O_2$$

— la L-amino-acide-déshydrogénase. Cette enzyme est relativement peu active. Elle permet l'élimination du groupement NH_2 des acides aminés :

$$R - \underset{\underset{\text{acide L aminé}}{|}}{\underset{NH_2}{|}}CH - COOH \xrightarrow[\text{FMN} \quad \text{FMNH}_2]{\text{déshydrogénase}} R - \underset{\underset{\text{acide iminé}}{|}}{\underset{NH}{|}}CH - COOH \xrightarrow{H_2O} NH_3 + R - \underset{\underset{O}{\|}}{C} - COOH$$

acide α cétonique

Dans le cas du FAD, les enzymes correspondantes sont relativement nombreuses. Elles acceptent l'hydrogène soit directement des substrats, soit d'autres systèmes enzymatiques. La première catégorie comprend :
— la D-amino-acide-déshydrogénase (ou D-amino-acide-oxydase).

Cette enzyme fonctionne comme la L-amino-acide-oxydase mais nécessite FAD au lieu de FMN. Elle est par ailleurs très importante dans la mesure où l'oxydation d'isomères D est une étape nécessaire avant leur racémisation en L après transamination. Il en est ainsi pour certains acides aminés de synthèse (D– méthionine);
— la xanthine-déshydrogénase (xanthine-oxydase) cette enzyme oxyde de la xanthine en acide urique (forme d'éléments de l'azote chez l'oiseau);
— la succinate-déshydrogénase. L'acide succinique est oxydé en acide fumarique. Les enzymes de la deuxième catégorie s'intercalant entre des enzymes à co-enzymes pyridiniques et les enzymes hématiniques (cytochromes). C'est le cas des chaînes respiratoires envisagées à l'occasion de la vitamine PP.

Substrat → Pyridine → Flavine → Cytochromes →
Transfert d'hydrogène ou d'électrons

La carence en vitamine B_2 entraîne des symptômes non spécifiques chez les oiseaux : perte d'appétit et retard de croissance. Mais on observe aussi surtout chez le jeune poulet, des boiteries et des déformations osseuses caractéristiques : les doigts deviennent recroquevillés (curled toes). L'animal marche sur les talons. A l'autopsie, on peut voir un épaississement des nerfs sciatique et brachial faisant penser à la maladie de Marek. Chez le dindon, on observe une dermatite, un perosis et un mauvais développement des plumes.

2.3. *Vitamine C*

Très connue par son action antiscorbutique, la vitamine C est facilement synthétisable à partir du glucose chez les volailles. De ce fait elle n'a pas le caractère indispensable des autres vitamines. On l'utilise quelquefois comme traitement du « stress » occasionné par des changements de température ambiante ou de condition d'élevage.

L'acide ascorbique est un système d'oxydo-réduction réversible (fig.7-18). Sur le plan physiologique, la vitamine est nécessaire pour l'absorption gastroduodénale du fer. Au niveau du métabolisme, elle participe à l'hydroxylation d'hormones stéroïdiennes et aussi dans la conversion de la proline en hydroxyproline lors de la formation du collagène.

Elle intervient enfin dans le métabolisme de la tyrosine et de la phénylalanine dans les réactions d'hydroxylation aboutissant à la production des amines cérébrales (dopamine, noradrénaline et adrénaline).

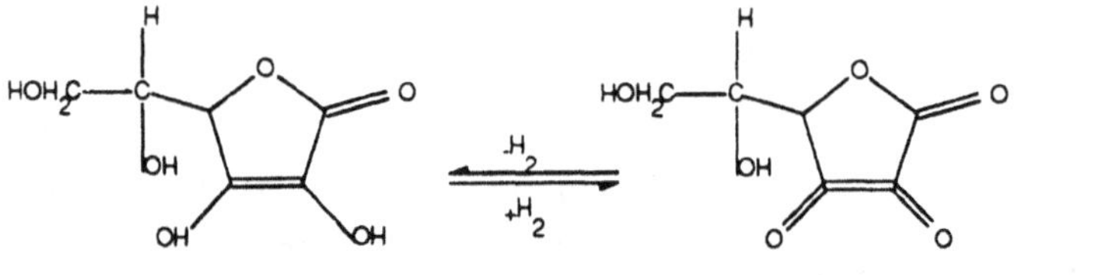

Figure 7.18. – Oxydo-réduction de la vitamine C.

III. La choline : une vitamine particulière

Son caractère vitaminique est souvent contesté. Pour les uns, il s'agit bien d'une vitamine puisqu'elle est indispensable au métabolisme de l'animal et que son défaut engendre des symptômes relativement spécifiques. Pour les autres, elle doit être considérée comme un nutriment ou un simple métabolite dans la mesure où elle peut être synthétisée par l'animal, qu'elle entre dans la composition d'autres constituants (phospholipides) et qu'elle est apportée dans l'aliment en quantité mille fois ou plus supérieure à celles des vitamines hydrosolubles. Quelle que soit l'attitude adoptée, la choline doit être, néanmoins, prise en considération lors de la formulation des aliments composés au même titre que les autres nutriments indispensables.

Isolée à partir de la bile de porc par Strecker en 1849, la choline est un ammonium quaternaire du triméthyl éthanolamine (fig.7-19). Sa synthèse industrielle s'effectue à partir de l'ammoniac et du méthanol, donnant la triméthylamine, convertie en chlorhydrate par HCl. Celui-ci est transformé en chlorure de choline en présence d'oxyde d'éthylène. La pureté est de 25 à 50 p. 100 pour les produits secs et de 70 p.100 pour les solutions.

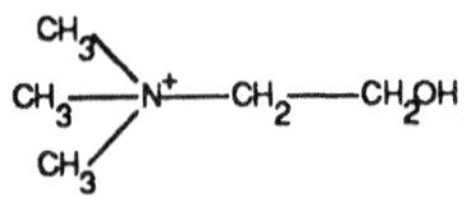

Figure 7.19. – Structure de la choline.

Chez l'animal, la biosynthèse s'effectue dans le foie par méthylation de la phosphatidyl-éthanolamine. Les groupements méthyl sont apportés par la S-adénosylméthionine, leur transfert étant assuré par deux méthyl-transférases. Ces réactions nécessitent que le régime alimentaire soit bien pourvu en méthionine, en sérine (qui est à l'origine de l'éthanolamine) et en acide folique (cofacteur des transférases).

La choline intervient dans le métabolisme animal de trois façons :

— sous forme d'ester acétylé = acétylcholine médiateur chimique des terminaisons nerveuses parasympathiques ;
— en entrant dans la composition des phospholipides, des lécithines et des sphingomyélines ;
— en tant que donateur de groupements méthyl pour la synthèse de la créatine à partir de l'acide guanidoacétique et de la méthionine à partir de l'homocystine.

La dégradation de la choline a lieu dans les mitochondries par oxydation avec formation d'abord de bétaïne-aldéhyde puis de bétaïne.

Certaines volailles sont très sensibles à la déficience alimentaire en choline. Le poulet et le dindon ralentissent leur croissance et développent le perosis (glissement du tendon gastrocnémien hors de ses condyles et rejet du métatarse vers l'extérieur). Le défaut de choline dans les phospholipides fragilise les membranes cellulaires en entravant le transfert des triglycérides et du cholestérol, d'où accumulation de ces derniers dans le foie (stéatose pouvant conduire à la cirrhose).

Les apports alimentaires sous forme synthétique tiennent compte de la composition des matières premières, des besoins des animaux et de leur capacité de biosynthèse. Celle-ci est très réduite chez la caille, ce qui justifie des recommandations allant à 2 g/kg d'aliment, alors que pour la plupart des volailles en croissance (poulet, pintadeau, caneton) on préconise 500 mg/kg, et 600 mg/kg pour le dindonneau.

IV. Besoins et recommandations vitaminiques

Pour déterminer expérimentalement les besoins vitaminiques des volailles, celles-ci doivent être élevées dans des conditions bien contrôlées. Elles reçoivent des régimes alimentaires renfermant des matières premières souvent semi-synthétiques (amidon, protéines purifiées...), et supplémentés avec des doses croissantes de vitamines de synthèse.

Comme pour les autres nutriments indispensables, les besoins vitaminiques peuvent être définis en tant que quantités minimum permettant d'obtenir chez le jeune une croissance maximum et chez l'adulte les meilleures performances de ponte ou de reproduction. Les valeurs publiées sont généralement très faibles et n'ont qu'une signification théorique, dans la mesure où elles sont obtenues dans des conditions expérimentales, souvent éloignées de la pratique : animaux homogènes, faible densité, matières premières particulières, température contrôlée, etc...

Dans les élevages industriels, de nombreux facteurs doivent être pris en compte. Les animaux de génotypes différents ont des comportements alimentaires et des performances différents. Leur densité au mètre carré est également variable. La température et l'humidité dépendent du climat environnant et des possibilités de régulation. Les matières premières n'ont pas de composition constante, en particulier leur valeur nutritionnelle vitaminique dépend des traitements technologiques et des conditions de conservation. Enfin, l'état sanitaire des animaux est lié à la présence des agents parasites ou infectieux. Aussi, l'existence d'un si grand nombre de facteurs de variation conduit en pratique à :

— ne pas tenir compte des vitamines apportées par les matières premières. Celles-ci peuvent contenir, quelquefois, des substances antivitaminiques (avidine d'origine fungique) ;

— recommander des apports vitaminiques bien supérieurs aux stricts besoins des animaux pour prendre des marges de sécurité et éviter tout risque de carence.

Nous présentons à titre indicatif les recommandations que nous préconisons pour les jeunes en croissance (tabl. 7-3a et 7-3b), pour les reproductrices et pour les pondeuses en périodes d'élevage et de ponte (tabl. 7-4a et 7-4b).

Tableau 7-3a. Additions recommandées de vitamines dans les aliments destinés aux volailles de chair (en Ul/kg ou en ppm = g/tonne).

		Poulet de chair		Dindon	
Vitamines		Démarrage	Finition	Démarrage	Finition
Vitamine A	Ul/kg	12000	10000	15000	10000
Vitamine D3	UI/kg	2000	1500	3000	2000
Vitamine E	ppm	30	20	25	20
Vitamine K3	ppm	2,5	2	3	2
Vitamine B1	ppm	2	2	2	1
Vitamine B2	ppm	6	4	8	4
Ac. pantothénique	ppm	15	10	20	12
Vitamine B6	ppm	3	2,5	4	3
Vitamine B12	ppm	0,02	0,01	0,02	0,01
Vitamine PP	ppm	30	20	65	50
Acide folique	ppm	1	20	1	1
Biotine	ppm	0,1	0,05	0,2	0,1
Choline	ppm	600	500	800	600

Tableau 7-3b. Additions recommandées de vitamines dans les aliments destinés aux volailles de chair (en Ul/kg ou ppm = g/tonne).

		Pintadeau		Caneton	
Vitamines		Démarrage	Finition	Démarrage	Finition
Vitamine A	Ul/kg	12000	10000	8000	8000
Vitamine D3	UI/kg	2000	1000	1000	1000
Vitamine E	ppm	25	12	20	15
Vitamine K3	ppm	3	2	4	4
Vitamine B1	ppm	-	-	2	-
Vitamine B2	ppm	5	5	4	4
Ac. pantothénique	ppm	8	10	20	12
Vitamine B6	ppm	1	-	2	-
Vitamine B12	ppm	0,01	0,01	0,03	0,01
Vitamine PP	ppm	30	15	25	25
Acide folique	ppm	0,2	-	0,2	-
Biotine	ppm	0,2	-	0,1	-
Choline	ppm	500	250	300	300

Tableau 7-4a. Additions recommandées de vitamines dans les aliments destinés aux pondeuses (en croissance ou en ponte) (Ul/kg ou ppm = g/tonne).

Vitamines		Croissance	Ponte
Vitamine A	Ul/kg	10000	8000
Vitamine D3	Ul/kg	2000	1600
Vitamine E	ppm	10	10
Vitamine K3	ppm	1	2
Vitamine B1	ppm	1,5	1,5
Vitamine B2	ppm	5	4
Ac.pPantothénique	ppm	5	5
Vitamine B6	ppm	3	2
Vitamine B12	ppm	0,02	0,01
Vitamine PP	ppm	30	20
AcidefFolique	ppm	0,2	0,4
Biotine	ppm	-	-
Choline	ppm	500	500

Tableau 7-4b. Additions recommandées de vitamines dans les aliments destinés aux reproductrices (Ul/kg ou ppm = g/tonne).

Vitamines		Poules reproductrices	Autres reproductrices
Vitamine A	Ul/kg	10000	12000
Vitamine D3	Ul/kg	2000	2500
Vitamine E	ppm	25	30
Vitamine K3	ppm	2	2
Vitamine B1	ppm	1,5	2
Vitamine B2	ppm	4	6
Ac. pantothénique	ppm	12	15
Vitamine B6	ppm	3	3
Vitamine B12	ppm	0,01	0,02
Vitamine PP	ppm	30	50
Acide folique	ppm	0,5	0,1
Biotine	ppm	0,1	0,15
Choline	ppm	500	600

Ouvrages de référence

BODWELL C.E. BODWELL J.W. E Jr., 1988. *Nutrient Interactions,* in IFT Basic Symposium Series. Marcel Decker Inc. New-York.

COULTATE T.P., 1989. *Food. The chemistry of its Components.* Royal Society of Chemistry, Londres.

FREEMAN B.M., 1984. *Physiology and Biochemistry of the Domestic Fowl.* vol. 5. Londres.

LOUISOT P., 1980. *Biochimie. Vitamines et Coenzymes.* vol.2. SIMEP, Bruxelles.

MUNNICH A., OGIER H., SAUDUBRAY J.M., 1987. *Les vitamines.* Masson edit., Paris.

8

ALIMENTATION DES OISEAUX EN CROISSANCE

Les oiseaux en croissance doivent trouver dans leur aliment l'ensemble des éléments nécessaires à la synthèse de leurs tissus, ainsi qu'à l'entretien de la part déjà édifiée de leur organisme. L'étude de leur alimentation exige donc de connaître :

— l'importance et la nature des synthèses en fonction de l'âge,
— les rendements de ces synthèses,
— les besoins spécifiques d'entretien pour chacun des constituants de l'organisme.

Le présent chapitre comporte donc une description sommaire de la croissance et du développement des différentes espèces utilisées en aviculture, suivie des éléments nécessaires au calcul de leurs besoins réels. Enfin, nous abordons les aspects plus pratiques de l'alimentation des différentes espèces.

I. Description de la croissance

La simple observation de l'évolution des poids vifs enregistrés à différents âges ne rend compte qu'imparfaitement des courbes théoriques de croissance, du fait des irrégularités fréquemment constatées. C'est pourquoi, depuis longtemps, de nombreux modèles mathématiques de la croissance ont été élaborés afin de décrire de façon plus globale la forme des courbes de croissance et d'en repérer les paramètres importants. Parmi les nombreuses solutions proposées figure le modèle de Gompertz :

$$P = P_0 . \exp (\mu_0 . (1 - \exp (-D*t)/D))$$

où :

exp est la fonction exponentielle,
P est le poids vif à un âge t,
P_0 le poids à la naissance ($t = 0$),
μ_0 la constante de proportionnalité entre vitesse de croissance et poids vif,
D la constante de ralentissement de la croissance.

Selon ce modèle, l'inflexion de la courbe de croissance, c'est-à-dire l'âge auquel la vitesse de croissance est maximale, survient à t_{max} avec :

$$t_{max} = (1/D) . \ln(\mu_0/D)$$

où ln est le logarithme népérien.

Le poids maximum ou poids mature, atteint de manière théoriquement asymptotique, est fourni par la relation :

$$P_{max} = P_0 . \exp (\mu_0/D)$$

Le tableau 8-1 fournit les paramètres de croissance de diverses espèces avicoles décrites par le modèle de Gompertz.

Tableau 8-1. Paramètres des courbes de croissance de diverses espèces aviaires selon le modèle de Gompertz.

	P_0 (g)	P_{max} (g)	t_{max} (jour)	μ_0	D
Poulet mâle	37	6050	48,2	0,1722	0,0338
Poulet femelle	37	4600	43,2	0,1755	0,0364
Poulet Label mâle	37	4150	52,8	0,1387	0,0294
Dindon mâle	60	15750	75,3	0,1270	0,0228
Dindon femelle	60	10550	69,8	0,1225	0,0236
Barbarie mâle	45	4675	35,3	0,2023	0,0435
Barbarie femelle	45	2700	27,8	0,2076	0,0507
Pintade mâle	30	2200	38,0	0,1650	0,0384
Pintade femelle	30	2480	41,6	0,1576	0,0357
Canard anas mâle	50	2750	23,6	0,2353	0,0587
Canard anas femelle	50	2525	23,8	0,2254	0,0575
Oie landaise mâle	85	5470	25,3	0,2346	0,0563
Oie landaise femelle	85	4900	24,8	0,2284	0,0564
Caille mâle	8,8	247	13,6	0,2944	0,0883
Caille femelle	8,8	271	14,9	0,2831	0,0826

On constate d'importantes différences entre espèces. Les palmipèdes et la caille présentent une inflexion précoce et, en conséquence, atteignent leur poids mature plus tôt que les autres. Le dindon et le poulet, au contraire, poursuivent leur croissance beaucoup plus longtemps. La pintade se situe entre ces deux types de croissance. En général, les femelles sont de ce point de vue plus précoces que les mâles. Enfin, à l'exception de l'espèce pintade et de la caille, les femelles sont plus légères que les mâles.

La courbe de croissance ne rend compte que du développement global de l'animal. Il faut, en outre, prendre en considération le développement des principaux organes. De ce point de vue, de grandes différences peuvent aussi être observées entre espèces d'intérêt avicole. D'une façon générale, l'ensemble du tractus digestif présente une croissance précoce. Il représente une proportion de moins en moins importante du poids vif à mesure que l'animal approche de son poids adulte (cf. chap. 3). La croissance du squelette est plus progressive et plus harmonieuse. Le développement des membres est, lui aussi, progressif sauf chez les palmipèdes. Là, les membres postérieurs se développent très précocement, alors que les muscles pectoraux sont très tardifs. Toutes ces caractéristiques sont à prendre en considération pour l'estimation, non seulement des besoins nutritionnels, mais aussi pour celle de la qualité des carcasses. Les tableaux 8-2, 8-3, 8-4, 8-5 fournissent respectivement les évolutions des muscles pectoraux, des membres postérieurs, du tractus digestif et du foie selon les espèces et en fonction de leur âge. L'évolution de la proportion de plumes est décrite dans le chapitre 4 relatif aux besoins énergétiques. Le développement des différents organes et tissus est souvent décrit par la notion d'allométrie. Il s'agit d'exprimer le logarithme du poids du tissu

Tableau 8-2. Développement des muscles pectoraux (sans peau) chez diverses espèces aviaires (p. 100 du poids vif).

Sexe Age (j)	Dindon		Canard			Poulet		Pintadeau
				Barbarie				
	mâle	femelle	Pékin	mâle	femelle	mâle	femelle	mâle
0	8,0		1,7			7,3	7,8	
14	15,5		3,3			12,2	12,2	
28	17,5		4,8			12,8	12,7	
42	18,0	18,3	6,5			13,1	13,2	
56	18,5	18,8	8,7		10,8	13,2	13,4	18,0
70	18,7	19,2	11,0	10,8	14,1	13,8	18,2	
84	19,0	20,1	11,2	13,8	16,0	14,1	18,4	
98	20,0	20,5		15,8				
112	22,0	22,2						
126	23,2							
140	24,2							

Tableau 8-3. Développement des cuisses + pilons chez diverses espèces aviaires (p. 100 du poids vif).

Sexe Age (j)	Dindon		Canard			Poulet		Pintadeau
				Barbarie				
	mâle	femelle	Pékin	mâle	femelle	mâle	femelle	mâle
0	17,8	17,8	21,0			15,1	15,1	
14	18,3	18,0	20,0			21,2	19,5	
28	20,0	19,8	20,0			21,4	21,5	
42	20,9	21,2	19,0			24,0	22,0	
56	22,0	22,6	17,7		16,3	23,4	23,5	
70	23,1	22,7	16,3	19,3	15,1	22,6	22,2	23,3
84	23,0	22,8	15,7	16,0	14,6			23,5
98	23,0	22,8		15,0				
112	23,2	22,8						
126	23,3	23,0						
140	23,3	23,3						

ou de l'organe en fonction du logarithme du poids vif pour des âges allant de la naissance à l'état adulte. Ceci revient à exprimer le poids du tissu ou de l'organe en fonction du poids vif élevé à une certaine puissance α selon l'équation :

$$p = \beta.\ P^{\alpha}$$

où p est le poids de l'organe et P le poids vif. α est appelé coefficient d'allométrie. Si α est égal à 1 celà signifie que l'organe représente, quel que soit l'âge, la même proportion du poids vif. Si α est inférieur à 1, il s'agit d'un organe ou d'un tissu qui se développe précocément (par exemple le tractus digestif) dans la vie de l'animal. C'est l'inverse si α est supérieur à 1.

Tableau 8-4. Développement de l'ensemble des viscères chez diverses espèces aviaires (gésier + intestin + foie + pancréas + rate) en p. 100 du poids vif.

Sexe Age (j)	Dindon		Canard			Poulet	
	mâle	femelle	Pékin	Barbarie		mâle	femelle
				mâle	femelle		
0	15,3	19,7	13,1			22,0	22,0
14	12,0	15,5	17,6			16,2	15,6
28	11,0	13,5	13,8		10,2	12,5	13,0
42	11,0	11,5	13,2	9,9	10,0	12,0	12,8
56	9,7	11,0	12,0	9,0	8,1	7,5	7,8
70	9,2	9,7		7,5	8,0		
84	7,7	9,8		7,3			
98	7,6	8,7					
112	7,5	8,7					
126	6,7	8,5					
140		8,5					

Tableau 8-5. Développement du poids du foie chez diverses espèces aviaires (p. 100 du poids vif).

Sexe Age (j)	Dindon		Canard		Poulet		Pintadeau
	mâle	femelle	Pékin	Barbarie	mâle	femelle	mâle
				mâle			
0	2,8	2,8	3,2		3,5	3,5	
14	2,7	2,7	4,0		3,3	3,3	
28	2,1	2,3	3,1		2,7	2,7	
42	2,0	2,1	2,6	2,7	2,5	2,5	
56	1,9	1,8	2,3	2,2	2,2	2,2	
70	1,7	1,8	2,0	2,0	2,0	2,0	1,3
84	1,4	1,6		1,4			1,3
98	1,4	1,4					
112	1,4	1,4					
126	1,4	1,3					
140	1,4	1,3					

L'estimation des besoins de croissance exige non seulement de connaitre la forme de la courbe de croissance et le développement des organes, mais en outre, elle nécessite la connaissance de la composition chimique du gain de poids. Les tableaux 8-6, 8-7, 8-8 et 8-9 contiennent les proportions de protéines corporelles (protéines totales – protéines de plumes), de protéines totales, de lipides et de cendres des principales espèces aviaires en fonction de l'âge. Il s'agit de compositions moyennes observées dans les conditions usuelles d'alimentation avec les génotypes actuels. La sélection avicole est susceptible de modifier ces compositions et, en particulier, de réduire la part des lipides et d'augmenter celle des protéines. En effet, on observe en général une valeur élevée de l'héritabilité des paramètres de la composition corporelle et, tout spécialement, de la teneur en lipides.

Tableau 8-6. Evolution des teneurs en protéines corporelles (sans plumes) des différentes espèces aviaires (p. 100 du poids vif).

Sexe Age (j)	Dindon		Canard			Poulet		Pintadeau	
				Barbarie					
	mâle	femelle	Pékin	mâle	femelle	mâle	femelle	mâle	femelle
0	16,0	16,0	16,0	15,5	15,5	14,7	14,7		
14	16,2	15,6	13,0	13,9	14,9	15,6	15,5		
28	20,0	19,6	14,0	13,3	14,9	16,2	15,8		
42	18,1	18,1	15,0	13,5	14,3	16,2	15,8		
56	18,1	18,3	16,2	13,8	14,9	16,4	15,8		
70	18,2	18,3		15,1	15,4	16,2	15,8		
84	18,2	18,3		15,7				18,3	17,9
98	18,5	17,8							
112	19,0	17,4							
126	19,0	16,8							
140	19,0	16,6							

Tableau 8-7. Evolution des teneurs en protéines totales des différentes espèces aviaires (p. 100 du poids vif).

Sexe Age (j)	Dindon		Canard			Poulet		Pintadeau	
				Barbarie					
	mâle	femelle	Pékin	mâle	femelle	mâle	femelle	mâle	femelle
0	18,5	18,5	17,5	17,0	17,0	16,3	16,3		
14	19,0	19,0	16,9	15,6	16,7	16,9	16,9		
28	20,2	20,2	18,5	16,3	17,8	19,8	19,4		
42	21,4	21,4	20,4	16,6	17,6	20,8	20,5		
56	22,2	21,9	21,5	17,4	21,0	21,1	20,8		
70	23,0	22,4		18,9	20,8	21,0	20,6		
84	23,0	22,4		19,0				23,2	23,0
98	23,0	22,5							
112	23,2	21,8							
126	23,4	21,2							
140	23,3	21,0							

La description qui vient d'être faite de la croissance et les tableaux qui l'illustrent concernent l'alimentation à volonté permettant à tout instant aux espèces d'exprimer le maximum de leur potentiel de croissance. On est quelquefois conduit à empêcher l'expression de la totalité de ce potentiel. C'est le cas tout d'abord des futurs reproducteurs (voir chapitre 10). En effet, les génotypes utilisés actuellement en aviculture présentent au-delà de l'âge prévu d'abattage un certain nombre de troubles dus à la rapidité de leur croissance : excès d'adiposité et troubles de locomotion. Il s'ensuit une mortalité et une morbidité excessives qui compromettent la rentabilité de ces futurs reproduc-

Tableau 8-8. Evolution des teneurs en lipides des différentes espèces aviaires (p. 100 du poids vif).

Sexe Age (j)	Dindon		Canard			Poulet		Pintadeau	
				Barbarie					
	mâle	femelle	Pékin	mâle	femelle	mâle	femelle	mâle	femelle
0	7,0	7,0	12,0	9,9	9,9	9,5	9,5		
14	4,5	4,5	13,0	13,0	13,0	10,0	11,0		
28	3,2	3,8	21,0	20,0	18,0	12,2	14,0		
42	4,0	4,5	27,0	20,3	19,0	15,5	18,9		
56	4,2	5,0	31,0	21,1	19,4	17,2	20,0		
70	4,5	5,0		19,5	20,0	17,7	23,0		
84	5,7	9,7		18,0				13,5	20,0
98	6,4	14,0							
112	7,1	15,7							
126	10,0	18,0							
140	11,0	20,0							

Tableau 8-9. Evolution des teneurs en cendres des différentes espèces aviaires (p. 100 du poids vif).

Sexe Age (j)	Dindon		Canard de Barbarie		Poulet		Pintadeau	
femelle	mâle	femelle	mâle	femelle	mâle	femelle	mâle	femelle
0			2,4	2,4	3,2	3,2		
14			2,3	2,4	3,2	3,2		
28			2,2	2,6	3,2	3,1		
42	3,2	3,1	2,6	2,7	3,2	3,1		
56			2,6	2,8	3,1	3,1		
70			2,9	3,2	3,0	2,9		
84			3,1				3,5	3,3
98								
112								
126								
140	2,5	2,4						

teurs, ainsi que leurs aptitudes à se reproduire ultérieurement. C'est pourquoi les techniques de rationnement sont devenues indispensables.

Des techniques semblables, bien que moins sévères, sont de plus en plus utilisées chez les volailles de chair présentant des troubles de locomotion en cours de période d'engraissement. Il s'agit surtout des espèces dont le cycle de production est long, tel celui du dindonneau et, dans une moindre mesure, le canard de Barbarie. Une modération précoce de la croissance par un rationnement global (réduction de la quantité d'aliment distribuée sans modification de la formule) ou par une légère déficience en protéines, n'entraîne en général pas de changement du poids vif final d'abattage. Les animaux sont en effet capables d'exprimer, après cette période de ralentissement, une croissance compensatrice qui leur permet de rattraper progressivement la courbe de croissance qu'ils auraient suivie en alimentation à volonté.

La croissance compensatrice dépend de l'espèce ; le canard et l'oison sont en général capables d'une compensation plus intense et plus complète que le poulet, le dindonneau ou le pintadeau. Elle dépend également du retard induit (sévérité et durée de la carence). Les restrictions précoces suivies d'une croissance compensatrice conduisent le plus souvent à une meilleure efficacité alimentaire (indice de consommation diminué), surtout si le ralentissement a été obtenu par rationnement global. La fréquence des troubles locomoteurs est, elle aussi, significativement réduite et proportionnelle à la sévérité du rationnement. Malheureusement, pour ce critère, les meilleurs résultats sont observés pour des retards de croissance importants et difficilement compensables par l'animal. L'utilisation des protéines (protéines fixées/protéines ingérées) est améliorée. Enfin les qualités de carcasses ne sont pas très modifiées ; les oiseaux sont en général un peu plus maigres et leur rendement en muscles demeure inchangé ou très légèrement réduit. Il n'existe pas de recette unique dans ce domaine. Une infinité de solutions sont envisageables. Pour bien estimer le bénéfice final de l'opération il faut tenir compte de l'ensemble des paramètres : amélioration de l'efficacité alimentaire, réduction du nombre d'animaux morts ou déclassés, légères modifications de la qualité des carcasses.

Il existe bien d'autres modèles que celui de Gompertz. Toutefois, notre expérience nous a montré que ce dernier rend bien compte de la majeure partie des phénomènes liés à la croissance en aviculture. Certains auteurs l'utilisent non pas pour décrire l'évolution du poids vif, mais celui des protéines corporelles ; les lipides (et les plumes) n'entrant pas dans le modèle mais s'ajoutant aux protéines corporelles.

II. Besoins nutritionnels

1. Poulet

Le poulet de chair est l'espèce dont les besoins sont les mieux connus, parce que les plus étudiés. Pour ce qui concerne le besoin énergétique, de multiples équations ont été proposées ; deux d'entre elles fournissent des estimations satisfaisantes :

$$EMA_n = 100* P^{0,75} + 14,4* \Delta prot + 11* \Delta lip \qquad (1)$$

où : EMAn est le besoin en énergie métabolisable à bilan azoté nul (kcal/j),
P est le poids vif en kg,
$\Delta prot$ et Δlip les gains respectifs de protéines et de lipides en g.

$$EMA_n = 390. Prot_{max}^{-0,27} * Prot + 14,4* \Delta prot + 13,4* \Delta lip \qquad (2) \text{ (Emmans)}$$

où : $Prot_{max}$ est la quantité de protéines corporelles à l'état mature (kg) et Prot la quantité de protéines corporelles à l'âge considéré.

Cette dernière équation fournit une prédiction un peu plus proche de la réalité que la première équation.

L'usage de la taille métabolique (poids élevé à la puissance 0,75) est très répandu en nutrition, d'une façon qui nous parait abusive. En effet, bien souvent l'ajustement calculé entre dépenses énergétiques et poids vif ne conduit pas à cette valeur de 0,75. A un âge donné, l'ajustement se fait fréquemment aussi bien avec le poids vif non corrigé.

Le besoin en protéines et en acides aminés a fait l'objet de nombreuses investigations. La compilation des principales études fournit les estimations suivantes. Le besoin minimum en protéines parfaitement équilibrées est, pour l'entretien, de $8*\text{Prot}_{max}^{-0,27} * \text{Prot}$ (g/j) et pour la croissance de $1,25*\Delta\text{prot}$. Il faut multiplier ce chiffre par 1,65 pour obtenir l'équivalent en protéines de régimes à base de maïs et de tourteau de soja. Cette notion de protéines parfaitement équilibrées est souvent exprimée sous le terme de « protéine idéale ». Il s'agit d'un mélange de protéines et d'acides aminés qui satisfait exactement le besoin de l'animal en chacun des acides aminés (indispensables et banals), c'est-à-dire sans excès ni carence. En pratique, ceci n'est réalisable qu'en ayant recours à des protéines de haute valeur biologique et supplémentées par des acides aminés purs.

En réalité, l'effet des protéines est plus complexe, comme l'illustre la figure 8-1. L'apport alimentaire de protéines nécessaire pour obtenir le gain de protéines maximum est nettement supérieur à celui qui permet d'obtenir le gain de poids maximum. Le gain de lipides, lui, décroît symétriquement à l'augmentation du gain de protéines. Le besoin énergétique et la consommation d'aliment diminuent donc à mesure que la teneur de l'aliment en protéines augmente. En moyenne, l'élévation de la teneur en protéines de 1 point (10g/kg) entraîne une diminution de 7 à 14 g/kg de la teneur en lipides du poulet et une réduction de la consommation d'aliment de 3 p.100 en moyenne.

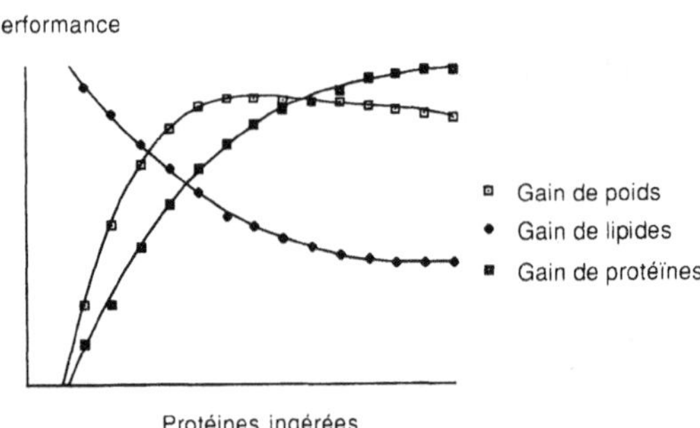

Figure 8.1. – Influence de l'apport alimentaire des protéines sur les performances de croissance et sur la composition corporelle.

Le besoin en acides aminés et, en particulier, ceux qui sont les premiers limitants (lysine, acides aminés soufrés, thréonine...) est plus important du point de vue du nutritionniste. Nous fournissons dans le tableau 8-10 des informations sur la composition moyenne en acides aminés des protéines corporelles et des protéines de plumes. La compilation des nombreuses expériences de détermination du besoin aboutit aux chiffres du tableau 8-11 qui contient les besoins d'entretien et de production pour dix acides aminés ou groupes d'acides aminés. On peut observer que le besoin de production est de loin le plus important chez le poulet en croissance ; le besoin d'entretien est très faible et peut être couvert chez l'adulte, par exemple, avec des régimes contenant de l'ordre de 3 p.100 de protéines brutes. Le besoin en lysine étant de loin le mieux connu, on a pris souvent l'habitude d'exprimer les besoins des autres acides aminés indispensables par rapport à la lysine. Ce sont ces rapports qui font l'objet du tableau 8-12. Le tableau 8-13 renferme, lui, les besoins en protéines, lysine et acides aminés soufrés par 100 g de gain de poids pour différents âges.

Tableau 8-10. Composition en acides aminés des protéines de la carcasse et des plumes du poulet (g/100 g de protéines).

	Carcasse	Plumes
Lysine	6,5	1,6
Acides aminés soufrés	4,0	7,9
Tryptophane	0,9	0,7
Thréonine	4,2	4,6
Leucine	7,2	8,5
Isoleucine	4,3	6,4
Valine	4,7	8,9
Histidine	3,5	0,7
Arginine	6,8	7,3
Phénylalanine + Tyrosine	7,0	7,4

Tableau 8-11. Estimation du besoin du poulet en quelques acides aminés indispensables.

	Entretien (mg/kg poids vif/j)	Croissance (g/100 g gain de poids)
Lysine	82	1,49
Acides aminés soufrés	60	1,16
Tryptophane	10	0,27
Thréonine	86	0,75
Leucine	93	1,21
Isoleucine	58	0,77
Valine	70	0,95
Histidine	63	0,37
Arginine	50	1,40
Phénylalanine + Tyrosine	370	1,20

d'après Boorman (1986).

Pour ce qui concerne le besoin en minéraux, il faut distinguer entre ceux nécessaires à l'équilibre osmotique intra ou extracellulaire, tels que sodium, potassium et chlore, et les éléments entrant dans la composition des constituants tissulaires (cellules osseuses, phospholipides membranaires, enzymes...). Les besoins des premiers sont plutôt proches des besoins d'entretien donc pro-

Tableau 8-12. Besoins en divers acides aminés des oiseaux en croissance exprimés par rapport à la lysine.

	Rapport acide aminé/lysine
Lysine	1
Acides aminés soufrés	0,75
Tryptophane	0,18
Thréonine	0,69
Leucine	1,25
Isoleucine	0,72
Valine	0,92
Histidine	0,40
Arginine	1,11
Phénylalanine + Tyrosine	1,30

Tableau 8-13. Besoin du poulet de chair en protéines, lysine et acides aminés soufrés selon l'âge (g/100 g de gain de poids).

Semaine	Protéines	Lysine	Acides aminés soufrés
1	30,0	1,54	1,18
2	30,5	1,55	1,18
3	32,2	1,57	1,22
4	35,8	1,59	1,25
5	37,5	1,64	1,30
6	42,0	1,69	1,38
7	43,2	1,76	1,40
8	44,8	1,80	1,42
9	45,1	1,85	1,44

portionnels au poids vif; les besoins des seconds sont très liés aux synthèses donc à la vitesse de croissance. Les besoins en sodium, potassium et chlore, exprimés en concentrations de l'aliment, ne varient pratiquement pas en fonction de l'âge et de l'espèce. En revanche, ceux en calcium, phosphore et oligo-minéraux dépendent beaucoup de la croissance. Exprimés en concentration de l'aliment, ils tendent à décroître avec l'âge et diffèrent d'une espèce à l'autre selon l'importance relative de la croissance et de l'entretien, et selon la teneur en cendres de l'espèce considérée. Le tableau 8-14 contient les éléments de calcul du besoin en phosphore et calcium pour lesquels ont été retenus des coefficients moyens d'utilisation (principalement digestive) qui figurent dans le même tableau. Compte-tenu des performances moyennes des diverses espèces qui sont proposées plus loin, on peut retenir les normes de besoins qui sont exprimés en concentration par rapport à l'énergie métabolisable dans le tableau 8-15.

Avant d'aborder les aspects pratiques de l'alimentation des animaux en croissance, il faut fournir quelques informations sur les besoins d'une population par rapport à ceux des individus. En effet, le besoin est le plus souvent exprimé en concentration alimentaire. Or, pour les éléments dont les apports sont très liés à l'intensité des synthèses, les relations entre performances (vitesse de croissance...) et concentrations alimentaires sont très souvent curvilinéaires selon la représentation de la figure 8-2. Ceci est dû à l'hétérogénéité

Tableau 8-14. Bases de calcul des besoins en phosphore et en calcium des oiseaux en croissance.

	Entretien (mg/kg poids vif/j)	Production (g/100 g gain de poids)
Calcium*	83	1,12 (poulet) 1,10 (barbarie) 1,12 (dindonneau) 1,22 (pintadeau)
Phosphore disponible**	43	0,71 (poulet) 0,60 (barbarie) 0,78 (dindonneau) 0,76 (pintadeau)

* en supposant un coefficient d'utilisation de 60 % du calcium alimentaire
** en supposant un coefficient d'utilisation de 70 % du phosphore disponible

Tableau 8-15. Recommandations en macro-éléments des oiseaux en croissance (g/1 000 kcal d'énergie métabolisable).

Age (j)	Calcium	Phosphore disponible	Sodium	Potassium	Chlore
Poulet					
0-21	3,14	1,35	0,46	0,63	0,38
22-42	2,50	1,25	0,46	0,63	0,38
43-abb.	2,30	1,05	0,46	0,63	0,38
Dindonneau					
0-28	3,76	1,80	0,46	0,75	0,38
28-84	3,35	1,67	0,46	0,70	0,38
Barbarie					
0-21	3,00	1,30	0,46		0,38
22-42	2,30	1,10	0,38		0,34
43-abb.	1,70	0,85	0,38		0,34
Pintadeau					
0-28	3,14	1,35	0,42		0,36
29-56	3,12	1,20	0,38		0,34
57-abb.	3,10	1,00	0,38		0,34

des besoins entre individus. L'état d'engraissement est certainement un des facteurs importants d'hétérogénéité du besoin, les animaux gras présentant des besoins, exprimés en concentration dans l'aliment, un peu inférieurs à ceux des animaux maigres. De plus l'efficacité de leur synthèse protéique (gain de protéines/protéines ingérées) est inférieure à celles des animaux maigres. D'autres causes peuvent exister et méritent d'être identifiées. Quoiqu'il en soit, la réponse d'une population hétérogène est différente de la réponse d'une population composée d'animaux identiques. D'une façon générale, l'hétérogénéité introduit une augmentation du besoin du troupeau. Il s'agit en effet de satisfaire les besoins des animaux les plus exigeants, quitte à gaspiller pour ceux qui le sont moins.

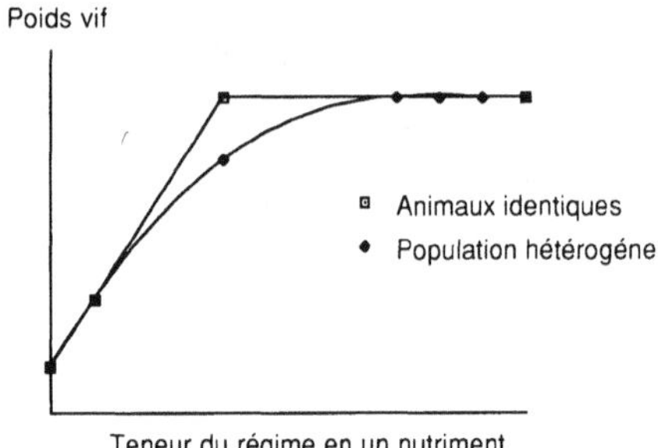

Figure 8.2. – Influence de l'apport alimentaire d'un nutriment indispensable sur la croissance.

Dans les conditions industrielles, il faut choisir pour chaque élément, la concentration pour laquelle toute augmentation occasionne une dépense supérieure aux bénéfices escomptés. Pour cela, il faudrait tracer la courbe de variation du bénéfice en fonction du coût de l'élément et chercher le point de la courbe où la pente correspond au rapport prix de l'élément/ prix de la performance =1. Les facteurs génétiques ou d'environnement qui augmentent l'hétérogénéité des performances (vitesse de croissance, engraissement..) contribuent à augmenter le besoin des troupeaux. Ces phénomènes peuvent expliquer les différences de besoins entre expérimentateurs ou entre les tables de recommandations.

En pratique, l'alimentation du poulet de chair suppose que l'on fixe d'abord une concentration énergétique de l'aliment. La croissance du poulet en dépend. Le phénomène est très prononcé avec les aliments distribués en farine. Il est très atténué par la présentation en granulés. Dans ce dernier cas, qui est le plus fréquemment rencontré, on peut estimer à 0,85 p.100 l'augmentation relative de la croissance pour tout accroissement de la concentration énergétique de 100 kcal/kg. Il s'agit d'une valeur moyenne correspondant à des génotypes à croissance rapide.

L'effet de la concentration énergétique est d'autant plus prononcé que le potentiel de croissance est élevé et vice-versa; les croisements «labels» y seront donc moins sensibles. Il est également plus net chez les mâles que chez les femelles et disparait aux températures élevées. Tout se passe donc comme si les croisements modernes de poulet de chair étaient limités dans leur capacité physique d'ingestion d'aliment. Tout effort de concentration de l'énergie par unité de volume permet à l'animal d'accroître la quantité d'énergie ingérée, donc la croissance, et par là-même, la qualité de la carcasse, en particulier pour ce qui concerne l'adiposité. A rapport protéines/énergie constant, l'élévation de la concentration énergétique tend à accroître légèrement l'adiposité des carcasses. Toutefois cet effet est en partie lié à la présence de matières grasses utilisées habituellement pour relever la concentration énergétique. En réalité, la seule modification de l'aliment susceptible de réduire efficacement l'engraissement est l'élévation de la teneur en protéines brutes de l'aliment (fig. 8-1). Cette influence persistera jusqu'à des teneurs de 28-30 p.100. La nature des protéines ne semble guère intervenir; qu'on utilise des acides aminés purifiés (lysine ou méthionine) ou une source de protéines plus ou moins bien équilibrée, le résultat est sensiblement le même.

Dans le tableau 8-16, nous proposons des résultats moyens de croissance et de consommation d'aliment chez le poulet de chair standard et dans le tableau 8-17 nos recommandations de formulations correspondant aux performances décrites dans le tableau précédent. Des croissances identiques peuvent être obtenues avec des apports plus faibles de protéines et d'acides aminés ; toutefois, ils conduiront à des indices de consommation élevés et la production d'animaux gras. Pour les apports vitaminiques, il y a lieu de se reporter au chapitre 7 consacré à ce problème. Il en est de même pour les oligo-éléments.

Tableau 8-16. Croissance et consommation du poulet de chair.

Age (jours)	Mâle			Femelle		
	Poids	Consommation cumulée	Indice global	Poids	Consommation cumulée	Indice global
0	37					
7	105	90	1,29	105	90	1,29
14	280	320	1,31	280	320	1,37
21	580	780	1,45	560	790	1,52
28	1 010	1 550	1,6	920	1 490	1,68
35	1 440	2 400	1,74	1 280	2 330	1,87
42	1 900	3 500	1,89	1 670	3 360	2,06
49	2 350	4 600	2,00	2 060	4 350	2,15
56	2 825	5 850	2,10	2 440	5 400	2,25
63	3 300	7 080	2,17	2 820	6 620	2,37

Aliment titrant 3 250 kcal E.M./kg

Tableau 8-17. Apports alimentaires recommandés pour le poulet de chair (g/kg d'aliment).

Période (semaines)	0-3	3-abattage
Concentration énergétique (kcal/kg)	3 250	3 250
protéines brutes	220	190
lysine	11,5	10,0
acides aminés soufrés	8,5	7,5
tryptophane	1,9	1,8
thréonine	14,4	12,5
leucine	8,3	7,2
valine	10,6	9,2
histidine	4,6	4,0
arginine	12,8	11,1
phénylalanine + tyrosine	15,0	13,0
calcium	10,0	9,0
phosphore disponible	4,2	3,8
sodium	1,50	1,50
chlore	1,24	1,24

Le tableau 8-18 est consacré aux performances des poulets de type «label». Ces derniers ingèrent en général des aliments moins énergétiques. En outre, les réglements particuliers de production interdisent souvent l'usage de certaines matières premières (farines de viande et de poisson, graisse...).

Tableau 8-18. Croissance et consommation du poulet «label».

Age (jours)	Mâle			Femelle		
	Poids	Consommation cumulée	Indice global	Poids	Consommation cumulée	Indice global
0	37			37		
7	90	75	1,38	90	75	1,38
14	185	210	1,42	185	210	1,42
21	330	450	1,54	320	440	1,56
28	550	840	1,65	510	790	1,68
35	770	1 260	1,72	700	1 165	1,75
42	1 060	1 860	1,82	920	1 640	1,86
49	1 350	2 500	1,91	1 140	2 170	1,97
56	1 650	3 220	2,00	1 360	2 732	2,06
63	1 960	4 000	2,08	1 580	3 400	2,20
70	2 230	4 780	2,18	1 760	4 040	2,35
77	2 510	5 640	2,28	1 940	4 740	2,49
84	2 730	6 440	2,39	2 070	5 390	2,65
91	2 960	7 320	2,50	2 200	6 060	2,80

Aliment titrant 3 250 kcal E.M./kg

2. Dindonneau

Le dindonneau se caractérise par une courbe de croissance très différente des autres espèces aviaires et par une composition corporelle, elle aussi, très particulière. Il est en effet beaucoup plus maigre que les autres espèces et, par conséquent, la carcasse est nettement plus riche en protéines et en eau. Ces particularités entraînent, en valeurs relatives, un besoin en protéines sensiblement plus élevé que le besoin énergétique. Le tableau 8-19 contient les besoins en protéines, lysine et acides aminés soufrés pour 100g de gain de poids et pour une période donnée. Il est ainsi possible de calculer les caractéristiques de formules d'aliments distribués successivement selon des programmes dont il existe de multiples variantes.

Le dindonneau est nettement moins sensible que le poulet à la concentration énergétique de l'aliment, en particulier dans le jeune âge. En revanche, à mesure que le dindonneau vieillit, il présente une vitesse de croissance améliorée par les apports élevés d'énergie, surtout par l'addition de matières grasses. La granulation de l'aliment n'entraîne pas non plus d'effet aussi bénéfique pour la croissance que ceux observés chez le poulet.

Présentant un besoin moins élevé en énergie par rapport aux besoins en l'ensemble des éléments plastiques (acides aminés, phosphore...) le dindonneau exige des aliments plus concentrés en ces éléments. Les besoins en protéines, lysine et acides aminés soufrés aux différents âges font l'objet du tableau 8-19.

Tableau 8-19. Besoin du dindonneau mâle en protéines, lysine et acides aminés soufrés selon l'âge (g/100 g de gain de poids).

Semaine	Protéines	Lysine	Acides aminés soufrés
1	30	2,10	1,49
2	35	2,10	1,49
3	38	2,20	1,65
4	40	2,30	1,73
5	40	2,35	2,00
6	40	2,39	2,08
7	40	2,43	2,11
8	40	2,45	2,13
9	40	2,47	2,20
10	40	2,50	2,23
11	40	2,56	2,27
12	40	2,60	2,30
13-20	40	2,60	2,38

Tableau 8-20. Croissance et consommation du dindonneau.

Age (jours)	Mâle			Femelle		
	Poids	Consommation cumulée	Indice global	Poids	Consommation cumulée	Indice global
0	60			60		
7	150	135	1,50	145	130	1,50
14	350	420	1,44	300	360	1,50
21	700	925	1,45	550	745	1,52
28	1 050	1 500	1,52	840	1 240	1,59
35	1 600	2 430	1,58	1 300	2 025	1,63
42	2 200	3 540	1,65	1 800	2 965	1,70
49	2 900	4 860	1,71	2 330	4 005	1,76
56	3 600	6 295	1,78	2 900	5 210	1,83
63	4 460	8 070	1,83	3 470	6 525	1,91
70	5 320	9 960	1,89	4 070	7 965	1,99
77	6 190	12 000	1,96	4 670	9 710	2,11
84	7 070	14 200	2,02	5 250	11 600	2,23
91	7 930	16 390	2,08	5 830	13 715	2,38
98	8 750	18 670	2,15	6 400	15 890	2,51
105	9 500	20 970	2,22	6 900	17 660	2,58
112	10 100	23 200	2,31	7 380	19 525	2,67
119	10 800	26 030	2,42	7 800	21 440	2,77
126	11 450	28 970	2,54	8 160	23 290	2,88
133	12 050	31 640	2,64			
140	12 650	34 000	2,70			

Aliment titrant 3 250 kcal E.M./kg

Tableau 8-21. Apports alimentaires recommandés pour le dindonneau (g/kg d'aliment).

Période (semaines)	0-4	4-8	8-12	12-16
Concentration énergétique (kcak/kg)	3 100	3 100	3 100	3 100
Protéines brutes	270	245	200	165
Lysine	16,5	13,0	12,0	9,75
Acides aminés soufrés	12,0	9,5	8,0	6,85
Tryptophane	2,97	2,34	1,98	1,57
Thréonine	11,3	8,90	7,60	6,04
Leucine	20,6	16,2	13,7	10,9
Isoleucine	11,8	9,30	7,90	6,30
Valine	15,2	11,9	10,1	8,05
Histidine	8,25	5,20	4,40	3,50
Arginine	22,8	14,4	12,2	9,7
Phénylalanine + Tyrosine	26,8	16,9	14,3	11,3
Calcium	11,5	10,4	9,0	8,0
Phosphore disponible	5,58	5,17	4,45	3,90
Sodium	1,42	1,42	1,42	1,42
Chlore	1,17	1,17	1,17	1,17

Le tableau 8-20 renferme les performances moyennes observées chez les dindonneaux mâles et femelles destinés à la découpe. Dans le tableau 8-21 nous proposons les normes de formulation adaptées aux conditions de croissance et de consommation décrites dans le tableau précédent.

3. Caneton de chair

Deux types de caneton sont élevés de façon rationnelle : le caneton de type *Anas* (Pékin, Rouen, sauvage...) et le caneton de Barbarie (*Cairina moschata*). Ce dernier se caractérise par la production d'une carcasse moins grasse et plus riche en muscles pectoraux, un dimorphisme sexuel très accusé au bénéfice du mâle et une courbe de croissance plus tardive que celle du type *Anas*. Le tableau 8-22 fournit les poids vifs et les consommations observés à différents âges. On remarque que l'indice de consommation se dégrade très rapidement à partir de l'âge de 8 semaines chez la femelle et de 9 semaines chez le mâle. Toutefois, la qualité des carcasses (rendement en viande) exige de ne pas abattre la première avant l'âge de 10 semaines et le second à 11, voire 12 semaines.

D'après nos calculs faits à partir d'observations de croissance et de consommation, le besoin en énergie du caneton est très bien décrit par l'équation :

$$EMA_n = 105 . P^{0,75} + 14,4 \ \Delta prot + 11 \ \Delta lip$$

Contrairement au poulet, le caneton de Barbarie, comme le caneton de type *Anas* a une vitesse de croissance insensible à la concentration énergétique de

Tableau 8-22. Croissance et consommation du Barbarie.

Age (jours)	Mâle			Femelle		
	Poids	Consommation cumulée	Indice global	Poids	Consommation cumulée	Indice global
0	50			50		
7	150	160	1,59	147	160	1,65
14	355	500	1,59	325	470	1,71
21	745	1 220	1,76	630	1 050	1,81
28	1 250	2 310	1,93	975	1 800	1,95
35	1 850	3 550	1,97	1 390	2 720	2,03
42	2 480	5 000	2,06	1 780	3 675	2,12
49	3 070	6 500	2,15	2 100	4 750	2,32
56	3 610	8 050	2,26	2 355	5 825	2,53
63	4 000	9 250	2,34	2 520	6 580	2,66
70	4 260	10 500	2,49	2 610	7 200	2,81
77	4 460	11 500	2,61	2 700	8 000	3,02
84	4 600	12 250	2,70			

l'aliment. On a donc intérêt à adopter la concentration correspondant à l'énergie la moins onéreuse.

Le tableau 8-23 fournit les besoins en protéines, lysine et acides aminés soufrés pour un âge donné et par 100 g de gain de poids. Il est ainsi possible de calculer les formules adaptées à tout programme particulier d'alimentation. Dans le tableau 8-24 nous proposons des normes de formulation correspondant aux performances décrites dans le tableau précédent.

Tableau 8-23. Besoin du Barbarie mâle en protéines, lysine et acides aminés soufrés selon l'âge (g/100 g de gain de poids).

Semaine	Protéines	Lysine	Acides aminés soufrés
1	20,0	1,30	1,18
2	20,5	1,35	1,20
3	21,5	1,40	1,22
4	22,6	1,45	1,33
5	23,7	1,52	1,42
6	25,2	1,60	1,46
7	27,0	1,80	1,60
8	30,5	2,00	1,80
9	31,0	2,10	1,90
10	45,0	2,70	2,40
11	46,0	2,80	2,60
12	50,0	2,90	2,80

Contrairement à celui du poulet, l'engraissement du caneton (Barbarie ou type *Anas*) est très peu sensible à l'excès de protéines. Il est donc peu efficace de tenter de réduire l'adiposité des carcasses par la distribution d'aliments très riches en protéines. Le rationnement peut réduire l'adiposité. Il doit être

Tableau 8-24. Apports alimentaires recommandés pour le caneton de chair (g/kg d'aliment).

	0-8	8-abattage
Période (Barbarie) (semaines)	0-8	8-abattage
Période (Pékin) (semaines)	0-5	5-abattage
Concentration énergétique (kcal/kg)	3 100	3 100
Protéines brutes	180	150
Lysine	8,5	7,0
Acides aminés soufrés	7,0	6,5
Tryptophane	1,4	1,2
Thréonine	5,5	4,8
Leucine	10,0	8,8
Isoleucine	5,8	5,1
Valine	7,4	6,5
Histidine	3,2	2,8
Arginine	8,9	7,8
Phénylalanine + Tyrosine	10,4	9,1
Calcium	9,0	7,0
Phosphore disponible	3,5	2,5
Sodium	1,40	1,20
Chlore	1,20	1,10

cependant modéré et, de toute façon, il conduit à une dégradation de l'indice de consommation.

Le caneton de Barbarie tend fréquemment à manifester un comportement de picage, qui est particulièrement prononcé lors de la pousse des plumes. Ceci peut être évité par le débecquage (léger raccourcissement du mandibule supérieur) et par une intensité d'éclairement réduite.

Pour le caneton de type *Anas*, on peut adopter les mêmes normes que pour le caneton de Barbarie, si ce n'est que la transition entre démarrage et finition s'effectue à l'âge de 5 semaines au lieu de 8 semaines. En fait, le caneton de type *Anas*, plus gras que le Barbarie, présente un besoin énergétique élevé par rapport aux besoins en éléments plastiques. Comme le caneton de Barbarie sa croissance est insensible à la concentration énergétique. Son engraissement est aussi très peu influencé par l'apport de protéines, en particulier par les excès.

4. Pintadeau de chair

Les performances usuelles observées avec les croisements modernes de pintadeau font l'objet du tableau 8-25. Comme le caneton et contairement au poulet et au dindonneau, le pintadeau est abattu à un âge où sa vitesse de croissance s'est profondément ralentie. L'indice de consommation se dégrade alors rapidement. En outre, les besoins en protéines et minéraux diminuent alors par rapport aux besoins énergétiques. Les premiers font l'objet du tableau 8-26. D'un point de vue pratique nous proposons dans le tableau 8-27 les normes de formulation permettant d'atteindre les performances décrites au tableau précédent.

Tableau 8-25. Croissance et consommation du pintadeau.

Age (jours)	Mâle			Femelle		
	Poids	Consommation cumulée	Indice global	Poids	Consommation cumulée	Indice global
0	30			30		
7	80	80	1,59	80	80	1,59
14	180	250	1,64	180	250	1,64
21	325	515	1,74	325	515	1,74
28	510	890	1,85	510	890	1,85
35	720	1 325	1,92	720	1 325	1,92
42	935	1 820	2,01	940	1 830	2,01
49	1 145	2 330	2,10	1 150	2 360	2,11
56	1 335	2 860	2,20	1 365	2 950	2,21
63	1 500	3 425	2,32	1 560	3 550	2,32
70	1 645	4 035	2,50	1 725	4 200	2,48
77	1 765	4 680	2,70	1 870	4 900	2,66
84	1 860	5 270	2,88	1 990	5 670	2,89
91	1 935	5 800	3,05	2 090	6 425	3,12

Aliment titrant 3 100 kcal E.M.:kg

Tableau 8-26. Besoin du pintadeau en protéines, lysine et acides aminés soufrés selon l'âge (g/100 g de gain de poids).

Semaine	Protéines	Lysine	Acides aminés soufrés
1	26,1	1,90	1,50
2	27,1	1,93	1,60
3	28,2	1,96	1,70
4	29,4	2,00	1,80
5	30,8	2,10	1,85
6	31,2	2,26	2,00
7	31,6	2,35	2,10
8	32,0	2,50	2,30
9	32,6	2,57	2,44
10	33,3	2,60	2,52
11	35,0	2,65	2,62
12	37,0	2,70	2,72

La croissance du pintadeau n'est sensible à la concentration énergétique de l'aliment et à la granulation qu'en fin de croissance (après 8 semaines). Contrairement au poulet, il ne diminue pas son dépôt de lipides sous l'effet des excès de protéines. Ce phénomène s'explique en partie par la forme de la courbe de croissance et l'état physiologique des animaux à l'âge d'abattage, qui correspond pratiquement à la maturité sexuelle : les femelles peuvent en effet entrer en ponte à l'âge de 13 semaines.

Tableau 8-27. Apports alimentaires recommandés pour le pintadeau de chair (g/kg d'aliment).

Période (semaines) :	0-4	4-8	8-12
Concentration énergétique (kcak/kg)	3 100	3 100	3 100
Protéines brutes	230	180	140
Lysine	11,8	9,60	6,00
Acides aminés soufrés	8,85	7,20	4,50
Tryptophane	2,12	1,74	1,08
Thréonine	8,14	6,62	4,14
Leucine	14,7	12,0	7,50
Isoleucine	8,50	6,91	4,32
Valine	10,9	8,83	5,52
Histidine	4,72	3,84	2,40
Arginine	13,1	10,7	6,66
Phénylalanine + Tyrosine	15,3	12,5	7,80
Calcium	10,0	9,00	8,00
Phosphore disponible	4,00	3,50	2,50
Sodium	1,50	1,50	1,50
Chlore	1,24	1,24	1,24

5. Oison

Comme tous les palmipèdes, l'oison présente une courbe de croissance dont la phase exponentielle initiale est précoce et rapide. L'oison ralentit ensuite très vite sa croissance. C'est, parmi les oiseaux domestiques, celui qui atteint le plus tôt son poids vif mature. En conséquence, ses besoins en protéines et minéraux décroissent très rapidement avec l'âge. Le tableau 8-28 renferme les performances moyennes de croissance et les recommandations nutritionnelles correspondantes. Comme la plupart des palmipèdes, il est capable de croissance compensatrice spectaculaire en cas de retard précoce de la croissance.

Comme le caneton de Barbarie, l'oison est aussi très sujet au picage avant ou lors de la pousse des plumes. C'est pourquoi des précautions doivent être prises jusqu'à l'âge de 8 semaines pour éviter de tels accidents : distribution limitée d'herbe, lumière peu intense, débecquage.

6. Cailleteau

Le cailleteau domestique (*Coturnix japonica*) est l'espèce qui atteint le plus précocément son poids mature. Ses besoins décroissent donc très rapidement avec l'âge. Dans le tableau 8-29, nous donnons les performances usuelles de croissance et les recommandations de formulation.

Tableau 8-28. Apports alimentaires recommandés pour l'oison de chair (g/kg d'aliment).

Période (semaines)	0-3	3-6	6-12
Concentration énergétique (kcak/kg)	2 800	2 900	3 000
Protéines brutes	170	130	125
Lysine	9,50	6,10	5,95
Acides aminés soufrés	8,50	6,00	5,55
Tryptophane	1,80	1,45	1,35
Thréonine	6,20	4,95	4,70
Leucine	9,50	6,00	5,90
Isoleucine	5,02	3,22	3,14
Valine	7,00	4,49	4,37
Histidine	3,87	2,48	2,40
Arginine	9,77	6,27	6,12
Phénylalanine + Tyrosine	12,9	8,28	8,08
Calcium	8,00	8,00	7,00
Phosphore disponible	4,00	3,80	3,50
Sodium	1,30	1,30	1,30
Chlore	1,20	1,20	1,20
Poids en fin de période (g)	1 520	3 900	5 200
Consommation cumulée (g)	2 000	7 300	17 000

Tableau 8-29. Apports alimentaires recommandés pour le cailleteau de chair (g/kg d'aliment).

Période (semaines)	0-2	3-6
Concentration énergétique (kcak/kg)	3 200	3 200
Protéines brutes	250	205
Lysine	14,0	13,1
Acides aminés soufrés	9,50	8,50
Tryptophane	2,15	2,00
Thréonine	8,25	7,65
Leucine	14,0	12,9
Isoleucine	7,40	6,75
Valine	10,3	9,50
Histidine	5,70	5,10
Arginine	14,4	13,3
Phénylalanine + Tyrosine	19,0	17,7
Calcium	9,50	9,50
Phosphore disponible	4,50	4,20
Sodium	1,50	1,50
Chlore	1,24	1,24
Poids en fin de période (g)	95	250
Consommation cumulée (g)	160	700

7. Faisandeau

Les recommandations concernant le faisandeau font l'objet du tableau 8-30 ;
les performances moyennes de croissance font également partie de ce tableau.
Le faisandeau est un oiseau très maigre et sa carcasse très riche en protéines.
C'est pourquoi il exige des aliments bien pourvus en protéines surtout pendant
les premières semaines de vie. Par la suite, on peut notablement abaisser ces
normes du fait du ralentissement de la vitesse de croissance.

Tableau 8-30. Apports alimentaires recommandés pour le faisandeau (g/kg d'aliment).

Période (semaines)	0-4	4-12
Concentration énergétique (kcak/kg)	3 000	2 900
Protéines brutes	277	172
Lysine	15,5	9,10
Acides aminés soufrés	10,0	6,35
Tryptophane	2,35	1,50
Thréonine	8,90	5,35
Leucine	19,1	11,4
Isoleucine	11,2	6,55
Valine	14,3	8,35
Histidine	6,20	3,60
Arginine	17,3	10,1
Phénylalanine + Tyrosine	20,2	11,9
Calcium	12,5	10,0
Phosphore disponible	6,50	4,90
Sodium	1,55	1,55
Chlore	1,28	1,28
Poids en fin de période (g)		
mâle	220	1 000
femelle	180	800
Consommation cumulée (g)		
mâle	360	3 720
femelle	284	3 040

III. Effets de la température ambiante sur la croissance

Le poulet est sensible à la température ambiante qui est susceptible de modifier à la fois la vitesse de croissance, la consommation alimentaire et l'état
d'engraissement. Chez le mâle, la croissance est un peu améliorée par les
températures inférieures à 20°C (+0,1 p.100 par degré) ; elle est surtout ralentie
par les températures supérieures à 20°C (– 1 p.100 par accroissement de 1°C).
La consommation est à peu près fonction linéaire de la température, soit environ + ou – 0,9 p.100 par diminution ou par augmentation de 1°C par rapport

à 20°C. Quant à la teneur en lipides de l'animal, elle augmente de 1,5 g/kg par augmentation de la température d'élevage de 1°C; ce qui se traduit par un accroissement de 0,4 g/kg de la proportion de gras abdominal dans le poids vif. Les femelles sont en général un peu moins sensibles à la température que les mâles. Enfin, il existe aussi des différences entre espèces aviaires qui sont pour le moment peu étudiées et mal connues.

Il existe donc une interaction entre besoins nutritionnels et température d'élevage. En élevant cette dernière, on améliore l'efficacité alimentaire, c'est-à-dire qu'on diminue l'indice de consommation. En revanche la vitesse de croissance est un peu ralentie et les carcasses plus grasses. De plus, il y a lieu d'accroître un peu la concentration de l'aliment en protéines, acides aminés et minéraux, de façon à ce que les besoins des animaux soient couverts, puisque la quantité d'aliment ingérée est diminuée.

Enfin, en climat très chaud, la consommation alimentaire diminue considérablement, entrainant une baisse des performances de croissance. On peut avoir recours à un certain nombre d'artifices, de façon à réduire et faciliter la production de chaleur par les oiseaux :
— les repas doivent être distribués aux heures fraîches (le matin de bonne heure ou dans la nuit) pour que les dépenses d'extra-chaleur liées à l'ingestion d'aliment se fassent sans trop gêner l'animal;
— l'enrichissement des formules en graisse permet d'abaisser l'extra-chaleur de production;
— la granulation de l'aliment augmente significativement l'ingéré alimentaire.

Ouvrages de référence

BOORMAN K. N., WILSON B. J., 1977. *Growth and poultry meat production.* British Poultry Science Publications.

COLE D. J. A., BOORMAN K. N., BUTTERY P. J., LEWIS D., NEALE R. J., SWAN H., 1976. *Poultry metabolism and nutrition.* Butterworths.

FISHER C., BOORMAN K. N., 1986. *Nutrient requirements of poultry and nutritional research.* Butterworths.

LARBIER M., 1989. *Energy and protein requirements of guinea fowl during the growing period. 7th Europ. Symp. Poult. Nutr.* (Lloret de Mar, Espagne). WPSA-Espagne edit.

LAWRENCE T. L. J., 1980. *Growth in animals.* Butterworths.

LECLERCQ B., 1986. *Données récentes sur l'alimentation du caneton de Barbarie.* WPSA-France edit.

PARKS J. R., 1982. *A theory of feeding and growth of animals.* Springer–Verlag.

SAUVEUR B., de CARVILLE H., 1990. *Le canard de Barbarie.* INRA éditions.

9

L'ŒUF ET L'ALIMENTATION DES POULES PONDEUSES

Les poules pondeuses d'œufs de consommation, élevées de façon rationnelle dans le monde, appartiennent à deux types génétiques : les Leghorn (pondeuses d'œufs à coquille blanche) et les Rhode Island (pondeuses d'œufs à coquille rousse). Leurs caractéristiques générales sont rapportées dans le tableau 9-1. Les poules pondeuses d'œufs roux ont un poids vif plus élevé et consomment davantage d'aliment pendant les périodes de croissance et de ponte que les Leghorn. Mais leurs œufs sont légèrement plus gros, l'intensité de ponte étant quasi identique.

Le choix entre les deux types est lié à la préférence des consommateurs pour la couleur de la coquille. Certains pays consomment des œufs en coquille exclusivement roux (France), d'autres des œufs blancs (USA), ou les deux types (Allemagne, Royaume Uni...). Le poids vif élevé des animaux en fin de ponte, fait préférer l'élevage des poules à œufs roux dans les pays où il existe un important marché de poules de réforme.

Tableau 9-1. Développement pondéral et performances zootechniques des deux types de poules pondeuses d'œufs de consommation élevées dans les mêmes conditions.

	Poules pondeuses à œufs blancs (type Leghorn)	Poules pondeuses à œufs roux (type Rhode Island)
Poids vif (g)		
à l'entrée en ponte (21 semaines)	1350	1650
à la réforme (70 semaines)	1600	2200
Nombre d'œufs pondus	284	281
Poids moyen des œufs	60,6	63,0
Consommation alimentaire (kg/animal)		
0-21 semaines	7,0	8,2
22-70 semaines	39,5	45,0
Mortalité (p. 100)		
0-21 semaines	3,9	1,7
21-70 semaines	6,6	2,8

Dans ce chapitre, nous traitons d'abord de la physiologie de la ponte en rappelant les principales étapes de la formation de l'œuf, l'origine de ses constituants et le contrôle hormonal, sans oublier les paramètres de ponte. Nous considérons ensuite les caractéristiques de l'œuf, en indiquant sa composition chimique et en décrivant ses qualités organoleptiques, technologiques et nutritionnelles.

Les recherches sur l'alimentation de la poule pondeuse d'œufs de consommation comportent plusieurs aspects. Les besoins nutritionnels sont classiquement étudiés en fonction du stade physiologique et des performances de ponte. Depuis quelques années, on a commencé à envisager l'influence des conditions d'environnement dans la mesure où l'élevage de la poule pondeuse se développe de plus en plus dans les pays chauds, tropicaux ou subtropicaux. Pour notre part, nous considérerons les différents modes d'alimentation proposés pour mieux tenir compte de la physiologie digestive et de la chronologie de synthèse des constituants de l'œuf. L'accent sera mis sur les besoins en énergie, en protéines, en minéraux et en vitamines. L'alimentation de la poule pondeuse est traitée ci-dessous en envisageant les deux périodes : la période d'élevage au cours de laquelle les poulettes sont en croissance et la période de ponte se terminant par la réforme.

I. Physiologie de la ponte

1. Formation de l'œuf

Chez les oiseaux domestiques, l'appareil génital femelle comprend un ovaire et le seul oviducte gauche, à la différence de certains oiseaux de proie qui en possèdent deux (fig. 9-1).

Les trois parties de l'œuf : vitellus ou jaune, blanc ou albumen et coquille sont élaborées dans des sites différents de l'appareil génital. Le premier se forme progressivement dans l'ovaire tandis que le blanc et la coquille sont synthétisés respectivement dans le magnum et l'utérus (tabl. 9-2).

1.1. *Vitellus*

L'ovaire synthétise des hormones stéroïdiennes et comporte les follicules qui existent déjà à l'éclosion. Il se différencie rapidement en une partie vascularisée appelée medulla, entourée d'une couverture « cortex » dont l'aspect devient de plus en plus granuleux au cours du développement. Chez la poule pondeuse, l'ovaire se présentera comme une grappe de follicules à des degrés divers de développement : quelques gros et une centaine de petits.

L'accumulation du jaune à l'intérieur des follicules, ou vitellogénèse, s'effectue en trois phases successives :

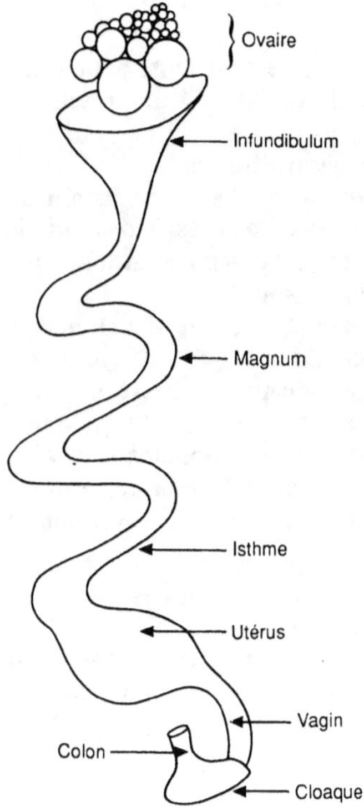

Figure 9.1. – Appareil reproducteur de la poule pondeuse.

Tableau 9-2. Formation de l'œuf chez la poule pondeuse : chronologie de synthèse de ses différentes parties.

	Durée	Localisation anatomique
Formation des ovocytes avec dépôt du jaune	de la naissance à l'ovulation (plus de 20 semaines)	Ovaire
Ovulation		Infundibulum
Dépôt du blanc	3 h 30	Magnum
Dépôt des membranes coquillères. Plumping	1 h 20	Isthme
Calcification de la coquille	21 h	Utérus
Oviposition		Cloaque

— la phase initiale, dite accroissement lent, débute à l'éclosion. Les ovules d'un diamètre initial de 10 à 20.10^{-6} m grossissent lentement en 4 à 5 mois pour devenir des sphères de 1 mm de diamètre. Leur contenu est alors essentiellement de nature lipidique ;

— la phase intermédiaire dure entre 6 et 8 semaines et ne concerne qu'un nombre limité d'ovules, ceux destinés à devenir des jaunes d'œuf. Leur diamètre passe à 4 mm et le contenu s'enrichit en protéines, donnant un aspect blanchâtre (vitellus blanc) ;

— la phase de grand accroissement ou de développement rapide dure de 8 à 10 jours, en commençant pour les futurs premiers œufs, immédiatement avant le début de la saison de ponte. Les 6 à 8 follicules alors concernés grossissent en passant de 200 mg à 15-20 g. Mais ils ne sont pas rigoureusement au même stade de développement et n'ont pas le même poids. Ils seront pondus dans l'ordre de leur taille, le plus gros le premier, et le plus petit plusieurs jours après, lorsqu'il aura atteint ou dépassé le poids du prédédent.

Les constituants du jaune d'œuf ne sont pas synthétisés par le tissu ovarien. Les diverses protéines et lipoprotéines spécifiques de l'œuf, en particulier la phosvitine, la lipovitelline et la lipovitellenine, sont élaborées par le foie, dont l'activité anabolique s'intensifie quelques semaines avant l'entrée en ponte et s'arrête totalement dès que la poule cesse de pondre. Elles sont ensuite transportées dans le sang puis traversent la paroi de l'ovocyte selon des mécanismes sélectifs.

Dans le cas des protéines non spécifiques, telle que les livetines, le transfert à partir du plasma se fait régulièrement pour aboutir à une réelle accumulation dans le vitellus. De la même façon, les ions minéraux et les vitamines sont transférés dans les ovocytes à partir du sang, généralement sous forme libre (sodium, potassium etc.) mais aussi dans des stuctures complexes associées aux protéines lipoprotéines (calcium, fer, zinc, etc).

1.2. *Albumen*

Le jaune d'œuf, libéré du follicule par le stigma (fig.9-2) est capté par la partie supérieure de l'oviducte ou infundibulum qui assure alors la formation de la couche externe de la membrane vitelline en déposant une couche de fibrilles de même composition que le blanc d'œuf. Les protéines de l'albumen sont synthétisées plus tard par le magnum (15 à 20 minutes après l'ovulation). L'activité anabolique est continue. Les cellules glandulaires sont fortement spécialisées. Celles qui sécrètent l'ovalbumine et le lysozyme sont tubulaires tandis que les cellules calciformes produisent l'avidine et l'ovomucine.

En quittant le magnum, le jaune d'œuf se retrouve recouvert d'un gel protéique épais contenant des ions minéraux : sodium, calcium, magnésium et chlorure, en quantités relativement importantes : 50 à 80 p.100 de celles que l'on retrouvera dans le blanc d'œuf définitif. A ce stade, le blanc est peu hydraté. Il recevra la majeure partie de son eau dans l'utérus.

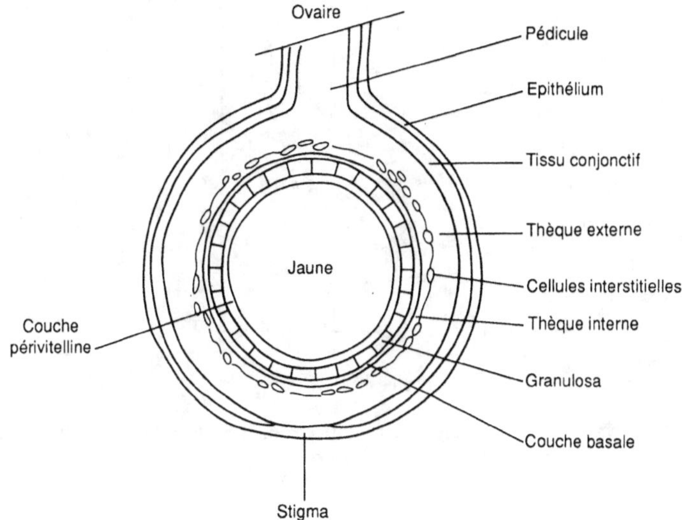

Figure 9.2. – Structure du follicule avant l'ovulation.

1.3. *Coquille*

Son élaboration commence dans l'isthme par la formation des membranes coquillères constituées de fibres protéiques. Mais c'est dans l'utérus que la calcification de la coquille a lieu. L'œuf pénètre dans ce dernier quatre à cinq heures après l'ovulation et va y séjourner une vingtaine d'heures. Au début, il a un aspect ridé.

La première étape est une forte hydratation du blanc d'œuf, « plumping ». L'eau transférée à travers les membranes coquillères renferme du sodium, du potassium et du bicarbonate. Le dépôt des cristaux de calcium autour de ces membranes s'effectue à raison de 0,3 à 0,35 g/heure, en commençant avant la fin de l'hydratation, soit environ 10 heures après l'ovulation. La cristallisation du carbonate de calcium s'arrête lorsque le liquide utérin s'enrichit fortement en ions phosphates. La calcification de la coquille est alors achevée, soit deux à quatre heures avant la ponte ou oviposition.

La pigmentation de la coquille constitue le stade final de la formation de la coquille dans les lignées ou espèces à œufs colorés. Les pigments dits ooporphyriques dérivent de l'hémoglobine et sont déposés en même temps que la cuticule en formant des taches caractéristiques de l'espèce aviaire, voire des individus.

L'élaboration de la coquille est de loin l'étape la plus longue pour la formation de l'œuf, puisque sur un total de plus de 20 heures, elle nécessite environ 12 heures, si l'on considère les variations de calcium sanguin liées au dépôt de ce dernier autour des membranes coquillières (fig.9-3). Elle a lieu en période nocturne chez les animaux soumis à un nychtémère classique comportant 16 heures de lumière et 8 heures d'obscurité.

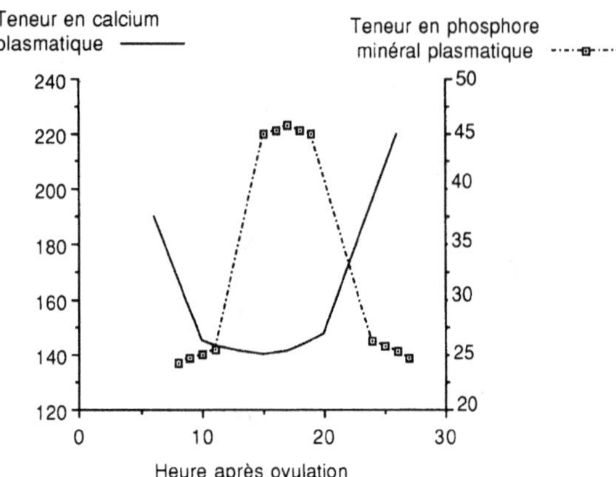

Figure 9.3. – Variation du calcium plasmatique en relation avec la formation de la coquille.

2. Contrôle hormonal

Le contrôle hormonal de la ponte est assuré essentiellement par les hormones stéroïdiennes qui sont sécrétées par l'ovaire et dont les activités sont schématisées dans la figure 9-4.

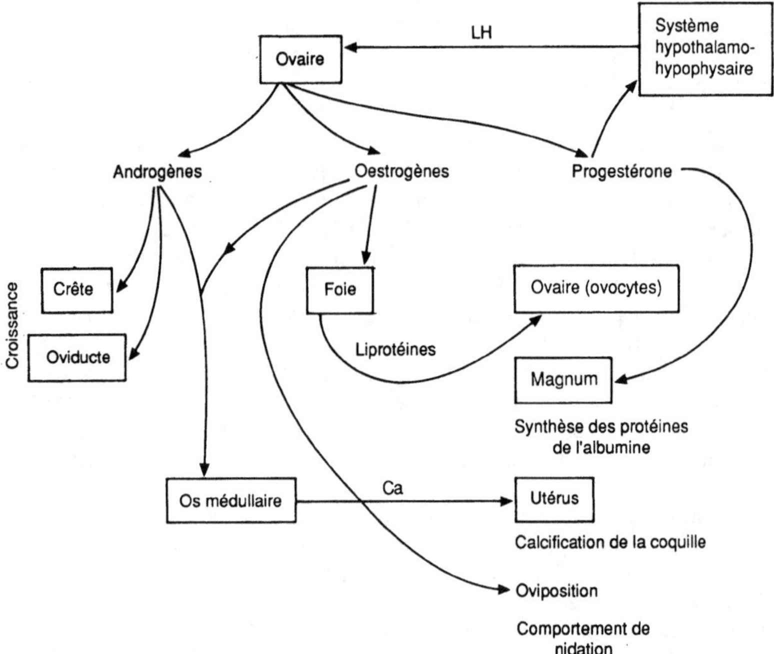

Figure 9.4. – Contrôle hormonal de la ponte.

Les oestrogènes (oestrone et oestradiol) sont synthétisés chez la jeune poulette tout au long de sa croissance, mais surtout deux à trois semaines avant la maturité sexuelle. Leur rôle est multiple. Ils assurent la croissance de l'ovaire, stimulent la synthèse des protéines et des lipoprotéines vitellines par le foie et aussi celle des protéines de l'albumen par le magnum. Ils contrôlent la formation de l'os médullaire en même temps que l'augmentation de la rétention phosphocalcique. Ils sont enfin responsables de l'apparition de certains caractères sexuels secondaires avant l'entrée en ponte, tel que l'écartement des os pelviens.

Les androgènes stimulent la croissance de l'oviducte, de l'os médullaire et de la crête.

La progestérone se comporte comme un agoniste des oestrogènes et des androgènes pour la croissance de l'oviducte. Elle contrôle le rythme à la fois de l'ovulation et de l'oviposition en provoquant, d'une part la contraction de l'utérus lors de l'expulsion de l'œuf, d'autre part la sécrétion par l'hypothalamus d'une hormone (releasing factor) qui provoque la libération par l'hypophyse d'une hormone luteinisante responsable de l'ovulation (LH).

L'hormone hypothalamique appelée couramment LH.RH est en fait produite sous l'effet de la progestérone. Elle provoque à son tour la secrétion préovulatoire de LH. Plusieurs faits expérimentaux montrent qu'il s'agit d'un mécanisme comportant en réalité plusieurs étapes : une première libération de LH déclenchée peu de temps avant l'extinction de la lumière est alors accompagnée d'une secrétion de progestérone entraînant celle de LH.RH hypothalamique, qui à son tour provoque une deuxième décharge de LH. Toutes ces sécrétions hormonales se produisent sur une période d'environ 4 heures et s'achèvent 6 heures avant l'ovulation.

Les prostaglandines E entraînent la contraction de l'utérus et le relâchement du vagin au moment de l'oviposition.

Le comportement de la poule avant et après la ponte est très caractéristique : recherche d'un nid, arrêt de la consommation d'aliment et d'eau, chant, etc. Il semble être contrôlé par un ou plusieurs mécanismes hormonaux. Il s'agirait de secrétions folliculaires puisque le comportement, dit de nidation, apparaît toujours 25 à 26 heures après l'ovulation, et cela quelque soit le devenir ultérieur de l'ovocyte dans l'oviducte.

3. Cycle de ponte et rôle de la lumière

Le cycle ovulatoire des oiseaux dépend de l'espèce et des conditions de l'environnement. Chez les oiseaux sauvages ainsi que chez l'oie et la poule faisane, la ponte est saisonnière (printemps). En revanche, pour les espèces domestiques généralement élevées sous un éclairement artificiel permettant de faire varier la durée du jour, la ponte est désaisonnée. Ainsi la poule pondeuse a un cycle de ponte qui s'étend sur 50 à 60 semaines. Il en est de même pour la caille et la pintade. La cane de Barbarie connaît des arrêts de ponte plus ou moins prolongés.

D'une façon générale, le cycle de ponte a été amélioré plus ou moins fortement selon les espèces domestiques, par la sélection. Celle-ci a surtout consisté à privilégier les femelles à ovulation plus fréquentes en raccourcissant la durée de formation de l'œuf.

L'entrée en ponte, comme la durée du cycle, dépend d'un ensemble de facteurs extérieurs qui agissent comme des stimulateurs de la reproduction. Il en va ainsi de la température ambiante pour l'oie, et même de la pluviométrie pour les espèces vivant dans les régions désertiques. L'existence d'un compagnon est nécessaire à la pigeonne, ainsi que la présence de petits matériaux permettant de construire le nid pour bon nombre d'oiseaux sauvages.

Parmi tous les facteurs de l'environnement, c'est la lumière qui joue probablement le rôle le plus important. Elle stimule l'activité sexuelle et permet de synchroniser les heures de ponte du troupeau. Ce sont, en particulier, les radiations orange et rouge, d'une longueur d'onde comprise entre 620 et 750 nm, qui agissent sur des récepteurs hypothalamiques en traversant la rétine.

En fait, la poule est très sensible à la durée de la période d'éclairement et surtout à sa variation. Dans les conditions naturelles, on sait depuis longtemps que les poules sont précoces au printemps-été, si elles sont nées en hiver, et tardives en hiver si elles sont nées en été. Autrement dit, l'augmentation de la durée du jour stimule le développement de l'appareil reproducteur et accélère la maturité sexuelle. Dans la pratique, en éclairement artificiel, la jeune poulette immature de 18 semaines entrera en ponte dans les 2 à 3 semaines si on augmente immédiatement la durée journalière d'éclairement. Elle aura au contraire une maturité sexuelle tardive si l'on tarde à modifier le programme lumineux.

Pendant la saison de ponte, les animaux sont généralement élevés dans des conditions telles que la période d'éclairement demeure constante et d'une durée de 14 à 16 heures par nychtémère de 24 heures (de 6 à 21 heures par exemple). Les œufs sont en majorité pondus dans la matinée, en tout cas jamais la nuit (exception pour certains palmipèdes : oie et cane commune). L'heure d'oviposition dépend alors de la position de l'œuf dans la série. Celle-ci est constituée d'un ensemble de deux à cinq œufs, ou plus encore, pondus à raison d'un par jour, l'interruption ou pause étant souvent d'une journée.

A l'intérieur de la série, une oviposition est suivie 20 à 30 minutes plus tard par une nouvelle ovulation. De cette façon, on ne trouve normalement jamais deux œufs en formation dans le même temps dans l'oviducte. En outre, comme la durée totale de formation de l'œuf est un peu supérieure à 24 heures (25 à 26 heures), deux œufs consécutifs seront obligatoirement pondus à des heures décalées. Si le premier est pondu à 8 heures, le deuxième le sera le lendemain autour de 10 heures.

L'intervalle entre deux œufs peut varier en particulier avec la longueur de la série. Il est d'autant plus court que le nombre d'œufs dans la série est grand. A l'opposé, au fur et à mesure que la poule vieillit, les séries se raccourcissent et l'heure moyenne de la ponte se décale vers le soir.

En cycle lumineux différent de 24 heures (cycles ahéméraux), la longueur des séries est modifiée. En cycle de 26 heures, la fréquence des jours de pause diminue et l'intervalle entre deux ovipositions augmente. Avec les cycles ahéméraux inférieurs à 24 heures, la durée des pause diminue et l'intervalle intra-série augmente. Dans les deux cas, le nombre total d'œufs pondus sur une longue période est sensiblement plus faible qu'en nychtémère normal de 24 heures. Toutefois, si l'on fractionne le cycle de 24 heures ou si l'on adopte un éclairement permanent, on aboutit à une désynchronisation totale du troupeau : les ovipositions sont alors réparties tout le long du nychtémère.

4. Courbe de ponte d'un troupeau de pondeuses

En élevage industriel, le nombre d'œufs pondus par un troupeau de poules pondeuses est exprimé en pourcentage ou intensité de ponte. Il s'agit du nombre d'œufs pondus par jour et par un effectif de 100 poules.

Dans la pratique, l'intensité de ponte est rapportée, soit au nombre de poules vivantes (présentes) au moment de la mesure, soit au nombre initial de poules mises en place en début de saison (poules départ). Le deuxième mode d'expression qui tient naturellement compte de la mortalité survenue pendant la période de ponte, fournit des chiffres toujours inférieurs, au mieux égaux (mortalité nulle), à ceux du premier mode.

La mesure de l'intensité de ponte exprime, en fait, à la fois la longueur moyenne des séries et la fréquence moyenne des jours de pause. Elle permet à l'éleveur de contrôler chaque jour la production de son troupeau afin d'intervenir rapidement s'il y a une chute brutale de ponte consécutive à un déficit alimentaire en un nutriment indispensable et à l'apparition d'une maladie infectieuse. Enregistrée de façon assidue, cette mesure peut être représentée graphiquement pour la totalité de la saison de ponte, sous forme d'une courbe de ponte (fig. 9-5) rappelant la courbe de lactation des vaches laitières. On y distingue :

— une partie ascendante commençant au début de la ponte (entrée en ponte, âge du premier œuf, maturité sexuelle) et se terminant en atteignant une valeur maximum appelée pic de ponte. Entre les deux stades, il s'écoule généralement une période de 4 à 6 semaines. Sur le plan physiologique, l'augmentation progressive de l'intensité de ponte est due au fait que les individus composant

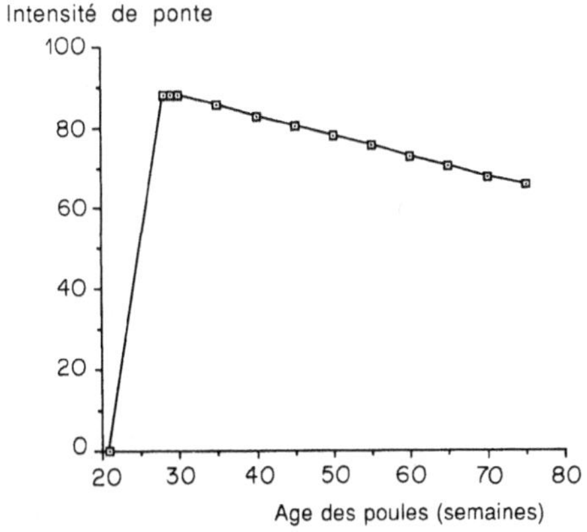

Figure 9.5. – Courbe de ponte de la poule pondeuse.

le troupeau n'atteignent pas leur maturité sexuelle rigoureusement le même jour. En fait, le pic de ponte sera obtenu d'autant plus rapidement que le troupeau est très homogène ; le degré d'homogénéité dépendant à la fois de l'origine des animaux et des conditions d'élevage en période de croissance (alimentation, programme lumineux, densité, état sanitaire).

La valeur du pic de ponte caractérise la productivité de l'élevage et sa conduite. Elle dépend de l'espèce et du croisement. Actuellement, pour l'espèce Gallus, les poules pondeuses d'œufs de consommation blancs ou colorés ont un pic de ponte souvent proche de 95 p.100. En revanche, les reproductrices chair atteignent difficilement 85 p.100. Dans les autres espèces, les valeurs obtenues varient de 50 p.100 pour l'oie, 70 p.100 pour la dinde, 80 et 85 p.100 respectivement pour la cane et la pintade (fig.9-6).

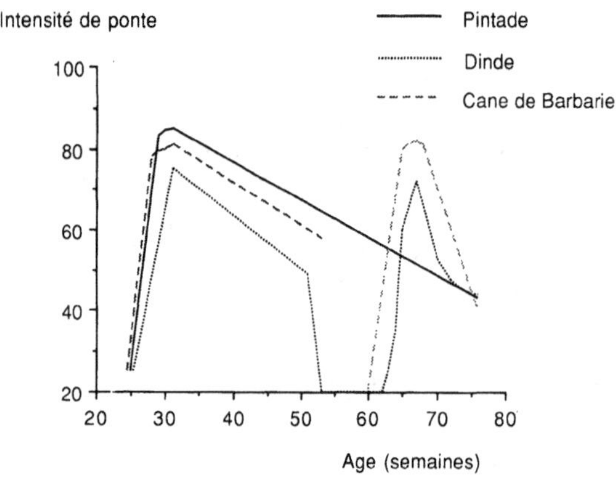

Figure 9.6. – Courbes de ponte de quelques espèces aviaires secondaires.

— une partie descendante traduisant une décroissance plus ou moins rapide de l'intensité de ponte en fonction du temps. De cette façon, la ponte ne sera plus que 60 à 65 p.100 chez la poule pondeuse âgée de 70 à 72 semaines. Au même âge, la reproductrice présente une intensité de ponte qui dépasse rarement 50 p.100.

La baisse de la ponte s'explique par un ralentissement de l'activité folliculaire : la phase d'accroissement rapide du jaune de l'œuf dure plus longtemps au fur et à mesure que la poule vieillit. Bien que la quantité totale de matières déposées diminue, les follicules destinés à ovuler sont de plus en plus gros, mais de moins en moins nombreux. Les séries deviennent de plus en plus courtes et les pauses s'allongent.

Au cours des trois dernières décennies, pour toutes les espèces domestiques, la courbe de ponte a été très significativement améliorée par un travail de sélection intense qui a porté, à la fois sur la valeur du pic de ponte et surtout sur la rémanence ou persistance (réduction de la pente de la partie descendante de la courbe de ponte).

II. Composition de l'œuf et qualité de ses constituants

1. Poids de l'œuf

Dans la mesure où la commercialisation de l'œuf de consommation tient compte du calibre, le poids moyen doit être constamment contrôlé. Il traduit en fait l'activité anabolique des trois parties : vitellus, blanc et coquille. Dans les conditions d'un élevage rationnel bien conduit, il augmente au fur et à mesure que les poules vieillissent.

Le premier œuf a un poids qui dépend de l'âge auquel les poules ont atteint leur maturité sexuelle. Il est d'autant plus petit que les animaux sont précoces. Aussi, pour éviter d'avoir des œufs non commercialisables, parce que d'un poids inférieur à 45 g, on a intérêt à retarder la maturité sexuelle à au moins 20 semaines par le biais du programme lumineux. Les œufs les plus recherchés pèsent généralement entre 55 et 65 g. Mais en fin de saison de ponte, une forte proportion pèse autour de 70 g.

L'augmentation du poids de l'œuf en fonction de l'âge des poules (fig. 9-7) est particulièrement rapide au cours des premiers mois de ponte. Outre les facteurs liés aux animaux (origine génétique, précocité sexuelle, âge), il en existe bien d'autres influençant le poids de l'œuf. Ce sont d'une part les conditions d'alimentation, d'autre part celles du milieu ambiant.

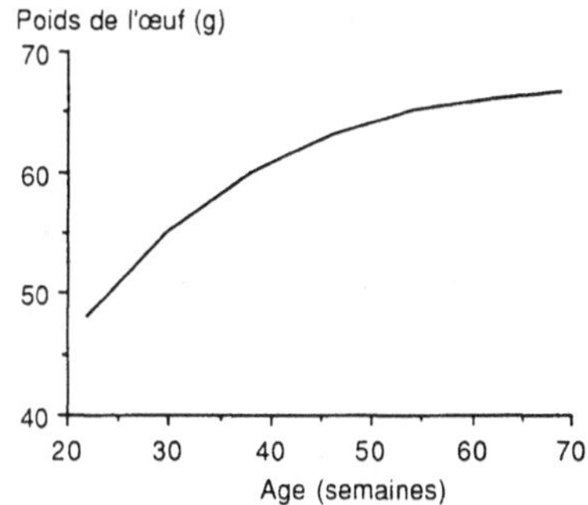

Figure 9.7. – Evolution du poids de l'œuf au cours de la saison de ponte chez la poule pondeuse d'œuf de consommation.

Le poids de l'œuf dépend de l'apport alimentaire de nutriments indispensables, en particulier les acides aminés et dans une moindre mesure le phosphore assimilable et les acides gras essentiels. Cela conduit à définir les besoins pour un poids d'œuf maximum en tenant compte des caractéristiques de l'animal (poids vif moyen et variation de poids en cours de ponte).

La présence de facteurs antinutritionnels dans la ration peut réduire quelquefois très fortement le poids de l'œuf. Il en est ainsi de l'acide érucique

(dans les anciennes variétés de colza), de la vicine et convivine de la féverole
(tabl. 9-3).

Tableau 9-3. Effets de l'ingestion de féverole riche en vicine et convicine sur les performances de la poule pondeuse (résultats obtenus après 16 semaines d'expérimentation).

	Aliment témoin	Aliments expérimentaux[1]		
		11	22	33
Poids de l'œuf (g)	61,9	61,2	60,7	58,9
Intensité de ponte (p. 100)	89,3	88,6	84,3	76,8
Consommation (g/poule.jour)	118	118	115	110
Indice de consommation[2]	2,13	2,18	2,24	2,24
Variation du poids vif des animaux (en p. 100)	+6,3	+7,7	− 0,5	− 1,1

(1) Les aliments expérimentaux contiennent 11, 22 ou 33 p. 100 de féverole.
(2) Aliment ingéré (g) / quantité d'œuf produite (g)

La nature du programme lumineux, en particulier lorsque le nychtémère
est différent de 24 heures, peut modifier le poids de l'œuf. De même, les
températures élevées le réduisent (Uzu, 1989). L'effet est, dans ce cas, aggravé
par l'excès d'humidité (tabl. 9-4).

Sur le plan structurel, l'œuf est un ensemble hétérogène puisqu'il est formé
de trois parties (coquille, blanc et jaune) très distinctes. Celles-ci possèdent
chacune, à la fois une structure et une composition chimique propres, mais
devant aussi présenter certaines caractéristiques spécifiques requises par l'u-
tilisateur, qu'il soit le consommateur direct ou l'industrie de transformation.
L'œuf, souvent consommé en l'état, est aussi une matière première servant à
élaborer d'autres produits.

Les proportions des trois parties de l'œuf sont rapportées dans le tableau
9-5, où l'on compare des œufs de diverses origines. On peut cependant retenir
que, quelle que soit l'espèce domestique considérée, la coquille représente
environ 8 à 10 p.100, tandis que le blanc et le jaune forment respectivement
60 et 30 p.100. Dans le même temps, le poids total de l'œuf varie de 10
(caille) à 160, voire 200 g (oie).

2. Morphologie et solidité de la coquille

Constituée essentiellement de carbonate de calcium (90 à 95 p.100), la coquille de l'œuf se présente comme une trame protéique en deux couches (ma-

Tableau 9-4. Effets dépressifs de la chaleur et de l'humidité sur les performances de ponte; influence bénéfique d'un léger excès alimentaire de DL méthionine.

DL méthionine ajoutée (p. 100)	0	0,05
Taux de méthionine		
dans l'aliment (p. 100)	0,29	0,34
Ingéré alimentaire (g/j)		
(1)	122,3	120,0
(2)	93,0	94,4
Intensité de ponte (p. 100)		
(1)	94,5	93,7
(2)	80,5	83,1
Poids moyen de l'œuf (g)		
(1)	59,9	59,5
(2)	55,2	55,9
Production d'œuf (g/j)		
(1)	56,6	55,7
(2)	44,5	46,5

(1) Conditions tempérées, température : 20 °C, humidité : 65 p. 100
(2) Conditions tropicales, température : 30 °C, humidité : 90 p. 100

Tableau 9-5. Composition de l'œuf de poule et des autres espèces d'oiseaux domestiques.

Espèce	Poids total (g)	Proportion des constituants p. 100		
		Jaune	Blanc	Coquille
Poule	60	29	61,5	9,5
Caille	9	32	58	10
Cane de Barbarie	80	35	52	13
Pintade	40	30	55	15
Dinde	85	33	57	10
Oie	155	32	57	11

millaire et spongieuse) renfermant des cristaux de carbonate de calcium (fig. 9-8). La qualité dépend des caractéristiques morphologiques et physiques. Il s'agit de la forme, de la couleur et de la solidité.

La couleur de la coquille, qui est d'origine génétique, est généralement brune plus ou moins foncée quand elle n'est pas blanche. La forme de l'œuf est normalement ovoïde. Cependant, au fur et à mesure que la poule vieillit, les deux bouts deviennent parfois difficiles à distinguer et l'œuf s'allonge.

Les principaux facteurs modifiant les qualités de couleur et de forme sont les maladies respiratoires, la mycoplasmose et surtout la maladie de Newcastle.

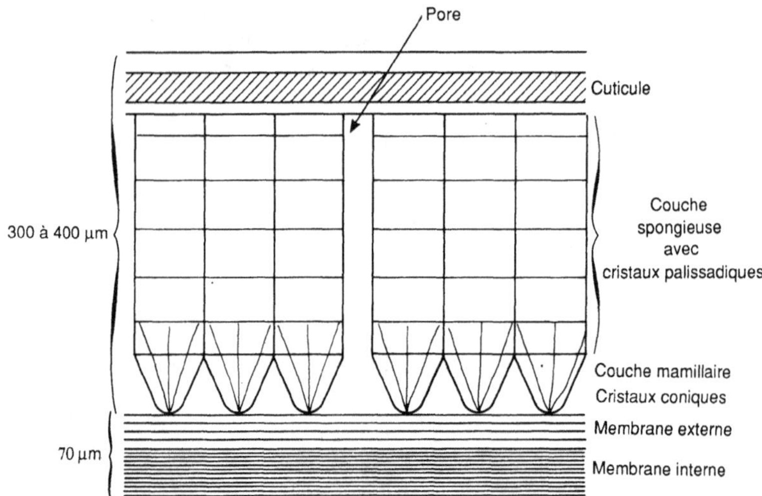

Figure 9.8. – Structure de la coquille de l'œuf.

Il se produit une altération des cellules épithéliales de l'utérus et des oedèmes entraînant déformation et décoloration de la coquille. On aperçoit alors des anneaux calcifiés au niveau de l'équateur de l'œuf, des bosses et même des épaississements faisant penser à des plis. Dans le même temps, la synthèse de la cuticule externe peut être affectée, donnant l'aspect crayeux. La coquille devient alors très perméable aux contaminations et il convient d'éliminer les œufs.

De toutes les caractéristiques de la coquille, c'est surtout sa solidité qu'il faudrait surveiller attentivement. Dans les conditions physiologiques, au fur et à mesure que la poule vieillit, le poids de la coquille tend à légèrement diminuer, alors que le poids total de l'œuf augmente. Il en résulte un amincissement de la coquille contribuant à sa fragilisation.

La solidité de la coquille dépend fortement des conditions d'alimentation et d'environnement. Sa formation nécessite l'ingestion d'une forte quantité de calcium sous forme de carbonate ou de coquille d'huître. La coquille d'œuf renfermant en moyenne 2,3 g de calcium, et en supposant l'utilisation digestive des sources de calcium égale à 50 p.100, on est conduit à préconiser un apport régulier journalier de 4,6 g de calcium chez les pondeuses d'œufs de consommation.

Plus directement, la vitamine D3 et ses métabolites agissent sur la qualité de la coquille en permettant l'absorption du calcium. De même, le manganèse apporté dans la ration favorise la solidité de la coquille en agissant sur la synthèse de la trame protéique.

En revanche, l'excès de chlorure alimentaire, ou l'enrichissement de l'air ambiant en ammoniac par insuffisance de ventilation, entraîne une dégradation de la solidité de la coquille. D'une manière plus générale, tous les facteurs associés à une alcalose métabolique réduisent la qualité de la coquille. Ainsi, exposée à une chaleur excessive, la poule accélère sa respiration en augmentant l'élimination de CO_2 sanguin. Il en résulte une alcalose respiratoire qui est vite contrecarrée par une excrétion massive rénale de bicarbonate. Il s'en suit une réduction du pouvoir tampon du sang et par là-même une baisse de synthèse de la coquille.

3. Utilisation du blanc d'œuf

Sa structure est constituée de quatre parties visibles à l'œil nu lorsque l'œuf est étalé sur un plan horizontal :
— le blanc liquide externe qui s'étend facilement sur le support,
— le blanc liquide interne qui est tout près du jaune,
— le blanc épais situé entre les deux précédents,
— les chalazes, filaments protéiques assurant le maintien du vitellus au milieu de l'albumen.

Le blanc est constitué essentiellement d'eau et de protéines. Il renferme des minéraux en petite quantité, des vitamines hydrosolubles et du glucose libre (tabl.9-6). Les protéines sont en fait des glycoprotéines, à l'exception du lysozyme (haloprotéine). Les plus représentées sont les ovalbumines qui se dénaturent sous l'effet de la chaleur ou de l'acidité en coagulant et en donnant au blanc d'œuf sa rigidité. L'ovomucine est liée au lysozyme par des liaisons électrostatiques. La première, capable de former un gel, est présente surtout dans le blanc épais. La seconde joue un rôle antibiotique à l'instar du lysozyme lacrimal. Les conalbumines fixent le fer. Les flavoprotéines, au moins l'une d'entre elles, assurent le transfert de vitamine B2. Les ovomucoïdes sont des inhibiteurs de la trypsine. Enfin, l'avidine est une protéine capable de fixer la biotine, se comportant à l'état natif, comme une anti-vitamine. Ces deux facteurs antinutritionnels sont fort heureusement thermolabiles et n'exercent donc aucun effet lorsque l'œuf a été préalablement cuit avant d'être consommé.

Le blanc d'œuf est très utilisé en confiserie où il se trouve généralement dans des mélanges à forte teneur en sucre (nougat). Son intérêt est alors de prévenir la constitution de cristaux qui pourraient rendre le produit crissant sous la dent. A cette caractéristique dite «pouvoir anticristallisant», il faut ajouter le pouvoir foisonnant ou moussant qui est la capacité de former avec l'air une mousse. Cette propriété est recherchée pour la préparation des meringues, des mousses et des biscuits. Les protéines du blanc d'œuf contribuent alors, soit à la formation de la mousse (lysozyme), soit à sa stabilité (ovomucine).

Le pouvoir moussant diminue au fur et à mesure que la poule vieillit et surtout au cours de la conservation de l'œuf. Il est amélioré lorsque le blanc d'œuf est battu, à chaud, à une température voisine de 45°C. En revanche, il est considérablement réduit en présence de lipides. Enfin le sucre, comme le pH légèrement acide (6,5), améliore la stabilité de la mousse.

Le blanc d'œuf est également recherché pour son pouvoir coagulant obtenu sous l'action de la chaleur (dénaturation de l'ovalbumine vers 60°C). Il l'est

Tableau 9-6. Composition de l'albumen blanc (pour un œuf de 60 g).

Analyse globale	(en g)	Répartition des principales protéines (en p. 100 de la matière sèche)	
Poids total	35	Ovalbumine	55
Eau	31	Covalbumine	13
Matière sèche	4	Ovomucosides	11
Protéines totales	3,45	Ovoglobulines	8,5
Glucose libre	0,13	Lyzozyme	3,7
Vitamines	0,24	Ovomuciens	1,5
Cendres	0,18	Flavoprotéines	0,8
		Avidine	0,05

aussi pour son pouvoir liant. Les deux propriétés sont exploitées en biscuiterie et en charcuterie.

4. Qualités du jaune d'œuf

Il se présente à l'intérieur d'une membrane vitelline, acellulaire et constituée de quatre couches protéiques superposées (deux d'origine ovarienne : zona radiata et couche périvitelline, et deux formées dans l'oviducte après oviposition). Lorsque l'œuf est fécondé, on observe, en surface, une tache circulaire claire (blastodisque).

La composition du jaune d'œuf est assez complexe. Il s'agit d'une émulsion protéines – lipides – eau, renfermant des minéraux, des vitamines et une petite quantité de glucose et d'acides aminés libres (tabl.9-7).

En procédant à une ultracentrifugation, on peut mettre en évidence la présence de trois fractions :

— les lipoprotéines, à très faible densité (vitellenine) et à faible densité (vitelline), représentent les deux tiers de la matière sèche du jaune de l'œuf. Elles referment 90 p.100 des lipides et pratiquement la totalité des triglycérides ;

— les protéines hydrosolubles ou livetines ;

— les protéines à haute densité se présentent sous forme de granules. Il s'agit de la phosvitine et d'une famille de lipoprotéines à faible teneur en lipides d'environ 18 p.100.

Les lipides du jaune de l'œuf sont constitués pour 65 à 70 p.100 de triglycérides et pour 25 à 30 p.100 de phospholipides plus riches en acides gras insaturés.

La plupart des minéraux sont présents dans le jaune de l'œuf. Ils sont surtout liés aux protéines et lipoprotéines, sauf pour le sodium et le potassium. On notera que l'œuf est particulièrement riche en phosphore présent dans les phosphoprotéines (phosvitine) et dans les phospholipides.

Les vitamines sont abondantes dans le jaune de l'œuf, beaucoup plus que dans le blanc, sauf pour la riboflavine et la nicotinamide (tabl.9-8). Elles sont prati-

Tableau 9-7. Composition du vitellus (pour un œuf de 60 g).

Analyse globale	(g)	Répartition des protéines quantité totale (2,9 g)	(g)	Répartition des lipides représentant au total 6,18 g	
Poids	20	Livetines	0,5 à 1	Triglycérides	3,9
Eau	9,5	Phosvitine	0,5	Phospholipides	1,9
Matière sèche	10,5	Vitelline	0,4 à 1,5	Cholestérol	0,25
Protéines	2,9	Vitellinine	0,9	Vitamines liposolubles et pigments	0,13
Lipides	6,05				
Glucides	0,05				
Vitamines	1,30				
Cendres	0,22				

quement toutes fixées à des protéines spécifiques et non à l'état libre. Les pigments qui donnent la coloration jaune orangé sont des caroténoïdes (zéaxanthine et xanthophylles). Leur concentration dépend de l'apport alimentaire.

Enfin, il existe des acides aminés libres qui semblent jouer un rôle déterminant dans les premiers stades du développement embryonnaire du poussin (cf. chap.10).

De par sa richesse en lipides, le jaune d'œuf possède une flaveur particulière très appréciée en biscuiterie et en pâtisserie et permet de fixer des arômes. Le pouvoir émulsifiant qui est dû à la composition même du jaune d'œuf (mélange de protéines – lipides et eau) est largement utilisé pour la fabrication de la mayonnaise, des crèmes en biscuiterie et des quenelles en charcuterie. La présence de lécithines assure un débouché dans l'industrie des cosmétiques

Tableau 9-8. Les vitamines dans l'œuf (teneurs moyennes pour un œuf de 60 g).

		Jaune	Blanc	Oeuf entier
Vitamines hydrosolubles				
Thiamine	mg	50	2	52
Riboflavine	mg	80	120	200
Nicotinamide	mg	12	33	45
Pyridoxine	mg	60	10	70
Acide pantothénique	mg	730	70	800
Biotine	mg	8	2	10
Acide folique	mg	14	1	15
Vitamine B12	mg	0,5	-	0,5
Choline	mg	225	-	225
Vitamines liposolubles				
Vitamine A	U.I	300	-	300
Vitamine D	U.I	60	-	60
Vitamine E	mg	1,5	-	1,5
Vitamine K	mg	0,02	-	0,02

(shampoing aux œufs). Enfin le jaune d'œuf est utilisé pour son pouvoir colorant exploité dans les industries agro-alimentaires (pâtes aux œufs, madeleines, cakes etc.).

III. L'œuf : un aliment pour l'homme

1. Qualités nutritionnelles

En tant qu'aliment pour l'homme, l'œuf est une source à la fois d'énergie et de nutriments indispensables. Pour un poids de 60 g, il fournit environ 91 kcal d'énergie métabolisable. Les acides aminés appportés, à la fois par le blanc et le jaune, se caractérisent par leur équilibre et leur excellente disponibilité (tabl. 9-9). Ceux qui sont essentiels, en particulier la lysine et la méthionine, sont particulièrement abondants. Au total, la valeur biologique, estimée égale à 96 p.100, place l'œuf au premier rang de toutes les autres sources d'acides aminés y compris le lait, dont la valeur biologique n'est que de 90 p.100.

Il faut cependant signaler que les protéines du blanc d'œuf ne doivent pas être ingérées en l'état. La cuisson à la coque, sur le plat et dans des préparations culinaires, s'avère nécessaire pour dénaturer les facteurs antinutritionnels (ovomucoïde : antitrypsique ; avidine : anti-biotine). Elle permet aussi d'améliorer la digestibilité.

Dans le cas des protéines du jaune de l'œuf, leur digestibilité est maximum, même à l'état cru et il n'est pas nécessaire de procéder à la cuisson, si ce

Tableau 9-9. Teneurs de l'œuf en acides aminés (en mg pour un œuf de 60 g).

	Jaune	Blanc	Oeuf entier
Acide aspartique	380	250	630
Thréonine	160	150	310
Sérine	240	240	480
Acide glutamique	480	340	820
Glycine	125	85	210
Alanine	210	150	360
Proline	150	120	270
Méthionine	140	70	210
Cystine	105	50	155
Valine	240	170	410
Leucine	300	250	550
Isoleucine	190	155	345
Tryptophane	60	45	105
Phénylalanine	200	120	320
Tyrosine	150	130	280
Lysine	235	220	455
Histidine	80	75	155
Arginine	210	200	410

n'est que l'œuf dur paraît plus digeste (transit stomacal plus rapide) que l'œuf mollet ou à la coque.

Les lipides du jaune d'œuf sont riches en acides gras, mono, di et poly insaturés en particulier en acide linoléïque qui est essentiel (tabl.9-10).

Tableau 9-10. Composition des lipides présents dans le jaune de l'œuf.

Les lipides sont constitués en p. 100 de :	
Triglycérides	63
Phospholipides	31
Cholestérol	4
Divers, dont vitamines liposolubles	2
Les acides gras se répartissent en p. 100	
Acides gras saturés	35-45
Acides gras insaturés, dont :	55-65
Acides gras monoinsaturés	35-50
Acide linoléïque	10-20
Acides gras polyinsaturés	3-5

Enfin, l'œuf est une excellente source de minéraux et de vitamines. Il fournit en particulier des quantités appréciables de phosphore assimilable et de fer. Les vitamines apportées par la consommation d'un œuf permettent de satisfaire les besoins de l'homme, dans une proportion variant de 5 à 100 p.100, selon les conditions nutritionnelles de la poule et les mécanismes assurant le transfert dans le vitellus et l'albumen. Dans le cas des vitamines liposolubles (A, D, E, K), selon la richesse du régime alimentaire de la poule, l'œuf contiendra des quantités pouvant satisfaire entre 10 et 50 p.100 des besoins de l'adulte. En revanche, pour les hydrosolubles, il pourrait être l'unique source de biotine mais ne peut apporter que 20 à 30 p.100 des besoins en thiamine ou en riboflavine.

2. Qualités organoleptiques recherchées

Le consommateur juge les qualités d'un œuf en fonction d'un certain nombre de critères liés, à la fois à la nature de la coquille et aux aspects du blanc et du jaune.

2.1. *Coloration de la coquille*

Il s'agit du premier facteur qui détermine le choix. En France, on préfère pour plus de 90 p.100 les œufs roux. Il faut rappeler que la coloration de la coquille n'est qu'un caractère génétique qui ne préjuge aucunement des qualités internes.

2.2. *Fraîcheur du blanc*

L'aspect d'un œuf cassé sur une surface plane caractérise son état de fraîcheur. Dans les conditions normales, un œuf fraîchement pondu s'étale peu. L'albumen épais possède alors une structure de gel dont la hauteur est généralement exprimée en unités Haugh.

$$\text{Unités Haugh} = 100 \log (H - 1.7\ P^{0,37} - 7.57)$$

Cette mesure exprime le logarithme de l'épaisseur du blanc épais (H) et tient compte du poids de l'œuf (P) en g. L'échelle des unités Haugh s'étend de 20 à 110. Les valeurs usuelles étant comprises entre 50 et 100 dépendent de nombreux facteurs.

Au fur et à mesure que l'œuf vieillit, le pH de l'albumen augmente à la suite de la perte du gaz carbonique à travers les pores de la coquille. Dans le même temps, le blanc se liquéfie progressivement, tandis que les liaisons électrostatiques entre l'ovomucine et le lysozyme se relâchent. Pour prévenir cette dégradation qualitative et préserver pour longtemps la fraîcheur initiale, on a surtout préconisé de conserver les œufs en atmosphère enrichie en gaz carbonique permettant de stopper l'augmentation du pH de l'albumen. Mais cette solution paraît coûteuse à mettre en œuvre et surtout susceptible de conférer à l'œuf un mauvais goût.

2.3. *Couleur du jaune d'œuf*

Dans la pratique, il est aisé d'obtenir la coloration désirée, depuis le jaune très pâle à l'orangé presque rouge, appréciée à l'aide d'une échelle de mesure étalée de 0 à 15. Les premières valeurs correspondent à la quasi absence de couleur, la dernière au rouge. Il suffit d'apporter dans l'alimentation des agents de pigmentation inclus dans les matières premières ou utilisés comme additifs naturels ou semi synthétiques (cf chap.11).

Il s'agit dans tous les cas de caroténoïdes, appelés xantophylles, qui, parce que liposolubles, sont transférés aux follicules en même temps et par les mêmes mécanismes que les lipides (compétition avec la vitamine A). La coloration obtenue dépend à la fois de la nature et des quantités de xanthophylles utilisés, chacun étant défini par son pouvoir colorant. L'emploi de pigments rouges nécessite cependant l'utilisation d'une base de coloration constituée de xanthophylles jaunes. Ces derniers donnent seuls une coloration maximum de 12 (échelle Roche) mais permettent d'obtenir une valeur de 15 lorsqu'ils sont en association avec les caroténoïdes rouges (fig.9-9).

Comme pour les autres micro-constituants, le transfert à l'œuf dépend de plusieurs facteurs. Les uns sont liés à l'animal : origine génétique, âge, taux de ponte. Les autres sont associés à la composition de la ration alimentaire. Les lipides, en particulier les acides gras saturés, la vitamine E, les antioxydants et certains antibiotiques (virginiamycine) sont des facteurs favorables pour la meilleure coloration avec le minimum de pigments.

Tandis que les colorations jaune ou jaune orangé sont très recherchées par les consommateurs, il peut arriver que le jaune de l'œuf comporte d'autres colorations généralement indésirables. Il en est ainsi du vert lié à l'ingestion

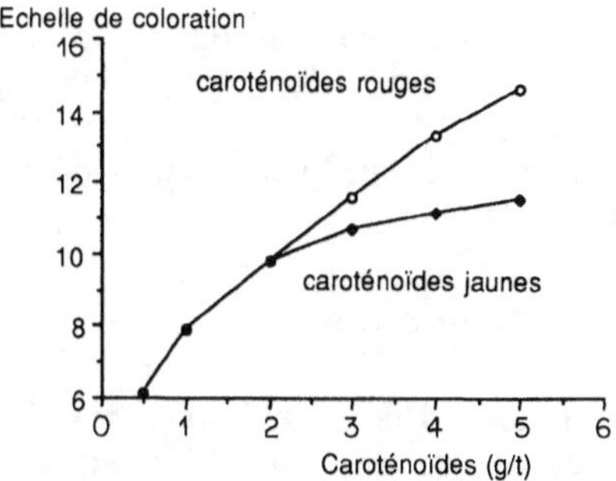

Figure 9.9. – Effet de synergie des caroténoïdes sur la coloration du jaune d'œuf.

de certaines crucifères sauvages. Le brun saumon est associé au tourteau de coton ou à des additifs médicamenteux (Nicarbazine, citrate de pipérazine). Le gris peut survenir à la suite de traitements aux chlorotétracyclines. Un excès de pigments rouges peut entraîner une coloration rosée. Enfin, de nombreux colorants de synthèse, en particulier lorsqu'ils sont liposolubles, peuvent facilement se retrouver dans le vitellus et donner des colorations inattendues.

3. Disqualification et limites d'utilisation de l'œuf

L'œuf, qui a normalement une valeur nutritionnelle le plaçant au tout premier rang parmi les autres aliments, peut devenir impropre à la consommation, ou simplement comporter des caractéristiques organoleptiques indésirables. Son utilisation peut aussi être limitée pour des raisons diététiques.

3.1. *Odeur, goût et inclusions*

L'œuf peut acquérir une odeur anormale en fixant dans ses lipides des substances volatiles se trouvant dans l'environnement immédiat. Ce problème reste secondaire par sa fréquence et son importance. En revanche, on reproche quelquefois le goût de poisson qui peut avoir deux origines distinctes :
— la consommation de farines de poisson, surtout non dégraissées, est un réel problème dans les pays où ces matières premières sont très utilisées. Ce n'est plus le cas de la France depuis au moins deux décennies ;
— la triméthylamine dans l'œuf donne le goût de poisson. Cette substance est un métabolite de la choline, obtenue par l'action des bactéries du tube digestif. Elle peut aussi se produire à partir de la dégradation de la sinapine du tourteau de colza (facteur antinutritionnel présent sous forme d'ester cholinique de l'acide sinapique). La triméthylamine obtenue est normalement oxydée par la triméthylamine oxydase hépatique. Mais la plupart des poules pondeuses d'œufs à coquille colorée ne possèdent pas cette activité enzymatique. Aussi est-il nécessaire de limiter fortement l'emploi de tourteau de colza dans l'alimentation de ces animaux (moins de 5 p.100).

Enfin, l'œuf de consommation peut présenter des inclusions fort désagréables. Il s'agit des taches de sang visibles en surface du jaune et provenant d'hémorragies pré-ovulatoires. On peut aussi y rencontrer des « taches de viande » qui ne sont en fait que quelques cellules desquamées originaires de la paroi de l'oviducte.

3.2. *Contaminations bactériennes*

La contamination interne de l'œuf s'effectue dans l'ovaire ou à travers les pores de la coquille avec des germes variés, les plus dangereux étant les salmonelles *(Salmonella typhimurium).* Trois moyens peuvent contribuer à prévenir ces contaminations :

— le système de production doit être tel qu'il comporte le moins de manipulations possibles et qu'il évite le contact de l'œuf avec les excreta. Cela peut se réaliser lorsque la poule est en cage et que le ramassage d'œuf est à la fois fréquent et automatique ;

— veiller à l'intégrité de la coquille, en particulier celle de sa cuticule qui normalement empêche la pénétration des microorganismes. En Europe, il est interdit de laver les œufs destinés à la consommation. Mais dans d'autres pays (U.S.A.), l'œuf peut être lavé et désinfecté, à condition d'être aussitôt recouvert d'une couche d'huile ;

— contrôler les conditions de conservation : il va de soi que, plus longtemps l'œuf est conservé, plus grand sera le risque de contamination. La température de conservation, le degré d'humidité ambiante et la nature des manipulations sont autant de facteurs pouvant accélérer la détérioration de la qualité interne de l'œuf.

3.3. *Intolérances et cholestérol*

L'ingestion d'œufs chez certains sujets entraîne nausées, diarrhées et vomissements. Il s'agit, soit de manifestations allergiques à l'ovalbumine, soit de spasmes occasionnés par la décharge de bile sous l'effet des lipides (pouvoir cholécystokinétique de l'œuf). Ces situations sont relativement rares et limitées. Mais l'inconvénient le plus fréquemment décrié concerne le cholestérol.

Il faut rappeler que l'œuf de 60 g renferme entre 240 et 280 mg de cholestérol entièrement localisé dans le jaune qui en contient entre 1,3 et 1,4 p.100. Les études génétiques pour le réduire se sont révélées infructueuses, dans la mesure où le cholestérol est à la fois un nutriment indispensable au développement embryonnaire et un constituant de plusieurs lipides complexes vitaux. Un œuf sans cholestérol ne permettrait pas d'assurer la pérennité de l'espèce.

Plutôt que d'envisager des solutions irréalistes, on peut considérer le cholestérol pour ses réelles implications dans la cholestérolémie.

Celle-ci dépend d'abord, chez l'homme, des productions endogènes (synthèse par l'individu) et du recyclage du cholestérol excrété dans la bile (cycle entéro hépatique), du cholestérol alimentaire et du contexte nutritionnel.

Plusieurs enquêtes diététiques ont montré que, pendant une longue période allant jusqu'à 4 mois, l'ingestion modérée d'un à deux œufs par jour, ne modifie ni la cholestérolémie, ni les concentrations plasmatiques en triglycérides.

Le contexte alimentaire doit être pris en considération dans la mesure où le cholestérol sanguin dépend d'une part des autres stérols apportés par la ration et d'autre part des formes de transport. C'est ainsi que l'on sait maintenant que l'athérosclérose et les maladies cardiovasculaires sont davantage liées à la cholestérolémie lorsque le cholestérol circulant s'accumule sous forme de lipoprotéines à faible densité. Dans l'œuf, il existe une forte quantité de phospholipides et d'acides gras insaturés entraînant, pour un apport alimentaire égal de cholestérol, une plus faible cholestérolémie que celle que l'on observe après l'ingestion d'acides gras saturés. En bref, l'apport de cholestérol est en grande partie compensée par la présence d'acides gras insaturés.

En définitive, la présence de cholestérol reste un facteur limitant, mais la consommation modérée d'un œuf par jour peut être préconisée en toute sécurité, sauf pour les sujets manifestant une forte hypercholestérolémie.

IV. Alimentation des poules pondeuses

Dans le cas général, un besoin nutritionnel peut être défini comme étant la quantité minimum d'éléments nutritifs permettant une performance maximum, et cela à partir d'une courbe de réponse variant en fonction de l'apport alimentaire du nutriment étudié. Chez le poulet ou la poule en ponte, on peut définir de cette façon les besoins nutritionnels pour une croissance maximum dans un cas (cf. chap. 8) ou pour des performances de ponte dans l'autre cas. La notion de besoin et son approche mathématique sont exposées avec plus de détails dans le chapitre 13.

1. Poulette en croissance

Chez la poulette en croissance, les besoins alimentaires sont difficiles à définir dans la mesure où les conditions nutritionnelles subies au cours de la période de croissance ont peu d'influence sur les performances ultérieures de ponte. En outre, il est inutile de rechercher un développement pondéral accéléré. On s'attachera en revanche à faire parvenir les poulettes à la maturité sexuelle à un âge et un poids vif fixés à l'avance et cela avec un minimum de dépenses alimentaires.

La période d'élevage est divisée en deux parties d'inégale durée. Le démarrage correspond aux 6 à 8 premières semaines de vie. Il est suivi de la période dite « de croissance », qui s'achève à l'entrée en ponte généralement entre la 20ème et la 23ème semaines.

A ces deux périodes correspondent deux aliments qui diffèrent surtout par leur teneur en protéines et, à un moindre degré, en énergie. Les apports de minéraux et en vitamines sont ceux recommandés pour le poulet de chair femelle âgé de plus de 2 semaines.

Le régime de démarrage est toujours distribué *ad libitum*. Il renferme traditionnellement 2800 à 2900 kcal d'énergie métabolisable par kg et 18 p.100 de protéines brutes. Les teneurs en lysine et acides aminés soufrés sont respectivement de 0,85 et 0,70 p.100, l'apport minimum de méthionine étant de 0,33 à 0,35 p.100.

Un régime alimentaire apportant moins de protéines (même 15 p.100) ne semble pas exercer d'influence sur les performances ultérieures de ponte, à condition d'assurer des teneurs convenables en lysine et en acides aminés soufrés par des supplémentations spécifiques en ces acides aminés.

Mais ce n'est pas en modifiant la composition de l'aliment de démarrage que l'on peut réaliser des économies significatives; dans la mesure où la consommation alimentaire des toute jeunes poulettes est dans tous les cas très faible au cours des 6 premières semaines.

Il n'en est pas de même pour la période de croissance d'une durée trois fois plus importante, la consommation journalière augmentant progressivement de 50 à 100 g. L'aliment est distribué à volonté pour les animaux à œufs blancs ou, le plus souvent en quantités limitées pour les animaux à œufs roux. Le niveau énergétique est en moyenne compris entre 2600 et 2800 kcal/kg en fonction de la conjoncture économique. En fait, il faut adopter le taux énergétique correspondant à la kilocalorie la moins chère.

La plage de variation pour l'énergie reste réduite. D'une part, les faibles densités énergétiques nécessitent l'emploi de matières premières riches en fibres, donc encombrantes, et globalement mal utilisées par les volailles. D'autre part, pour réaliser des aliments titrant plus de 2800-2900 kcal d'énergie métabolisable par kg, il faut faire appel à des matières grasses d'origine animale ou végétale, quelquefois coûteuses et de toute façon difficiles à incorporer en grande quantité.

Le problème des protéines est tout différent. Leur prix est élevé, particulièrement sur le marché européen; mais la plage de variation du taux protidique est théoriquement grande : de 10 à 20 p.100. Ainsi de nombreuses études ont été réalisées au cours des vingt dernières années pour répondre à une question : comment économiser les protéines pendant la période de croissance sans diminuer les performances de ponte.

Dans les années 60 et au début des années 70, plusieurs expérimentateurs ont testé des régimes partiellement déficients en un ou plusieurs acides aminés essentiels (lysine, arginine, isoleucine) pour contrôler la croissance et la maturité sexuelle. De tels régimes se sont révélés sans intérêt pratique dans la mesure où ils entraînent une très grande hétérogénéité des poids vifs. Plus récemment, on a étudié les besoins protéiques de la poulette en envisageant pendant toute la période de croissance une alimentation *ad libitum* par la distribution soit d'un seul aliment, soit d'une succession d'aliments à taux protidique décroissant, ou croissant.

1.1. *Un seul aliment à taux protidique constant*

De nombreux résultats montrent que les besoins protidiques de la poulette en croissance sont relativement faibles. Certains auteurs préconisent des taux de 10 à 12 p.100. Mais d'une manière générale, la distribution d'aliments aussi pauvres en protéines réduit le poids vif à l'entrée en ponte et surtout retarde la maturité sexuelle de quelques jours à quelques semaines ; les performances de ponte sont souvent un peu affectées elles aussi (baisse du nombre d'œufs). Dans le cas de la distribution d'un aliment de composition constante dès la 7ème semaine jusqu'à l'entrée en ponte, nous pensons qu'il est prudent de ne pas diminuer la concentration en protéines au-dessous de 14 p.100, pour tenir compte de l'origine génétique des animaux, leur assurer un poids vif convenable à l'entrée en ponte sans modifier la maturité sexuelle ni réduire les performances ultérieures de ponte.

1.2. *Aliments à taux protidiques décroissants*

Si l'on admet que les besoins en acides aminés exprimés en pourcentage dans l'aliment diminuent régulièrement en fonction de l'âge des poulettes, on devrait adopter une alimentation qui tienne compte de ces variations physiologiques. En particulier, on devrait éviter les changements brutaux d'un jour à l'autre. La ration alimentaire quotidienne devrait apporter des quantités d'acides aminés correspondant aux stricts besoins.

Pour mettre en pratique ces considérations, plusieurs successions d'aliments ont été testées et comparées à un aliment unique pour la croissance renfermant 18 p.100 de protéines brutes. Les meilleures performances de ponte seraient obtenues lorsque la poulette reçoit entre la 8ème et la 10ème semaine un aliment à 17 p.100 de protéines, puis tous les 15 jours un aliment dont le taux protidique est inférieur de 1 p.100 au précédent. Le régime alimentaire distribué à la 20ème semaine ne renferme guère plus de 12 p.100, voire 10 p.100, de protéines brutes.

Cette méthode d'alimentation est assez physiologique et peut être économique. Mais la multiplicité des changements aussi bien au niveau de la formulation que de la distribution la rend difficilement utilisable dans la pratique.

1.3. *Alimentation protéique en libre choix*

Pour définir les besoins protéiques de la poulette et en considérant que cet animal est capable d'ajuster sa consommation en fonction de ses besoins nutritionnels, certains auteurs ont constitué deux aliments renfermant les mêmes quantités de minéraux et de vitamines, mais l'un est une source de protéines (45,8 p.100 de protéines brutes), tandis que l'autre est très concentré en énergie (3200 kcal d'énergie métabolisable par kg) mais très pauvre en acides aminés. Ces aliments sont à la disposition de poulettes Leghorn de la 4ème à la 20ème semaine. Un lot témoin d'animaux reçoit un seul aliment titrant 15 p.100 de protéines. Jusqu'à l'âge de 11 semaines, les poulettes du lot expérimental consomment spontanément moins de protéines que celles du lot témoin. La situation s'inverse ensuite. En d'autres termes, la poulette aurait besoin d'un aliment à 11 p.100 de protéines entre 4 et 11 semaines, puis des régimes à taux protidique croissant ; entre 17 et 20 semaines, l'aliment idéal contiendrait 19 p.100 de protéines. Ce besoin accru en acides aminés en fin de croissance serait pour permettre à l'appareil reproducteur de la poulette de se développer de façon rapide dès la 12ème semaine. A la lumière de ces résultats, plusieurs programmes d'alimentation sont proposés pour la poulette de type Leghorn : par exemple 0-12 semaines : 12 p.100 de protéines, 12-16 semaines : 16 p.100 de protéines et 16-20 semaines : 19 p.100 de protéines.

Ces programmes s'opposent à l'alimentation avec des régimes à taux protidique décroissant. Les trois méthodes étudiées (aliment unique, aliments à taux protidique décroissant, aliments à taux protidique croissant) conduisent à des performances de ponte semblables sans que l'on puisse sérieusement conclure à la supériorité de l'une d'entre elles. Le choix dépend en définitive des conditions économiques et, surtout, du coût relatif de l'énergie et des protéines. En utilisant des céréales et du tourteau de soja, comme principales matières premières, il est préférable de rationner les animaux avec un seul aliment à faible taux protidique surtout lorsque le prix du tourteau de soja est élevé.

2. Pondeuse en ponte

L'aliment distribué à la poule pondeuse doit apporter tous les nutriments en quantité suffisante pour satisfaire à la fois ses besoins d'entretien et les besoins de production d'œufs. Il faut aussi indiquer qu'à l'entrée en ponte la poulette n'a pas encore complètement achevé sa croissance. Indépendamment du dépôt de graisse, l'organisme continue de se développer pendant plusieurs semaines.

L'entrée en ponte, ou maturité sexuelle, correspond pour la poulette à un nouveau stade physiologique qui devrait s'accompagner d'un changement de la composition du régime alimentaire. Outre la teneur en calcium qui doit augmenter pour permettre la synthèse de la coquille, les teneurs en énergie et en vitamines devront être, au moins, celles du régime de croissance.

Pour étudier le problème de l'entrée en ponte, la technique du libre choix peut être utilisée en mettant à la disposition d'animaux deux aliments, l'un riche en protéines, l'autre en énergie et cela dès la 17ème semaine. Cinq jours avant la ponte du premier œuf, l'ingestion globale d'aliment diminue. Elle augmente ensuite progressivement pour atteindre un maximum vers le 20ème jour de ponte. En même temps, les poules modifient la composition de leur ration en augmentant la proportion de protéines au détriment de la fraction énergétique. Ces variations sont temporaires puisque dès le 5ème jour après le début de la ponte la composition de la ration journalière se stabilise. Cette technique du libre choix met en évidence l'aptitude de la poule à ajuster sa consommation à ses besoins en énergie et en protéines au moment de la maturité sexuelle.

2.1. *Apport énergétique*

Les besoins énergétiques de la poule pondeuse sont développés dans le chapitre 4. Nous y indiquions, en particulier, un ensemble d'équations reliant l'apport énergétique aux caractéristiques de la poule et à ses performances de ponte.

Deux questions se posent cependant. La première intéresse le fabricant d'aliment et concerne la densité énergétique de l'aliment. Quelle concentration choisir? La seconde préoccupe l'éleveur qui s'interroge sur la possibilité de rationner la poule pondeuse pendant la ponte; autrement dit quelle quantité d'énergie faut-il allouer quotidiennement?.

L'influence de la concentration énergétique de l'aliment sur les performances de ponte a fait l'objet de nombreux travaux aboutissant à des résultats plus ou moins contradictoires. D'une manière générale, la quantité d'œuf exportée par jour n'est pas affectée par le niveau énergétique de l'aliment. Mais en général, les poules disposant d'un aliment à forte teneur énérgétique ont tendance à surconsommer l'énergie et augmenter de poids vif. Le degré de surconsommation dépendra cependant de l'origine génétique des animaux. Les poules qui ont des besoins énergétiques élevés ajustent moins bien leur ingéré quotidien, pour tenir compte des variations du taux énérgétique de l'aliment que celles qui ont de faibles besoins. Aussi est-il intéressant de connaître à l'avance le comportement alimentaire des pondeuses avant de procéder à la formulation de l'aliment qui leur sera destiné (cf.chap.2). Dans la pratique, on peut préconiser une concentration énergétique comprise entre 2700 et 2900 kcal d'énergie métabolisable par kg selon le coût des matières premières.

Le rationnement est réputé bénéfique. Par rapport à l'alimentation *ad libitum* une restriction de 5 à 10 p.100 réduit la mortalité sans affecter notablement le taux de ponte. Elle améliore légèrement l'indice de consommation mais réduit le poids de l'œuf de 0,5 à 1,5 p.100. Chez la poule pondeuse de type Rhode Island, le gain de poids des animaux varie en fonction de l'ingéré énergétique de façon quasi linéaire. L'indice de consommation atteint une valeur minimum pour une ingestion énergétique un peu inférieure (90 p.100) à la consommation *ad libitum*. Chez la poule de type Leghorn, un léger rationnement (5 à 10 p.100) n'exerce pas d'effet sur l'intensité de ponte mais diminue le poids de l'œuf. En fait, l'influence de la restriction énergétique dépend de l'origine génétique des animaux. Pour certains croisements le rationnement diminue à la fois la ponte et le poids moyen de l'œuf, mais seulement le nombre d'œufs dans d'autres. Nous pensons que contrairement à la poule reproductrice chair (cf. chap. 10), la poule pondeuse d'œufs de consommation actuellement commercialisée ne doit être que légèrement rationnée. D'une part la restriction énergétique influe toujours sur le gain de poids et peut entraîner une diminution des performances de ponte (poids de l'œuf et intensité de ponte). D'autre part, la consommation est souvent spontanément limitée et de nombreux éleveurs s'interrogent parfois sur la façon de l'augmenter pour améliorer éventuellement la taille de l'œuf.

2.2. *Alimentation protéique*

Pour obtenir des performances de ponte maximum, l'apport alimentaire de protéines doit être suffisant à tous les stades physiologiques. Pendant la ponte le besoin en protéines ne doit pas être dissocié du besoin en acides aminés indispensables, en particulier en acides aminés soufrés et en lysine.

Lorsque l'on considère chaque poule individuellement, les besoins en acides aminés peuvent être exprimés en mg par jour. Ils dépendent alors du poids vif et du niveau des performances que l'on peut estimer en g d'œuf produit par jour. Il s'agit en fait d'additionner les besoins d'entretien et de production. A ce titre, plusieurs auteurs ont proposé des équations linéaires de prédiction des besoins comportant deux coefficients, l'un pour la production d'œuf (a) et l'autre pour l'entretien (b) telles que : $y = a\,E + b\,P$

où

y est le besoin en mg par jour,

a est le coefficient exprimant le besoin de production,

E est la quantité (g) d'œuf produit par jour,

b est le coefficient exprimant le besoin d'entretien,

P est le poids vif en kg.

a et b sont variables en fonction de l'acide aminé considéré et aussi d'une étude à l'autre (tabl. 9-11).

Tableau 9-11. Détermination des besoins en quelques acides aminés indispensables pour la production de l'œuf selon le modèle de Reading.

	Efficacité (*) (en p. 100)	Teneur dans l'œuf (mg/g)	Besoin (mg/g d'œuf)
Lysine	79	7,90	10
Méthionine	74	3,51	4,77
Isoleucine	76	6,00	7,97
Tryptophane	83	1,94	8,90
Thréonine	81	5,70	7,20

(*) Il s'agit de l'efficacité métabolique de chacun des acides aminés digestibles. Ainsi le besoin quotidien en lysine digestible pour une production moyenne de 50 g d'œuf/jour serait de 500 mg auxquels il faut ajouter le besoin d'entretien qui dépend du poids vif de la poule. Besoins d'entretien (mg d'acide aminé digestible/kg de poids vif) : lysine = 73, méthonine = 31, isoleucine = 55, tryptophane = 11, thréonine = 32.

Pour que de telles équations soient applicables, il faut en outre tenir compte de l'efficacité d'utilisation des acides aminés au niveau digestif. Cette efficacité semble varier d'un acide aminé à l'autre et probablement en fonction de l'origine génétique des animaux et du stade physiologique. Les valeurs que l'on rencontre dans la littérature varient entre 0,70 et 0,92.

A titre d'exemple, si l'on considère d'une part les besoins d'entretien et de production en lysine égaux, respectivement à 73 mg/kg et 10 mg/g d'œuf exporté, et d'autre part un coefficient d'utilisation digestive de 0,85, une poule de poids vif de 2,2 kg et produisant 45 g d'œuf par jour, devrait consommer journellement :

$$(73 \times 2,2 + 10 \times 45) / 0,85 = 718 \text{ mg de lysine totale}$$

Dans la pratique, les poules sont élevées collectivement et n'ont rigoureusement ni le même poids vif ni les mêmes performances. Tandis que pour chaque poule la variation des performances en fonction de l'apport alimentaire d'un acide aminé peut être représentée par une courbe curvilinéaire (comme pour la croissance) ; dans le cas d'un troupeau la courbe obtenue est une sigmoïde. Le besoin en un acide aminé essentiel doit dans ce cas tenir compte de l'homogénéité du troupeau tant pour les performances que pour le poids vif, de telle façon que la ration journalière doit satisfaire les animaux les plus exigeants et à fortiori ceux qui le sont moins. Pour être applicables et aider le formulateur dans ses décisions, les recommandations doivent tenir compte en plus de la rentabilité économique.

C'est précisément ce que le modèle de Reading propose. Le besoin optimum journalier en un acide aminé est représenté sous la forme d'une équation calculée non seulement à partir des valeurs de poids vif et de production ainsi que de la variance de ces deux critères, mais aussi après avoir défini le rapport entre le coût de 1 mg supplémentaire d'acide aminé et le bénéfice procuré par 1 mg supplémentaire d'œuf produit. Le besoin optimum (A opt) d'un acide aminé essentiel en mg/j est donné par la formule :

$$A_{opt} = a{\cdot}E_{max} + b{\cdot}W + x \sqrt{a^2 s^2_{E_{max}} + b^2 s^2_W + 2abr_{E_w} S_{E_{max}} S_W}$$

où :

a = besoin de production en mg/g d'œuf produit

E_{max} = production journalière moyenne maximum d'œuf en g/j

b = besoin d'entretien en mg/kg de poids vif

W = poids vif moyen en kg

x = a. K où K = coût de 1 mg d'acide aminé/bénéfice procuré par 1g d'œuf

s^2 = variance des différents paramètres

r = corrélation entre production maximum d'œuf et poids vif

Le modèle de Reading, exposé dans le chapitre 13, présente l'avantage d'exprimer les besoins en acides aminés par mg et par jour, pour une production maximum, conformément à la définition même du besoin. En outre, il tient compte de la conjoncture économique en intégrant à la fois le coût des acides aminés et et le prix de vente des œufs produits. Pour le formulateur, la difficulté consiste à prévoir la consommation journalière des animaux avant de fixer la teneur en acides aminés dans l'aliment. Cela est aisé quand il s'agit d'animaux à rationner, ce qui est le cas des reproductrices chair. Dans le cas des poules pondeuses d'œufs de consommation, l'alimentation est généralement *ad libitum*, et il alors difficile d'avoir des prévisions rigoureuses.

Le besoin en acides aminés dépend souvent du taux protidique de l'aliment. Dans le cas des acides aminés soufrés et chez les pondeuses d'œufs roux, pour produire une masse d'œuf de 53 g par poule et par jour, la ration doit apporter environ 750 mg dont au minimum 50 p.100 sous forme de méthionine, soit 375 mg.

Par comparaison, le besoin en acides aminés soufrés de la poule Leghorn pourrait être de 510 à 540 mg par jour, mais pour une production de 40,6 g d'œuf. En fait les poules pondeuses des types Leghorn et Rhode Island ont des besoins journaliers en acides aminés soufrés qui dépendent du niveau de production, du poids vif et du gain de poids. Le besoin de production semble être le même dans les deux types. En revanche le besoin d'entretien serait plus faible chez les Leghorn d'un poids vif nettement inférieur à celui des poules Rhode Island.

Dans le cas de la lysine, les résultats de la bibliographie sont assez discordants. Il s'agit en fait d'une évolution du besoin en fonction des performances de ponte qui n'ont cessé de s'améliorer au cours de ces 20 dernières années. Les valeurs proposées pendant toute cette période ont varié de 520 mg à 900 mg par poule et par jour chez le type Leghorn. Chez les pondeuses à œufs roux on a récemment montré que l'intensité de ponte et le poids moyen de l'œuf sont optimisés lorsque l'ingestion quotidienne de lysine par animal est de 790 mg pour une consommation de protéines de 17,7 g. Le besoin en lysine ne doit pas être dissocié de l'apport des autres acides aminés. Pour un apport de 14,5 g de protéines par jour, un ingéré de 720 mg de lysine parait tout à fait suffisant, mais les performances de ponte sont légèrement plus faibles que celles obtenues lorsque les poules consomment 17,7 g de protéines dont 790 mg de lysine.

Des raisonnements identiques peuvent être effectués dans le cas des autres acides aminés indispensables. Les quelques exemples présentés illustrent le fait que les besoins en protéines de la poule pondeuse dépend de l'origine génétique des animaux. Il doit aussi être associé aux performances de ponte maximum réalisées par le croisement considéré. En outre, il existe une interaction entre le besoin en un acide aminé indispensable tel que la lysine et l'apport des autres acides aminés ; à un taux protidique donné correspond un besoin permettant un niveau donné de performance.

En définitive, pour une concentration énergétique variant de 2700 à 2900 kcal d'énergie métabolisable par kg, un apport de 15 p.100 de protéines brutes parait suffisant à condition d'équilibrer l'aliment en acides aminés soufrés et en lysine. Pour les autres acides aminés, en particulier le tryptophane, 0,16 p.100 est une teneur minimum qui peut facilement être atteinte lorsque l'aliment renferme du tourteau de soja.

2.3. *Alimentation minérale*

Parmi tous les ions minéraux, macro- et oligo-éléments, le calcium doit être apporté en grande quantité à la poule lorsqu'elle assure la formation de sa coquille. La teneur de calcium dans l'aliment doit être au moins égale à 3,5 p.100 pour obtenir des coquilles solides. En fin de ponte, lorsque la solidité de la coquille tend à diminuer, on peut réduire la concentration du calcium dans l'aliment et distribuer à volonté du calcium sous forme de coquilles d'huîtres ou de granulés de carbonate de calcium.

Pour encore mieux satisfaire les besoins de l'animal, certains auteurs ont suggéré l'alimentation calcique séparée. L'animal dispose alors d'un aliment de ponte qui renferme 1 p.100 de calcium et d'une source concentrée de calcium. On constate que la consommation de calcium varie d'une part selon que la poule est en pause ou en ponte (1,2 au lieu de 3,8 g/jour), d'autre part en fonction de l'heure de la journée (plus élevée le soir avant l'extinction de la lumière que le matin).

En climat tempéré (20 °C), les ingérés calcique et énergétique plus élevés, avec l'alimentation calcique séparée, ont pour conséquences une amélioration de la solidité de la coquille et à un moindre degré une augmentation du poids moyen de l'œuf. En revanche, en climat chaud, ce mode d'alimentation présente des avantages évidents sur l'alimentation classique : les ingérés énergétique et calcique sont fortement augmentés. L'intensité de ponte et le poids moyen de l'œuf sont améliorés. Enfin, la coquille de l'œuf est plus solide. Mais pour que son utilisation à grande échelle soit préconisée, il faudrait au préalable étudier l'influence du taux énergétique de l'aliment et expérimenter dans des conditions qui tiennent compte des variations à la fois de la température diurne et surtout de l'hygrométrie ambiante.

Le besoin en phosphore assimilable de la poule pondeuse est relativement faible. Nous préconisons un apport entre 0,30 et 0,35 p.100 dans l'aliment en prenant une large marge de sécurité (hétérogénéité de l'aliment, incertitude sur la disponibilité dans certaines matières premières).

L'apport de chlore doit être limité à 0,15 p.100 de l'aliment, correspondant à 0,30 p.100 de chlorure de sodium. Le besoin en sodium est estimé à 0,15 g/jour. Dans la mesure où la consommation journalière est de 120 g (poules de type Rhode Island), l'aliment devrait contenir 0,13 p.100 de sodium. Les 0,30 p.100 de sel ayant apporté 0,1 p.100 de sodium, il reste 0,03 p.100 qui peut être fourni sous d'autres formes : bicarbonate ou carbonate de sodium, puisqu'il a été plusieurs fois démontré que les excès de chlore conduisent à une détérioration de la solidité des coquilles.

2.4. *Oligo-éléments, vitamines et pigments*

Les oligo-éléments et les vitamines, qui doivent être apportés sous forme de prémélange dans l'aliment de la poule pondeuse, sont indiqués dans le tableau 7-4 a (cf. chapitre 7). Les xanthophylles doivent être apportés à raison de 25 ppm pour assurer une coloration satisfaisante du jaune de l'œuf (valeur 12 de l'échelle Roche) dans les conditions d'une alimentation de type maïs+tourteau de soja. Le remplacement du maïs par d'autres céréales (blé, orge) oblige à utiliser davantage de pigments provenant soit de synthèse chimique, soit de sources concentrées de xanthophylles (cf. chap. 11). Pour améliorer la coloration du jaune de l'œuf, on peut aussi ajouter en petites quantité (1 à 2 ppm) des pigments rouges (canthaxantine pure).

L'acide linoléique est généralement apporté en quantité suffisante par le maïs. Son besoin a souvent été surestimé car il existe un effet bénéfique des matières grasses en elles-mêmes, qui a souvent été confondu avec celui de l'acide linoléique.

Ouvrages de référence

BELL D.J., FREEMAN B.M., 1971 *Physiology and Biochemistry of the domestic fowl.* Vol. 3, Academic Press, New-York.

COLE D.J.A., HARESIGN W., 1989. *Recent Developments in Poultry Nutrition.* Butterworths London.

COTTERILL O. J., GLAUERT J.L., 1979. Nutrient values of shell, liquid/frozen and dehydrated eggs. *Poult. Sci.*, 58, 131-134.

FREEMAN B.M., 1983. *Physiology and Biochemistry of the Domestic Fowl*. vol. 4. London.

FREEMAN B.M., 1984. *Physiology and Biochemistry of the Domestic Fowl*. vol. 5. London.

HARESIGN W., COLE D.J.A., 1985. *Recent Developments in Poultry Nutrition*. Butterworths London.

KAMYOSHI M., TANAKA.,1983. Endocrine control of ovulatory sequence in domestic fowl. *In Avian endocrinology : environmental and ecological perspectives*, S. Mikami *et al* ed, Springer Verlag, Berlin.

LARBIER M., 1987. *The protein requirement of growing pullets*. 6th Europ. Symp. Poult. Nutr. WPSA edit., Konigslutter-Germany.

LARBIER M., PLOUZEAU M., 1987. *Données récentes sur l'alimentation de la poule pondeuse : énergie, protéines, techniques d'alimentation*. Session ITAVI, Paris, Aliscope 38-41.

MOUNTENEY G.J., 1976. *Poultry Products Technology*. The Avi Publishing Company Inc. Westport.

NABER E.C., 1983. Nutrient and drug effects on cholesterol metabolism in laying hen. *Fed. Proc.* 42, 2486-2493.

PANDA P.C., 1980. Factors influencing composition of an egg. *Ind. J. Nutr.Dietet.*, 17,99-105

ROCCA P. *et al.*, 1984. *Structure and composition of the eggs from several avian species*. Comp. Biochem. Physiol.,77A, 307-310.

SAUVEUR B., 1988. *Repoduction des Volailles et Production d'œufs*. I.N.R.A. Paris.

SHANAWANY M.M., 1982. The effect of ahemeral light and dark cycles on the performance of laying hens. *Wld. Poult. Sci. J.*, 38, 120-126.

STADELMAN W.J. OLSON V.M. SHEMWELL G.A. PASCH S., 1988. *Egg and Poultry Meat Processing*

WELLS R. G., BELYAVIN C.G., 1986. *Egg Quality. Current Problems and Recent Advances*. (Poultry Science Symposium Nb 20)., Butterworth, London.

WILLIAMS J.B., 1977. *The endocrine control of egg production in Poutry*. pH.D. Thesis, University of Edinburgh.

10

ALIMENTATION DES REPRODUCTEURS

L'éleveur d'un troupeau de reproducteurs cherche à obtenir, par femelle, un nombre maximum d'œufs et surtout de poussins qui auront au cours de leur croissance les meilleures performances zootechniques. Pour donner naissance à des poussins viables et aptes à extérioriser tout leur potentiel génétique, les œufs fertiles par fécondation naturelle ou artificielle doivent être d'un poids convenable et intacts à la mise en incubation. D'une part, il existe une corrélation positive entre le poids de l'œuf et celui du poussin, d'autre part une coquille trop mince ou trop épaisse (œuf de pintade) et surtout présentant des microfélures sera un facteur important de mortalité embryonnaire.

Les performances de ponte, l'éclosivité des œufs et les développements embryonnaire et post-natal du poussin dépendent de nombreux facteurs liés à l'origine génétique du troupeau, à la composition des régimes alimentaires distribués et aux conditions d'environnement à la fois dans le poulailler et au couvoir.

Dans ce chapitre, la vie des reproducteurs est répartie en deux grandes étapes. Une période dite d'élevage au cours de laquelle l'organisme se développe passant de la naissance à la maturité sexuelle. La deuxième étape correspond à la période de reproduction; mâles et femelles seront élevés ensemble dans les systèmes de fécondation naturelle, ou séparément lorsque l'insémination artificielle est mise en œuvre.

Les besoins nutritionnels seront considérés en fonction de l'âge des animaux, du niveau de production et aussi de l'espèce. Dans le cas des mâles, en particulier du coq de l'espèce *Gallus*, nous évoquerons l'influence de l'alimentation dans la mesure où l'on recherche à la fois une fertilité mâle maximum et la plus grande persistance spermatique possible.

Nous envisagerons toutes les espèces aviaires qui font l'objet d'un élevage intensif à savoir la poule, la dinde, la cane, la pintade, l'oie, la faisane, la caille et le pigeon pour définir, pour chacune, les recommandations, qui nous paraissent en l'état actuel des connaissances, les mieux appropriées pour assurer les meilleurs résultats zootechniques dépendants de l'alimentation des femelles. Nous étudierons dans une deuxième partie l'influence des conditions nutritionnelles des reproductrices sur l'éclosivité des œufs ainsi que sur la croissance ultérieure des poussins qui en sont issus.

I. Rationnement des coqs

Les coqs futurs reproducteurs sont normalement sélectionnés pour une vitesse de croissance élevée, lorsqu'il s'agit de produire des poulets de chair. Mais ce caractère génétique ne s'exprime complètement que dans les conditions d'une alimentation pléthorique. L'animal devra disposer, *ad libitum*, d'aliments équilibrés et bien pourvus en tous les nutriments (énergie, acides aminés, vitamines, minéraux).

Cependant, des futurs reproducteurs élevés pendant le jeune âge dans ces conditions auront à l'âge adulte un poids vif trop élevé pour assurer un accouplement avec des poules souvent de taille moyenne, sinon nanifiées. En outre, ils auront une production spermatique faible, même dans la perspective de l'insémination artificielle. A première vue, le rationnement alimentaire se justifie puisqu'il semble exister, en quelque sorte, une corrélation négative entre la vitesse de croissance et les performances de reproduction. Le strict rationnement alimentaire pendant le jeune âge conduit à des coqs d'une taille convenable et tout à fait aptes à transmettre à leur descendance le caractère de croissance rapide pour lequel ils ont été sélectionnés. Le développement testiculaire est ralenti par le rationnement. Mais à partir de la 30ème semaine d'âge, le poids testiculaire des coqs nourris *ad libitum* diminue et devient au bout de 10 semaines tout à fait semblable à celui des coqs rationnés. Le rationnement aura surtout l'avantage d'améliorer le taux de fécondation ainsi que la persistance de la fertilité. Enfin, le coût d'une alimentation restreinte étant nettement plus faible que l'alimentation à volonté, l'incidence économique, même modeste, de l'élevage des mâles dans le prix de revient des poussins sera diminuée.

A l'âge adulte, les coqs reproducteurs sont élevés avec les femelles ou séparément selon que la reproduction est naturelle ou artificielle. Dans tous les cas, les besoins nutritionnels des coqs se limiteront à l'entretien, tandis que pour les femelles il faut ajouter les besoins de ponte. Ces considérations conduisent à envisager pour chaque sexe une alimentation particulière et adaptée aux besoins.

Ainsi la ponte nécessitera un aliment relativement riche en protéines et en calcium pour assurer la production de l'œuf. Celui-ci renferme une quantité importante de protéines (6 à 7 g) et comporte une coquille formée essentiellement de carbonate de calcium. En revanche, pour le coq, un aliment d'entretien renfermant 11 à 12 p.100 de protéines brutes parait satisfaisant pour assurer un développement testiculaire normal et une production spermatique forte et de bonne qualité. Plusieurs faits expérimentaux montrent *a contrario* qu'un apport alimentaire excessif de protéines affecte les performances de reproduction du coq en diminuant la fertilité. Surtout, la persistance peut être facilement prolongée de plusieurs mois, lorsque les animaux reçoivent un aliment titrant 12 p.100 de protéines au lieu de 16. Il en est de même pour le calcium dont un taux de 3,5 p.100, couramment utilisé pour l'alimentation des reproductrices, apparait tout à fait excessif et même préjudiciable à la fertilité des coqs.

Dans la pratique, nous considérons les deux périodes de la vie du coq correspondant respectivement à la croissance (ou l'élevage) et à la reproduction.

Pendant la période de croissance nous préconisons d'élever les animaux en sexes séparés, afin d'appliquer au mieux les programmes de rationnement correspondant.

Ce système permet en outre de trier les coqs pour ne conserver que les meilleurs futurs reproducteurs. Ainsi en prévision d'un élevage de 10.000 poules reproductrices on commencera avec 1.500 coquelets d'un jour. Un premier tri à l'âge de 6 semaines permettra d'éliminer les animaux ayant les moins bonnes conformations et les poids les plus faibles. A la fin du deuxième tri qui peut être effectué à 18 semaines, 300 animaux auront été éliminés. Le tri final aura lieu au moment où les poules entrent en ponte (entre la 22ème et la 24ème semaine). Le développement sexuel reconnaissable au développement de la crête servira de critère de sélection et permettra de ne garder en définitive que 1.000 coqs pour 10.000 reproductrices.

Le régime alimentaire pour les deux premières semaines de vie (démarrage) peut être identique pour les futurs reproducteurs et reproductrices en renfermant 20 à 21 p.100 de protéines et 3000 à 3100 kcal d'énergie métabolisable/kg). A partir de la 3ème semaine, les jeunes coqs doivent être rationnés en recevant un aliment de croissance contenant nettement moins de protéines et d'énergie que le précédent, par exemple entre 15 et 16 p.100 de protéines et 2750 à 2900 kcal d'énergie métabolisable/kg. Les quantités journalières allouées : 30 g par coq au début du rationnement, augmenteront de 5 g chaque semaine. Pour faciliter le rationnement et surtout atténuer, sinon éliminer, ses effets indirects sur le comportement des oiseaux (agressivité et compétition entraînant une hétérogénéité), il convient de mettre à disposition des mangeoires en quantité suffisante en comptant au moins 30 cm de longueur de mangeoire par animal.

La durée de l'éclairement qui est de 24 heures par jour pendant la première semaine de vie est réduite à 16 heures à partir de la seconde semaine, puis à 8 heures à partir de la 3ème semaine jusqu'à la 18ème ou 19ème semaine. Elle est alors augmentée à raison de 2 heures par jour chaque semaine, pour atteindre 14 heures à la 24-26ème semaine. Il s'agit ensuite du même programme lumineux que celui des poules de même âge.

En système de fécondation naturelle, les animaux des deux sexes sont élevés dans le même poulailler et cela dès la 18ème-20ème semaine – de manière à ce que l'activité de cochage soit bien établie pour réaliser des taux de fertilité élevés dès le début – soit 4 à 6 semaines avant l'obtention d'œufs suffisamment gros pour l'incubation,.

Quel que soit le mode de reproduction, l'aliment distribué aux coqs adultes, peut contenir des teneurs en protéines relativement faibles (11 à 12 p.100) et apporter entre 2700 et 2900 kcal/kg. La composition minérale et vitaminique peut être identique à celle du régime de croissance. En particulier les teneurs en calcium et en phosphore assimilable ne devraient pas dépasser 0,8 et 0,35 p.100 respectivement, comme il a été indiqué plus haut. Cela n'est possible que si les coqs et les poules disposent de mangeoires exclusives. En fécondation naturelle, l'aliment des poules ne doit pas être accessible aux coqs et vice-versa. A cette fin, on réalise actuellement des mangeoires tenant simplement compte de la différence de taille du corps et de la tête entre mâles et femelles. En insémination artificielle, les coqs sont élevés séparément des poules, ce qui résoud le problème des mangeoires.

II. Nutrition des femelles reproductrices

1. Poules reproductrices

En aviculture rationnelle, les poules reproductrices, dites de type « chair », sont en général issues de lignées de type White Rock ; tandis que les coqs utilisés en fécondation naturelle ou pour l'insémination artificielle proviennent de lignées Cornish. On distingue actuellement deux sortes de reproductrices, les normales ou lourdes et les nanifiées. Le tableau 10-1 compare les principales caractéristiques de croissance et de ponte de ces deux types.

Tableau 10-1. Caractéristiques (valeurs moyennes) de la croissance et des performances des reproducteurs de type «chair».

	Poule normale	Poule naine	Coq
Poids vif (kg)			
— à 22 semaines	1,95	1,75	2,70 à 3,00
— à 65 semaines	3,20	2,60	5,0
Age (en jours)			
à 50 p. 100 de ponte	196	190	
Nombre d'œufs/poule présente à 65 semaines d'âge			
— Nombre total	157	164	
— Oeufs incubables	150	158	
Poids moyen des œufs (g)	63,5	62,0	
Nombre de poussins/ poule présente	127	136	
Consommation (kg/animal)			
de 0 -24 semaines	10	8,7	11,3
de 25- 65 semaines	41	34	51
Mortalité et élimination			
de 0-24 semaines	2	2	30
de 25-65 semaines	4	6,8	20

Les reproductrices naines sont porteuses d'un gène de nanisme *dw* (dwarf gene) récessif et lié au sexe. Comparées aux reproductrices normales, elles ont à l'âge adulte un poids corporel inférieur d'environ 20 à 25 p.100. La conformation générale se caractérise surtout par une taille rendue relativement petite par suite d'une réduction de la longueur du tarse. En revanche, ni les performances de ponte, ni celles de la reproduction ne sont affectées par le gène de nanisme. Leur succès s'explique par la faible place occupée par l'animal dans le poulailler, permettant d'augmenter la densité. Au mètre carré, en poulailler au sol (litière intégrale), on peut élever 4 à 6 poules reproductrices nanifiées mais seulement 3 à 4 poules lourdes. En outre, les besoins nutritionnels – en particulier l'énergie pour l'entretien – étant plus faibles, le coût alimentaire du poussin produit sera plus faible, sachant que les performances de ponte sont, par ailleurs, équivalentes. Enfin, il faut signaler que la vitesse de croissance des poussins descendant de mères nanifiées et de pères normaux est peu différente de celle d'animaux provenant de reproducteurs normaux. Il en est de même pour l'efficacité alimentaire.

Qu'il s'agisse de poules normales ou nanifiées, les reproductrices «chair» ont tendance à consommer davantage d'aliment que les calculs des besoins nutritionnels, en tenant compte des performances de ponte, ne le laissent prévoir. Aussi, une alimentation *ad libitum* entraînera, à cause de la surconsommation spontanée, un engraissement excessif très préjudiciable à plusieurs titres : augmentation de la mortalité, diminution des performances de ponte et de fertilité, réduction de la rentabilité économique de l'élevage. La règle générale sera donc le rationnement aussi bien en période de croissance que pendant la saison de ponte, à l'exception des toutes premières semaines de vie au cours desquelles les futures reproductrices peuvent être nourries à volonté.

1.1. *Période de croissance*

De la naissance à l'âge de 5 semaines un régime de démarrage peut être alloué à volonté. Moyennement pourvu en énergie (environ 2900 kcal/kg), il doit apporter les acides aminés essentiels en quantité suffisante et contenir environ 20 p.100 de protéines brutes. D'une manière générale pour les protéines comme pour les minéraux, les oligo-éléments et vitamines, on peut adopter les caractéristiques nutritionnelles classiques des aliments pour poulet de chair en période de finition. A partir de la 6ème semaine et jusqu'à une à deux semaines avant l'entrée en ponte, l'aliment «croissance» distribué renferme entre 14 et 16 p.100 de protéines brutes et 2700 à 2900 kcal/kg. Les teneurs en minéraux et vitamines sont celles de l'aliment «démarrage». Les futures reproductrices sont alors rationnées. La ration est donnée quotidiennement ou bien son double tous les deux jours (technique du «skip-a-day»). Elle est calculée en tenant compte de l'origine génétique des animaux, de la densité énergétique de l'aliment et de la température régnant à l'intérieur du poulailler, le mieux étant souvent de se référer au guide d'élevage.

Les rations journalières augmentent progressivement tout au long de la période de croissance. A titre d'exemple, pour une température ambiante de 18°C, les poulettes âgées de 5 semaines recevront chaque jour 140 ou 112 kcal d'énergie métabolisable, selon qu'elles sont normales ou nanifiées. A la 20ème semaine et dans les mêmes conditions d'environnement, on distribuera une ration quotidienne respectivement de 210 et de 174 kcal.

Le rationnement favorise le développement de l'agressivité et du comportement de domination : les animaux les plus forts cherchent à consommer davantage que la ration moyenne au détriment des plus faibles. Pour prévenir ce déséquilibre, il faut veiller à multiplier les mangeoires de manière à ce que chaque poulette puisse accéder à l'aliment, sans gêner ni être gênée par ses congénères. Une trop forte densité d'animaux ou une insuffisance de mangeoires contribuent à augmenter l'hétérogénéité du troupeau et aura plus tard des conséquences néfastes sur les performances.

1.2. *Période de reproduction*

Pendant la ponte, le rationnement revêt une importance particulière dans la mesure où la quantité d'aliment consommée pendant cette période est 5 à 6 fois plus grande que pendant la croissance.

Pour bien préciser l'intérêt de la restriction alimentaire, il faudrait disposer dans les mêmes expérimentations d'animaux rationnés et d'autres nourris *ad libitum*. Or souvent, les essais relatifs à l'alimentation des reproductrices ne comportent que des lots rationnés, le lot nourri à volonté faisant défaut. Nous avons dénombré quelques expérimentations dans lesquelles les performances des reproductrices lourdes nourries à volonté sont précisées en même temps que celles de femelles rationnées. Ainsi le nombre d'œufs est soit augmenté, soit maintenu constant tant que le rapport des ingérés énergétiques des animaux restreints/ celui des nourris à volonté est supérieur ou égal à 0,85. Il diminue légèrement pour un apport alimentaire inférieur. Lorsque celui-ci devient faible, le nombre d'œufs est notablement réduit. Le poids moyen de l'œuf est très significativement diminué lorsque l'ingéré énergétique diminue, mais cet effet n'est pas linéaire. Le coefficient de régression quadratique est très significatif, indiquant que lorsque la restriction énergétique devient plus sévère, le poids de l'œuf ne change plus. La fertilité est légèrement améliorée par la restriction énergétique. Il en est de même de l'éclosivité. Enfin, le taux de mortalité est très significativement diminué sous l'influence de la restriction. Il en résulte que le nombre de poussins par poule est maximum lorsque le rapport des ingérés énergétiques est de 0,85 (fig. 10-1).

Chez la reproductrice nanifiée, nous avons comparé les performances d'un groupe de poules rationnées à 336 kcal par tête et par jour pendant toute la période de ponte à celles d'un groupe d'animaux nourris à volonté pendant 12 semaines à partir de 50 p.100 de ponte, puis rationné comme le précédent. Les résultats rapportés dans le tableau 10-2 montrent que le rationnement adopté ne modifie pas l'intensité de ponte mais réduit légèrement la taille de l'œuf. Mais, en améliorant la fertilité et l'éclosivité, il entraîne une augmentation importante du nombre de poussins par poule.

Tous ces essais mettent en évidence l'intérêt du rationnement des reproductrices qu'elles soient lourdes ou nanifiées. Dans la pratique, il faut préciser les quantités journalières d'aliment à distribuer. Cela nécessite la connaissance

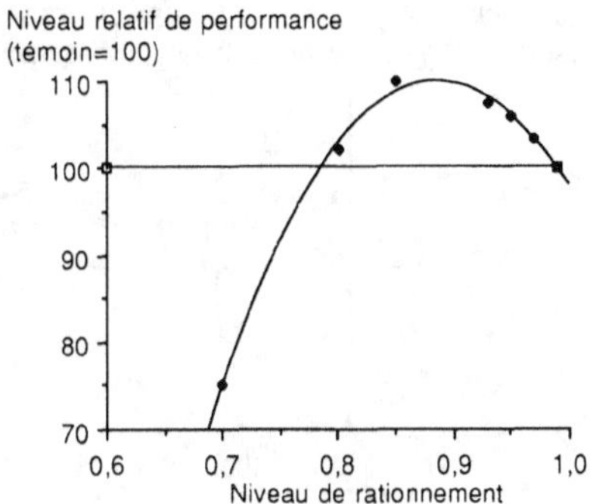

Figure 10.1. – Influence du niveau de rationnement (1 = ad libitum) sur le nombre
de poussins de la reproductrice de type chair.

Tableau 10-2. Influence de la restriction énergétique chez la reproductrice naine.

	Lot restreint	Lot nourri *ad libitum* puis rationné
Ingéré énergétique (kcal/j)		
23-35 semaines	340	392
35-68 semaines	340	340
Nombre d'œufs par poule	167,3	165,9
Poids moyen de l'œuf (g)	62,9	63,9
Fertilité (p. 100)	92,9	89,1
Eclosivité (p. 100)	87,7	83,6
Nombre de poussins éclos par poule	147	139

des besoins en nutriments indispensables, en particulier en énergie et en protéines.

Comme pour les poules pondeuses d'œufs de consommation, le besoin énergétique des reproductrices dépend à la fois du poids vif et des performances
de ponte : intensité de ponte et poids moyen de l'œuf. Plusieurs équations
ont été proposées (cf. chap. 4). Ainsi, pour une reproductrice normale, dite
standard (poids vif de 3,250 kg à l'âge adulte), le besoin journalier varie de
410 à 450 kcal d'énergie métabolisable pour tenir compte aussi bien des conditions de température, lorsqu'elle est légèrement inférieure à la zone de neutralité thermique, que de l'intensité de ponte surtout au pic de production.

Pour la reproductrice nanifiée, la quantité journalière d'énergie distribuée
influe considérablement sur le nombre d'œufs. Un apport quotidien de 340 à
360 kcal parait tout à fait suffisant pour assurer la ponte maximum. En revanche, une ration journalière de 300 kcal seulement entraînera, pour le nombre d'œufs, une baisse qui peut atteindre 13 p.100 en fin de ponte (tabl. 10-3).

Tableau 10-3. Rationnement énergétique de la reproductrice naine, influence de l'alimentation énergétique périodique («phase-feeding").

Age (semaines)	24-34	35-48	49-68
Ingéré énergétique (kcal/j)	340	340	340
Intensité de ponte (p. 100)	79,1	64,2	48,7
Poids de l'œuf (g)	58,4	66,0	69,4
Ingéré énergétique (kcal/j)	340	320	300
Intensité de ponte (p. 100)	79,1	60,9	44,1
Poids de l'œuf (g)	58,4	65,5	69,0
Ingéré énergétique (kcal/j)	300	300	300
Intensité de ponte (p. 100)	76,1	59,1	43,9
Poids de l'œuf (g)	57,4	65,1	68,8

La différence entre reproductrices naines et normales pour le besoin énergétique peut s'expliquer par la différence de poids corporel. En fin de ponte, les reproductrices lourdes pèsent en moyenne 30 p.100 de plus que les naines.

Contrairement à l'intensité de ponte qui semble être un bon critère pour estimer le besoin énergétique, le poids de l'œuf ne parait pas très affecté par la quantité d'énergie allouée dans des limites raisonnables. Dans tous les cas, on ne doit pas chercher à obtenir de très gros œufs, dans la mesure où la solidité de la coquille décroit rapidement quand la taille de l'œuf dépasse 70 g.

En fixant la concentration énergétique de l'aliment lors de la formulation et connaissant le besoin énergétique journalier dans des conditions d'élevage données (température ambiante), on peut calculer aisément les rations quotidiennes à allouer. Ce faisant, les nutriments indispensables, autres que l'énergie, seront apportés dans la ration en quantité plus ou moins grande selon leur concentration dans l'aliment. Pour les protéines, les aliments destinés aux poules reproductrices se caractérisent souvent par une teneur très élevée, comme si ces animaux avaient des exigences particulières, bien supérieures au strict besoin correspondant à leurs réelles performances de ponte. Or, bien des travaux montrent que le besoin protidique des reproductrices normales dépend, comme pour les poules pondeuses, du poids vif, du gain de poids en période de ponte et des performances de ponte (nombre d'œufs et poids moyen de l'œuf). Ainsi pour une reproductrice d'un poids vif corporel de 3,5 kg, gagnant 4 g de poids vif chaque jour et produisant 52,7 g d'œuf par jour, un apport journalier de 20 g de protéines brutes parait correspondre aux besoins de l'animal. Quelques travaux récents montrent, en outre, qu'un supplément de protéines n'entraîne aucune amélioration des performances de ponte.

Chez la reproductrice nanifiée, nous avons étudié le besoin protidique et montré qu'il dépend de nombreux facteurs incluant l'origine génétique, les performances de ponte et l'état physiologique des animaux (maturité sexuelle..). En utilisant pendant la période de ponte quatre aliments isoénergétiques (2800 kcal/kg) différents par leur teneur en protéines (de 11 à 16 p.100) chez des reproductrices nanifiées rationnées, nous avons comparé les performances de ponte et de reproduction. L'apport alimentaire de protéines exerce une influence à la fois sur l'évolution du poids corporel, les performances de ponte et les résultats d'incubation (tabl. 10-4). Le gain de poids, en fin de ponte, varie de 350 à 700 g selon que l'aliment renferme 11 ou 16 p.100 de protéines. L'intensité de ponte est significativement réduite lorsque l'apport de protéines est inférieur à 13,6 p.100. Le poids moyen de l'œuf diminue avec le taux protidique de l'aliment, la diminution étant importante lorsque ce dernier est inférieur à 12,4 p.100. L'éclosivité, comme le nombre de poussins par femelle, diminué par un apport de protéines inférieur à 12,4 p.100. Au-dessus de ce seuil, on observe peu de différences entre aliments. Le plus grand nombre de poussins par mère est obtenu dans le lot recevant 13,6 p.100 de protéines. Cela correspond à une consommation de 16 g de protéines brutes par jour.

Tableau 10-4. Influence de l'apport alimentaire de protéines sur les performances et les rendements zootechniques de ponte et de reproduction (entre la 23ème et la 68ème semaine).

	11,1	12,4	13,6	16,0
Taux protidique de l'aliment* N*6,25 p. 100				
Gain de poids (g)	347	635	638	713
Intensité de ponte (p. 100)	59,5	64,8	67,0	66,8
Poids moyen de l'œuf (g)	59,8	61,7	62,0	63,3
Eclosivité (p. 100)	81,4	86,7	86,0	85,6
Nombre de poussins par poule	102	117	123	117
Ingéré protéique (g) /poule/jour	13	14,4	16,1	18,9
Aliment ingéré (g) /œuf	208	192	190	187
Protéines ingérées (g) /œuf	23	23,4	25,6	30
Protéines ingérées (g) /poussin éclos	31,1	29,7	32,5	39,8
Poids des poulets mâles à 8 semaines (g)	1919	1936	2032	1999

(*) Les poules sont rationnées à 330 kcal d'énergie métabolisable par jour. Les aliments expérimentaux sont isoénergétiques et renferment 2800 kcal d'énergie métabolisable/kg.

Ces résultats montrent en définitive que le besoin de la reproductrice nanifiée ne dépasse pas 16 g par jour. Mais les conditions expérimentales utilisées sont celles d'un troupeau sexuellement tardif, puisque l'âge des animaux au premier œuf était de 24 semaines. Or dans la pratique, on cherche souvent à réduire la période d'élevage, en avançant la maturité sexuelle estimée par l'âge au premier œuf, pour augmenter le nombre de poussins par femelle. Pour atteindre cet objectif il suffit de modifier le programme lumineux en augmentant la durée journalière d'éclairement dès l'âge de 18 semaines pour obtenir le premier œuf 3 à 4 semaines plus tard, soit à 21-22 semaines.

En étudiant l'influence du taux protéique de l'aliment sur les performances de reproductrices précoces et tardives nous avons montré que le besoin en protéines dépend de la maturité sexuelle (tabl. 10-5). Pour les poules tardives le nombre de poussins est maximum pour l'apport journalier le plus faible dans cet essai (16,8 g). Chez les poules précoces, le nombre de poussins augmente avec le taux protéique, les valeurs les plus élevées sont obtenues dans cet essai avec une quantité journalière de 24 g de protéines. Faut-il donc ajuster la teneur en protéines de l'aliment en fonction de la maturité sexuelle ? Cette question mérite d'être approfondie et également généralisée aux reproductrices normales pour justifier l'utilisation en pratique d'aliments qui peuvent paraître trop riches en protéines (17 à 19 p.100).

Chez les reproductrices nanifiées et précoces, l'alimentation protéique périodique (phase feeding) peut être envisagée pour économiser des protéines et abaisser le coût alimentaire du poussin produit.

Tableau 10-5. Influence du taux protidique de l'aliment sur les performances de ponte de la reproductrice chair en fonction de la maturité sexuelle.

	Animaux précoces			Animaux tardifs		
Age au premier œuf (semaines)	22			24		
Taux protidique N*6,25 p. 100	14	17	20	14	17	20
Intensité de ponte (p. 100)	63,2	65,5	67,2	67,5	67,2	66,7
Nbre d'œufs pondus/poule	107	111	114	105	105	104
Poids moyen de l'œuf(g)	59,8	60,2	60,2	60,4	61	61
g d'œuf exporté/jour	37,8	39,5	40,4	40,8	41	40,6
Nombre de poussins						
— par poule présente	158	169	179	163	158	155
— par poule départ	145	158	162	154	148	144

En ce qui concerne l'alimentation minérale, la situation de la reproductrice est analogue à celle de la pondeuse d'œufs de consommation. Ainsi, un apport journalier de calcium supérieur à 4 g semble nécessaire pour assurer une solidité de coquille maximum. Comme chez la pondeuse, la solidité de la coquille décroît en fin de ponte, surtout lorsque le poids de l'œuf augmente exagérément. Dans ce cas, on peut remplacer une partie du carbonate de calcium de l'aliment par de la coquille d'huître présentée en petites particules, que l'animal consommera indépendamment des autres nutriments. Pour les autres minéraux et oligo-éléments, nos recommandations relatives à la poule pondeuse peuvent être utilisées pour la reproductrice. Dans le cas des vitamines, enfin, il faudrait majorer les apports pour tenir compte du développement embryonnaire et assurer une éclosivité maximum (tabl. 10-6).

Tableau 10-6. Additions recommandées de vitamines et d'oligo-éléments dans les régimes alimentaires de la poule pondeuse et de la reproductrice.

	Pondeuses d'œufs de consommation	Reproductrices «chair» lourdes et naines
Vitamine A (UI)	8000	10000
Vitamine D3 (UI)	1000	1500
Vitamine E (ppm)	5	15
Vitamine K3 (ppm)	2	4
Riboflavine (ppm)	4	4
Pantothénate de Ca (ppm)	4	8
Pyridoxine (ppm)	-	1
Biotine (ppm)	-	0,1
Acide folique	-	0,2
Vitamine B12 (ppm)	0,004	0,008
Chlorure de choline (ppm)	250	500
Oligo-éléments (ppm) pour toutes les souches		
Fer	40	
Cuivre	2	
Zinc	40	
Manganèse	60	
Cobalt	0,15	
Sélénium	0,8	
Iode		

Vitamines (UI/kg ou en ppm = g/tonne).

2. Dinde reproductrice

En période de croissance, on peut distribuer trois aliments successifs de 0 à 4, 5 à 14 et 15 à 25 semaines, différant par leur concentration énergétique (3000 kcal/kg puis 2900 kcal/kg) et surtout par leur apport de protéines : 24, 18 et 13,5 p.100 respectivement. Ces aliments présentés sous forme de granulés sont distribués conformément aux recommandations des sélectionneurs qui souvent préconisent un léger rationnement entre la 12 ème et la 18 ème semaine. A partir de la 26ème semaine on distribue l'aliment de ponte.

Contrairement à la poule reproductrice, la dinde est capable de contrôler son ingéré énergétique quand la densité de l'aliment varie. Elle est ainsi capable de s'adapter à des aliments aussi bien hypo- qu'hyper-énergétiques. Dans la pratique, la concentration énergétique des aliments varie de 2500 à 3000 kcal/kg et il n'est pas nécessaire d'imposer un rationnement puisqu'en alimentation *ad libitum* les dindes n'ont tendance ni à surconsommer ni à engraisser.

La teneur en protéines brutes de l'aliment est ajustée en fonction du niveau énergétique, pour tenir compte de l'ingéré spontané. On peut cependant recommander pour la ponte un aliment titrant 13 à 14 p.100 de protéines brutes, selon qu'il renferme 2800 ou 3000 kcal d'énergie métabolisable/kg. Les teneurs en lysine et acides aminés soufrés sont de 0,60 et 0,48 ou 0,64 et 0,51 p.100. La teneur moyenne en calcium variera de 2,75 à 2,90 p.100. Pour les oligo-éléments et les vitamines, les mêmes mélanges qui sont habituellement destinés aux jeunes en croissance peuvent être utilisés pour la dinde reproductrice.

3. Pintade reproductrice

Comme la poule reproductrice, la pintade a tendance à surconsommer et à développer un engraissement excessif. Aussi doit-elle être rationnée dès la période de croissance. Dans la pratique on peut utiliser trois aliments successifs. Le premier, dit de démarrage (0 à 4 semaines), est équivalent à un aliment de démarrage pour poulet de chair (20 p.100 de protéines et 1,2 p.100 de lysine) mais moins énergétique (moins de 3000 kcal/kg). Le deuxième, destiné à la période de 5 à 12 semaines, est légèrement moins énergétique et surtout bien pourvu en protéines (14 à 15 p.100). Le troisième aliment renfermant environ 12 p.100 de protéines est donné jusqu'à l'approche de la maturité sexuelle.

En période de ponte, il n'est pas nécessaire de dépasser une teneur en protéines brutes de 15 p.100. Un aliment pour pondeuse d'œufs de consommation est largement suffisant. La consommation journalière doit assurer un apport énergétique de l'ordre de 300 kcal et 14,5 g de protéines. Pour cela, nous conseillons un léger rationnement (90 p.100 de la ration ingérée *ad libitum*). Nous recommandons 580 et 530 mg de lysine et d'acides aminés soufrés dont 300 mg de méthionine. Les normes journalières en calcium et en phosphore assimilable sont respectivement de 3,8 et 0,45 g.

4. Cane reproductrice

Le rationnement des jeunes canes futures reproductrices est la règle dès l'âge de 6 semaines, afin de retarder la maturité sexuelle et de contrôler l'évolution du poids vif. Pendant la ponte, les régimes alimentaires utilisés peuvent être relativement peu pourvus en énergie (entre 2600 et 2800 kcal/kg) et en protéines (12 à 14 p.100). Les besoins énergétiques et protidiques dépendent de l'origine génétique des animaux, les canes de Barbarie, très répandues en France, étant plus exigeantes que les canes de Pékin.

Pendant la phase de croissance qui se prolonge jusqu'à la 28ème semaine, les canards de Barbarie sont dans la pratique nourris avec une succession de trois aliments isoénergétiques (2800 kcal d'EM/kg). Le régime de démarrage (0-3 semaines) renferme 19 à 20 p.100 de protéines tandis que les régimes de croissance (4-7 semaines) et d'entretien (8-27 semaines) titrent respectivement 15-16 p.100 et 12-13 p.100. Pour améliorer leur efficacité en réduisant le gaspillage, les aliments pour canard de Barbarie sont fournis en granulés dont le diamètre varie de 2,5 mm au début de la vie à 5 mm à partir de la 8ème semaine.

Le mode d'alimentation doit être le rationnement à partir de la 5ème semaine d'âge dans la mesure où il permet une économie substantielle d'aliment et une importante réduction de l'état d'engraissement. Les quelques expériences réalisées dans ce domaine, montrent que l'on peut préconiser pour les femelles un rationnement équivalent à 70-75 p.100 de la consommation à volonté. Pour les mâles, la restriction devrait être un peu moins sévère et surtout moins précoce pour éviter une trop forte hétérogénéité du cheptel et l'augmentation du taux de mortalité.

La poursuite du rationnement après l'entrée en ponte affecte le niveau de production d'œufs. A l'opposé, un retour brutal à l'alimentation *ad libitum* s'accompagne d'une forte surconsommation annulant les bénéfices du rationnement en période d'élevage. Entre ces deux situations extrêmes, nous préconisons un relâchement progressif du rationnement dès la 20ème semaine, de telle manière que les animaux soient nourris *ad libitum* lorsque le taux de ponte atteint 50 p.100. Ce mode d'alimentation permet d'assurer les meilleures performances de ponte et de reproduction. On observera une amélioration de la fertilité due à une diminution des mutilations du pénis par les femelles; cette diminution étant liée à une réduction du poids des animaux.

En phase de reproduction, les canes adultes nourries avec un aliment ayant une densité énergétique variant entre 2200 et 2800 kcal/kg, se révèlent parfaitement capables de réguler leur ingéré en fonction de leur besoin énergétique. Celui-ci se situe entre 570 à 590 kcal d'EM/jour/femelle servie. Pour un sexe ratio de 1 mâle pour 4 femelles et sachant que la consommation du mâle est de 1,5 fois celle de la femelle; on estime le besoin à 415-430 kcal d'EM/jour/femelle et 620 à 640 kcal d'EM/jour/mâle. L'utilisation de régime riche en énergie est cependant avantageuse dans la mesure où l'on observe alors une légère amélioration du poids de l'œuf et de la fertilité.

Le besoin protéique est dans ces conditions assuré par un apport journalier de 30 g/femelle servie. Un aliment titrant 2850 kcal d'EM/kg devrait contenir 15 p.100 de protéines brutes, ce qui correspond à un rapport protéines/calories de 50 à 55 g de protéines/1000 kcalories.

Les canes de Barbarie reproductrices ont un besoin relativement élevé en méthionine puisque l'aliment doit renfermer au moins 0,4 p.100 de cet acide aminé. Un apport inférieur réduit le poids de l'œuf. Pour tous les autres nutriments, les besoins n'ont pas encore été déterminés avec précision. Les teneurs de l'aliment en lysine, tryptophane, calcium et phosphore assimilable devront être supérieures à respectivement 0,65; 0,16; 2,5 et 0,4 p.100.

Enfin, il faut considérer, pour la cane de Barbarie, la saison de reproduction constituée de deux cycles de ponte de 22 semaines, séparés par une période d'arrêt de 12 semaines. Cet arrêt est assuré en soumettant les animaux à un jeûne alimentaire de 48 heures ou en ajoutant du zinc sous forme d'oxyde ou de sels dans l'aliment.

La distribution d'un aliment particulier «entretien», ayant des taux énergétique et protidique faibles en période d'arrêt, se traduit par une faible économie d'aliment et peut entraîner une réduction des performances de ponte au cours du cycle de ponte suivant.

5. Oie reproductrice

Les besoins de l'oie future reproductrice sont mal connus. Comme pour les autres espèces, on peut distribuer pendant les premières semaines de vie un aliment de type «croissance». Par la suite, la ration journalière d'aliment concentré doit assurer un apport énergétique d'environ 500 kcal. Il faut, en outre, allouer environ 400 g d'herbe.

Pendant la période de reproduction, la quantité d'aliment consommée quotidiennement varie en fonction des performances et du stade de ponte. En disposant d'un aliment à 2500 kcal/kg et 15 p.100 de protéines, l'oie reproductrice consommera 150 et 300 g d'aliment respectivement au début et en fin de ponte, en plus de 700 à 800 g de fourrage vert. Celui-ci se revèle nécessaire dans la mesure où il procure à l'animal certains nutriments, en particulier du potassium et des vitamines, tout en constituant un ballast améliorant le fonctionnement du tube digestif.

6. Caille reproductrice

De toutes les espèces aviaires, c'est sûrement la caille qui a relativement les meilleures performances de ponte. Rapporté au poids vif, le poids de l'œuf est au moins égal au double de celui que l'on peut enregistrer chez la poule pondeuse d'œufs de consommation. En période de croissance, surtout en démarrage, les besoins en protéines et acides aminés sont très élevés. Selon le niveau énergétique (2800 à 3200 kcal d'énergie métabolisable /kg), l'aliment renfermera de 23 à 27 p.100 de protéines totales. Les teneurs en lysine et en méthionine devront dépasser respectivement 1,40 et 0,40 p.100. En période de ponte, les besoins nutritionnels sont relativement élevés pour tenir compte des performances zootechniques. Pour un poids vif de 220 g, soit 9 fois moins que la poule, le besoin énergétique quotidien est estimé à 82 kcal contre 365 pour la pondeuse. Enfin, pour tenir compte de la faible quantité d'aliment ingéré, il est indispensable de formuler des aliments riches en protéines (18 à 20 p.100) et surtout en lysine (de 1,05 à 1,20 p.100).

7. Poule faisane

Les rares expérimentations réalisées montrent que la poule faisane reproductrice n'a pas d'exigence particulière, du moins lorsqu'elle est élevée dans des conditions bien contrôlées. Les caractéristiques des aliments courants pour poule pondeuse d'œuf de consommation peuvent être préconisées en l'absence de données expérimentales précises, spécifiques et fiables.

III. Influence de l'alimentation maternelle sur la descendance

Tandis que le foetus des mammifères se développe en recevant de façon continue, au cours de la gestation, les nutriments nécessaires à sa croissance, chez les oiseaux ces nutriments sont là en totalité dès le début du développement embryonnaire, sans la moindre possibilité d'un apport supplémentaire ultérieur. Les conditions physiques (température, humidité, ventilation pour le renouvellement de l'air ambiant, retournement des œufs) mises à part, le contenu de l'œuf fécondé doit normalement suffire pour obtenir un poussin viable et capable d'extérioriser ultérieurement ses potentialités génétiques. Or quelquefois les résultats sont en dessous des espérances : mortalité embryonnaire anormalement élevée, poussins mal formés, de petite taille ou encore ayant ultérieurement une vitesse de croissance réduite malgré l'excellente origine génétique, de bonnes conditions d'élevage et l'équilibre des régimes alimentaires.

De nombreux facteurs peuvent être à l'origine de ces déconvenues : l'état sanitaire des reproducteurs, l'hygiène du couvoir, les conditions d'incubation et d'éclosion, et l'alimentation parentale. Dans ce chapitre, nous nous limitons à ce dernier aspect. Après avoir indiqué brièvement les principaux stades de développement embryonnaire, nous envisagerons dans quelle mesure la quantité et la qualité d'aliment mis à la disposition des reproductrices et, en particulier, l'apport de nutriments essentiels peuvent modifier à la fois les caractéristiques de l'œuf et les performances du poussin avant et surtout après l'éclosion.

1. Chronologie du développement embryonnaire

La fécondation de l'ovocyte a lieu à un stade relativement précoce au cours de la formation de l'œuf. Dans l'espèce *Gallus*, trois heures seulement après l'ovulation (l'ovocyte étant encore dans le magnum, l'albumen en train de se déposer autour), les pronucléi mâle et femelle fusionnent. Mais la première division ne se produit qu'une heure plus tard dans l'isthme, tandis que les membranes coquillères de nature protéique sont en cours de formation. En arrivant dans l'utérus, les huit cellules déjà constituées vont continuer de se diviser d'abord verticalement à la surface jusqu'au stade 32 cellules, puis parallèlement à celle-ci. Au moment de l'oviposition, l'embryon est au stade blastula secondaire, comportant environ 50 000 cellules. Son développement s'interrompt alors, parce que la température ambiante est généralement trop faible (inférieure à 20°C, œuf pondu). Il reprendra losque l'œuf sera mis en incubateur, la température étant le plus souvent de 38°C pendant la première semaine avant d'être stabilisée entre 37,7 et 37,8°C. Dans l'éclosoir la température est également maintenue à 37,5°C.

Outre le contrôle de la température, rappelons qu'il faut assurer une ventilation pour enrichir l'air ambiant en oxygène et éliminer le gaz carbonique produit. A titre d'indication, l'embryon de poulet consomme entre 4 et 1000 mg d'oxygène par jour. respectivement au début de l'incubation et à l'éclosion. Dans le même temps, il produit entre 0,38 et 1250 mg de gaz carbonique. Dans les conditions d'une pression atmosphérique normale, la ventilation doit assurer un renouvellement d'air de 2 litres par heure et par œuf mis en incubation, de manière à ce que la teneur en oxygène ne soit pas inférieure à 20,5-21,0 p.100 et que celle du gaz carbonique ne dépasse pas 0,2-0,5 p.100. Enfin, il est souvent nécessaire de pulvériser de l'eau ou de la faire évaporer à partir de bacs disposés dans les incubateurs pour assurer une hygrométrie convenable en tenant compte des pertes d'eau par l'œuf, de la température ambiante et de la vitesse de renouvellement de l'air.

Au cours des deux premiers jours d'incubation, de nombreuses ébauches de futurs organes se mettent en place : formation du cerveau et du cœur, apparition des premiers vaisseaux sanguins qui gagnent la zone extra-embryonnaire. La circulation sanguine entre l'embryon et le vitellus commence avant même la 40ème heure d'incubation.

Les différents stades du développement embryonnaire se succèdent dans le même ordre chez toutes les espèces aviaires, mais se produisent plus ou moins tardivement par rapport à la mise en incubation, la durée totale de celle-ci étant variable d'une espèce à l'autre. Elle est de 21 jours pour l'espèce *Gallus* mais de 27-28 jours chez le canard commun et la dinde, 29-30 jours pour l'oie et 34-35 jours pour le canard de Barbarie.

A partir du 3ème jour d'incubation, l'embryon est le siège de nombreuses modifications à la fois morphologiques et physiologiques dont les principales sont rapportées dans le tableau 10-7. En particulier, les annexes embryonnaires qui vont permettre la nutrition de l'embryon à partir des constituants de l'œuf apparaissent dès le troisième jour. Aussi la vésicule vitelline, appelée aussi vésicule subombilicale, permettra l'absorption des nutriments vitellins et leur transport jusqu'à l'absorption. De la même façon, l'allantoïde intervient à la fois pour ioniser le calcium de la coquille et permettre son utilisation dans la construction du squelette et pour l'emploi des constituants de l'albumen. Son aspect extérieur commence à ressembler à celui du futur poussin dès le 13ème jour d'incubation, alors qu'il ne pèse pas plus de 5 g, soit 13 p.100 environ du poids à l'éclosion.

L'édification de tout l'organisme dans la diversité des organes et la complexité des fonctions, depuis la première division cellulaire jusqu'à l'éclosion, et même peut-on dire quelques temps après, pour tenir compte de la résorption du sac vitellin, implique l'utilisation des constituants de l'œuf comme matériaux exclusifs. L'albumen, comme le vitellus, étant particulièrement pauvres en activités enzymatiques, l'embryon ne peut utiliser pendant les tout premiers stades de son développement que des molécules simples. Il s'agit essentiellement du glucose libre présent dans l'albumen (3mg par g), servant de source d'énergie, des acides aminés libres accumulés dans le vitellus et utilisés pour les premières synthèses protéiques, les ions minéraux et les vitamines jouant le rôle habituel de cofacteurs dans les réactions métaboliques.

Au fur et à mesure de son développement, l'embryon utilise des constituants de plus en plus complexes dès que l'équipement enzymatique nécessaire aux réactions de dégradation et de remaniement est lui-même mis en place dans les organes ou les tissus spécialisés. Ainsi à peine différenciés, dès le 6ème jour, les cellules hépatiques métabolisent des acides aminés à des fins énergétiques (néoglucogénèse). Mais les triglycérides vitellins demeurent la principale source d'énergie de l'embryon. Les lipoprotéines sont catabolisées : certains phospholipides sont d'abord remaniés avant d'être déposés dans le foie ; tandis que les protéines sont soit utilisées sans transformations préalables (les livétines qui viennent des protéines sanguines), soit dégradées en acides aminés libres qui sont incorporés dans les synthèses protéiques.

Tableau 10-7. Chronologie du développement embryonnaire du poussin à partir du $3^{\text{ème}}$ jour d'incubation.

Jour d'incubation	Taille (cm)	Principales modifications morphologiques apparentes
3	1	Apparition des bourgeons des pattes et des ailes, pigmentation des yeux
4	1,3	Allongement des bourgeons des pattes, la tête commence ses premiers mouvements
5		Cloisonnement du cœur et mouvements du tronc
6	1,8	Ebauche du bec et apparition de quatre doigts bien distincts à chaque patte
7		Les plumes s'organisent en rangées, formation des sacs aériens
8	2,2	Articulation des membres, formation de l'oreille externe
10		Formation de la crête et des paupières
12	4,5	Apparition de duvet sur les ailes et fermeture des paupières
14		Le corps est entièrement recouvert de duvet
18		La tête bien inclinée à droite s'engage sous l'aile
19-20		Le bec est dans la chambre à air, début du béchage et de la respiration. Le sac vitellin est entièrement dans la cavité abdominale.
21		Eclosion

Il en est de même des protéines de l'albumen. Certaines sont utilisées à des fins spécifiques, d'autres comme source d'acides aminés. Ainsi, le lysozyme assure la protection de l'embryon grâce à ses propriétés antibactériennes, avant d'être catabolisé à son tour. Les transferrines jouent un rôle important dans le transport sanguin du fer. Toutes ces réactions métaboliques nécessitent la présence d'eau. Celle-ci est essentiellement fournie par l'albumen qui renferme environ 30 g et aussi le vitellus qui en contient environ 50 p.100, soit 10 g, sans oublier l'eau provenant de la combustion des lipides. On peut aussi remarquer que l'albumen perd près de 60 p.100 de son eau au cours des 5 premiers jours d'incubation. La réduction de volume qui en résulte est facilement visible par mirage : agrandissement de la chambre à air et concentration de l'albumen vers le petit bout de l'œuf.

2. Régime maternel et développement du poussin

2.1. *Poids de l'œuf et développement embryonnaire*

D'une manière générale, le poids de l'œuf augmente au fur et à mesure que l'on avance dans la saison de ponte et que la poule vieillit. Dans le même temps, l'intensité de ponte diminue. A l'intérieur, les proportions relatives de l'albumen et du vitellus tendent à varier de façon divergente : le pourcentage de vitellus augmente, tandis que celui de l'albumen diminue. Mais la quantité globale de matières sèches dans l'œuf augmente légèrement.

Bien que l'héritabilité du poids de l'œuf soit élevée, le génotype ne constitue pas en pratique un facteur déterminant pour la variation du poids de l'œuf, quand il s'agit de reproductrices de type chair. Ces animaux ont tendance à pondre de très gros œufs, surtout en fin de ponte et en l'absence de rationnement. Le problème de la sélection consiste justement à augmenter l'intensité de ponte pour obtenir davantage de poussins sans trop diminuer le poids de l'œuf.

Ce dernier exerce une influence sur le devenir de l'embryon. Ainsi la mortalité embryonnaire est très élevée pour les très gros œufs du fait de la coquille généralement mince et donc fragile. C'est pourquoi, dans la pratique, les œufs de poule à couver, ont un poids compris entre 50 et 70 g. Entre ces valeurs extrêmes, la mortalité embryonnaire est optimum et apparait relativement constante. Mais les performances du poussin peuvent être affectées par le poids de l'œuf. Il a été montré depuis longtemps déjà que le poids du poussin à l'éclosion est corrélé positivement avec celui de l'œuf mis en incubation. Cet effet est plus ou moins durable selon les auteurs. Il semble toutefois que la différence à 4 ou 7 semaines d'âge entre poussins provenant de tailles différentes soit la même que celle enregistrée à la naissance. Autrement dit, l'effet du poids de l'œuf à long terme peut être considéré comme minime, voire négligeable.

Ces conclusions ne sont valables que lorsqu'il s'agit de poussins issus d'œufs pondus par des reproductrices élevées rigoureusement dans les mêmes conditions. Il n'en est pas de même lorsque la différence de taille des œufs résulte d'une différence dans l'alimentation ou dans les conditions d'environnement qui modifient le comportement alimentaire. Nous envisageons l'influence de l'apport alimentaire d'énergie et des principaux nutriments : protéines, acides aminés essentiels, minéraux et vitamines. Tous ces facteurs sont susceptibles de faire varier non seulement la taille de l'œuf mais aussi sa composition.

2.2. *Influence de l'apport énergétique*

Contrairement à la poule d'œufs de consommation qui est à peu près capable d'ajuster son ingestion alimentaire en fonction de son besoin énergétique, la reproductrice a tendance à surconsommer et à devenir obèse. L'apport alimentaire d'énergie doit donc être envisagé dans les conditions d'un rationnement journalier préalablement défini.

A condition que tous les autres besoins soient assurés, le rationnement énergétique comparé à l'alimentation à volonté améliore la fertilité et l'éclosivité
(voir ci-dessus). Mais il doit être considéré en relation avec l'apport de protéines. Les résultats du tableau 10-8 montrent l'importance du rapport protéine/énergie. Lorsque ce dernier augmente par un apport faible d'énergie et
un ingéré protéique élevé, l'éclosivité diminue fortement. En revanche, pour
un apport protéique modéré, une augmentation de la quantité journalière d'énergie de 16 p.100 ne modifie pas l'éclosivité.

Tableau 10-8. Influence des apports journaliers d'énergie et de protéines sur l'éclosivité
des œufs fécondés.

Eclosivité = (nombre de poussins / nombre d'œufs fécondés)*100		
Energie (kcal/j)	Protéines (g/j)	
	27,0	21,0
450	79,8	79,3
414	78,1	81,0
364	73,1	80,1

Parmi les nutriments énergétiques, les lipides semblent jouer un rôle particulier. Nous avons déjà signalé que l'embryon utilise les triglycérides du
vitellus comme principale source d'énergie au cours de son développement.
D'une manière générale, on considère que les lipides du vitellus constituent
84 à 98 p.100 du matériel oxydé par l'embryon à des fins énergétiques, le
processus commençant dès la différenciation des cellules hépatiques au 6ème
jour d'incubation.

Les lipides du vitellus n'ont pas tous une origine exogène. Les lipoprotéines
sont synthétisées dans le foie de la poule avant d'être transférées dans les
ovocytes, la partie lipidique provenant en grande partie des glucides. En revanche, les triglycérides, les acides gras libres et le cholestérol peuvent avoir
une origine alimentaire et être transportés dans l'œuf sans grande modification.
En particulier, les acides linoléique et linolénique qui sont essentiels (non synthétisés par la poule) doivent être apportés dans la ration de la reproductrice
pour permettre le développement embryonnaire du poussin. Toute déficience,
même partielle, conduit à une diminution du poids de l'œuf, une réduction
de la quantité de lipides dans le vitellus et, surtout, une augmentation de la
mortalité embryonnaire. Nous avons étudié l'influence d'une carence maternelle en acide linoléique en la comparant à une carence subie par le poussin
après l'éclosion (tabl. 10-9). La déficience du régime alimentaire de la reproductrice ralentit le développement de l'embryon et ralentit sa croissance postnatale. L'effet est durable pendant au moins 14 jours. Parallèlement à cette
action, on observe une modification de la composition en acides gras polyinsaturés du cerveau. L'acide eicosatriénoïque (signe de carence) est très nettement diminué. Il en est de même pour l'acide arachidonique dont la teneur

dans le cerveau dépend longtemps des apports maternels (œuf). La ration de la reproductrice doit apporter au moins 1 g par jour d'acide linoléique.

Tableau 10-9. Effets d'une déficience en acide linoléique imposée dans le régime maternel (M) ou dans l'aliment du poussin (P); les animaux étant de souche ponte.

		Acide linoléique dans l'aliment (p. 100)			
M		0,03	0,03	5,03	5,03
P		0,1	1,1	0,1	1,1
Poids des œufs (g)		50,4a	50,4a	57,3b	57,3b
Poids vif des poussins					
à l'éclosion		34,0a	34,0a	39,2b	39,2b
à 14 jours		96a	117b	149c	168d
à 21 jours		161a	239b	250b	316c
à 28 jours		170a	346b	383b	442c
Poids du sac vitellin (p. 100 du poids vif)					
à l'éclosion		17,5a	17,5a	13,4b	13,4b
à 2 jours		3,2a	22,0b	4,3a	5,1a
à 5 jours		0,2	2,9	1,0	0,4
Liquides corporels (p. 100)					
à l'éclosion		4,7a	4,7a	5,7b	5,7b
à 14 jours		4,2a	4,5a	6,5b	6,7b
à 28 jours		5,6a	5,6a	8,1b	7,2b

Les valeurs qui ne sont pas suivies de la même lettre diffèrent significativement entre elles.

Dans le cas du cholestérol, sa teneur dans l'œuf dépend à la fois du régime alimentaire mais aussi de la biosynthèse et de son cycle entéro-hépatique. Sa présence est indispensable pour assurer le développement embryonnaire. Aussi il parait irréaliste d'envisager la production d'œufs sans cholestérol : les poules pondant de tels œufs n'auraient plus de descendance.

2.3. *Influence des protéines et des acides aminés*

L'apport alimentaire d'acides aminés est un des principaux facteurs modifiant les performances de ponte, le poids moyen des œufs pondus ainsi que leur nombre. C'est d'ailleurs à partir des variations de ces performances que l'on définit de façon précise les besoins azotés de la poule pondeuse.

Chez la reproductrice, nous avons déjà rapporté l'influence de la concentration en protéines de l'aliment sur la ponte et indiqué les besoins des poules selon qu'elles sont normales ou nanifiées. Nous avons précisé aussi avec insistance que ces besoins doivent être définis en tenant compte des performances de reproduction, c'est-à-dire du nombre de poussins éclos par poule.

Le nombre d'œufs pondus, le nombre de poussins obtenus et le poids moyen de l'œuf sont des critères globaux, précieux pour l'éleveur, mais qui n'expliquent pas de quelle façon l'apport d'acides aminés de la ration de la reproductrice exerce une influence sur le développement embryonnaire et post-natal du poussin.

Pour répondre à cette question, il faut envisager l'effet d'acides aminés alimentaires, d'une part sur la taille de l'œuf et ses composants, d'autre part sur sa composition en macro-constituants et en oligo-éléments organiques. La réduction du taux protéique non seulement diminue le poids moyen de l'œuf mais peut faire varier les proportions relatives de jaune et de blanc. Celles-ci dépendent en fait de la nature des acides aminés apportés en quantité insuffisante dans la ration par rapport aux besoins.

En comparant des régimes partiellement déficients en lysine ou en méthionine à un aliment équilibré (tabl. 10-10) nous avons montré que la déficience en méthionine seule réduit fortement le poids de l'albumen sans modifier celui du vitellus. Il n'en est pas de même pour la carence en lysine, qui affecte préférentiellemnt la proportion de jaune. Ces effets pourraient être reliés aux teneurs en acides aminés des protéines de l'œuf : l'albumen riche en acides aminés soufrés serait particulièrement affecté par la carence en méthionine. Le même raisonnement pourrait être appliqué pour la lysine qui est plus abondante dans les protéines du vitellus (cf. chap. 9).

La modification des proportions de jaune et de blanc peut affecter l'embryogenèse ; l'ablation d'une partie de l'albumen a pour conséquence une diminution de la taille des embryons en fin de développement.

Tableau 10-10. Influence de la composition du régime alimentaire (apports de lysine et de méthonine) sur les performances de ponte et sur les proportions de blanc, de jaune et de coquille dans l'œuf.

Régime	Equilibré	Carencé en lysine	Carencé en méthionine	Carencé en lysine et méthionine
Intensité de ponte (p. 100)	87,9	87,7	82,6	80,6
Poids de l'œuf (g)	61,1	58,2	53,1	55,8
Poids de l'albumen (g)	38,3	37,5	32,9	34,9
Albumen (g)/ œuf (g)	0,63	0,64	0,61	0,63
Poids du vitellus (g)	17,8	16,5	15,4	16,0
Vitellus (g)/ œuf (g)	0,29	0,28	0,29	0,29
Coquille (g)/œuf (g)	0,08	0,07	0,09	0,08

L'influence de l'apport des acides alimentaires ne se limite pas à un changement de la proportion de jaune ou de blanc, dont les protéines gardent une composition constante en toutes circonstances. Chaque protéine a une structure qui ne dépend que du code génétique correspondant et ne peut être synthétisée que si tous les acides aminés constitutifs sont présents. Mais outre les protéines, il existe dans l'œuf des acides aminés sous forme libre. Nous les avons quantifiés, en précisant leur origine, les facteurs de variation et leur signification pour le développement embryonnaire et post-natal du poussin.

Les substances azotées non protéiques de l'œuf sont essentiellement localisées dans le vitellus et identifiées comme des acides aminés libres. Leur quantité totale, qui est quelque peu variable en fonction de l'origine génétique des poules, est d'environ 340 à 370 mg par 100 g de vitellus. En étudiant la cinétique de transfert dans les ovocytes d'acides aminés naturels (L-lysine) ou non métabolisables (acide α-amino-isobutyrique), il est suggéré que les acides aminés libres du vitellus ont une double origine. Ils proviendraient pour un tiers environ du flux sanguin et pour deux tiers du catabolisme, au sein des cellules folliculaires, des protéines vitellines synthétisées par le foie. Tandis que la partie provenant du catabolisme des protéines vitellines dépend de l'activité ovarienne (enzymes protéolytiques, produits de synthèse et de dégradation), le tiers originaire du flux sanguin reflète un état d'équilibre entre les apports alimentaires et métaboliques et les dépenses pour la synthèse protéique et la dégradation.

La composition du régime alimentaire influence celle des acides aminés libres de l'œuf. Ainsi en distribuant un aliment partiellement déficient en lysine et en méthionine, on observe une diminution des acides aminés libres vitellins. La concentration est réduite de 25 à 50 p.100 (tabl. 10-11). Cet effet concerne tous les acides aminés libres, mais à des degrés divers. Dans le cas de la méthionine, l'action de la déficience partielle est plus durable que pour la lysine, puisqu'une distribution ultérieure d'un aliment équilibré ne permet pas au bout de quatre semaines de ramener la concentration du vitellus à un niveau normal. Enfin la concentration en méthionine libre semble corrélée à l'apport alimentaire (fig.10-2).

Pour étudier l'influence des protéines du régime maternel sur le devenir du poussin, nous avons distribué deux aliments renfermant respectivement 11,1 et 16 p.100 de protéines brutes et élevé jusqu' à 8 semaines les poussins mâles

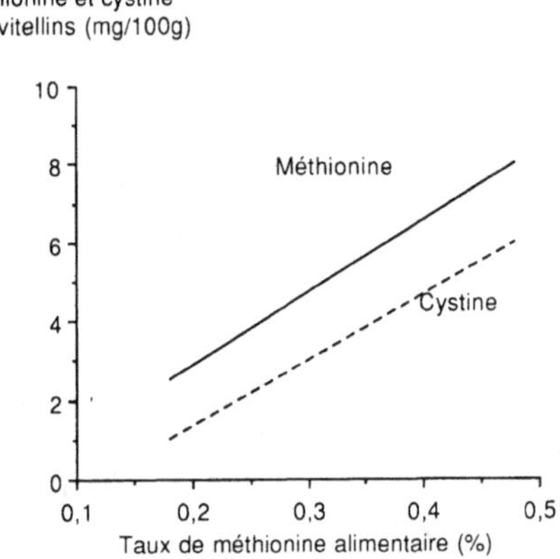

Figure 10.2. – Influence de l'apport alimentaire de méthionine sur les concentrations de méthionine et de cystine libres de vitellus.

Tableau 10-11. Variation des teneurs en acides aminés libres du vitellus (mg/100 g) en fonction de la composition du régime alimentaire de la poule.

Régime	Equilibré	Carencé en lysine	Carencé en méthionine	Carencé en lysine et méthionine
Acide aspartique	27,5	13,2	17,7	26,5
Thréonine	25	11,9	17,7	28,7
Sérine	27,9	11,9	22,4	31,2
Acide glutamique	64,5	34,3	43,2	68,7
Proline	15	8,9	12	20,7
Glycine	8,9	5	7,4	11,8
Alanine	11,5	6,6	9,3	15,1
Valine	19,9	10,1	14,2	22
Méthionine	8,5	3,9	5,4	9,1
Isoleucine	17,3	8,1	10,6	18,3
Leucine	32,5	16,8	21,1	36,7
Tyrosine	27,5	14,7	19,4	25,3
Phénylalanine	19,1	9,7	13,4	22,6
Lysine	31,7	17,2	24,2	38,7
Histidine	6,2	2,9	5,9	10,1
Arginine	24,7	16,5	24,9	38,3
Total	367,7	191,7	268,8	432,2

et femelles issus de ces deux groupes de reproducteurs (tabl. 10-12). Nous avons veillé à ce que les œufs mis en incubation soient de poids semblable, indépendemment du régime maternel. La baisse d'éclosivité, la faible diminution du poids des poussins à la naissance et les retards de croissance observés à 4 et 8 semaines pour l'aliment à 11,1 p.100 de protéines ne sont pas liés à la taille des œufs mais probablement à la teneur de l'œuf en acides aminés libres. Cette hypothèse est confirmée par l'injection de solutions d'acides aminés en solutions aqueuses dans les chambres à air le 3ème jour d'incubation. Alors que l'injection de sérum physiologique n'exerce aucun effet, de même que celle de quelques acides aminés glucoformateurs, l'injection de l'ensemble des acides aminés améliore très significativement les performances des poulets issus de mères nourries avec l'aliment pauvre en protéines.

Dans un autre travail, l'influence spécifique d'une déficience en méthionine a été étudiée (tabl. 10-13). Il est encore vérifié que la distribution d'un aliment à 0,21 p.100 de méthionine (au lieu de 0,36 p.100) réduit l'éclosivité ainsi que le développement embryonnaire (poids à la naissance) et post-natal (poids à 4 et 8 semaines). L'injection de méthionine dans l'œuf annule les effets de la déficience.

On peut donc conclure que :

— les acides aminés libres du vitellus jouent un rôle important comme inducteurs de la croissance de l'embryon. Ils sont les premiers utilisés au cours des premiers stades du développement embryonnaire. Par ailleurs ils serviraient dans des réactions spécifiques : transformation de l'uridine en thymidine grâce au radical méthyl de la méthionine, conversion en amines

Tableau 10-12. Influence des acides aminés apportés dans l'aliment de la poule ou injectés dans l'œuf sur la croissance des poussins.

N*6, 25 p. 100 dans l'aliment	16	11	11	11	11
Acides aminés injectés	(0)	(0)	(1)	(2)	(1) + (2)
Poids des poussins à 8 semaines					
— mâles	2244	1756	1739	1682	2128
— femelles	1852	1449	1473	1464	1795

(0) sérum physiologique (NaCl à 9g/l).
(1) acides aminés injectés (mg/œuf) : alanine (0,58), méthionine (0,42), thréonine (1,26) et valine (1,00).
(2) acides aminés injectés (mg/œuf) : acide glutamique (3,20), acide aspartique (1,4), sérine (1,4), glycine (0,44), proline (0,76), leucine (1,60), isoleucine (0,86), phénylalanine (0,96), tyrosine (1,40), lysine (1,60), histidine (1,20) et arginine (0,30).

Tableau 10-13. Influence de la déficience en méthionine du régime de la poule (souche ponte) sur la croissance de sa progéniture. Effets correcteurs comparés des isomères D et L méthionine injectés dans l'œuf.

Méthionine (p. 100) dans l'aliment de la poule	0,36	0,21	0,21	0,21
Méthionine injectée (mg/100 g d'œuf)	-	-	0,5	0,5
Isomère employé	-	-	L	D
Poids moyen des œufs mis en incubation (g)	58,7a	56,4b	56,4b	56,4b
Oeufs éclos (p. 100)	85	74	79	69
Poids des poussins (g)				
à la naissance	38,8a	36,5b	39,2a	36,8b
à 4 semaines	335a	315b	325a	309b
à 8 semaines	945a	884b	934a	877b

Les valeurs qui ne sont pas suivies de la même lettre diffèrent significativement entre elles.

biogènes ou polyamines, dont la spermine qui active le métabolisme des acides nucléiques. C'est surtout par leur intermédiaire que les protéines alimentaires exercent une influence sur les développements embryonnaire et post-natal du poussin;
— leur concentration dans l'œuf dépend au moins en partie des acides aminés de l'aliment. Une déficience partielle en un ou plusieurs acides aminés essentiels a des conséquences durables sur les performances des descendants. L'injection d'acides aminés dans l'œuf peut corriger ces effets. Toutefois, certains acides aminés peuvent devenir tératogènes à des concentrations un peu

supérieures à celles présentes dans l'œuf. Ainsi le tryptophane injecté à raison de 2 mg peut induire des malformations, tout comme l'excès de lysine, d'ornithine, de proline et d'acide glutamique qui ralentissent le métabolisme de l'embryon, quand ils ne sont pas tératogènes.

2.4. *Influence des vitamines et des minéraux*

La relation entre la composition de l'aliment et le développement embryonnaire via la composition de l'œuf a été maintes fois vérifiée pour les vitamines. Il s'agit souvent de carences sévères, entraînant une réduction de teneur dans l'œuf et augmentant la mortalité embryonnaire et la fréquence des malformations. D'une manière générale, lorsque l'aliment est sub-déficient en une vitamine, le développement embryonnaire est apparemment normal mais les poussins auront une croissance durablement ralentie. Ces faits ont été décrits pour l'acide folique et aussi pour la biotine qui, lorsqu'elle est apportée en quantité légèrement insuffisante, accroît la fréquence de pérosis chez les descendants.

L'influence de l'apport alimentaire est immédiat surtout pour les vitamines hydrosolubles qui ne peuvent être stockées longtemps dans l'organisme de la reproductrice et qui, donc, doivent être présentes en quantité suffisante et de façon régulière.

Tandis que la plupart des vitamines nécessitent des protéines transporteuses pour assurer leur transfert dans l'œuf, les minéraux passent dans l'œuf en quantité plus ou moins grande en fonction de leur teneur dans le sang. A l'exception du fer et du zinc qui ne peuvent exister que dans le vitellus, tous les autres minéraux sont présents à la fois dans l'albumen et le vitellus.

Plusieurs études ont montré qu'une déficience sévère en un minéral (macro-élément : calcium, phosphore) ou oligo-élément (iode, cuivre, fer, zinc, manganèse, sélénium...) entraîne la mortalité embryonnaire et des malformations. Il peut en être de même des excès. Cependant, la double relation aliment-œuf et œuf-embryon n'a pas toujours été mise en évidence. Elle est vraie dans le cas du fer et du sélénium. Pour l'iode, il existe une relation très étroite entre la teneur de l'aliment maternel et la glande thyroïde du jeune poussin. Cette relation disparait lorsque l'aliment renferme une quantité importante de tourteau de colza riche en glucosinolates et surtout en thiocyanates. Ces facteurs antinutritionnels réduisent la teneur de l'œuf en iode, ce qui entraîne un ralentissement de la croissance des poussins et une hypertrophie de la thyroïde.

Pour beaucoup d'oligo-éléments (K, Mn, Zn, Cu et Mg), les teneurs dans l'aliment et dans l'œuf ne sont pas corrélées en cas de déficiences ou d'excès sévères. Les apports alimentaires insuffisants ou pléthoriques modifient d'abord, profondément, les mécanismes physiologiques qui contrôlent directement l'homéostasie (équilibre ionique du plasma) puis le transfert depuis le sang circulant jusqu'à l'œuf.

IV. Recommandations pratiques

Ces considérations sur le rôle du régime maternel pour le développement embryonnaire et la croissance du poussin devraient conduire le formulateur à associer aux besoins propres de la reproductrice pour les performances de ponte, les besoins pour les descendants : éclosivité et performances ultérieures de croissance maximum.

Cela est difficile à mettre en pratique pour l'énergie et les protéines. La quantité de calories à allouer dans la ration journalière ne doit être ni pléthorique pour éviter l'obésité et ses conséquences, ni insuffisante pour les besoins d'entretien et de ponte.

Les protéines sont souvent apportées en excès sans qu'il y ait réellement une justification sauf pour tenir compte de la maturité sexuelle dans le cas des reproductrices précoces. Les protéines de l'œuf ont une composition constante et n'augmentent pas en fonction de l'apport alimentaire. Il en est de même pour les acides aminés libres dont la concentration vitelline maximum est atteinte lorsque l'aliment est bien équilibré en acides aminés essentiels.

Ce sont surtout les autres oligo-constituants qui doivent être pris en considération pour la formulation. L'acide linoléique, acide gras essentiel, doit être fourni par la ration. Mais son apport est généralement assuré par le maïs dans les régimes de type maïs-tourteau de soja. Dans le cas des vitamines et des minéraux, les quantités apportées doivent être suffisantes. Contrairement à la poule qui peut être soit pondeuse d'œufs de consommation, soit reproductrice, les femelles des espèces autres que *Gallus* sont uniquement reproductrices. Leurs besoins nutritionnels ne doivent être envisagés que pour la reproduction.

Ouvrages de référence

Cole D.J.A., Haresign W., 1989. *Recent Developments in Poultry Nutrition*. Butterworths, London.

Guraya S.S., 1989. *Ovarian Follicles in Reptiles and Birds*. Zoophysiology 4. Springer-Verlag, London.

Freeman D.M., Vince M.A., 1974. *Development of the avian embryo*. Chapman and Hall, London

Gilbert A.B., 1979. Female genital organs. in *Form and Function in Birds*, vol 1, A.S. King and J.Mc.Lelland Edit, Academic Press, New York, 237-360.

Larbier M., 1973. *Recherche sur la signification des acides aminés libres présents dans le jaune d'œuf chez* Gallus gallus. Thèse de Doctorat Paris VI.

Larbier M., Blum J.C., 1975. Influence de la méthionine ajoutée au régime alimentaire de la poule pondeuse ou injectée dans l'œuf sur les développements embryonnaire et post-natal du poussin. *C. R. Acad.Sci. Paris* (série D), 280, 2133-2136.

Larbier M., 1985. *Feed restriction in dwarf and normal broiler breeders*. 5th Europ. Symp. Poult. Nutr., Jerusalem-Israel.

Leclercq B., 1966. *Devenir des acides gras vitellins au cours du développement du poussin*. Thèse de Doctorat, Paris VI.

PEARSON R.A., SHANNON D.W.F., 1979. in *Food intake regulation in poultry*. Boorman K.N. and Freeman B.M. edit.

ROMANOFF A.L., 1966. *Biochemistry of the Avian Embryo*. J.Willey and Sons.

SAUVEUR B., 1988. *Repoduction des volailles et production d'œufs*. I.N.R.A. Paris.

STURCKIE P.D., 1986. *Avian Physiology*. Springer-Verlag. New-york.

11

LES MATIÈRES PREMIÈRES UTILISÉES EN AVICULTURE

L'alimentation des oiseaux domestiques fait appel à deux types principaux de matières premières : les céréales et des sous-produits industriels. En fait, parmi ces derniers, certains ont pris une telle place qu'ils sont devenus des matières premières dominantes et souvent indispensables ; c'est en particulier le cas du tourteau de soja. Dans ce chapitre sont décrites les principales matières premières. Un certain nombre de produits très peu représentés sur le marché ont été exclus des tables. En revanche, leur composition et leurs qualités ou défauts sont décrits dans le présent chapitre.

I. Caractéristiques analytiques des matières premières

Les matières premières destinées à l'alimentation avicole peuvent être caractérisées par plusieurs paramètres susceptibles de renseigner sur leur valeur nutritive (v. Tables à la fin du chapitre). A mesure que progressent la recherche et les méthodes d'analyse, les critères d'appréciation s'affinent, certains d'entre eux deviennent caduques et d'autres, au contraire, font leur apparition.

Les méthodes d'analyse des matières premières reposent le plus souvent sur la méthode de Weende. Celle-ci retient 5 caractéristiques : les protéines brutes (N*6,25), la cellulose brute, les matières grasses brutes (ou extrait éthéré), les cendres brutes et l'extractif non-azoté, obtenu par différence entre la matière organique (matière sèche − cendres brutes) et l'ensemble protéines brutes + matières grasses brutes + cellulose brute.

L'analyse de Weende présente de multiples défauts. Tout d'abord, le coefficient 6,25 appliqué à l'azote de Kjeldahl surestime le plus souvent la quantité réelle de protéines ; de plus, il peut renfermer non seulement de l'azote α aminé mais aussi amidé, voire ammoniacal, qui ne présente aucun intérêt nutritionnel. C'est le cas, par exemple de l'urée, l'acide urique ou même de certains plastiques dits biodégradables, qui sont quelquefois ajoutés frauduleusement (polyamides).

Les matières grasses brutes sous-estiment les matières grasses réellement contenues dans l'aliment ; certaines classes de lipides (phospholipides) sont incomplètement extraites par l'éther éthylique, soit parce qu'elles sont peu solubles dans ce solvant, soit parce qu'elles sont enfermées dans les structures cellulaires végétales lignifiées.

La cellulose brute est un paramètre plus criticable que les précédents. Elle renferme, en effet, la cellulose, la lignine et un peu d'hémicellulose et de substances pectiques. C'est donc un très mauvais indicateur des glucides pariétaux (parois des cellules végétales) et de structure.

Enfin l'extractif non azoté, qui est le résultat d'une différence entre plusieurs paramètres, cumule donc toutes ces erreurs. Il était censé à l'origine représenter les glucides solubles utilisables par l'animal (amidon et sucres libres). En fait, il recouvre bien ces derniers, mais aussi les hémicelluloses et la majorité des substances pectiques.

Pour des raisons de facilité et de standardisation des dosages, on conserve de l'analyse de Weende les protéines brutes et les cendres brutes. Pour les matières grasses, la méthode basée sur l'hydrolyse acide suivie d'une extraction par l'éther de pétrole est plus correcte et recommandée par la Communauté Européenne. Pour l'amidon, deux méthodes sont disponibles : la méthode polarimétrique (amidon Ewers) et la méthode enzymatique. La première surestime l'amidon, surtout dans certaines premières riches en polyosides solubles non amylacés. La seconde est beaucoup plus spécifique mais le principal problème rencontré est la qualité de l'enzyme utilisée. Les constituants pariétaux sont maintenant de mieux en mieux connus, grâce aux récents progrès des méthodes biochimiques et physiques d'analyse des glucides. Il convient de distinguer d'abord la fraction soluble de la fraction insoluble dans l'eau ; cette dernière étant, de loin, la plus abondante dans les matières destinées à l'aviculture. Elle se décompose en : cellulose qui est un polymère de glucoses liés en β 1-4, hémicelluloses qui sont des polymères riches en pentoses (xylose, arabinose), substances pectiques qui sont des chaînes d'acide galacturonique interrompues par des unités rhamnose sur lesquelles se raccordent des ramifications d'arabinose ou de galactose, et lignine. Ce dernier composé est un polyphénol et non pas un glucide. Dans le tableau 11-1 sont résumés les principaux paramètres analytiques et leur signification biochimique.

Il ne suffit pas qu'un constituant soit présent dans une matière première pour qu'il soit disponible pour l'animal. Pour l'énergie, le critère retenu est l'énergie métabolisable apparente pour un bilan azoté nul (EMA$_n$), dont la définition est donnée dans le chapitre 4. Pour les protéines, le problème est

Tableau 11-1. Paramètres analytiques des parois végétales.

Analyse	Entité biochimique			
	Cellulose	Hémicelluloses	Substances pectiques insolubles dans l'eau	Lignine
Cellulose brute	+++	+	−	++
Acid detergent fibre	+++	+	−	++
Neutral detergent fibre	+++	+++	+	+++
Parois insolubles (enzymatiques)	+++	+++	+++	+++

+++ = 100 % du constituant est compris dans le paramètre analytique
++ = entre 50 et 100 % du constituant est compris dans le paramètre analytique
+ = moins de 50 % du constituant est compris dans le paramètre analytique
− = le constituant est absent du paramètre analytique

plus complexe et les informations moins abondantes. On peut, dans l'attente de résultats plus précis, retenir le paramètre «protéines digestibles» dont on connait la valeur moyenne pour quelques matières premières très étudiées. Les problèmes de digestibilité des protéines sont exposés dans les chapitres 3 et 5. Il en est de même pour la biodisponibilité du phosphore qui est abordée dans le chapitre 6. Enfin, dans le chapitre 3, la digestibilité de l'amidon et celle des lipides sont décrites en fonction des paramètres qui peuvent les influencer.

D'autres caractéristiques des matières premières peuvent être prises en considération, soit comme qualité, soit pour limiter leur utilisation. Les xanthophylles (pigments caroténoïdes) peuvent servir à colorer le jaune de l'œuf ou la peau des volailles de chair; ils font l'objet d'un paragraphe particulier à la fin de ce chapitre. Les facteurs antinutritionnels présents dans diverses matières premières et les mycotoxines produites par des champignons susceptibles de se développer sur des produits conservés dans de mauvaises conditions, représentent des défauts plus ou moins graves. Les principaux facteurs antinutritionnels rencontrés en alimentation avicole sont évoqués lors de la description des principales matières premières. Les mycotoxines font l'objet d'un développement particulier.

II. Description des principales matières premières

1. Céréales

1.1. *Blé*

Le blé tendre est une des principales céréales utilisées en alimentation avicole. Sa valeur énergétique métabolisable exprimée par rapport à la matière sèche est peu variable d'un lieu de culture à l'autre ou selon les années. On peut estimer l'écart-type intra-années à 60 kcal/kg de MS, c'est-à-dire que 95 p.100 des échantillons sont compris entre plus ou moins 120 kcal/kg, par rapport à la valeur moyenne donnée dans les tables. Entre années, l'écart-type est de l'ordre de 30 kcal/kg. La recherche d'une équation de prédiction de la valeur énergétique n'a guère abouti à des résultats très satisfaisants. Les équations disponibles sont :

$$EMA_n(\text{coq adulte}) = 3925 - 18{,}1\ CB \qquad\qquad (\text{Jansen, 1976})$$

où CB est la cellulose brute (p.100 de la MS); EMA_n est donné en kcal/kg par rapport à la matière sèche.

$$EMA_n\ (\text{poussin}) = 3626 - 99\ CB + 23\ PB - 89\ Ce \qquad (\text{Coates, 1977})$$

où PB = protéines brutes (p.100 de MS) et Ce = cendres brutes (p.100 de MS).

Des différences de valeur énergétique ont parfois été signalées entre jeune et adulte. Elles peuvent être attribuées à une mauvaise digestibilité de l'amidon de certains lots (digestibilité de 80 p.100, au lieu de 97 p.100 habituellement). Une part des différences pourrait être aussi attribuée aux polyosides non amylacés solubles (arabinoxylanes solubles).

Les polyosides non amylacés insolubles (fibres) du blé sont composés de cellulose vraie (23 p.100), d'hémicelluloses (arabinoxylanes, 63 p.100) et de lignine (8 p.100). Ils ne sont absolument pas dégradés dans le tube digestif des oiseaux.

La teneur des blés en protéines est variable. Elle dépend des variétés et des conditions agronomiques. En particulier, les fumures azotées en cours d'épiaison tendent à l'accroître. En pratique, 95 p.100 des échantillons se situent entre 12 et 15 p.100 de protéines brutes (N*6,25) par rapport à la matière sèche. La composition en acides aminés des protéines de blé varie selon la teneur en azote de l'échantillon. Rapportées au produit sec, les teneurs en acides aminés peuvent être calculées grâce aux équations du tableau 11-2.

Le phosphore présente une disponibilité de 50 p.100 en moyenne. Bien que 70 p.100 du phosphore soit présent sous forme de phytates, la présence de phytases dans le grain permet une hydrolyse significative de ces derniers.

En revanche, la biotine du blé n'est pas disponible; ce qui rend nécessaire la supplémentation par cette vitamine des aliments très riches en cette céréale.

Le blé est dépourvu de xanthophylles. Son utilisation dans les aliments pour poules pondeuses ou pour volailles de chair à peau jaune nécessite donc la supplémentation en xanthophylles naturels ou de synthèse.

Enfin, le blé présente l'avantage d'assurer une bonne tenue aux granulés dans lesquels il est incorporé. C'est une qualité technologique qui est parfois très recherchée.

Les blés fraîchement récoltés peuvent quelquefois entraîner l'apparition d'entérites et de diarrhées chez les jeunes volailles. Ce phénomène qui n'a pas encore trouvé d'explication conduit à retarder l'emploi de cette céréale plusieurs mois après la moisson et à limiter son emploi (40 p.100) dans les aliments destinés aux animaux en croissance.

Tableau 11-2. Teneur (rapportée à la matière sèche) en acides aminés du blé en fonction de sa teneur en protéines brutes.

	K_1	K_2
Lysine	0,145	0,0173
Méthionine	0,026	0,0141
Méthionine + cystine	0,093	0,0334
Tryptophane	0,053	0,0080
Thréonine	0,052	0,0264
Glycine + sérine	0,045	0,0870
Leucine	0,009	0,0671
Isoleucine	−0,009	0,0367
Valine	0,071	0,0387
Histidine	0,019	0,0214
Arginine	0,114	0,0413
Phénylalanine + tyrosine	−0,117	0,0876
Acide glutamique	−1,138	0,3780
Acide aspartique	0,108	0,0433

Teneur en acide aminé (% m.s.) = $K_1 + K_2$. PB; où PB est la teneur en protéines brutes en % de la matière sèche.

1.2. *Maïs*

Le maïs est la céréale de choix pour l'alimentation des oiseaux domestiques. Sa valeur énergétique est la plus élevée parmi les céréales. Elle demeure assez peu variable d'une année sur l'autre pour un lieu donné. Elle tend à décroître lorsqu'on a affaire à des maïs tardifs cultivés en climat chaud (sud de l'Europe), en raison d'un léger enrichissement en amidon et d'une plus faible teneur en matières grasses. Les conditions de récolte peuvent également exercer une légère influence. Les maïs récoltés trop précocément (40 p.100 d'eau) sont en général un peu moins énergétiques. La différence est de l'ordre de 50 kcal/kg de MS. Les conditions de séchage du grain ne semblent guère affecter la valeur énergétique. D'une manière générale l'amidon de maïs est celui qui présente la digestibilité la plus élevée chez les oiseaux (98 p.100).

Tableau 11-3. Teneur (rapportée à la matière sèche) en acides aminés du maïs en fonction de sa teneur en protéines brutes.

	K_1	K_2
Lysine	0,131	0,0157
Méthionine	0,048	0,0158
Méthionine + cystine	0,110	0,0349
Tryptophane	0,024	0,0040
Thréonine	0,025	0,0347
Glycine + sérine	0,068	0,0810
Leucine	−0,488	0,1773
Isoleucine	−0,029	0,0391
Valine	0,035	0,0464
Histidine	0,056	0,0228
Arginine	0,144	0,0317
Phénylalanine + tyrosine	−0,140	0,1060
Acide glutamique	−0,580	0,2510
Acide aspartique	−0,011	0,0662

Teneur en acide aminé (% m.s.) = $K_1 + K_2$. PB; où PB est la teneur en protéines brutes en % de la matière sèche.

Le maïs est pauvre en protéines. La variabilité de ce paramètre est faible (écart-type de l'ordre de 7 g/kg de protéines brutes). Les protéines du maïs présentent en outre un profil d'acides aminés très déséquilibré : déficience en lysine et en tryptophane, excès de leucine. Ce profil d'acides aminés dépend du taux protéique de la céréale. Comme pour le blé, on peut, grâce aux équations du tableau 11-3, estimer la teneur en un acide aminé donné à partir du taux protéique exact. A mesure qu'on a affaire à des maïs plus riches en protéines, celles-ci s'appauvrissent en valeur relative en lysine, acides aminés soufrés et en arginine, au bénéfice surtout de l'acide glutamique et de la leucine. Le phénomène correspond en fait à un enrichissement en glutellines (gluten), protéines de réserve particulièrement déséquilibrées (voir la composition du gluten).

Le phosphore du maïs est pratiquement indisponible en raison de l'absence de phytases endogènes. Comme toutes les céréales, le maïs est presque dépourvu de sodium et de calcium; c'est là sa toute première carence. Cette situation risque de se produire en élevage avec une alimentation exclusive en céréales entières.

Le maïs est riche en xanthophylles particulièrement disponibles et efficaces pour la coloration du jaune de l'œuf et de la peau des oiseaux aptes génétiquement à fixer ces pigments. Cet aspect est développé de façon plus détaillée (p. 285).

Il existe diverses variétés de maïs peu répandues et peu utilisées en alimentation aviaire. Le maïs Opaque 2 est plus riche en lysine que le maïs normal (+0,15 p.100 exprimé par rapport à la matière sèche); de même, il existe le maïs Floury plus riche en protéines. D'autres variétés ont été retenues pour une structure particulière de leurs amidons; c'est le cas du maïs Waxy riche en amylopectines (100 p.100 au lieu de 70 p.100 dans le maïs normal). Ce changement de structure de l'amidon ne retentit pas sur la valeur nutritionnelle chez les oiseaux. Enfin, il existe des variétés très pauvres en pigments xanthophylles, en général peu productives. Quelques cultivars exotiques présentent des grains rouges ou noirs, mais ne sont pas utilisés en Europe.

Les céréales, et plus particulièrement le maïs, peuvent être contaminées au cours de leur stockage par des champignons qui renferment des toxines plus ou moins dangereuses pour l'animal (cf. chap. 4).

1.3. *Sorgho*

Proche du maïs du point de vue phylogénétique, le sorgho lui ressemble aussi pour la composition chimique et la valeur nutritionnelle. Il est riche en énergie métabolisable à cause de sa forte teneur en amidon et de la présence non négligeable de matières grasses. Un peu moins pauvre en protéines, il n'en possède pas moins les mêmes déséquilibres. Enfin, comme pour le maïs, la disponibilité du phosphore est faible.

Le principal problème des sorghos réside dans la variabilité de leur teneur en tanins. Ces constituants tégumentaires de certaines graines (féverole par exemple) sont décrits avec un peu plus de détails ci-après. Ils exercent dans le cas du sorgho un effet négatif sur la digestibilité des protéines et de l'amidon qui se traduit par une baisse de la valeur énergétique (EMA_n) proportionnelle à la teneur en tanins. En moyenne on peut estimer que la relation entre ces deux caractéristiques est donnée par l'équation :

$$EMA_n \text{ (kcal/kg MS)} = 3870 - 397 \text{ tanins (p.100)}$$

L'augmentation de la teneur en tanins de 1 p.100 réduit la valeur énergétique de 10 p.100. Dans la pratique, elle est comprise entre 0,2 (probablement moins, du fait d'une contamination par des acides phénoliques) pour les meilleures variétés et 2 p.100 pour les plus mauvaises.

1.4. *Orge*

Cette céréale est peu utilisée habituellement dans les aliments destinés aux volailles. Cette situation résulte plus d'un manque de disponibilité sur le marché (emploi préférentiel chez le porc) et de la compétition du maïs et du blé que de graves défauts nutritionnels. En effet, certains pays où elle constitue la seule céréale capable de fournir une récolte satisfaisante (Scandinavie, Pays baltes, Afrique du Nord, etc...) l'utilisent en fortes proportions dans les aliments destinés aux oiseaux. Dans les Tables, nous ne rapportons que la qualité la plus utilisée en alimentation animale (escourgeons ou orges à 6 rangs). Les variétés à 2 rangs, qu'elles soient d'hiver ou de printemps, sont surtout destinées à la brasserie. Les « orgettes », ou déchets de calibrage de ces orges à 2 rangs, sont, elles aussi, utilisées en alimentation animale; elles ressemblent beaucoup par leurs caractéristiques aux orges à 6 rangs.

L'orge est plus riche que le blé en fibres (polyosides pariétaux); ce qui entraîne un abaissement de sa valeur énergétique. Celle-ci peut être estimée par sa teneur en cellulose brute (CB) selon l'équation moyenne :

$$EMA_n \text{ (kcal/kg MS)} = 3780 - 114 \text{ CB (p.100 MS)}$$

Elle est pauvre aussi en protéines. Celles-ci présentent cependant un profil d'acides aminés mieux adapté aux besoins des animaux que celui du maïs ou même du blé. Le tableau 11-4 fournit les relations entre les teneurs en acides aminés les plus importants et la teneur en protéines brutes.

Tableau 11-4. Teneur (rapportée à la matière sèche) en acides aminés de l'orge en fonction de sa teneur en protéines brutes.

	K_1	K_2
Lysine	0,167	0,0234
Méthionine	0,080	0,0087
Méthionine + cystine	0,253	0,0200
Tryptophane	0,010	0,0106
Thréonine	0,100	0,0260

Teneur en acide aminé (% m.s.) = $K_1 + K_2$. PB; où PB est la teneur en protéines brutes en % de la matière sèche.

Deux défauts peuvent limiter l'usage de l'orge en alimentation avicole. Le premier réside dans l'absence de pigments xanthophylles et peut être contrebalancé par l'emploi de matières premières riches en ces constituants. Le second est dû à la présence éventuelle de β-glucanes. Il s'agit de polyosides solubles non amylacés constitués de chaînes de glucoses liés en β 1-4 (70 p.100 des liaisons) et en β 1-3 (30 p.100 des liaisons).

Ils se distinguent donc de la cellulose vraie formée de chaînes de glucose liés entre eux par des liaisons en β 1-4 seulement, et de l'amidon dont les glucoses sont liés en α 1-3. Leur teneur dans l'orge varie de 1,5 à 8,5 p.100 (par rapport à la matière sèche). En général, les teneurs élevées sont associées à des conditions de récolte pour lesquelles le grain est immature (climats froids des régions septentrionales de l'Europe ou de l'Amérique). Il existe aussi un effet variétal important, les orges de brasserie étant sélectionnées pour une faible teneur en β-glucanes. Ces derniers ne sont pas hydrolysés par les oiseaux, faute d'enzymes digestives spécifiques. Ils forment des gels visqueux *in vitro* comme *in vivo ;* ce qui entraîne l'excrétion par les oiseaux de fientes riches en eau et l'humidification des litières. En outre, la croissance peut être significativement retardée et l'efficacité alimentaire abaissée. L'addition de β-glucanases à l'aliment ou à l'eau de boisson permet de pallier tous ces inconvénients.

Il existe des variétés d'orge dites « nues », c'est-à-dire dépourvues de glumelles. Elles présentent des caractéristiques qui les rapprochent du blé : valeur énergétique de 97 p.100 de celle du blé, protéines brutes (N*6,25) 96 p.100 de celles du blé. La présence de β-glucanes dans ces variétés est sans doute responsable des problèmes rencontrés lorsqu'on cherche à utiliser de telles orges comme seule céréale.

1.5. *Autres céréales*

Bien d'autres céréales sont utilisables en alimentation avicole, mais leur présence n'est guère significative sur le marché des matières premières.

L'avoine présente le grave défaut d'être peu énergétique (en moyenne 2930 kcal/kg MS) et pauvre en protéines (valeur proche de l'orge). En revanche, comme celles de l'orge, les protéines de l'avoine sont moins déséquilibrées en acides aminés essentiels. L'avoine est aussi assez riche en matières grasses (environ 6 p.100 de la MS). Il existe quelques variétés nues dont l'EMA$_n$ est proche de celle du maïs et leurs teneurs en protéines assez élevées (15 p.100 de la MS). Toutefois, ces variétés ont des rendements agronomiques médiocres et leurs grains sont fragiles du fait de l'absence de glumelles ; ce qui entraîne un pouvoir germinatif inférieur aux variétés classiques.

Le blé dur est surtout réservé à l'alimentation humaine : semoulerie, fabrication des pâtes alimentaires. Il est un peu plus riche que le blé tendre en énergie métabolisable et en protéines. Le profil d'acides aminés de ses protéines est assez semblable à celui du blé tendre.

Le seigle présente plusieurs défauts. Ses teneurs en énergie métabolisable (3200 kcal/kg de MS) et en protéines (11 p.100) sont médiocres. De plus, il renferme des polyosides solubles (β-glucanes) et des composés phénoliques (famille du N-alkyl résorcinol) qui limitent beaucoup les taux d'incorporation dans les aliments destinés aux volailles : 15 p.100 seulement dans les aliments pour jeunes en croissance et 25 p.100 chez les adultes. Au-delà, on observe des diarrhées et des baisses notables de performances.

Le triticale est un hybride de blé dur (*Triticum durum*) ou de blé tendre (*Triticum aestivum*) et de seigle, obtenu artificiellement en laboratoire. Supportant les mêmes conditions agronomiques difficiles que le seigle, il est plus productif que lui. En revanche, du point de vue nutritionnel, il lui est nettement supérieur du fait de la quasi-disparition des facteurs antinutritionnels du seigle. Les caractéristiques des triticales de grande culture sont proches du Triticum parental dont ils sont issus. Les premiers résultats obtenus sur petites parcelles expérimentales laissaient espérer une teneur en protéines plus élevée qui ne se retrouve pas en céréaliculture classique.

Le riz est essentiellement réservé à l'alimentation humaine. Certains lots peuvent quelquefois être dirigés vers l'alimentation animale. Le riz tel qu'il est récolté est appelé riz « paddy ». Il doit être décortiqué avant d'être utilisé en alimentation humaine. Cette opération fournit un son qui renferme souvent des brisures de grain et de la balle. Le riz s'appelle alors riz « cargo ». Il est ensuite blanchi, puis poli pour donner le riz poli, commercialisé pour l'alimentation humaine. Le son représente environ 6 p.100 du riz « paddy » et les issus de blanchiment et de polissage 3 p.100.

Le riz « paddy », comme le riz « cargo » et le riz poli, est pauvre en protéines (moins de 10 p.100 de la MS). Le décorticage et le polissage élèvent sa valeur énergétique de près de 600 kcal/kg de MS. A part l'absence de xanthophylles, le riz ne présente aucun défaut majeur et ne fait donc l'objet d'aucune limitation d'emploi.

2. Sous-produits des céréales

2.1. *Sous-produits du blé tendre*

Une partie du blé tendre fait l'objet de transformation industrielle en farine blanche destinée à l'alimentation humaine. Au cours de ces opérations, plusieurs sous-produits apparaissent. Leur emploi en alimentation avicole est très limité, du fait de caractéristiques nutritionnelles médiocres pour les oiseaux, qui les rendent plus aptes à l'alimentation du porc. Trois issues sont généralement commercialisées : le son, le remoulage bis et le remoulage blanc. Le premier est le plus pauvre en amidon (19 p.100 de la MS) et correspond pratiquement au péricarpe du grain, dont il renferme la plupart des glucides pariétaux. Il s'ensuit une faible valeur énergétique qui limite beaucoup l'emploi de cette matière première en aviculture. Les deux remoulages sont plus proches de la farine, donc plus riches en amidon et plus pauvres en fibres ; leur valeur énergétique est donc beaucoup plus élevée (3125 et 2400 kcal/kg de MS pour le remoulage blanc et le remoulage bis respectivement).

Les sons et remoulages sont relativement riches en protéines (environ 17 p.100 de la MS) dont le profil des acides aminés ressemble beaucoup à celui du grain d'origine. Enfin, les issues de blé sont riches en phosphore disponible, surtout le son (1,5 p.100 de la MS) et dans une moindre mesure le remoulage bis (0,40 p.100) et le remoulage blanc (0,30 p.100).

2.2. *Sous-produits du maïs*

Deux industries fournissent des sous-produits de maïs : l'amidonnerie et les distilleries. Ces dernières sont surtout répandues aux Etats Unis et la masse de leur production peut prendre une part significative du marché des matières premières destinées à l'alimentation animale.

L'industrie de l'amidon est à l'origine d'un grand nombre de produits élaborés à usage alimentaire (aliments de l'homme) ou industriels (papeterie, cosmétologie, pharmacie, textiles...). Un schéma simplifié de l'amidonnerie est présenté dans la figure 11-1. Les co-produits destinés à l'alimentation animale sont surtout le tourteau de germes, le gluten et le corn gluten feed. L'huile peut éventuellement être utilisée selon la conjoncture économique.

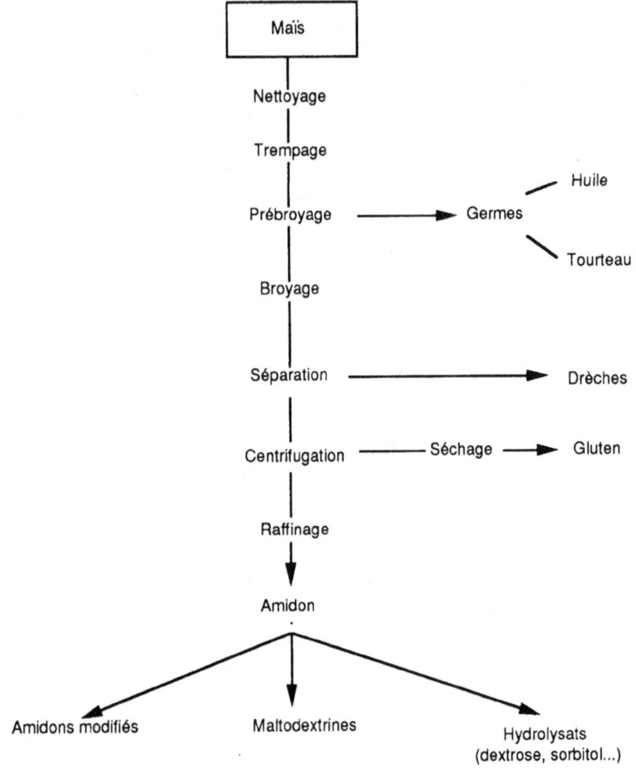

Figure 11.1. – Schéma d'une amidonnerie.

Le gluten le plus répandu est le gluten « 60 », c'est-à-dire renfermant 60 p. 100 de protéines brutes. C'est une matière première qui présente de nombreuses qualités, favorisant son emploi en aviculture. Il est à la fois riche en protéines et en énergie métabolisable. C'est aussi une source concentrée de pigments xanthophylles qui peut complémenter avantageusement les matières premières qui en sont dépourvues. Le seul défaut du gluten est le profond déséquilibre de ses protéines en acides aminés : déficience en lysine et tryptophane, excès de leucine. En revanche, les acides aminés soufrés y sont très abondants.

Le tourteau de germes peut être obtenu par pressage ou par extraction à l'hexane, cette dernière procédure étant la plus répandue. Il est peu prisé des aviculteurs à cause de sa faible valeur énergétique.

Le corn gluten feed correspond à peu de choses près à un maïs dépourvu de son amidon.

L'autre industrie du maïs, la distillerie, utilise cette céréale comme substrat de fermentation pour la production d'éthanol. Le sous-produit est constitué par les drèches, appelé aussi DDG (distillers dried grain) auquel est souvent mélangée une autre fraction appelée « solubles » contenant les plus petites particules résiduelles de maïs et les levures. Le schéma du processus de fabrication est représenté dans la figure 11-2. Les DDG sont riches en protéines, celles-ci présentant les mêmes déficiences en acides aminés que celles du maïs. La fermentation et la présence de levures enrichissent le produit en oligo-minéraux et en vitamines et améliorent la disponibilité du phosphore. Il n'existe aucune limite d'incorporation de DDGS d'ordre nutritionnel, que ce soit chez les adultes ou chez les jeunes. Chez la poule pondeuse, cette matière première exercerait un effet favorable sur la qualité de l'œuf (unité Haugh de l'albumen) qui dépend du type de pondeuse utilisé.

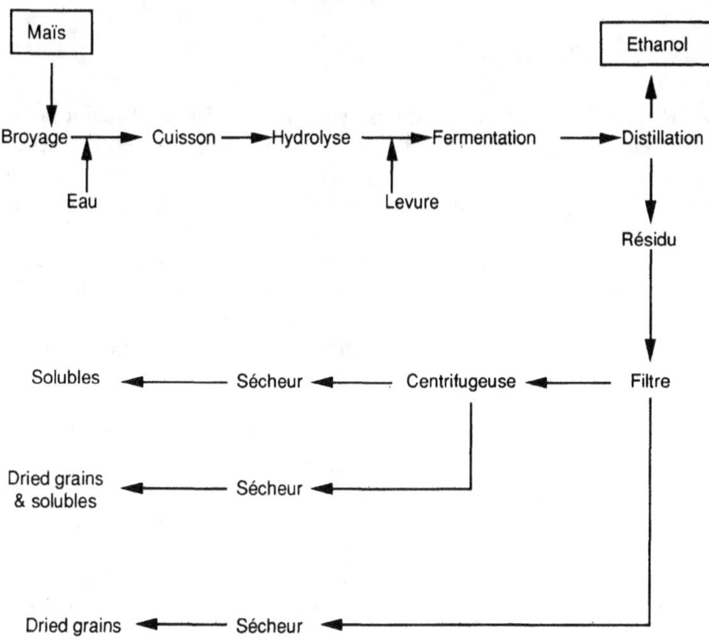

Figure 11.2. – Schéma de fabrication des drêches ou DDG (distillers dried grain).

Quelques équations permettent de prédire la valeur énergétique des sous-produits du blé tendre et les corn-gluten feeds à partir de quelques caractéristiques analytiques :

$$EMA_n = 3887 - 52\ Ce - 37{,}5\ PAR \qquad \text{(Carré, 1990)}$$

$$EMA_n = 31{,}3\ PB + 66{,}3\ Lip_a + 39{,}1\ ENA_{par} \qquad \text{(Carré, 1990)}$$

où PAR représente les parois végétales insolubles (méthode de Carré et Brillouet, 1989), Ce les cendres brutes, Lip_a les lipides bruts extraits à l'éther de pétrole sans hydrolyse, PB les protéines brutes et ENA_{par} l'extractif non-azoté calculé à partir des parois végétales insolubles au lieu de la cellulose brute. Toutes ces caractéristiques sont exprimées en p.100 de la matière sèche.

2.3. *Sous-produits de l'orge*

L'orge est principalement utilisée par l'industrie de fabrication de la bière. Le brassage du malt aboutit aux drêches de brasserie, dont la composition moyenne est présentée dans les Tables. Il s'agit d'une matière première assez proche des DDGS, bien qu'un peu moins riche en protéines et en énergie. Ses protéines sont toutefois mieux équilibrées que celles des DDGS. On attribue aux drêches des effets bénéfiques sur la qualité de l'œuf comme ceux des DDGS. Aucune limite d'utilisation n'est à signaler.

2.4. *Sous-produits du riz*

Le décorticage et le polissage du riz sont à l'origine de plusieurs sous-produits largement utilisés en alimentation animale dans les pays de production (Extrême-Orient, Asie du Sud-Est...) ou dans les pays importateurs. Deux catégories principales de sous-produits sont disponibles : les sons et les farines basses. Les sons proviennent du décorticage. Ils sont plus ou moins mélangés de balles selon la technologie et la propreté du riz « paddy » d'origine. De plus, ils peuvent être dégraissés par extraction au solvant (hexane). Les Tables fournissent la composition d'un son non dégraissé. Celle d'un son dégraissé peut en être déduite, sachant que l'extraction au solvant laisse environ 1,5 p.100 de matières grasses dans le produit.

Les farines basses proviennent des opérations de blanchiment et de polissage. Elles sont donc moins riches en fibres que les sons et également moins riches en protéines. Celles-ci, comme celles du riz entier, ne sont pas trop déséquilibrées. Les minéraux sont relativement abondants, en particulier le phosphore, mais aussi certains oligo-minéraux comme le manganèse et le zinc.

Les sous-produits du riz ne posent pas de problèmes de limite d'incorporation et peuvent entrer largement dans la constitution des aliments destinés aux volailles.

3. Sources glucidiques

Certaines sources de glucides particulièrement purs et digestibles peuvent trouver leur place dans l'alimentation des oiseaux domestiques. Il s'agit principalement du manioc. Le sucre peut exceptionnellement être disponible. Les mélasses sont, elles, un sous-produit de raffinage du sucre, fourni plus régulièrement sur le marché des matières premières. Enfin, l'amidon de maïs employé en alimentation humaine ou dans certaines industries non alimentaires peut servir surtout à la constitution de régimes expérimentaux. La composition de tous ces produits est donnée dans les Tables.

Pour le manioc, on distingue deux catégories : les maniocs granulés et les maniocs en racines. Leurs compositions sont très voisines. Le principal facteur de variation est la présence de terre, qui se traduit par des différences de teneurs en cendres insolubles dans l'acide chlorhydrique. Les maniocs granulés renferment en général 3 p.100 d'«insoluble chlorhydrique» de plus que le manioc en racines. Les valeurs extrêmes vont de 0,1 à 3,5 p.100 de la matière sèche. Les maniocs ne posent aucun problème en alimentation avicole; on ne leur connait pas de facteurs antinutritionnels. L'amidon y est très digestible chez l'oiseau (97 p.100).

Le sucre peut être incorporé dans les aliments destinés aux pondeuses et aux jeunes en croissance dans la limite de 20 p.100, au-delà de laquelle on peut assister à des baisses de performances. En fait, les principaux défauts du sucre sont d'ordre technologique : risque de se prendre en masse du fait de son pouvoir hygroscopique élevé, difficulté de granulation.

Les mélasses sont riches en minéraux, en particulier en potassium. C'est leur principal défaut qui oblige à limiter à 20 p.100 leur taux d'incorporation. Certaines mélasses particulièrement riches en potassium sont encore plus mal tolérées.

4. Tourteaux

Les tourteaux sont des sous-produits de l'industrie des huiles alimentaires. Ce sont des matières premières pauvres en matières grasses, surtout si elles proviennent d'un procédé d'extraction par solvant (hexane), technique la plus largement répandue à l'heure actuelle. Ils renferment en outre une proportion élevée de protéines qui fait tout leur intérêt en alimentation animale. Ces protéines sont de valeur inégale selon l'espèce végétale d'origine. Leur biodisponibilité (le plus souvent d'ordre digestif) et leur composition en acides aminés sont très variables. A côté de la fraction protéique, on trouve une fraction glucidique qui est souvent la plus importante. Ce sont principalement des polyosides insolubles non amylacés, constituants des parois cellulaires et des téguments des graines d'origine. Leur composition n'est pas encore parfaitement connue. Toutefois, ils ne posent pas en général de gros problèmes chez les oiseaux. En effet, ils jouent un simple rôle de diluant du fait qu'ils sont totalement indigestibles et n'inter-agissent pas avec le reste de la ration. Enfin, à côté de ces fractions majeures, on rencontre fréquemment des composés, présents en faible quantité, ayant des activités antinutritionnelles. De ce point de vue, chaque tourteau pose un problème particulier, résolu avec plus ou moins de succès.

Le schéma général d'une huilerie fait l'objet de la figure 11-3. L'usine fournit plusieurs types de sous-produits à destination de l'alimentation animale : le tourteau expeller (environ 6 p.100 de matières grasses brutes résiduelles), le tourteau «solvant» (de 1 à 2 p.100 de matières grasses), les mucilages (principalement des phospholipides), des «soapstocks» ou savons acidifiés, c'est-à-dire des acides gras libres, et enfin les argiles de décoloration (renfermant environ 50 p.100 de matières grasses). Les tourteaux sont décrits ci-après. Les «soapstocks» sont étudiés avec les matières grasses.

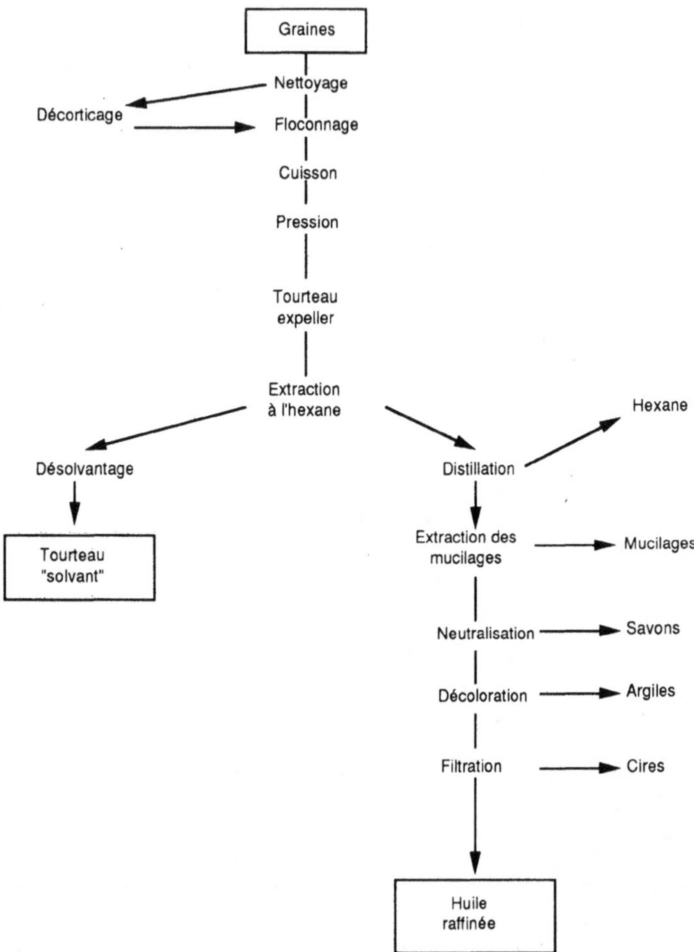

Figure 11.3. – Schéma général d'une huilerie.

4.1. *Tourteau de soja*

La graine de soja est en général décortiquée avant traitement ; ce qui conduit à la production d'un « tourteau 50 », renfermant environ 48 p.100 de protéines brutes et 2 p.100 de matières grasses brutes. C'est le tourteau le plus utilisé en alimentation des volailles. Il existe d'autres catégories renfermant des proportions plus ou moins importantes de téguments ou des résidus de nettoyage (balles) ; elles sont en général réservées à l'alimentation des espèces tolérant ou utilisant les constituants « fibreux » (ruminants, porcs...). Chez les oiseaux, ces tourteaux moins concentrés ont des caractéristiques nutritionnelles qui se déduisent du « tourteau 50 » par simple dilution, la fraction fibreuse ajoutée ne jouant aucun rôle actif.

Les protéines de ce tourteau sont très digestibles. De plus, leur profil en acides aminés convient aux besoins des oiseaux en croissance et des femelles en ponte : richesse en lysine, tryptophane, isoleucine, valine, thréonine..., équilibre correct entre leucine d'une part et isoleucine et valine d'autre part. Il est cependant légèrement déficient en acides aminés soufrés.

Le tourteau de soja est pratiquement dépourvu d'amidon, mais renferme de grandes quantités d'hémicelluloses et de substances pectiques (chaînes d'acides galacturoniques et d'arabinogalactanes) non dégradées dans le tube digestif des oiseaux.

La valeur énergétique des tourteaux peut être estimée à l'aide d'équations déterminées par Carré :

$$EMA_n(\text{kcal/kg de MS}) = 38,19\ PB + 75,66\ Lip_a + 26,10\ ENA_{par}$$

$$EMA_n = 0,364\ EB^{1,1} - 34,9\ PAR - 11,63\ PB$$

$$EMA_n = 0,831\ (4217 + 78,8\ Lip_a - 58,3\ Ce - 39,7\ PAR)$$

où EB est l'énergie brute du produit (kcal/kg de MS).

Le principal problème du soja réside dans la présence de facteurs à activité antitrypsique (voir p. 290). Comme la plupart des composés antitrypsiques, ceux du soja sont thermosensibles. Une simple granulation à la vapeur élevant la température de l'aliment à 80°C pendant quelques secondes réduit déjà notablement l'activité antitrypsique. Le contrôle de la qualité de la cuisson du soja fait appel à plusieurs tests de laboratoire (cf. chap. 12).

Le premier consiste à mesurer l'activité inhibitrice de la trypsine (TIA), exprimée en mg de trypsine inhibée par kg de produit. Différentes méthodes ont été proposées ; la méthode AOAC (1983) BA 12-75 est la méthode de référence. Une cuisson correcte élimine plus de 90 p.100 de cette activité. Toutefois, une cuisson excessive peut aboutir aux mêmes effets, tout en détériorant la biodisponibilité des autres protéines. C'est pourquoi deux autres tests ont été mis au point afin de détecter les lots de soja trop cuits. Le test à l'uréase mesure l'uréase résiduelle ; une cuisson excessive se traduit par une quasi-disparition de l'uréase. La méthode AOAC BA 9-58 ou la méthode CEE servent de référence. Le test au rouge de crésol consiste, lui, à mesurer la quantité de colorant adsorbé sur les protéines de soja, leur cuisson augmentant cette capacité d'adsorption. Ce test est rapide et efficace. Pour ces trois tests, les valeurs moyennes obtenues selon les conditions de cuisson sont présentées dans le tableau 11-5. La coloration de la farine est aussi un bon révélateur de la cuisson, mais ne peut être utilisée en pratique en raison des multiples causes qui peuvent interférer (intensité du dépelliculage, variété,...). Enfin, l'insolubilité des protéines peut être également un indice de cuisson ; il existe d'ailleurs un liaison positive et curvilénaire entre solubilité des protéines et activité uréasique, illustrée par la figure 11-4. Toutefois ce critère intéresse plus l'alimentation des ruminants que celle des oiseaux.

Le traitement thermique est d'autant plus efficace que la farine est humide, comme l'illustrent les figures 11-5, 11-6 et 11-7. Les corrélations entre les divers tests d'une part et les performances des animaux sont malheureusement très faibles quand on compare des échantillons provenant de différentes usines.

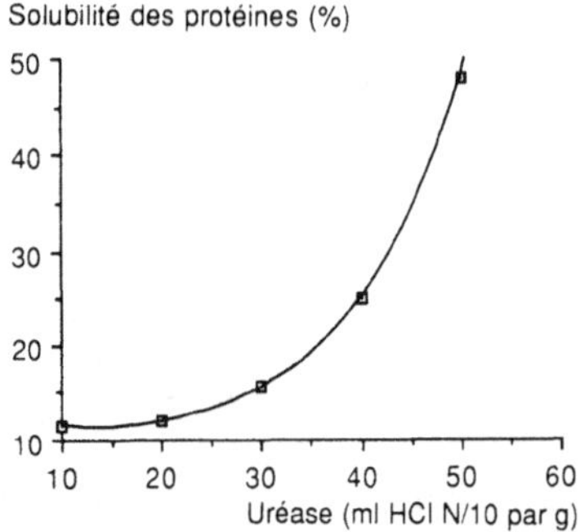

Figure 11.4. – Corrélation entre solubilité des protéines et activité uréasique du tourteau de soja selon les conditions de cuisson.

Tableau 11-5. Effets de la cuisson sur les tests de qualité du tourteau de soja.

	Cru	Peu cuit	Correctement cuit	Trop cuit
T.I.A. (mg/kg)	30 à 50		5	
Uréase (mg de N/min)	0,5		0,1 à 0,3	0,05
Rouge crésol (mg adsorbé/mg)		3,4	3,7 à 4,3	4,5

Ces corrélations ne sont significatives que si on prend en considération les échantillons non traités (crus) et que l'on ne s'intéresse qu'aux produits d'une même usine. En dépit de toutes ces restrictions, l'activité uréasique est considérée comme le moins mauvais des tests ; le meilleur, mais le plus long, étant le test de croissance. Il a été souvent signalé que les échantillons à activité uréasique trop faible (moins de 0,05 unité pH) correspondent le plus souvent à des échantillons trop cuits et conduisant à de médiocres performances de croissance. Une valeur de 0,5 unité pH semble être la plus satisfaisante.

En pratique, dans les installations modernes, le traitement thermique s'effectue au niveau du désolvantiseur, équipement destiné aussi à chasser les résidus d'hexane du tourteau. De multiples combinaisons entre température, humidité et temps sont envisageables et doivent être optimisées en prenant en compte la qualité du tourteau et le coût du traitement énergétique.

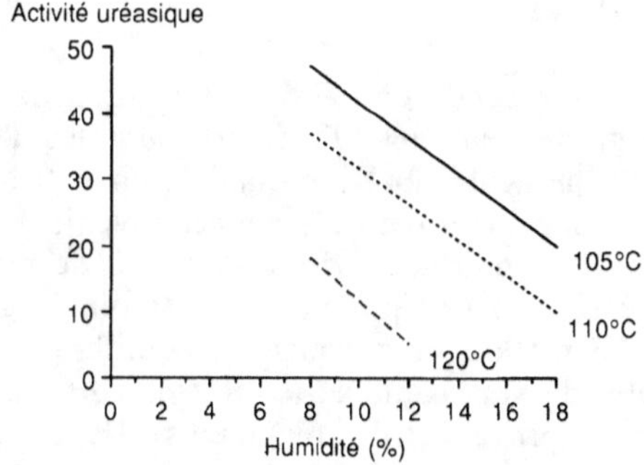

Figure 11.5. – Activité uréasique du tourteau de soja en fonction de l'humidité et de la température.

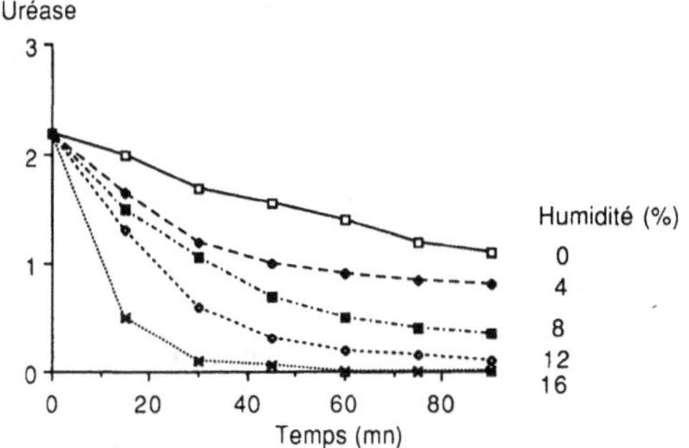

Figure 11.6. – Activité uréasique du tourteau de soja en fonction de l'humidité et de la durée de cuisson.

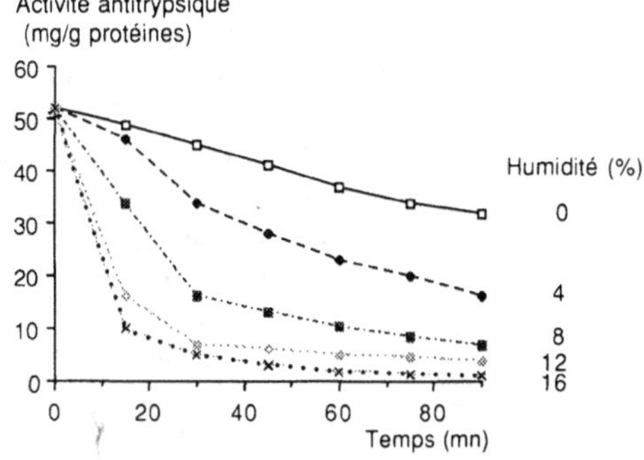

Figure 11.7. – Activité antitrypsique du tourteau de soja en fonction de l'humidité et de la durée de cuisson.

4.2. *Tourteau de colza*

Il est, lui aussi, très répandu en Europe et au Canada. Il est fabriqué en général à partir de graines entières. Toutefois, dans les Tables, nous faisons figurer un tourteau dépelliculé dont les qualités en nutrition aviaire laissent espérer un large développement dans les années à venir. Le tourteau de colza issu de graines entières renferme environ 40 p.100 de protéines brutes (par rapport à la matière sèche). Les protéines sont moins digestibles que celles du soja (72 contre 88 p.100). En revanche, l'équilibre en acides aminés est assez proche de celui du soja. Compte-tenu de la forte teneur en polyosides insolubles et en tanins (provenant des téguments), l'énergie métabolisable est relativement faible et constitue un des problèmes de ce tourteau. Celle-ci peut être estimée à l'aide d'équations proposées par Carré :

$$EMA_n = 28,12 \ PB + 75,56 \ Lip_a + 26,10 \ ENA_{par}$$

$$EMA_n = 0,364 \ EB^{1,1} - 38,0 \ PAR - 22,65 \ PB$$

$$EMA_n = 0,664(4217 + 78,8 \ Lip_a - 58,3 \ Ce - 39,7 \ PAR)$$

Le dépelliculage permet d'augmenter de 25 p.100 la valeur énergétique et de 15 p.100 la teneur en protéines brutes. Cependant la teneur du tourteau en lysine n'est que faiblement améliorée (+5 p.100 environ).

Les principaux problèmes du tourteau de colza sont dus à la présence de produits de dégradation des glucosinolates. Lors du chauffage de la graine, la myrosinase, enzyme native de la graine crue, décompose les glucosinolates en plusieurs familles de composés toxiques et amers. La toxicité joue principalement sur la fonction thyroïdienne et entraîne de légers retards de croissance et des baisses de ponte. Les facteurs responsables de l'amertume (isothiocyanates I.T.C.) sont peu actifs chez les oiseaux, qui sont de ce fait moins sensibles que les mammifères.

Aucun traitement technologique ne peut à l'heure actuelle, contrairement à ce qui se passe pour le soja, réussir à rendre le produit parfait d'un point de vue nutritionnel. Seule la sélection végétale permet d'abaisser notablement la concentration en glucosinolates. Les variétés non sélectionnées sur ce critère (dites « simple zéro ») renferment en moyenne 150 à 200 micromoles de glucosinolates totaux, alors que les variétés sélectionnées (« double zéro ») peuvent en renfermer moins de 50 micromoles par gramme de matière sèche.

En pratique, le tourteau de colza n'affecte en rien les performances de croissance si son taux d'incorporation ne dépasse pas 5 p.100 pour le tourteau « simple zéro » et 10 p.100 pour le « double zéro » dans les aliments distribués en finition (après 3 semaines d'âge), chez le poulet de chair. Au-delà de ces doses, le retard de croissance est en moyenne de 0,7 p.100 par point de tourteau de colza normal et 0,2 p.100 pour le colza pauvre en glucosinolates. Le jeune oiseau paraissant sensible, il est conseillé d'exclure ce tourteau des formules dites de démarrage. Chez les pondeuses, on n'observe pas de baisse de performance lorsqu'on ne dépasse pas 6 p.100 d'incorporation. Au-delà, plusieurs phénomènes défavorables font leur apparition : baisse du nombre d'œufs pondus (0,5 p.100 par « point » d'incorporation avec les tourteaux riches en glucosinolates et 0,25 p.100 avec les tourteaux pauvres), mortalité accrue par hémorragie hépatique, baisse du poids de l'œuf (au-delà de 10 p.100) et goût de poisson dans les œufs. Ce dernier phénomène est lié à la présence, dans le tourteau, de sinapine ; ester de l'acide sinapique et de la choline. L'acide sinapique ou un dérivé métabolique inhiberait les enzymes responsables de l'oxydation hépatique de la triméthylamine. Ce composé responsable du goût de poisson serait transmis au jaune de l'œuf. Il existe un effet important du génotype de la poule puisque le phénomène ne peut être observé chez les poules de type Leghorn. En pratique, la sinapine pose plus de problèmes que les glucosinolates en aviculture, d'autant plus que les variétés pauvres en glucosinolates présentent des teneurs importantes en sinapine.

4.3. *Tourteau de tournesol*

Il constitue une bonne source de protéines. Celles-ci sont déficientes en lysine mais en revanche très riches en acides aminés soufrés. Aucun facteur antinutritionnel ne vient limiter son usage. Seule sa valeur énergétique médiocre réduit son incorporation dans les aliments destinés aux volailles de chair. Le développement du tourteau décortiqué permet de mieux valoriser ce sous-produit en aviculture (+200 kcal/kg et + 4 points de protéines).

La valeur énergétique du tourteau de tournesol peut être estimée à partir de quelques caractéristiques analytiques selon les équations proposées par Carré et Lessire :

$$EMA_n = 33,50\ PB + 75,56\ Lip_a + 26,10\ ENA_{par}$$

$$EMA_n = 0,364\ EB^{1,1} - 39,1\ PAR - 16,35\ PB$$

$$EMA_n = 0,750\ (4217 + 78,8\ Lip_a - 58,3\ Ce - 39,7\ PAR)$$

4.4. *Tourteau d'arachide*

Il est l'un des tourteaux les plus riches en protéines, dont la biodisponibilité est également l'une des plus élevées. En revanche, la composition en acides aminés de ces protéines est assez médiocre : déficience en lysine, en acides aminés soufrés et en tryptophane. Le principal défaut du tourteau d'arachide est lié à la présence éventuelle d'aflatoxines. Ces toxines fongiques proviennent de champignons *(Aspergillus flavus)* se développant lors d'un stockage défectueux de la graine en région tropicale. La structure et les propriétés des aflatoxines sont décrites plus loin. En pratique, un tourteau dépourvu de toxines (moins de 1 p.p.m.) donne d'excellentes performances à partir du moment où il est bien supplémenté en acides aminés essentiels (lysine, méthionine et tryptophane).

4.5. *Tourteau de coton*

Sous-produit de l'industrie du coton (textile), il est particulièrement abondant dans les pays producteurs (Amérique du Nord, Afrique, Inde et Proche-Orient). C'est un tourteau de qualité moyenne : EMA_n proche de celle du tourteau de colza, teneur en protéines brutes de l'ordre de 45 p.100 de la MS. Celles-ci présentent une digestibilité inférieure de 10 p.100 à celle du tourteau de soja. De plus, elles sont de qualité médiocre quant à leur profil en acides aminés essentiels : pauvres en lysine et acides aminés soufrés.

Le problème nutritionnel posé par le coton est dû à la présence de gossypol. Il s'agit d'un pigment jaune comprenant 2 noyaux naphtalène, 2 fonctions aldéhydes et 6 fonctions alcool, ayant des effets néfastes sur la croissance et la viabilité des jeunes oiseaux. Chez la pondeuse, le tourteau de coton peut entraîner une coloration verte du vitellus. De plus, la présence d'acides gras cyclopropénoïdiques dans l'huile de coton est responsable d'une part de la couleur rose de l'albumen des œufs et d'autre part d'une viscosité anormalement basse du vitellus. Le gossypol libre semble plus toxique que le gossypol lié. Divers travaux ont montré que l'addition de sels de fer (ferreux) à l'aliment inactive l'effet du gossypol libre. Il faut en général 1 à 2 parts de fer pour une part de gossypol, afin d'inhiber l'effet de ce composé. En pratique, avec le tourteau de coton, il est déconseillé de dépasser le taux d'incorporation de 10 p.100 dans les aliments destinés aux volailles; ce qui correspond à un seuil de 100 p.p.m. de gossypol libre. Toutefois, les variétés « glandless » ont été sélectionnées afin de réduire la teneur en gossypol; leur succès agronomique et technologique n'est malheureusement pas totalement confirmé. La teneur de la graine en gossypol total peut être ainsi abaissée de 500 à moins de 10 p.p.m..

5. Protéagineux et oléoprotéagineux

Les graines de légumineuses représentent une source très intéressante de protéines pour 'es oiseaux. Parmi ces légumineuses, certaines servent de matières premières à l'huilerie comme cela a été décrit précédemment, mais elles peuvent aussi être utilisées en l'état. D'autres, qui sont pauvres en huile mais riches en amidon, sont incorporées directement dans les aliments destinés aux oiseaux. Enfin, d'autres graines comme le colza, qui est une crucifère, peuvent aussi être employées directement. Cet ensemble de graines constitue les protéagineux et oléoprotéagineux à cause de leur fourniture importante de protéines associées ou non à celle d'huile.

5.1. *Féverole*

Elle est relativement riche en protéines et en énergie, ses protéines riches en lysine, mais assez pauvres en acides aminés soufrés et en tryptophane. L'amidon, très abondant, n'est pas parfaitement digestible par les oiseaux à l'état cru; sa digestibilité est alors de 85 p.100. Les traitements thermiques de cette graine (ou les broyages très fins) conduisent toujours à des améliorations sensibles de la valeur énergétique (EMA$_n$) et de la digestibilité de l'amidon qui sont de l'ordre de 10 p.100. Ces traitements thermiques n'ont qu'un effet très limité sur la digestibilité des protéines (+3 p.100 en moyenne).

La féverole renferme plusieurs composés présentant un caractère antinutritionnel plus ou moins prononcé. Il y a tout d'abord la présence éventuelle de tanins, localisés principalement dans le tégument et dont la structure et les fonctions sont évoquées plus loin. Ils remplissent probablement une fonction de protection vis-à-vis des insectes et des champignons susceptibles de détruire la graine. Chez les oiseaux, ils entraînent une baisse de la digestibilité des protéines et, dans une moindre mesure, celle de l'amidon. Des variétés blanches très pauvres en tanins sont de ce point de vue plus intéressantes en alimentation avicole.

La féverole renferme aussi plusieurs facteurs antitrypsiques, mais l'activité totale reste faible (de l'ordre de 4 U.I./mg) et disparaît aisément à la suite d'un traitement thermique aussi simple que la granulation à la vapeur (80°C). Il ne semble pas que ces facteurs antitrypsiques posent de graves problèmes *in vivo* puisque le traitement thermique n'améliore que faiblement la digestibilité des protéines.

La présence de deux autres molécules est plus gênante, surtout chez la poule pondeuse; il s'agit de la vicine et de la convicine. Ce sont deux esters de glucose et de deux composés à noyau pyrimidique. La vicine est le 2,6-dihydroxypyrimidine-5-(β-D-glucopyranose) et la convicine le 2,4,5-trihydroxy-6-aminopyrimidine-5-(β-D-glucopyranose). Les formules chimiques font l'objet de la figure 11-8. Les concentrations en vicine et en convicine sont en moyenne respectivement de 0,5 et 0,2 p.100 du produit sec. On connait mal leur mode d'action au niveau métabolique chez les oiseaux.

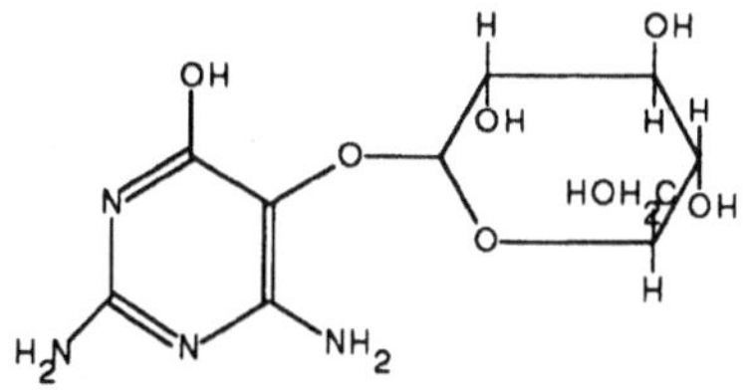

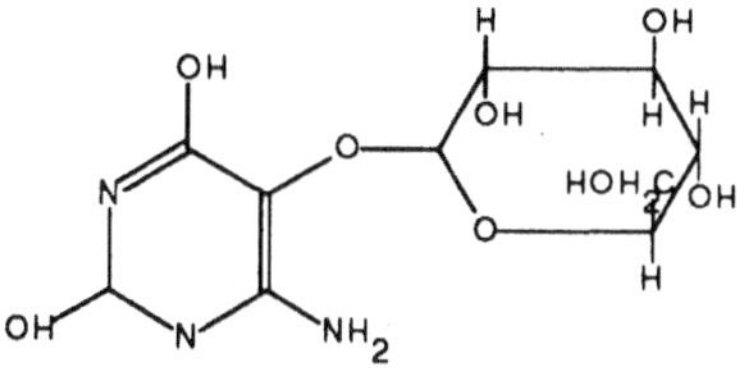

Figure 11.8. – Structure chimique de la vicine et de la convicine.

Chez le jeune en croissance, l'effet antinutritionnel dû à ces composés est très faible et ne pose pas de problème majeur. Il n'en est pas de même chez la poule en ponte qui s'avère très sensible; la consommation d'aliment et le poids de l'œuf sont significativement réduits par la présence de vicine et de convicine dans l'aliment. En moyenne, le poids de l'œuf est réduit de 1 p.100 (0,6 g) pour chaque tranche d'incorporation de 10 p.100 de féverole; ce qui conduit à limiter à 10 p.100 la présence de cette graine dans les aliments pour poule pondeuse.

D'autres facteurs antinutritionnels mineurs ont été signalés. Une antiniacine qui est thermolabile peut être aisément inactivée par un mélange vitaminique apportant suffisamment de niacine. Les α-galactosides (raffinose, stachyose et verbascose) ne posent guère de problème si les taux d'incorporation de la féverole restent modérés. Ce sont des oligosides constitués d'une molécule de saccharose à laquelle se fixe un chaînon de 1, 2 ou 3 galactoses. On connait mal leur utilisation par les oiseaux.

5.2. *Lupin doux*

Il est peu répandu, faute de variétés performantes d'un point de vue agronomique. C'est cependant une graine tout à fait utilisable pour l'alimentation des oiseaux. Elle est riche en protéines dont le profil en acides aminés est cependant médiocre : déficience en lysine, méthionine et tryptophane. Sa teneur énergétique est moyenne du fait de l'absence de glucides assimilables. La teneur en huile, assez variable selon les lots de graines, influe considérablement sur la valeur énergétique. Aucun facteur antinutritionnel ne vient limiter l'usage du lupin doux. Seules les contraintes de besoins des animaux en acides aminés indispensables et en énergie doivent être prises en considération. Les α-galactosides ne posent pas de problèmes, même aux taux élevés d'incorporation.

5.3. *Pois*

C'est aussi une légumineuse dont la graine ne pose guère de problème. Sa teneur en protéines est inférieure à celle de la féverole et le rend peu utilisable pour les formules riches en protéines telles que les aliments «démarrage». Ces protéines sont assez déficientes en acides aminés soufrés et en tryptophane, mais assurent un apport intéressant de lysine. Comme pour les céréales, la composition en acides aminés du pois varie en fonction de sa teneur en protéines. Le tableau 11-6 permet de calculer les teneurs en un certain nombre d'acides aminés, connaissant la teneur en protéines brutes de l'échantillon.

Tableau 11-6. Teneur (rapportée à la matière sèche) en acides aminés du pois en fonction de sa teneur en protéines brutes.

	K_1	K_2
Lysine	0,364	0,0595
Méthionine	0,078	0,0069
Méthionine + cystine	0,300	0,0127
Tryptophane	0,024	0,0071
Thréonine	0,277	0,0273
Glycine + sérine	0,300	0,0800
Leucine	0,109	0,0670
Isoleucine	0,203	0,0362
Valine	0,176	0,0425
Histidine	−0,006	0,0247
Arginine	−1,455	0,1538
Phénylalanine + tyrosine	0,447	0,0651
Acide glutamique	−0,287	0,1795
Acide aspartique	−0,148	0,1243

Teneur en acide aminé (% m.s.) = $K_1 + K_2$. PB; où PB est la teneur en protéines brutes en % de la matière sèche.

La valeur énergétique du pois est, comme celle de la féverole, compatible avec la plupart des formules alimentaires utilisées en aviculture. L'amidon du pois est, lui aussi, imparfaitement digéré à l'état crû. De ce point de vue, il existe une forte variabilité entre variétés et lots de graines.

La digestibilité de l'amidon du pois crû se situe entre 75 et 90 p.100. Les traitements thermiques l'améliorent et peuvent la relever à la valeur de 95 p.100, inférieure de toute façon à celle des céréales. Les variétés d'hiver sont de ce point de vue moins digestibles que les variétés de printemps. Les seuls facteurs antinutritionnels du pois sont les facteurs antitrypsiques. L'activité antitrypsique est de toute façon assez faible : 9 U.I. / mg pour les variétés d'hiver et 4 U.I. pour celles de printemps. Les traitements thermiques les suppriment totalement et améliorent légèrement la digestibilité des protéines. En pratique, chez les volailles en croissance, le pois ne pose aucun problème de limite d'incorporation autre que ceux liés aux contraintes de besoins en acides aminés. Chez la poule pondeuse, on note un effet légèrement négatif du taux de pois sur les performances de ponte qui conduit à limiter l'incorporation à 10 p.100. La granulation à la vapeur permet d'améliorer la valeur énergétique des pois, en particulier celle des variétés d'hiver.

5.4. *Graine de soja*

Elle peut être utilisée entière après traitement thermique. Elle est à la fois riche en protéines très bien équilibrées (sauf en acides aminés soufrés) et riche en énergie du fait de la présence d'huile. Cette dernière fixe d'ailleurs les limites d'incorporation qui sont plutôt d'ordre technologique que nutritionnel. Parmi les traitements thermiques, l'extrusion parait être le plus efficace pour valoriser la graine sur le plan nutritionnel. Le toastage est souvent un peu moins efficace.

5.5. *Graine de colza*

Son utilisation peut être préconisée dans les aliments destinés à l'aviculture. Sa teneur en protéines est moyenne mais sa valeur énergétique est très élevée du fait de la présence d'une quantité importante d'huile (près de 50 p.100 du produit sec). Comme pour le soja, les limites d'incorporation sont surtout d'ordre technologique à cause de l'huile. L'un des problèmes à résoudre est le broyage fin de cette graine, faute de quoi la digestibilité des protéines et de l'huile n'atteignent pas les valeurs maximales possibles. Le seul facteur antinutritionnel qui peut poser un problème est la sinapine. Les glucosinolates (voir ci-après) ne sont pas toxiques du fait qu'ils n'ont pu être notablement hydrolysés par la myrosinase endogène en isothiocyanates et vinylthiooxazolidone.

6. Dérivés de la luzerne

Les produits dérivés de la luzerne ont été utilisés depuis longtemps dans les aliments destinés aux volailles, principalement comme source de pigments caroténoïdes (xanthophylles). Les aliments destinés aux pondeuses et aux volailles de chair à peau jaune doivent apporter des quantités importantes de ces pigments. La nécessité d'une supplémentation s'impose pour les céréales autres que le maïs. Elle est souvent nécessaire même en présence de maïs lorsque l'intensité de la pigmentation exigée est élevée.

La farine de luzerne est commercialisée sous plusieurs catégories en fonction des espèces animales. Les tables de composition renferment les caractéristiques de la catégorie retenue couramment en aviculture. Son principal défaut est sa faible valeur énergétique. Les protéines sont assez bien équilibrées en acides aminés essentiels. Les xanthophylles de la luzerne sont en général moins efficaces que ceux du maïs pour colorer le jaune de l'œuf comme la peau des volailles de chair. Ce point particulier est développé dans le paragraphe consacré à ce sujet (p. 285).

La farine de luzerne contient des saponines qui exercent des effets antinutritionnels. Elles sont responsables des défauts de croissance et de baisse de la valeur énergétique si les taux d'incorporation de farine de luzerne dépassent un seuil critique. C'est la raison pour laquelle la farine de luzerne est une matière première dont la valeur énergétique décroît avec le taux d'incorporation. Les apports élevés (plus de 30 p.100) peuvent même aboutir à des valeurs énergétiques proches de zéro. En pratique, il est conseillé de ne pas dépasser 10 p.100 d'incorporation dans les aliments destinés aux volailles.

La valeur énergétique des farines de luzerne peut être estimée par quelques équations proposées par Carré :

$$EMA_n = 22{,}73\ PB + 75{,}56\ Lip_a + 26{,}10\ ENA_{par}$$

$$EMA_n = 0{,}364\ EB^{1,1} - 38{,}4\ PAR - 33{,}37\ PB$$

$$EMA_n = 0{,}605\ (4217 + 78{,}8\ Lip_a - 58{,}3\ Ce - 39{,}7\ PAR)$$

Le concentré de luzerne est obtenu par floculation des protéines contenues dans le jus de feuilles obtenu par pressage. Cette matière première est riche en protéines (plus de 50 p.100 de la MS). Le profil en acides aminés de ces protéines est particulièrement intéressant pour les volailles : richesse en tryptophane, lysine et thréonine. Le concentré de luzerne est aussi particulièrement riche en xanthophylles (1000 p.p.m.), ce qui fait tout son intérêt en aviculture. Ses pigments présentent le même défaut que ceux de la farine de luzerne, quant à la disponibilité. Le principal problème rencontré avec le concentré de luzerne est sa forte teneur en saponines qui limitent son utilisation dans les aliments composés (maximum : 5 p.100).

7. Farines animales

Les farines d'origine animale comprennent l'ensemble des sous-produits des industries de la viande, du poisson et du lait. Leur emploi s'est développé dès le début de l'industrialisation de l'alimentation animale. On leur attribuait des qualités particulières jusqu'à la découverte des vitamines hydrosolubles, en particulier de la vitamine B_{12}. Actuellement elles sont simplement utilisées en fonction de leur valeur nutritionnelle liée à leur forte teneur en minéraux et en acides aminés.

7.1. *Farines de viande*

Elles sont obtenues par cuisson et séchage des déchets d'abattoir ou d'industries de la viande. Ce produit a longtemps été hétérogène du fait de la variabilité de la matière première de base et de la dispersion des usines de fabrication. Un effort important a été réalisé depuis plusieurs années pour créer des catégories aux caractéristiques garanties en protéines, matières grasses et minéraux. En pratique, on rencontre 2 catégories principales : la farine dite « 55 grasse » et la farine dite « 60 maigre ».

Les farines de viande sont commercialisées soit en l'état (avec leurs matières grasses), soit après dégraissage par l'hexane. Les matières grasses obtenues après ce traitement sont commercialisées comme suif ou introduites dans des mélanges (graisses animales). Les Tables fournissent les caractéristiques des 2 farines les plus répandues. On peut, grâce à l'équation suivante, calculer la valeur énergétique d'une farine de composition différente :

$$EMA_n = 3570 + 60 \, MG - 45{,}5 \, Ce \qquad \text{(Lessire et coll., 1982)}$$

où EMA_n est l'énergie métabolisable en kcal/kg de MS
  MG matières grasses brutes (p.100)
  Ce cendres brutes (p.100)

La présence d'une fraction importante sous forme de minéraux limite l'emploi des farines de viande. En effet, au delà de 10 p.100 d'incorporation, la farine de viande entraîne des baisses de performances chez les animaux en croissance. En outre, on observe une diminution de la digestibilité des graisses et des protéines qui conduit à une réduction de la valeur énergétique de cette matière première. Pour cette raison, la valeur EMA_n de la farine de viande dépend de son taux d'incorporation. En pratique, ce dernier est faible, ne dépassant pas 10 p.100. Dans ces conditions, les qualités nutritionnelles, en particulier la valeur énergétique, sont supérieures aux valeurs habituellement attribuées à ces farines, valeurs qui sont obtenues dans des expérimentations où le taux d'introduction est généralement très supérieur à ceux retenus en alimentation animale courante.

7.2. *Farines de poisson*

Elles sont, elles aussi, assez hétérogènes du fait de la matière première d'origine : déchets ou poissons entiers, poissons maigres ou poissons gras. Les farines de poisson peuvent être comme les farines de viande commercialisées, dégraissées ou non. En pratique, on rencontre surtout deux catégories : la farine « 65 grasse » et la farine « 72 maigre ». L'huile de délipidation est commercialisée comme huile de poisson à destination de l'alimentation animale. L'EMA_n d'une farine quelconque différente de celles figurant dans la Table, peut être prédite par l'équation suivante :

$$EMA_n = 39{,}5 \, PB + 64{,}5 \, MG$$

où EMA_n en kcal / kg de produit brut
  PB protéines brutes (p.100)

Les protéines de poisson sont d'excellente valeur biologique, même pour ce qui concerne les acides aminés soufrés.

7.3. *Farine de sang*

On l'obtient par déshydratation du sang d'abattoir. C'est une source très concentrée de protéines hautement digestibles. Leur équilibre correspond aux besoins des oiseaux en production. Seul l'excès de leucine peut gêner son utilisation en créant un déséquilibre avec les autres acides aminés ramifiés (isoleucine, valine). En pratique, il vaut mieux ne pas dépasser un taux d'incorporation de 5 p.100.

7.4. *Farine de plumes*

Provenant, elle aussi, des abattoirs de volailles, la farine de plumes subit une hydrolyse qui rend ses protéines partiellement digestibles (digestibilité apparente = 65 p.100). Riches en cystine, les protéines de plumes sont quasi dépourvues de méthionine et très pauvres en lysine. Elles ne peuvent donc être utilisées qu'en complément d'une autre source de protéines.

7.5. *Poudre de lait écrémé*

Elle peut être incorporée dans les aliments destinés aux volailles. Sa forte teneur en lactose limite son emploi, l'oiseau ne pouvant pas hydrolyser ce disaccharide. Seule la flore intestinale est susceptible d'en dégrader une faible proportion. Au delà d'un taux d'incorporation de 10 p.100, les risques de diarrhées augmentent. En dessous de cette valeur, la poudre de lait est bien tolérée et efficace en raison de la digestibilité de ses protéines et de leur excellent équilibre en acides aminés.

8. Organismes unicellulaires

Les industries de fermentation peuvent produire des matières premières qui sont utilisables en alimentation des volailles et qui sont soit des sous-produits, comme la levure de brasserie, soit des produits principaux comme les protéines de bactéries cultivées sur méthanol. D'autres sources d'organismes unicellulaires ou de champignons ont pu être obtenues à partir d'autres substrats (résidus ligneux...), mais ne représentent pas une disponibilité significative.

Ces matières premières sont riches en protéines correctement digestibles par les oiseaux. Ces protéines sont en général riches en acides aminés essentiels, sauf les acides aminés soufrés et l'arginine. Leur valeur énergétique est en revanche moyenne, faute de lipides et de glucides digestibles. On note également la présence d'une quantité notable d'acides nucléiques (ADN et ARN) qui peuvent poser des problèmes métaboliques s'ils sont ingérés en excès. Ces problèmes apparaissent au-delà de 10 p.100 d'incorporation dans des aliments pour jeunes en croissance. De ce point de vue, les pondeuses paraissent les plus tolérantes.

Les levures et protéines bactériennes sont, cependant, d'excellentes sources de vitamines hydrosolubles, en particulier d'acide folique et de biotine. C'est la raison pour laquelle on attribuait autrefois à ces matières premières des vertus particulières en alimentation animale avant de disposer de vitamines pures.

9. Matières grasses

Les oiseaux domestiques, surtout ceux qui sont élevés en vue de la fourniture de viande, consomment des quantités importantes de matières grasses. Ces matières premières permettent d'élever la concentration énergétique des aliments et donc de diminuer les indices de consommation (quantité d'aliment / gain de poids). Elles permettent de la même façon l'utilisation de matières premières riches en protéines et pauvres en énergie, et sont de ce fait le complément naturel des tourteaux. Les matières grasses utilisées sont en général des sous-produits de l'huilerie et des abattoirs de bovins, porcs et volailles. Les caractéristiques de ces matières premières sont résumées dans les Tables.

La digestibilité des matières grasses, donc leur valeur énergétique, dépend de nombreux facteurs liés : 1) soit à la nature de la matière grasse elle-même ; 2) soit aux interactions de la graisse avec le reste de la ration ; 3) soit au type d'animal consommateur.

Parmi les facteurs propres à la matière grasse elle-même, il faut d'abord signaler la longueur de la chaîne carbonée des acides gras contenus dans la graisse. Ce phénomène est particulièrement important pour les acides gras saturés. Les acides à chaîne courte ou moyenne sont nettement mieux absorbés que les acides à chaîne longue. C'est ainsi qu'à l'état pur, l'acide laurique (12 carbones) présente une digestibilité de 65 p.100 et une valeur énergétique de 5800 kcal/kg alors que les caractéristiques correspondantes sont respectivement de 25 p.100 et de 2000 kcal / kg pour l'acide myristique (14 carbones) et sont pratiquement nulles pour l'acide palmitique (16 carbones) et l'acide stéarique (18 carbones). La désaturation joue également un rôle essentiel. En effet, les acides palmitoléique (16 carbones et 1 double liaison) et oléique (18 carbones 1 double liaison) sont, eux, parfaitement digestibles quand on les compare avec leurs homologues saturés. La polydésaturation n'apporte en général aucun gain de digestibilité par rapport à la monodésaturation. L'acide linoléique (18 carbones 2 doubles liaisons) n'est pas mieux digéré que l'acide oléique.

L'hydrolyse des triglycérides d'origine peut influencer de façon significative la valeur énergétique. En général, les acides gras libres présentent une valeur énergétique inférieure de 10 p.100 à celle des triglycérides d'origine. Ce phénomène parait assez linéaire si bien que l'on peut estimer que l'accroissement de 1 p.100 de l'acidité libre réduit en moyenne de 0,1 p.100 la valeur énergétique d'une matière grasse. Enfin, les acides gras libres peuvent interagir les uns avec les autres au cours des processus digestifs. En particulier les acides désaturés favorisent l'absorption des acides saturés. On a donc affaire à un cas classique de synergie (ou de non-additivité), illustré par la figure 11-9. Les effets synergiques sont observés dès les faibles taux d'incorporation d'huile végétale dans le suif. Cette synergie peut expliquer, comme cela sera exposé ci-après, que la valeur énergétique d'une matière grasse dépende de l'aliment auquel elle est ajoutée et aussi de son taux d'incorporation dans cet aliment. C'est particulièrement le cas des graisses saturées comme le suif et dans une moindre mesure des saindoux.

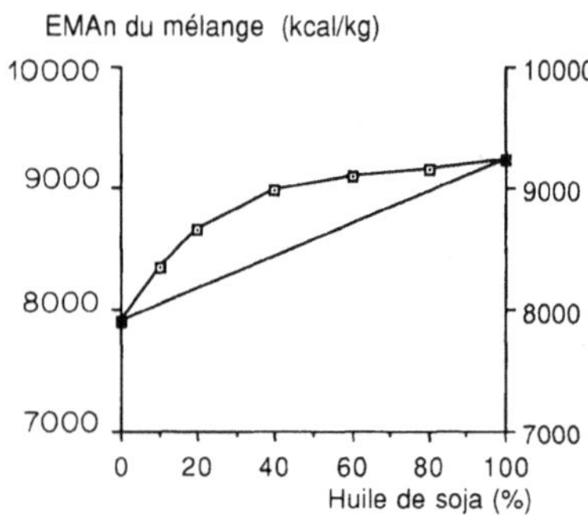

Figure 11.9. – Effet synergique de l'incorporation de l'huile de soja sur la valeur énergétique du mélange suif + huile (□ = valeurs observées).

Des interactions peuvent se produire avec le reste de l'aliment dans lequel est incluse la graisse. La première interaction est illustrée par la synergie décrite précédemment. En effet, le reste de l'aliment peut renfermer une autre matière grasse (ex : l'huile présente dans le maïs, la matière grasse d'une farine de viande).

C'est ainsi que le suif introduit dans un aliment à base de maïs est mieux digéré que s'il l'est dans un aliment à base de blé. La différence peut être de près de 2000 kcal / kg et s'explique parfaitement par la synergie décrite ci-dessus. Quand le rapport entre le suif et l'huile est trop élevé, du fait d'une forte incorporation de suif, la synergie devient moins prononcée. La valeur énergétique du suif décroît donc lorsque le taux d'introduction dans l'aliment augmente. Comme les niveaux d'incorporation de matières grasses ne dépassent pas 5 à 7 p.100, cette synergie s'exprime tout de même correctement.

En pratique, la valeur énergétique des suifs est souvent très supérieure à celle donnée dans les tables de composition pour lesquelles on retient fréquemment des valeurs issues d'expériences mettant en jeu des concentrations élevées de graisse (10 à 20 p.100). Ce phénomène est renforcé chez le jeune oiseau du fait de sa capacité limitée à digérer les matières grasses, surtout celles qui sont saturées. Chez celui-ci, la digestibilité de telles matières premières demeure correcte tant que le taux d'incorporation ne dépasse pas 5 p.100.

Des interactions peuvent également se produire avec les minéraux de l'aliment, en particulier le calcium. Toutefois, ce phénomène reste limité aux acides saturés (stéarique et palmitique) et n'apparait qu'en cas d'excès de calcium, en général au-dessus du besoin de l'oiseau (plus de 1 p.100 chez le poulet en croissance). En pratique, cette interaction, qui conduit à une baisse de la digestibilité des acides gras, ne peut apparaitre sauf si la formule présente des excès de calcium. Ce phénomène explique la mauvaise utilisation des fortes proportions de viande grasse.

Ce sont probablement l'ensemble des effets synergiques signalés précédemment qui expliquent l'effet extra-calorique des graisses alimentaires. De nombreux expérimentateurs ont souvent observé, en effet, que la valeur énergétique d'une matière grasse est supérieure à son énergie brute ou aux résultats prédits par la digestibilité des acides gras.

Il existe aussi des facteurs liés à l'animal lui- même. On sait depuis longtemps que les jeunes oiseaux digèrent les matières grasses, surtout celles renfermant de fortes proportions d'acides saturés, avec une efficacité inférieure à celle des adultes. Chez le très jeune animal (moins de 7 jours pour le poussin), la digestibilité de toutes les matières grasses est particulièrement médiocre, même les huiles végétales qui peuvent atteindre seulement la valeur de 80 p.100 (35 p.100 pour le suif). La digestibilité augmente régulièrement avec l'âge mais n'atteint pas à 7 semaines la valeur observée chez l'adulte. Il faut donc être prudent dans l'utilisation des valeurs énergétiques fournies par les Tables de composition si l'âge de l'oiseau n'est pas spécifié.

Les aliments de démarrage doivent donc renfermer des doses modérées de graisses (moins de 5 p.100) et des graisses désaturées (huiles végétales, graisses de volailles...). Il semble exister aussi des différences entre espèces aviaires. Le dindonneau parait utiliser mieux les matières grasses que le poulet dans le jeune âge (3 semaines) mais il demeure sensible, lui aussi, aux graisses saturées. A l'âge de 2 semaines, la digestibilité du suif est médiocre, comme chez le poulet, et ne dépasse pas 57 p.100. Ce défaut de digestibilité chez le jeune oiseau semble être dû à une sécrétion biliaire insuffisante. L'addition de sels biliaires, surtout avec les graisses saturées, permet de relever significativement la digestibilité des suifs chez le poulet et le dindonneau. La flore intestinale peut, elle ausi, aggraver quelque peu ce défaut en dégradant une part des sels biliaires.

Diverses équations ont été proposées pour estimer la valeur énergétique chez l'adulte :

$$EMA_n = 6013 + 39,7 \, I$$
$$EMA_n = 6112 + 39,3 \, I - 3,4 \, Ac$$
$$EMA_n = 15495 - 221,3 \, Pl - 106,2 \, St \qquad \text{(Terpstra, 1979)}$$

où I est l'indice d'iode, Ac est l'acidité libre, Pl le pourcentage d'acide palmitique, St le pourcentage d'acide stéarique.

$$EMA_n = 8550 - 8630 \, e^{-3,07x} \qquad \text{(Huyghebaert, 1986)}$$

où x = (indice d'iode × pourcentage de lipides non polaires)/10^5.

Le pourcentage de lipides non polaires correspond à la fraction de triglycérides intacts, c'est-à-dire n'ayant pas subi d'oxydation ou de polymérisation de leur acides gras (cas des huiles de friture). Ils sont déterminés après chromatographie sur colonne d'acide silicique avec comme éluant le mélange éther de pétrole (87 p.100) et éther éthylique (13 p.100) (méthode Gupta).

Chez le poulet d'autres équations ont été calculées :

$$EMA_n = 4340 + 57\ I \qquad \text{(Halloran, 1977)}$$

$$EMA_n = 3985 + 66{,}2\ I$$
$$EMA_n = 3950 - 33\ Ac + 75\ AGI \qquad \text{(Lessire)}$$

où AGI est le pourcentage d'acides insaturés

$$EMA_n = 8710 - 62{,}2\ AGS \qquad \text{(Scheele, 1985)}$$

où AGS est le pourcentage d'acides gras saturés.

Les matières grasses peuvent aussi constituer une source d'acides gras indispensables.

L'acide linoléique est considéré comme l'acide gras susceptible de poser des problèmes de carence dans certaines circonstances. C'est un acide gras à 18 carbones et 2 doubles liaisons de forme *cis*, l'une entre les carbones 9 et 10, l'autre entre les carbones 12 et 13 (les carbones étant comptés à partir de la fonction acide). C'est cette dernière double liaison, que l'oiseau est incapable de réaliser, qui donne à l'acide linoléique et à ses dérivés (acide arachidonique) leur caractère essentiel.

Les carences en acide linoléique sont difficiles à provoquer chez les oiseaux. Il est nécessaire de carencer les mères et de recourir à des régimes hautement purifiés. Les carences chez le jeune sont surtout caractérisées par un retard de croissance, des fragilités capillaires et des manifestations cutanées. L'emplumement est retardé, de même que l'apparition de la maturité sexuelle. Chez l'adulte, la carence peut difficilement apparaître si l'animal a reçu de l'acide linoléique durant sa croissance. Le besoin est estimé chez le poulet en croissance à 0,8 p.100 de l'aliment, niveau au-dessous duquel on ne peut parvenir qu'en ayant recours à des matières premières particulières (manioc, isolats protéiques, farine de viande dégraissée...).

Chez la poule pondeuse, on a signalé un effet favorable de l'acide linoléique sur le poids de l'œuf. Les premières investigations ont conduit à recommander une concentration des aliments en cet acide gras de 2 p.100. En fait, il semble qu'on ait confondu un effet de l'acide linoléique avec un effet des matières grasses en elles-mêmes. Les réévaluations les plus récentes du besoin pour atteindre la taille maximale de l'œuf ne dépassent pas 1 p.100 de l'aliment. Ce besoin peut donc être satisfait sans supplémentation particulière dès lors que le régime contient des céréales.

La qualité des matières grasses, en dehors de leur acidité et de leur composition en acides gras, a fait l'objet d'un nombre très faible de recherches chez les oiseaux. L'indice de peroxyde est utilisé comme test d'oxydation des produits. En fait, il renseigne sur l'importance des hydroperoxydes qui sont les produits intermédiaires et transitoires de l'oxydation des acides désaturés. L'indice d'anisidine, plus rarement mesuré, renseigne sur la teneur en aldéhydes. La combinaison de ces deux critères fournit une meilleure information sur l'ensemble du degré d'oxydation. Les triglycérides intacts (méthode Gupta) semblent un critère également performant puisqu'il est corrélé à la valeur énergétique. Il existe aussi des composés monocycliques et dicycliques, résultats d'un chauffage des huiles désaturées. Ces composés sont présents dans les huiles de friture incorporées de plus en plus fréquemment dans les aliments pour volailles. Ils ne sont pas très toxiques mais ne sont guère utilisables par les animaux. La mesure des triglycérides intacts permet de les évaluer par élimination lorsqu'on met en œuvre la méthode Gupta. Nos connaissances dans ce domaine sont nettement insuffisantes. Des aliments renfermant de fortes proportions de graisses désaturées et conservées trop longtemps donnent de mauvaises performances. En pratique, il y a donc lieu de ne pas entreposer un aliment supplémenté en graisse désaturée pendant plusieurs mois. En outre, il est recommandé d'ajouter à la matière grasse ou à l'aliment un antioxydant (éthoxyquin, B.H.T., B.H.A.).

10. Sources de pigments xanthophylles

Les pigments xanthophylles sont susceptibles d'être absorbés au niveau intestinal et de se fixer ensuite soit dans les lipides de réserve, soit dans les lipoprotéines du jaune de l'œuf. Ces pigments naturels ou de synthèse ne présentent aucun caractère d'indispensabilité nutritionnelle mais donnent aux produits une pigmentation jaune ou jaune-orangée, recherchée par le consommateur. Les besoins en pigments xanthophylles sont exposés dans les chapitres qui traitent des volailles en croissance et des pondeuses.

Ce sont des composés terpéniques, structurellement dérivés du β-carotène par hydroxylation ou oxydation. Les formules des principaux d'entre eux sont présentés dans la figure 11-10. La lutéine est le plus répandu à l'état naturel, comme l'indique le tableau 11-10. C'est lui qui sert souvent d'étalon. La zéaxanthine est le second caroténoïde par ordre d'abondance naturelle. Il représente près de 30 p.100 des pigments du maïs et du gluten de maïs. On trouve aussi dans ces dernières matières premières la cryptoxanthine (10 p.100 des pigments) et la zéinoxanthine (5 p.100).

Les teneurs du maïs en xanthophylles sont assez variables. Les proportions relatives de lutéine et de zéaxanthine peuvent être très différentes et expliquer les efficacités de coloration différentes, elles aussi. La luzerne et ses produits renferment la violaxanthine et la néoxanthine, dérivés époxy qui sont très mal tranférés au sein de l'organisme animal.

Il existe à côté de ces pigments majeurs plusieurs composés mineurs appelés polyoxyxanthophylles qui ne traversent guère la barrière intestinale et sont responsables des différences d'efficacité colorante des xanthophylles totaux des diverses matières premières.

Les oiseaux sont capables de transformer partiellement les caroténoïdes majeurs en d'autres caroténoïdes en remplaçant des fonctions hydroxy– par des fonctions cétoniques sur les carbones 3 et 3'. Ces métabolites peuvent être transférés dans les œufs mais leurs concentrations respectives demeurent faibles (de l'ordre de 1 p.100 des pigments caroténoïdes totaux). A côté des pigments naturels, tels ceux du maïs, de la luzerne et de la fleur de souci, existent des pigments de synthèse aussi efficaces que les premiers. Le plus connu est l'ester éthylique de l'acide β-8'-caroténoïque. La canthaxanthine, elle même, peut être obtenue par synthèse organique.

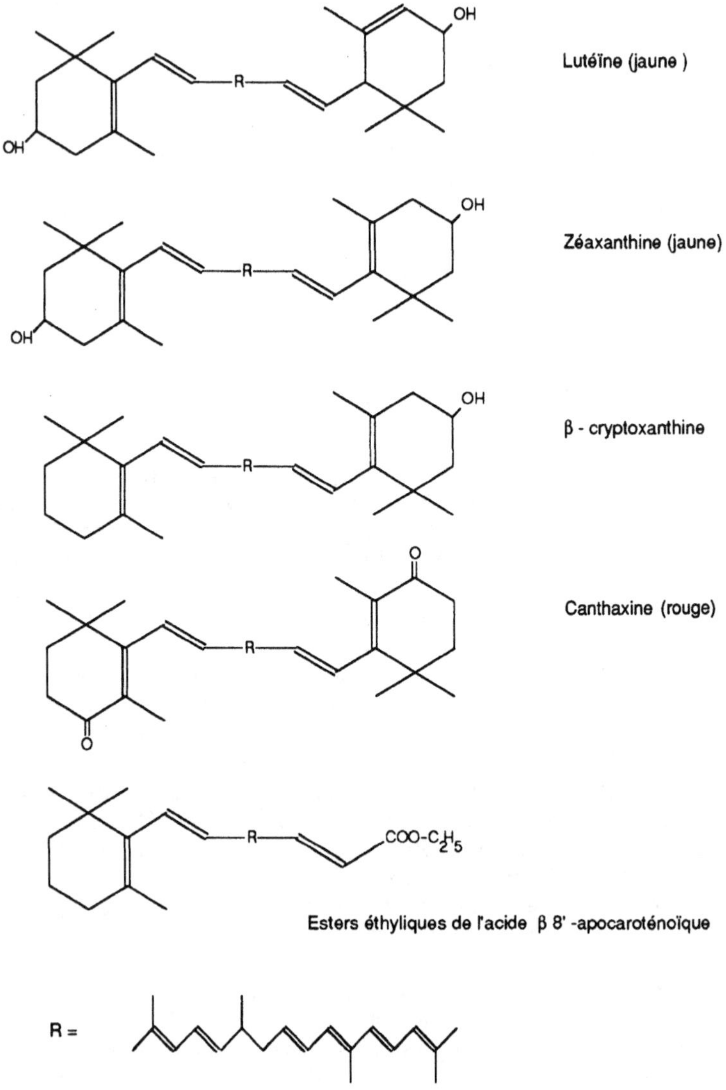

Figure 11.10. – Structure chimique des principaux pigments xantophylles.

Les pigments caroténoïdes sont très sensibles à l'oxygène et à la lumière. Une certaine variablilité peut être induite par la technologie dans le produit de départ. De ce point de vue, les farines de luzerne peuvent être très variables. La teneur des caroténoïdes dans l'aliment décroît en fonction du temps et des conditions de conservation. Dans les grains entiers (maïs), les pigments sont assez bien protégés. Normalement, la décroissance n'est en moyenne que de 2 à 5 p.100 par mois de stockage. Dans les farines (luzerne ou aliments composés), la décroissance est 2 fois plus rapide. L'addition d'antioxydant à ces produits permet d'enrayer cette décroissance de façon très significative.

L'efficacité biologique (pouvoir colorant) des xanthophylles dépend aussi des matières premières. Les valeurs moyennes de cette efficacité sont données dans le tableau 11-7. Elles intègrent à la fois la digestibilité de ces molécules, leur stabilité, leur transformation métabolique éventuelle et leur aptitude à être stockée. Ainsi, la violaxanthine, abondante dans la luzerne, n'a guère de pouvoir colorant ; il en est de même de nombreux polyoxyxanthophylles. La lutéine, qui est très abondante dans toutes les matières premières riches en xanthophylles, présente un coefficient d'utilisation inférieur à la zéaxanthine, elle-même moins bien utilisée que l'apo-carotène ester ou que la canthaxanthine. L'efficacité, elle-même, dépend des conditions de mesure : type de pigmentation (jaune de l'œuf ou peau) et du niveau retenu dans l'échelle Roche. Ces aspects sont décrits avec plus de détails lors de l'étude des besoins.

Tableau 11-7. Teneur des principales matières premières en pigments xanthophylles.

Matière première	Xanthophylles totaux (ppm)	Efficacité biologique	Xanthophylles majeurs
Farine de luzerne	260	50	L(175),Z(32)
Concentré de luzerne	1000	50	nd
Gluten de maïs	300	65	L(125),Z(110)
Maïs	25	80	L(15),Z(5)
Gluten feed	25	80	nd
Algues spirulines	3000	60	nd
Farine de souci	5400	35	nd
β-apocaroténal	105000	100	nd

L = lutéine; Z = zeaxanthine (p.p.m.)

11. Additifs autorisés

Les aliments composés destinés aux volailles peuvent comporter de nombreuses substances naturelles ou de synthèse dans le but d'améliorer directement ou indirectement l'efficacité des nutriments. Leur utilisation est soumise à une autorisation préalable. Pour les pays de la Communauté Européenne, il existe une réglementation commune. Dans le tableau 11-8, nous donnons la liste des antibiotiques, des coccidiostats, des antioxydants non vitaminiques et des pigments caroténoïdes et xantophylles, à partir de l'Annexe I du Journal Officiel de la Communauté Economique Européenne. Pour chacune des substances citées, nous précisons l'espèce avicole pour laquelle la substance est autorisée, ainsi que les teneurs extrêmes admises (maximum et minimum). Dans le cas des coccidiostats, nous rappelons que l'aliment distribué au cours des 3 à 6 jours avant l'abattage doit en être dépourvu. Enfin, pour les antioxydants comme pour les pigments, la teneur totale maximum admise dans l'aliment est la même pour une substance donnée lorsqu'elle est seule utilisée ou pour plusieurs si elles sont ajoutées simultanément.

Tableau 11-8. Antibiotiques, coccidiostats, antioxydants et pigments autorisés dans les pays de la Communauté Economique Européenne (Journal officiel de la C.E.E).

Nom	Espèce	Age limite (semaines)	Dose autorisée mg/kg aliment
1 – Antibiotiques			
Bacitracine zinc	poule pondeuse		15-100
	dindon	4	5-50
	dinde	26	5-20
	autres espèces sauf palmipèdes et pigeon	4	5-50
Spiramycine	dindon	26	5-20
	autres espèces sauf palmipèdes et pigeon	16	5-20
Virginiamycine	dindon	26	5-20
	poule pondeuse	–	20-20
	autres espèces sauf palmipèdes et pigeon	16	5-20
Flavophospholipol ou flavomycine	poule pondeuse	–	2- 5
	dindon	26	1-20
	autres espèces sauf palmipèdes et pigeon	16	1-20
Avoparcine	poulet de chair	–	7,5-15
	dindon de chair	16	10-20
2 – Coccidiostats			
Amprolium	toutes volailles sauf pendant la ponte	–	62,5-125*
Dinitolmide (DOT)	toutes volailles sauf pendant la ponte	–	62,5-125*
Dimétridazole	dindon sauf en ponte	–	100-200***
	pintade sauf en ponte	–	125-150***
Méticlorpindol	poulet de chair et pintadeau		125-125**
Décoquinate	poulet de chair		20-40*
Monensine-sodium	poulet de chair		100-125*
	poulette en croissance	16	100-120
	dindon	16	90-100*
Robénidine	poulet de chair et dindon en croissance		30-36**
Ronidazole	dindon en croissance		60-90***
Ipronidazole	dindon de croissance		50-85***
Nifursol	dindon en croissance		50-75**
Arpinocide	poulet de chair		60-60**
	poulette en croissance	16	60-60

Tableau 11-8 (suite)

Nom	Espèce	Age limite (semaines)	Dose autorisée mg/kg aliment
Arpinocide	poulet de chair		60-60**
	poulette en croissance	16	60-60
Lasalocide-sodium	poulet de chair		75-125**
	poulette en croissance	16	75-125
	dindon en croissance		90-125**
Halofuginone	poulet de chair		2-3**
	dindon	12	2-3**
Narasine	poulet de chair		60-70**
Salinomycine	poulet de chair		50-70**
3 – Antioxydants (autres que vitamine C et dérivés, vitamine E)			150 pour un seul ou l'ensemble
Butyl hydroxyanisole (BHA) Butyl hydroxytoluène (BHT) Ethoxyquine			
4 – Caroténoïdes et xantho-phylles Capsanthine β-apo-8-caroténal Ethyl ester de l'acide β-apo-8' caroténoïde Lutéine Cryptoxanthine Violaxanthine Canthaxanthine Zéaxanthine Citranaxanthine			teneur totale autorisée 80 mg/kg

*   le coccidiostat doit être absent de l'aliment distribué pendant les 3 jours avant l'abattage
**   le coccidiostat doit être absent de l'aliment distribué pendant les 5 jours avant l'abattage
*** le coccidiostat doit être absent de l'aliment distribué pendant les 6 jours avant l'abattage

III. Principaux facteurs antinutritionnels

Il est impossible de traiter dans cet ouvrage de l'ensemble des facteurs antinutritionnels identifiés dans les matières premières. L'exposé ci-après fournit les renseignements essentiels sur ceux qui posent de réels problèmes en alimentation avicole.

1. Facteurs anti-trypsiques

Ils figurent parmi les plus importants facteurs antinutritionnels. Ils appartiennent à la famille plus large des inhibiteurs de protéases. Ces protéines se trouvent à l'état naturel dans de nombreuses espèces végétales (légumineuses, graminées et crucifères). Elles manifestent des effets dirigés contre les protéases : trypsine (le plus souvent), mais aussi chymotrypsine, élastase, pronase, endopeptidase, papaïne....

En nutrition avicole, les cas les plus fréquemment observés concernent les graines de légumineuses (soja, pois et féverole) dont les antiprotéases ont surtout une activité anti-trypsique. En tout premier lieu vient le soja parce qu'il est la légumineuse la plus utilisée et aussi parce que son activité anti-trypsique est la plus élevée (tabl. 11-9). Ses facteurs anti-trypsiques ont été très étudiés, mais certains auteurs ne leur attribuent que 40 p.100 des effets biologiques (retard de croissance) liés à l'ingestion de soja cru.

Deux d'entre eux sont responsables de la majeure partie de l'activité antinutritionnelle. Le facteur de Kunitz est une protéine de poids moléculaire 20.000 qui renferme 181 acides aminés et 2 ponts di-sulfure. Le site actif (fixation de la trypsine) se situe au niveau des acides aminés 63 (arginine) et 64 (isoleucine). *In vitro* et *in vivo,* cette protéine se fixe molécule pour molécule à la trypsine secrétée par le pancréas. Le complexe est très stable et se forme avec les trypsines de la plupart des espèces animales. Le facteur de Bowman-Birk est un polypeptide plus léger (8000), riche en cystine (7 ponts di-sulfure) et présentant des activités complexantes vis-à-vis de la trypsine et de la chymotrypsine. Il ne renferme que 71 acides aminés.

Il existe dans le soja d'autres protéines mineures à activité antiprotéasique. La féverole et le pois renferment, eux aussi, plusieurs protéines à activité antitrypsique; toutefois leur concentration est nettement inférieure à celle du soja (tabl. 11-9).

Tableau 11-9. Activités antitrypsique de diverses matières premières (U.l./mg).

	Moyenne	Valeurs extrêmes
Soja cru	75	
Féverole crue	5,5	3 à 18
Pois cru		
printemps	4	2,5 à 9
hiver	9	6 à 15
Tourteau de soja	5	2 à 10
Graine de soja extrudée	7	2 à 10

U.l. = unités internationales. Méthodes de Valdebouze et coll. (1980). *Canadian Journal of Plant Science,* vol. 60, p. 695-701.

Le mode d'action et les effets antinutritionnels des facteurs antitrypsiques sont illustrés par la figure 11-11. Les complexes trypsine-inhibiteurs sont excrétés intacts et diminuent donc la digestibilité des protéines. Parallèlement, par rétro-action, l'organisme sécrète plus de cholécystokinine-pancréozymine (CCK-PZ), hormone peptidique d'origine intestinale, stimulant la sécrétion

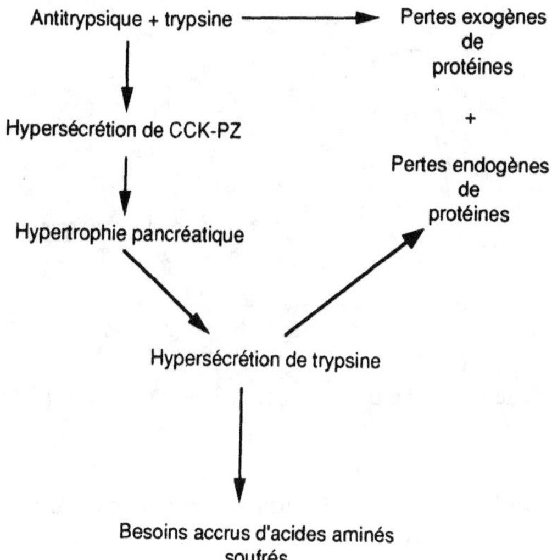

Figure 11.11. – Mode d'action des facteurs antitrypsiques et conséquences
nutritionnelles.

compensatoire de trypsine. Il s'ensuit une hypertrophie du pancréas qui signe
spécifiquement la présence de facteurs antitrypsiques dans l'aliment. L'hypersécrétion de trypsine exige une quantité accrue de méthionine puisée dans les
protéines de réserve de l'animal en vue de sa transformation en cystine ; d'où
une augmentation des besoins en méthionine, autre signe connu de l'ingestion
de facteurs antitrypsiques. Il s'ensuit un fort retard de croissance ou des baisses
de ponte chez les femelles en période de reproduction.

Les facteurs antitrypsiques sont heureusement très sensibles à la chaleur.
De nombreuses études ont permis de fixer les conditions optimales de leur
destruction : température, humidité, pression, durée du traitement. Ces conditions ne doivent pas être excessives de façon à conserver la valeur nutritive
des protéines de la graine. Elles dépendent du produit traité : graine entière,
tourteau déshuilé ou flocons. La figure 11-12 illustre les effets de traitements
thermiques sur la vitesse de croissance du poulet. Plus la température est élevée, plus la durée du traitement doit être brève ; c'est le cas par exemple de
l'extrusion qui ne dure que quelques secondes à une température supérieure
à 120 °C. Il en est de même avec l'humidité qui favorise l'effet de la température. Une infinité de conditions optimales peuvent être imaginées et dépendent des installations disponibles.

Il faut signaler que la simple granulation à la vapeur (80ºC) réduit notablement l'activité antitrypsique du soja. L'excès de cuisson peut être décelé
par la mesure de l'activité uréasique ou par la solubilité des protéines. L'optimum pour la croissance est atteint alors qu'il subsiste encore une activité
uréasique dans le produit. On peut en déduire qu'une graine ou un tourteau
de soja présentant une activité uréasique nulle a été trop cuit et ne donnera
pas les meilleures performances en alimentation. En pratique, il est très dif-

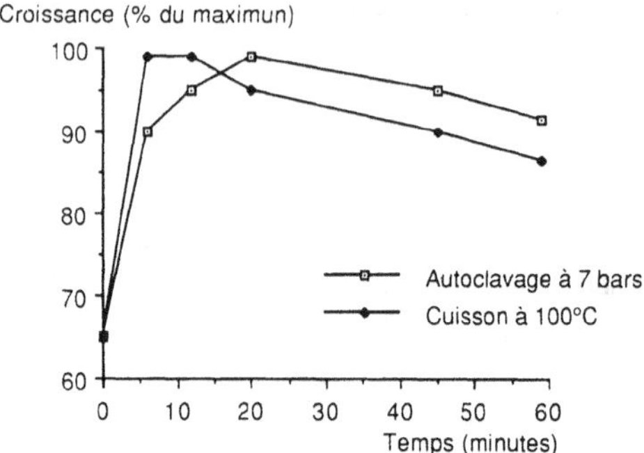

Figure 11.12. – Efficacité biologique des conditions de cuisson du tourteau de soja.

ficile à partir de simples tests de laboratoire d'estimer avec précision la valeur d'un tourteau ou d'une graine de soja.

2. Composés phénoliques et tanins

De multiples composés phénoliques sont présents dans les matières premières d'origine végétale. On peut distinguer les acides phénoliques, les flavonoïdes, les tanins et la lignine. Les parentés existant entre ces substances rendent leur dosage délicat. En effet, on n'est jamais sûr de ne doser qu'une classe déterminée, les méthodes d'analyse n'étant pas parfaitement spécifiques.

Les composés phénoliques sont des dérivés de l'acide benzoïque et de l'acide cinnamique. Ces dérivés sont obtenus par fixation de groupements hydroxyle ou méthoxy. Ces acides phénoliques sont à l'état libre ou estérifié et insoluble, et principalement concentrés dans le péricarpe. Ces substances présentent de fortes activités antimicrobiennes et antifongiques, ce qui expliquerait leur rôle protecteur au niveau du péricarpe. Ils semblent ne pas poser de problèmes nutritionnels chez les oiseaux.

Les flavonoïdes sont des composés polycycliques (3 cycles) dont la structure de base est le noyau flavonoïde (fig. 11-13). Selon la présence de groupement carbonyl en 4, carbonyl en 4 et hydroxyl en 3, carbonyl en 4 et double liaison entre 2 et 3, on a respectivement les flavones, les flavonols et les flavanes. Ces composés sont responsables des colorations (leucoanthocyanines et anthocyanines) des fleurs, des feuilles et des graines. La couleur des graines de sorgho est due à des combinaisons de ces pigments et non à des pigments caroténoïdes.

Les tanins condensés sont des composés plus ou moins polymérisés de 4 à 6 flavanes hydroxylés (fig. 11-14). On les appelle aussi proanthocyanidines parce qu'ils libèrent des anthocyanidines par hydrolyse acide. Il existe aussi des tanins hydrolysables constitués d'acides phénoliques et d'oses.

Les tanins sont les composés les plus antinutritionnels parmi les composés phénoliques. Les tanins condensés sont particulièrement abondants dans les sorghos riches en tanins, les féveroles à tégument foncé et les pellicules de

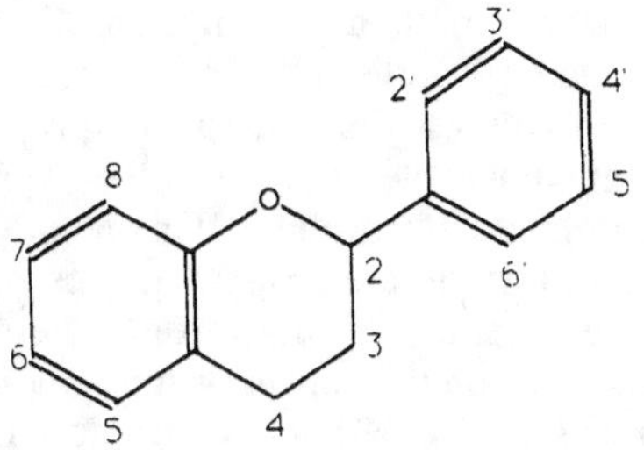

Figure 11.13. – Structure chimique du noyau flavonoïde.

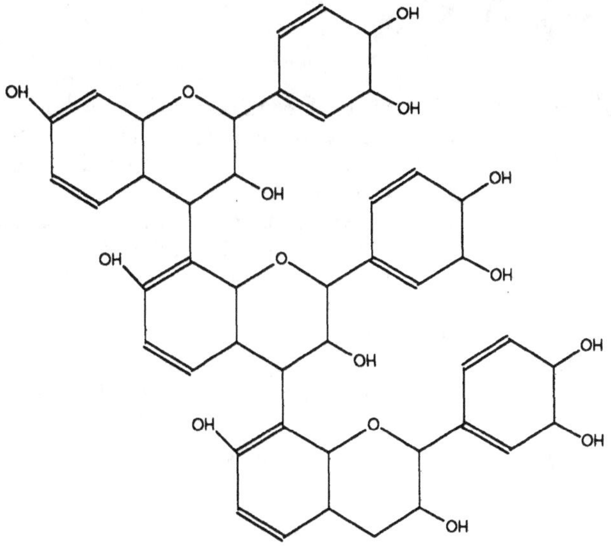

Figure 11.14. – Structure chimique des tanins.

colza. La propriété principale des tanins est de précipiter les protéines, qu'il s'agisse des protéines de la matière première ou des enzymes digestives.

Il s'ensuit une baisse générale de la digestibilité, surtout celle des protéines. Les tanins des variétés de sorgho riches en tanins sont capables de rendre indisponibles toutes les protéines du grain et de précipiter d'autres protéines. La fixation est particulièrement étroite et forte avec les protéines de haut poids moléculaire et celles qui sont riches en proline. Les sorghos dit «pauvres» en tanins en sont en général totalement dépourvus. Les faibles valeurs mesurées sont dues à d'autres composés phénoliques non toxiques.

Il existe plusieurs méthodes de dosage des tanins. Certaines mesurent tous les phénols. D'autres ne détectent que les anthocyanidines et les proanthocyanidines. D'autres, enfin, sont plus spécifiques des tanins et sont basées sur leur propriété de précipiter les protéines. Elles sont mieux corrélées avec les effets antinutritionnels. Deux méthodes sont conseillées : celle de Daiber (1975) et celle de Hagerman et Butler (1978).

Les lignines sont des polymères d'alcools phénylpropénoïques. On les rencontre surtout dans les téguments des graines. Elles ne semblent pas poser à proprement parler de problème nutritionnel. On peut les doser globalement par la méthode à l'acide sulfurique à 72 p.100 qui les insolubilise. Toutefois, une partie peut tout de même être solubilisée. Par ailleurs, les tanins peuvent précipiter avec les lignines et conduire à une surestimation. Les lignines peuvent également être estimées par le méthode au bromure de méthyle (Morrison, 1972).

3. Glucosinolates et dérivés

Les glucosinolates sont des glucosides unissant une molécule de glucose à un dérivé soufré selon la formule générale de la figure 11-15. R est une chaîne latérale plus ou moins complexe qui caractérise chacun des glucosinolates. Plus de 70 molécules ont été identifiées en majeure partie dans les crucifères. En nutrition avicole, c'est leur présence dans la graine et les tourteaux de colza qui limite l'utilisation de ces produits. La chaîne latérale peut être de nature aliphatique, aromatique ou hétéroaromatique (noyau indole). Dans le colza on trouve 3 glucosinolates majeurs : la gluconapine (chaîne butényl), la glucobrassicanapine (chaîne pentényl) et la progoitrine (chaîne hydroxybutényl). Mais on trouve aussi de nombreux autres glucosinolates mineurs tels que la gluconapoléiférine, la glucobrassicine et la néoglucobrassicine ; ces deux derniers étant des indolglucosinolates. L'ensemble des 3 plus abondants peut représenter jusqu'à 5 p.100 de la matière sèche.

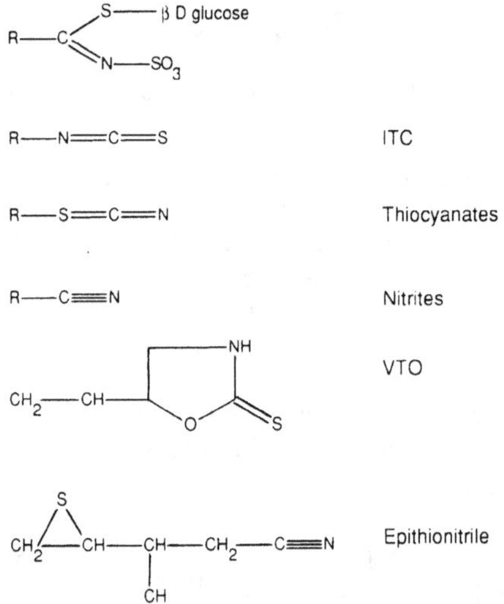

Figure 11.15. – Structure chimique des glucosinolates.

En tant que tels, les glucosinolates ne paraissent guère toxiques ; c'est ce qui ressort d'expériences réalisées à partir de produits purifiés et distribués aux animaux. En fait, les glucosinolates sont hydrolysés par un complexe multienzymatique, dénommé myrosinase, présent dans la graine et activé par le chauffage de la graine. Il a été aussi signalé une activité de type myrosinase dans la flore intestinale dont il est toutefois difficile d'estimer l'importance réelle. L'hydrolyse libère le glucose, de l'acide sulfurique et des composés dont les formules sont données dans la figure 11-15 : isothiocyanates (ITC), nitriles et thiocyanates. De plus, d'autres dérivés moins abondants peuvent aussi apparaître, en particulier le 5-vinyl-oxazolidine-2-thione (goitrine) appelé aussi VTO et des épithionitriles.

Les ITC sont responsables de l'amertume des sous-produits du colza et donc des phénomènes d'inappétence. Les oiseaux paraissent peu sensibles à ces composés et ingèrent en général sans problème de fortes proportions de tourteau de colza, contrairement aux mammifères. La goïtrine ou VTO exerce en revanche un net effet goitrogène (ou antithyroïdien), qui se traduit en particulier par une baisse des hormones thyroïdiennes circulantes (thyroxine et triiodothyronine) et par une nette hypertrophie de la glande thyroïde. Les épisulfides (épithionitriles) semblent particulièrement toxiques chez toutes les espèces. Ils seraient responsables des lésions hémorragiques et de l'hypertrophie hépatique. Les lésions hémorragiques sont très importantes chez la poule pondeuse, entraînant une mortalité non négligeable dans les troupeaux recevant plus de 10 p.100 de tourteaux issus de graines riches en glucosinolates («simple zéro»). D'autres dérivés mineurs ont sans doute des effets toxiques ; c'est le cas des nitriles. Toutefois, on ne dispose pas pour le moment de preuves irréfutables à leur égard.

Il existe une variabilité génétique de la teneur en glucosinolates des différentes crucifères. Les variétés issues de *Brassica napus* sont le plus souvent moins riches que celles tirées de *Brassica campestris*. De plus, par sélection il est possible de réduire dans une large mesure la teneur de la graine en ces composés. Les variétés dites «double zéro» renferment actuellement moins de 1 p.100 de glucosinolates totaux. La sélection a surtout contribué à réduire les glucosinolates à chaîne aliphatique sans profondément modifier celle des glucosinolates indoliques. Il s'ensuit que les tourteaux issus de ces nouvelles variétés sont très nettement moins toxiques.

On dénombre de multiples méthodes de dosage des glucosinolates et de leurs dérivés. L'identification des divers glucosinolates peut se faire par chromatographie liquide haute pression (HPLC) ou par chromatographie en phase gazeuse (CPG). Les glucosinolates totaux peuvent être dosés après hydrolyse, par mesure du glucose libéré. Il existe de nombreuses méthodes enzymatiques spécifiques du glucose (glucose-6-phosphate déshydrogénase ou glucose oxydase) qui permettent un dosage rapide et précis de cette molécule. Une méthode dite «du marteau» permet à l'aide de bandelettes (CETIOM, 1983) de détecter rapidement et sans équipement particulier les graines pauvres des graines riches en glucosinolates totaux.

Les dérivés ITC et VTO bénéficient de plusieurs méthodes plus ou moins précises et sensibles. Les ITC peuvent être dosés par formation de thiourée dosable par argentimétrie (méthode officielle A.O.A.C.). Les méthodes basées sur la HPLC nécessitent un équipement onéreux mais permettent de doser ITC et VTO en même temps.

Les tourteaux de colza des variétés riches en glucosinolates renferment en moyenne 0,2 p.100 d'ITC (limites extrêmes 0,15 à 0,30 p.100) et 0,5 p.100 de VTO (limites extrêmes 0,45 à 0,70 p.100). Les tourteaux issus de graines pauvres titrent 0,05 p.100 d'ITC et 0,12 p.100 de VTO.

4. Saponines

Les saponines sont aussi des glucosides. On les rencontre dans une grande variété de végétaux. Elles ont un goût amer et la capacité de former une mousse en présence d'eau. La luzerne renferme de grandes quantités de saponines, ce qui limite en aviculture son emploi sous forme de farine déshydratée ou de concentrat protéique. Il existe au moins 20 saponines différentes dans la luzerne. Ce sont des triglucosides d'aglycones (acide médicagénique, hédéragénine et de leurs dérivés), la fixation des oses se faisant sur le carbone 3 (fig. 11-16). Les saponines sont capables de complexer le cholestérol dans le tube digestif des oiseaux, de même que d'autres stéroïdes (ergostérol, cholestane-3-one...), réduisant le recyclage du cholestérol au cours du cycle entérohépatique de cette molécule.

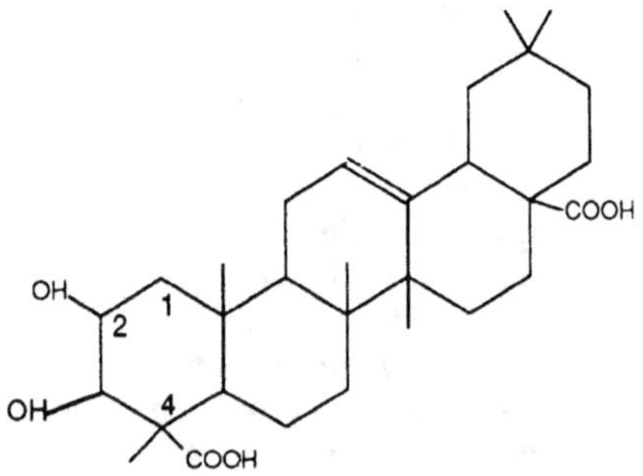

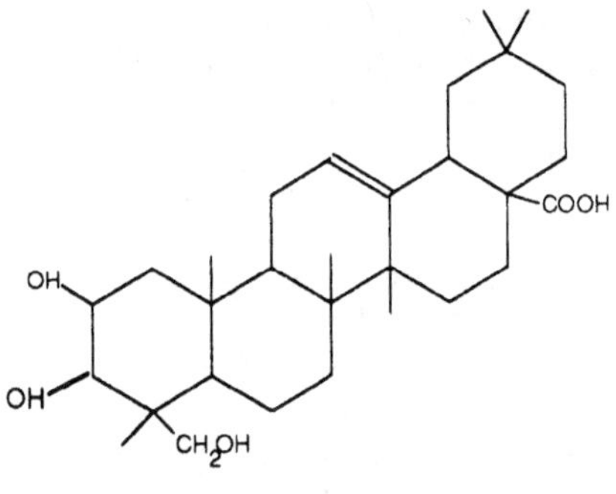

Figure 11.16. – Structure chimique de l'acide médicagénique et de l'hédéragénine.

Les saponines exercent également un effet d'inappétence (amertume) qui ne semble pas être déterminant chez les oiseaux. En général, on n'observe donc que des retards de croissance et une valeur énergétique réduite de la ration, sans mortalité. De ce point de vue, l'acide médicagénique parait le principe le plus actif. La supplémentation de l'aliment en cholestérol supprime pratiquement tout effet des saponines. Toutefois ce problème apparait rarement avec les farines de luzerne, étant donné leur faible intérêt nutritionnel en aviculture. En revanche, les concentrés protéiques de luzerne contiennent de fortes proportions de saponines et ne peuvent être incorporés qu'à faible dose (5 p.100 maximum). De toute façon, leur teneur élevée en caroténoïdes limite leur usage.

Il existe des variétés de luzerne pauvres en saponines qui présentent une excellente valeur nutritive : appétence et croissance normales. Leur usage demeurera, de toute façon, limité chez les pondeuses et les volailles de chair en croissance à cause des teneurs élevées en caroténoïdes.

5. Mycotoxines

Les matières premières destinées à l'alimentation des oiseaux peuvent être l'objet de contaminations microbiennes ou fongiques peu avant, mais surtout après la récolte. Ces microorganismes se développent dans des conditions précises d'humidité et de température. Certains d'entre eux produisent des molécules qui peuvent présenter une toxicité plus ou moins grave chez les animaux et, éventuellement, chez l'homme qui consomme les produits animaux.

5.1. *Aflatoxines*

Les aflatoxines ont été les premières substances appartenant à cette catégorie de produits antinutritionnels à être l'objet d'études approfondies à partir de 1960. Elles sont secrétées par un champignon, *Aspergillus flavus*, qui se développe sur les graines d'arachide lors de leur stockage en milieu tropical chaud et humide. Dans une moindre mesure, ce microorganisme peut également contaminer les graines de coton, le maïs et le manioc placés dans de mauvaises conditions de conservation.

Quatre aflatoxines majeures ont été identifiées : B_1 et B_2 (à cause de leur fluorescence bleutée sous l'effet des ultra-violets, B comme «blue») et G_1 et G_2 (à cause de leur fluorescence verte, G comme «green»). Leur structure moléculaire est dérivée du noyau coumarol. Les formules des aflatoxines B_1 et G_1 sont présentées dans la figure 11-17. Celles des formes B_2 et G_2 en dérivent par saturation de la liaison entre les carbones 2 et 3.

Les aflatoxines ont un pouvoir carcinogène dirigé particulièrement vers le foie. Ces effets sont observés chez de nombreuses espèces, y compris l'homme. Des doses aussi faibles que 1 p.p.m. peuvent en quelques semaines induire des tumeurs avec une fréquence très élevée. Le canard, espèce particulièrement sensible, répond à des doses de 30 p.p.b.(partie par billion). Les aflatoxines peuvent être dégradées *in vivo* à des vitesses variables selon les espèces et

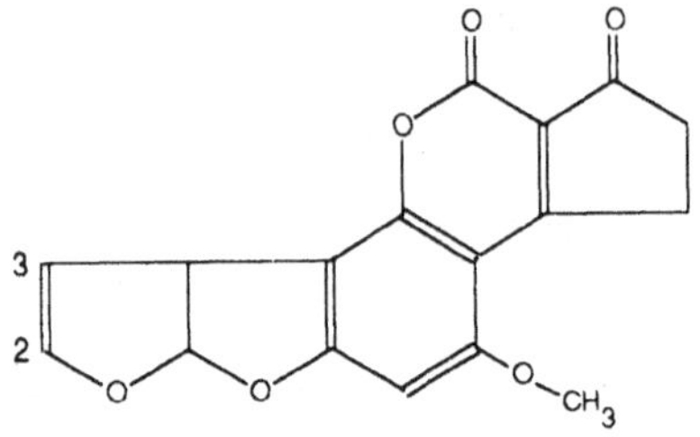

Figure 11.17. – Structure chimique des aflatoxines.

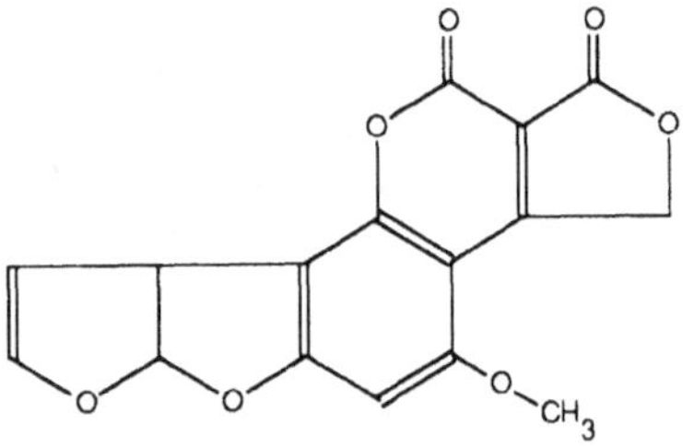

les races; ce qui explique les sensibilités différentes observées en expérimentation animale.

En aviculture, le canard et le dindonneau sont les deux espèces les plus sensibles : des mortalités importantes ont pu être observées dans les troupeaux de dindonneaux. Le poulet est nettement moins sensible. Toutefois, dès la dose de 1 p.p.m. apparaissent des symptômes non létaux : stéatorrhée, baisse de la lipémie et de la caroténoïdémie. Les poulets deviennent moins sensibles en vieillissant.

En pratique, la dose maximum acceptable est de 2,5 p.p.m. pour les poussins en croissance. La principale source d'aflatoxines est l'arachide; ce qui a conduit progressivement à l'abandon de cette matière première en aviculture. Les aflatoxines peuvent être dosées par des microméthodes immunologiques (tests ELISA). Le seuil de détection est de 1 p.p.b..

5.2. *Trichothécènes*

Il s'agit de toxines sécrétées par un champignon (*Fusarium*) très répandu sur le maïs récolté en conditions humides et parfois sur le riz ou le blé conservés dans de mauvaises conditions. Il s'agit de dérivés hydroxylés du noyau de base décrit dans la figure 11-18. R_1, R_2, R_3, R_4 et R_5 sont des groupements variables selon les toxines. Les plus étudiées d'entre elles sont la toxine T_2 et la vomitoxine, dont les teneurs dans les matières sont faibles (0,1 à 10 p.p.m.) mais suffisantes pour manifester des effets antinutritionnels. Le seuil au-dessus duquel la croissance du poulet est ralentie est de 4 p.p.m. pour la toxine T_2. La même dose est adoptée chez la poule pondeuse. Les doses plus élevées provoquent des chutes de ponte spectaculaires. Les méthodes de dé-

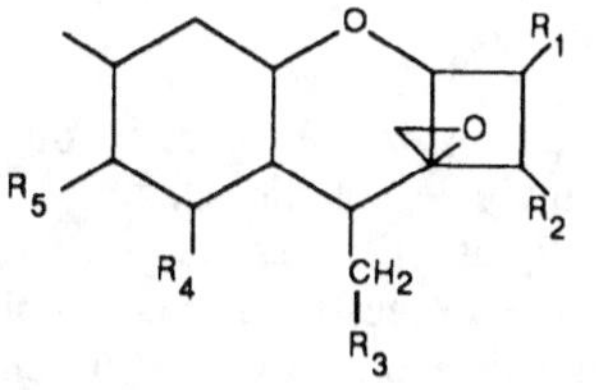

Figure 11.18. – Structure chimique des trichothécènes.

tection sont basées sur des tests immunologiques de type ELISA (Enzyme Linked Immunosorbent Assay). Les seuils de détection sont de l'ordre de 10 p.p.b.

5.3. *Ochratoxine A*

Cette toxine est produite par des champignons de type *Aspergillus* ou *Pennicilium* se développant sur céréales humides (orge, blé, maïs). Sa formule chimique est donnée dans la figure 11-19. Les cas de contamination signalés sont cependant assez rares. A des teneurs inférieures à 1 p.p.m., l'ochratoxine n'altère pas la vitesse de croissance du poulet. Au-delà, les effets sont particulièrement nets. Ils s'accompagnent d'une baisse de la concentration plasmatique des caroténoïdes sans autre symptôme d'ordre digestif.

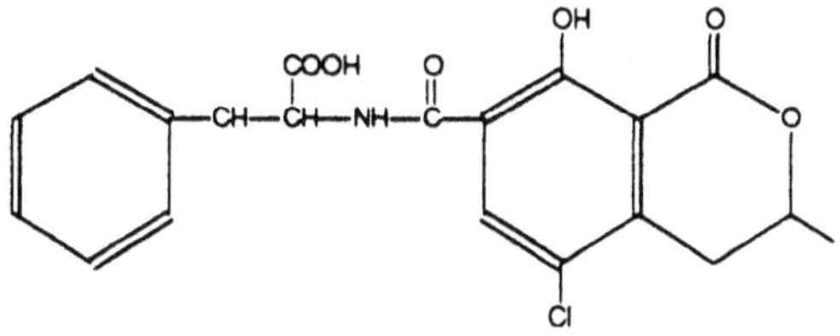

Figure 11.19. – Structure chimique de l'ochratoxine A.

L'ochratoxine entraîne une hypertrophie du foie, du rein et du proventricule. Les lésions rénales rendent compte de l'élévation de l'uricémie. Elle conduit aussi à une élévation des concentrations plasmatiques en acide urique, créatinine et triglycérides et, au contraire, à une baisse de l'hématocrite et de l'albuminémie. On note également une baisse de la concentration plasmatique en calcium et en phosphate. Les lésions consistent principalement en une dégénérescence des cellules hépatiques accompagnée d'infiltration lipidique.

Chez la poule pondeuse, le seuil de toxicité est aussi de 1 p.p.m.. Pour des teneurs supérieures, le taux de ponte diminue de façon spectaculaire.

5.4. *Zéaralénone*

Cette toxine est secrétée par *Fusarium roseum* contaminant des maïs humides. Le maïs est, en effet, la principale céréale sensible à ce champignon. La toxine exerce des effets oestrogéniques chez les mammifères (porc) qui consomment des maïs avariés. La fréquence de ce type de contamination est particulièrement élevée en période humide. Chez les oiseaux, la zéaralénone est très bien supportée. Des doses aussi fortes que 800 p.p.m. sont sans effet sur la croissance du poulet et du dindonneau. Cette même dose favorise le développement des ovaires des poulettes. Chez la poule pondeuse, on peut atteindre des doses de 800 p.p.m. sans altérer la ponte, le poids de l'œuf et la fertilité. Il en est de même chez le mâle dont les capacités de reproduction ne sont pas modifiées par 800 p.p.m. de cette toxine. Le seul effet observé dans les deux sexes est une baisse de la cholestérolémie dès la dose de 50 p.p.m..

Ouvrages de référence

B.I.P.E.A., 1976. *Recueil des méthodes d'analyse des Communautés européennes.*

CETIOM., 1983. *Dosage des glucosinolates*, Rapport d'activité.

CARRE B., 1983. *Caractéristiques biochimiques et effets nutritionnels chez le coq, des parois végétales issues des cotylédons du lupin blanc* (Lupinus Albus L.). Thèse de Doctorat Paris VI.

CARRE B., BRILLOUET J.M., 1989. Determination of water-insoluble walls in feeds : interlaboratory study. *J. Assoc. Off. Anal. Chem.*, 72(3).

DAIBER K.H., 1975. Enzyme inhibition by polyphenols of sorghum grain and malt. *J. of Sc. of Food and Agric.*, Vol. 26, p. 1399-1411.

HAGERMAN A.E., BUTLER L.G., 1978. Protein precipitation method for the quantitative determination of tannins. *J. of Agric. Food Chem.* Vol. 26, p. 809-812.

INSTITUT TECHNIQUE DES CORPS GRAS, 1979. *Méthodes d'analyse des matières grasses et dérivés.* E.T.I.G. Edit.

LACASSAGNE L., 1988. Alimentation des volailles : substituts au tourteau de soja 1– Les Protéagineux. *I.N.R.A. Prod. Anim.*, 1, 47-57.

LACASSAGNE L., 1988. Alimentation des volailles : substituts au tourteau de soja 1– Le Tourteau de colza. *I.N.R.A. Prod. Anim.*, 1, 23-128.

LACASSAGNE L., 1984. *Valeur nutritive du lupin blanc doux en alimentation avicole.* 3ème Congrès International du Lupin (La Rochelle-France).

LARBIER M., BLUM J.C., 1981. Remplacement du tourteau de soja par de la farine de viande et des associations de protéagineux dans l'alimentation du poulet de chair. *Ann. Zootech.*, 30, 335-346.

LARBIER M., PLOUZEAU M., LESSIRE M., 1990. *Les matières premières protéiques alternatives en alimentation avicole.* 8ème Conf.Europ. Avi. vol. 1, 136-147 Barcelone, Espagne.

LECLERCQ B., LESSIRE M., GUY G., HALLOUIS J.M., CONAN L. 1989. Utilisation de la graine de colza en aviculture : revue bibliographique et résultats de 2 essais. *I.N.R.A. Prod. Anim.*, 2, 129-135.

LECLERCQ B., LESSIRE M., CONAN L., 1988. Variabilité de la valeur énergétique de la graine de soja traitée pour les volailles. *I.N.R.A. Prod. Anim.*, 2, 265-270.

LESSIRE M., LECLERCQ B., CONAN L., HALLOUIS J.M., 1985. A methodological study of the relationship between the metabolisable energy values of two meat meals and their level of inclusion in the diet. *Poult. Sci.*, 64, 1721-1728.

LESSIRE M., LECLERCQ B., CONAN L., 1982. Metabolisable energy value of fats in chicks and adult cockerels. *Anim. Feed Sci. and Tech.*, 7, 365-374.

LIENER I.E., 1980. *Toxic constituants of plant foodstuffs*. Academic Press.

MORRISON I.M., 1972. A semi-micro method for the determination of lignin and its use in predicting the digestibility of forage crops. *J. Sci. Food and Agric.*, vol. 23, p.455-463.

VALDEBOUZE P.,BERGERON E., GABORIT T. DELORT-LAVAL J., 1980. Content and distribution of trypsin inhibitors and hemagglutinins in some legume seeds. *Can. J. Plant Sci.*, Vol. 60, p. 695-701.

IV. Tables de composition et caractéristiques des matières premières rapportées à la matière sèche.

	Blé	Maïs	Orge 6R	Orge 2R	Sorgho
Humidité	14,0	14,0	14,0	14,0	14,0
Energie brute (kcal)	4395	4490	4385	4385	4470
EMA_n adulte	3470	3430	3135	3240	3730
jeune	3370	3350	3085		3730
Protéines brutes	13,0	10,2	10,7	11,8	12,00
Lysine	0,37	0,28	0,41	0,45	0,28
Méthionine	0,22	0,22	0,19	0,21	0,19
Méthionine + cystine	0,54	0,44	0,48	0,53	0,40
Tryptophane	0,15	0,07	0,12	0,13	0,11
Thréonine	0,39	0,36	0,36	0,40	0,40
Glycine + sérine	1,15	0,78	0,91	1,00	0,78
Leucine	0,87	1,28	0,74	0,82	1,66
Isoleucine	0,48	0,40	0,41	0,45	0,53
Valine	0,62	0,52	0,58	0,64	0,66
Histidine	0,30	0,29	0,23	0,25	0,26
Arginine	0,62	0,49	0,56	0,62	0,47
Phénylalanine + tyrosine	0,94	0,96	0,79	0,87	1,14
Protéines digestibles	11,30	9,02	8,84	9,75	10,90
Cendres brutes	1,92	1,45	2,66		1,69
Calcium	0,07	0,01	0,06		0,03
Phosphore total	0,38	0,31	0,42		0,35
Phosphore disponible	0,21	0,06	0,20		0,06
Sodium	0,06	0,01	0,05		0,01
Potassium	0,46	0,38	0,51		0,41
Chlore	0,08	0,06	0,16		0,11
Magnésium	0,14	0,13	0,14		0,17
Matières grasses	2,20	4,70	2,10		3,50
Acide linoléique	1,00	2,50	0,95		1,58
Amidon (polarimétrique)	66,5	72,5	57,5		69,5
(enzymatique)			51,0		
Sucres libres	2,20	2,40	2,40		ND
Polymères pariétaux					
Polyosides solubles			3,00		
Polyosides insolubles	12,2	10,3	19,5		10,50
NDF	11,8	10,5	22,2		10,00
Cellulose brute	2,60	2,40	5,85		3,00

	Riz paddy	Son de blé	Gluten de maïs	Tourteau germe maïs	DDGS
Humidité	13,0	13,0	10,0	9,0	10,0
Energie brute (kcal)	4250	4580	5355	4530	4745
EMA_n adulte	3160	1740	4010	1480	2700
jeune	3160	1740	4010	1480	2700
Protéines brutes	8,65	19,0	68,5	21,4	31,0
Lysine	0,30	0,70	1,11	0,99	0,79
Méthionine	0,17	0,26	1,80	0,38	0,48
Méthionine + cystine	0,38	0,63	3,23	0,84	0,85
Tryptophane	0,10	0,31	0,34	0,22	0,24
Thréonine	0,30	0,68	2,37	0,84	1,20
Glycine + sérine	0,82	1,89	5,58	2,12	2,64
Leucine	0,63	1,19	11,51	1,82	4,10
Isoleucine	0,36	0,66	2,91	0,75	1,07
Valine	0,51	0,93	3,42	1,29	1,45
Histidine	0,18	0,49	1,41	0,65	0,78
Arginine	0,62	1,32	2,19	1,48	1,06
Phénylalanine + tyrosine	0,78	1,29	8,70	1,69	2,50
Protéines digestibles	7,44	14,68	63,50	19,90	27,90
Cendres brutes	4,65	6,67	2,14	3,25	4,97
Calcium	0,05	0,16	0,02	0,10	0,18
Phosphore total	0,30	1,49	0,41	0,55	0,77
Phosphore disponible	0,11	0,69	0,13	0,19	0,65
Sodium	0,03	0,10	0,02	0,03	0,06
Potassium	0,34	1,38	0,03	0,27	1,00
Chlore	0,07	0,07	0,06	0,09	0,20
Magnésium	0,14	0,46	0,07	0,16	0,28
Matières grasses	2,05	4,60	3,00	1,98	9,35
Acide linoléique	0,92	2,07	1,59	1,07	3,37
Amidon (polarimétrique)	48,0	16,0			
Sucres libres	4,6	5,4			
Polymères pariétaux					
Polyosides solubles					
Polyosides insolubles		47,0			
NDF		46,0	6,8	47,9	
Cellulose brute	10,1	11,0	1,9	11,5	6,87

	Corn gluten feed	Drêches brasserie	Son de riz	Farine basse riz	Amidon de maïs
Humidité	10,0	9,0	10,0	11,0	12,0
Energie brute (kcal)	4515	5100	4630	4830	4170
EMA_n adulte	2100	2570	2775	3350	3980
jeune	2100	2570	2775	3350	3980
Protéines brutes	22,90	27,7	14,6	15,4	0,7
Lysine	0,62	0,77	0,64	0,64	
Méthionine	0,21	0,38	0,25	0,31	
Méthionine + cystine	0,73	0,67	0,48	0,65	
Tryptophane	0,10	0,27	0,15	0,15	
Thréonine	0,43	0,81	0,50	0,55	
Glycine + sérine	1,75	2,00	1,39	1,45	
Leucine	2,86	2,12	1,02	1,02	
Isoleucine	0,90	1,31	0,58	0,51	
Valine	1,16	1,29	0,88	0,88	
Histidine	0,65	0,47	0,39	0,41	
Arginine	1,05	1,10	1,11	1,20	
Phénylalanine + tyrosine	2,15	1,92	1,36	1,22	
Protéines digestibles	20,70	23,30	11,30	11,90	
Cendres brutes	6,90	4,47	12,0	9,6	0,14
Calcium	0,48	0,31	0,09	0,04	
Phosphore total	0,63	0,55	1,56	1,52	
Phosphore disponible	0,20	0,44	0,20	0,25	
Sodium	0,02	0,29	0,06	0,12	
Potassium	0,89	0,10	1,65	1,29	
Chlore	0,12	0,13	0,07	0,15	
Magnésium	0,20	0,16	0,94	0,67	
Matières grasses	4,00	7,70	14,9	18,0	1,02
Acide linoléique	2,12	2,75	6,70	8,10	0,54
Amidon (polarimétrique)	20,00	9,10		23,0	97,0
Sucres libres	1,50				
Polymères pariétaux					
Polyosides solubles					
Polyosides insolubles	39,50				1,00
NDF	9,40	51,5			
Cellulose brute		8,8	16,8	13,3	7,9

	Sucre	Manioc granulé	Manioc racines	Mélasse
Humidité	1,0	15,0	13,0	24,0
Energie brute (kcal)	4030	3990	4010	3880
EMA_n adulte	3940	3300	3500	2925
jeune	3940	3300	3500	2925
Protéines brutes		3,06	2,53	10,0
Lysine		0,10	0,08	
Méthionine		0,04	0,03	
Méthionine + cystine		0,07	0,06	
Tryptophane		0,02	0,02	
Thréonine		0,08	0,07	
Glycine + sérine		0,20	0,17	
Leucine		0,14	0,12	
Isoleucine		0,08	0,07	
Valine		0,11	0,09	
Histidine		0,04	0,03	
Arginine		0,14	0,12	
Phénylalanine + tyrosine		0,14	0,12	
Cendres brutes		6,14	5,60	11,6
Calcium		0,35	0,23	0,32
Phosphore total		0,22	0,17	0,03
Phosphore disponible		0,07	0,06	0,01
Sodium		0,05	0,03	1,30
Potassium		1,30	0,46	5,20
Chlore		0,11	0,07	1,70
Magnésium		0,15	0,09	0,32
Matières grasses		0,80	0,80	0,40
Acide linoléique		0,29	0,29	0,10
		73,0	79,9	
Amidon (polarimétrique)	99,0	2,9	4,0	64,0
Sucres libres				
Polymères pariétaux				
Polyosides solubles				
Polyosides insolubles		13,2	6,7	
NDF		11,8		
Cellulose brute	0,23	5,40	3,45	0,40

	Tourteau de soja 50	Tourteau colza (solv.)	Tourteau colza dépel.	Tourteau tournesol classique	Tourteau tournesol semi-décor.
Humidité	12,0	11,0	11,0	12,0	10,0
Energie brute (kcal)	4775	4665	4575	4620	4650
EMA_n adulte	2670	1875	2010	1600	1850
jeune	2670	1750	1950	1600	1850
Protéines brutes	54,50	38,60	46,60	33,50	37,00
Lysine	3,47	2,20	2,40	1,22	1,35
Méthionine	0,75	0,77	1,12	0,83	0,92
Méthionine + cystine	1,63	1,81	2,37	1,43	1,58
Tryptophane	0,74	0,46	0,57	0,43	0,47
Thréonine	2,14	1,70	2,08	1,20	1,33
Glycine + sérine	5,06	3,59	4,49	3,30	3,64
Leucine	4,18	2,66	3,28	2,15	2,37
Isoleucine	2,75	1,58	2,02	1,59	1,76
Valine	2,80	2,08	2,39	1,85	2,04
Histidine	1,35	1,16	1,35	0,82	0,91
Arginine	4,08	2,36	3,03	2,91	3,21
Phénylalanine + tyrosine	4,68	2,70	3,26	2,48	2,74
Protéines digestibles	50,30	29,50	36,00	29,70	33,60
Cendres brutes	7,05	7,87	8,04	7,60	7,90
Calcium	0,31	0,84	0,72	0,39	
Phosphore total	0,78	1,24	1,46	1,00	
Phosphore disponible	0,11	0,25		0,17	
Sodium	0,01	0,08		0,03	
Potassium	2,50	1,40		1,22	
Chlore				0,12	
Magnésium	0,32	0,51		0,56	
Matières grasses	2,16	2,02	2,03	1,40	2,90
Acide linoléique	1,05	0,35	0,35	0,67	1,40
Amidon (polarimétrique)	3,5	5,8		5,6	
(enzymatique)				1,0	1,5
Sucres libres	9,90	9,32	9,55	7,20	13,00
Polymères pariétaux					
Polyosides solubles	0,91			0,70	
Polyosides insolubles	18,00	34,00	22,50	46,0	42,50
NDF	7,50	26,7	14,00	44,0	40,0
Cellulose brute	3,86	13,1	7,20	28,3	24,1

	Tourteau d'arachide	Tourteau de coton
Humidité	9,0	9,0
Energie brute (kcal)	4790	4700
EMA_n adulte	2910	2110
jeune	2910	2110
Protéines brutes	54	45,1
Lysine	1,87	1,98
Méthionine	0,54	0,65
Méthionine + cystine	1,30	1,36
Tryptophane	0,54	0,54
Thréonine	1,46	1,71
Glycine + sérine	5,69	4,00
Leucine	3,40	2,68
Isoleucine	1,95	1,20
Valine	2,37	2,02
Histidine	1,25	1,13
Arginine	6,07	4,89
Phénylalanine + tyrosine	4,95	3,56
Protéines digestibles	47,80	33,80
Cendres brutes	5,93	7,10
Calcium	0,18	0,22
Phosphore total	0,66	1,10
Phosphore disponible	0,07	0,11
Sodium	0,02	0,05
Potassium	1,26	1,37
Chlore	0,05	0,04
Magnésium	0,33	0,55
Matières grasses	1,54	1,54
Acide linoléique	0,26	
Amidon (polarimétrique)	6,30	
Sucres libres	15,2	
Polymères pariétaux		
Polyosides solubles		
Polyosides insolubles		
NDF	18,7	32,7
Cellulose brute	12,1	14,3

	Féverole	Lupin doux	Pois	Soja extrudé	Colza
Humidité	13,0	13,0	14,0	11,0	10,0
Energie brute (kcal)	4480	5000	4420	5580	6690
EMA_n adulte	2600(2850)	2700	2750(3000)	3820	4460
jeune	2500(2750)	2775	2700(2950)	3820	4460
Protéines brutes	29,10	40,00	23,60	41,6	21,7
Lysine	1,83	1,93	1,69	2,64	1,21
Méthionine	0,23	0,32	0,27	0,58	0,47
Méthionine + cystine	0,58	0,92	0,64	1,29	1,07
Tryptophane	0,23	0,32	0,21	0,54	0,27
Thréonine	1,03	1,48	0,93	1,62	0,97
Glycine + sérine	2,64	3,53	2,13	3,99	2,04
Leucine	2,15	2,87	1,64	3,20	1,50
Isoleucine	1,30	1,80	1,05	2,00	0,89
Valine	1,38	1,72	1,09	1,99	1,13
Histidine	0,73	0,94	0,56	1,02	0,57
Arginine	2,75	4,31	2,26	3,16	1,34
Phénylalanine + tyrosine	2,23	3,45	1,84	3,60	1,51
Protéines digestibles	23,3	36,8	21,2	38,3	17,8
Cendres brutes	3,89	3,91	3,95	5,00	5,60
Calcium	0,13	0,21	0,09	0,28	0,33
Phosphore total	0,70	0,46	0,52	0,64	0,53
Phosphore disponible	0,17	0,09	0,16	0,12	0,11
Sodium	0,01	0,01	0,01	0,01	0,04
Potassium	1,38	1,03	1,28	1,68	0,75
Chlore	0,08	0,02	0,03	0,02	
Magnésium	0,21	0,17	0,14	0,33	0,25
Matières grasses	1,50	10,00	1,75	20,2	48,0
Acide linoléique	0,45	1,70	0,52	10,2	9,5
Amidon (polarimétrique)	43,8	1,00	52,00	1,25	
(enzymatique)	40,9	0,35	49,00	11,0	
Sucres libres	6,5	12,5	8,0		
Polymères pariétaux					
Polyosides solubles	0,10	1,60	0,20	0,65	
Polyosides insolubles	17,5	33,0	14,00	16,00	16,7
NDF	13,90	21,6	12,00	13,50	12,5
Cellulose brute	8,62	12,3	6,00	6,75	3,25

* les valeurs entre parenthèses sont applicables à la féverole et au pois préalablement granulés.

	Farine de luzerne	Concentré de luzerne
Humidité	10,0	10,0
Energie brute (kcal)	4400	5130
EMA$_n$ adulte	1190	2910
jeune	1090	2770
Protéines brutes	18,4	51,1
Lysine	0,81	3,42
Méthionine	0,27	0,92
Méthionine + cystine	0,50	1,68
Tryptophane	0,31	1,02
Thréonine	0,77	2,62
Glycine + sérine	1,65	5,06
Leucine	1,30	4,60
Isoleucine	0,80	2,54
Valine	1,01	2,93
Histidine	0,37	1,27
Arginine	0,79	1,69
Phénylalanine + tyrosine	1,48	4,81
Protéines digestibles	12,0	35,8
Cendres brutes	10,5	15,7
Calcium	1,67	4,44
Phosphore total	0,28	0,89
Phosphore disponible	0,24	0,71
Sodium	0,08	0,20
Potassium	2,11	1,11
Chlore	0,53	0,33
Magnésium	0,30	
Matières grasses	3,20	10,0
Acide linoléique	0,58	1,8
Amidon (polarimétrique)		2,20
Sucres libres		2,20
Polymères pariétaux		
Polyosides solubles		
Polyosides insolubles	51,0	
NDF	44,7	
Cellulose brute	27,8	3,0

	Farine de viande 55G	Farine de viande 60M	Farine de poisson 65G	Farine de poisson 72M	Farine de sang
Humidité	7,0	7,0	8,0	8,0	10,0
Energie brute (kcal)	4375	4340	5200	4675	5500
EMA_n adulte	3020	2690	3515	3185	3130
jeune	3020	2690	3515	3185	3130
Protéines brutes	57,8	64,5	72,0	77,5	93,3
Lysine	3,03	3,72	5,47	5,89	8,47
Méthionine	0,80	0,91	2,09	2,25	1,03
Méthionine + cystine	1,33	1,49	2,74	2,95	1,87
Tryptophane	0,30	0,39	0,76	0,82	1,17
Thréonine	1,86	2,31	3,13	3,37	4,44
Glycine + sérine	9,90	10,9	7,20	7,75	9,76
Leucine	3,41	4,11	5,54	5,65	12,87
Isoleucine	1,69	2,09	3,38	3,64	0,88
Valine	2,48	3,01	3,99	4,13	7,80
Histidine	0,95	1,22	1,65	1,77	5,75
Arginine	3,75	4,18	4,10	4,41	4,03
Phénylalanine + tyrosine	3,11	3,61	5,25	5,43	7,74
Protéines digestibles	39-52	43,9-58	64,8	69,8	74,6
Cendres brutes	26,9	24,2	17,0	18,3	4,94
Calcium	8,28	7,58	4,24	4,56	0,33
Phosphore total	3,98	3,60	2,77	2,99	0,28
Phosphore disponible	3,23	2,90	2,40	2,55	0,24
Sodium	0,62	0,56	0,98	1,03	0,36
Potassium	0,44	0,40	0,82	0,80	0,11
Chlore	0,54	0,48	1,25	1,30	0,44
Magnésium	0,62	0,56	0,22	0,23	0,24
Matières grasses	10,6	4,30	10,4	1,95	1,20
Acide linoléique	0,18	0,08	0,65	0,12	0,08

	Farines de plumes	Poudre de lait	Levure de brasserie
Humidité	7,0	5,0	8,0
Energie brute (kcal)	5500	4340	4620
EMA_n adulte	2760	2950	2270
jeune	2760	2950	2270
Protéines brutes	92,2	36,7	45,4
Lysine	1,98	2,96	3,42
Méthionine	0,57	0,89	0,71
Méthionine + cystine	4,39	1,32	1,21
Tryptophane	0,46	0,46	0,50
Thréonine	4,20	1,63	2,22
Glycine + sérine	18,9	2,51	3,86
Leucine	7,68	3,60	3,10
Isoleucine	4,25	2,23	2,27
Valine	7,40	2,42	2,68
Histidine	0,62	1,04	0,98
Arginine	6,09	1,26	2,17
Phénylalanine + tyrosine	7,54	3,41	3,38
Protéines digestibles	69,2	32,3	36,5
Cendres brutes	3,41	8,00	8,91
Calcium	0,22	1,37	0,38
Phosphore total	0,75	1,05	1,63
Phosphore disponible	0,65	1,00	1,10
Sodium		0,52	0,08
Potassium	0,26	1,74	1,95
Chlore		0,79	0,20
Magnésium	0,19	0,12	0,22
Matières grasses	3,75	0,85	2,07
Acide linoléique	0,28	0,04	0,45
Polymères pariétaux			
Polyosides solubles			
Polyosides insolubles			
NDF			
Cellulose brute			3,25

	Graisse de volailles	Suif	Saindoux	Graisse animale	Huile de maïs	Huile de soja	Huile de colza	Huile de poisson
EB	9400	9450	9440	9370	9400	9400	9400	9380
EMA_n adulte	9200	7500	8700	8530	9250	9250	9250	9200
jeune	9080	6600	8550	8450	9200	9200	9200	9100
Indice d'iode	83	43	62	60	110	130	115	205
Acides saturés (%)	28	49	41	40	13	14	7	25
Acide linoléique (%)	18	2	6	8	59	56	22	7
Insaponifiable (huile brute)	1,8	1,5	1,5	1,5	1,5	1,5	1,7	1,4

EB = énergie brute (kcal/kg); EMA_n = énergie métabolisable à bilan azoté nul.

	Calcium	Phosphore total	Disponibilité du phosphore	Sodium	Chlore
Carbonate de calcium	38	0	0	0,02	0
Calcaires naturels	38	0,02		0,06	0
Carbonate de sucrerie	31,5	0,40		0	0
Coquille d'huître	38	0,05		0,30	0,1
Ciment	45,7	0	0	0,20	0
Phosphate monocalcique (hydr.)	18,5	22,5	100	0,10	0
Phosphate bicalcique (hydr.)	24,5	18,6	90	0,04	0
Phosphate tricalcique	37,0	19,5	80	0	0
Farine d'os dégélatinisée	30,7	14,1	85	0,45	0,08
Chlorure de sodium	0	0	0	39,3	60,6
Sel de mer	0,80	0	0	35 4	54,5
Bicarbonate de soude	0	0	0	27,0	4,0

12

TECHNOLOGIE DES ALIMENTS CONSÉQUENCES NUTRITIONNELLES

Les aliments destinés aux volailles renferment des matières premières qui sont rarement utilisées sous leur forme initiale de production. Il existe de nombreux traitements technologiques qui peuvent être appliqués sur les matières premières prises individuellement (et de façon spécifique) ou sur des mélanges. Dans le premier cas, on retrouve les matières premières qui sont elles-mêmes des sous-produits des traitements industriels (tourteaux d'oléo-protéagineux, farines de poissons, sous-produits d'abattoirs, issues de céréales etc...). On doit aussi considérer celles qui contiennent des facteurs antinutritionnels et qu'un traitement technologique approprié permet de rendre utilisables pour l'alimentation animale (graines de légumineuses). Plus généralement, le traitement technologique est toujours choisi par nécessité ou pour améliorer l'efficacité nutritionnelle (digestive, métabolique), d'une matière première seule (autoclavage des farines de plumes) ou en mélange.

Au moment de sa distribution, un aliment composé ne se présente pas comme une juxtaposition de matières premières. Il doit au contraire constituer un mélange si homogène qu'une ration journalière, aussi petite soit-elle, devrait contenir tous les ingrédients dans les proportions calculées et décidées par le formulateur.

Les traitements technologiques, qui sont très nombreux, existent à tous les niveaux, entre le site initial de production des matières premières et l'usine de fabrication des aliments composés. Leur diversité va du simple séchage naturel ou artificiel (maïs) à la granulation, sans oublier ceux pratiqués dans des usines spécialisées et permettant de transformer un sous-produit en une matière première alimentaire (tourteaux, déchets d'abattoir ou de couvoir, dérivés de céréales, etc..).

Dans ce chapitre, nous n'abordons ni les procédés d'obtention des tourteaux (dépelliculage, extraction de l'huile, cuisson des tourteaux), ni ceux de l'industrie céréalière pour l'obtention d'issues et de dérivés, qui sont exposés dans le chapitre 11. Nous nous limitons à décrire les principaux traitements pratiqués par l'industrie des aliments composés. Pour cela, nous suivons le circuit de fabrication de ces derniers, commençant par la réception des matières premières et finissant par la production d'aliments complets en farine, en miettes ou en granulés.

Les conséquences nutritionnelles sont envisagées en tenant compte à la fois de la destruction des facteurs antinutritionnels, de l'amélioration de l'efficacité de certains nutriments en même temps que de la perte de disponibilité des acides aminés et des vitamines thermolabiles.

I. Traitements thermiques des matières premières

Classiquement, les usines d'aliments composés reçoivent des matières premières qui, après broyage, sont directement utilisées dans les chaînes de fabrication. Depuis quelques années, plusieurs nouvelles matières premières qui étaient destinées aux huileries pour produire des tourteaux, sont directement proposées aux fabricants d'aliments. Il en est ainsi des graines entières de soja et de colza.

La valorisation directe de ces matières premières a nécessité l'introduction en amont de nouvelles technologies, capables de détruire les éventuels facteurs antinutritionnels, d'améliorer la digestibilité des constituants et de faciliter les mélanges ultérieurs. Les traitements thermiques sont ceux qui sont les plus couramment utilisés. Tous font intervenir trois variables qui influent sur la valeur nutritionnelle : la température, la durée du traitement et l'humidité du produit. Ces trois paramètres peuvent tous les trois varier dans le cadre d'un même traitement ; aussi est-il difficile, sinon impossible, d'établir une hiérarchie entre les traitements en fonction de leur efficacité. De la même façon, un traitement peut être plus efficace qu'un autre dans certaines conditions ou sur certains produits. Aussi faut-il que, chaque fois, les conditions physiques soient parfaitement définies et respectées.

1. Cuisson

Il s'agit de la méthode la plus simple pour traiter une matière première telle que les graines de soja. Celles-ci sont trempées et bouillies pendant au moins une demi-heure. Elles sont ensuite étalées et séchées. On peut aussi procéder à un chauffage sous pression : autoclavage, mais il ne s'agit là que d'une variante. Dans ce cas, il faut surtout corriger la durée du traitement en fonction de la pression, elle-même dépendante de la température.

2. Torréfaction

Cette technique consiste à chauffer fortement à sec les graines ou une farine. A la fin de l'opération, la matière première a généralement perdu une forte proportion de son humidité en atteignant une température comprise entre 110°C et 168°C, selon les équipements existants actuellement sur le marché. Dans la pratique, on procède souvent au grillage dans un séchoir courant et plus rarement sur lit de sel ou sur dalles en céramiques chauffées. On peut aussi torréfier en faisant passer d'abord la matière première dans un milieu de vapeur d'eau saturée et surchauffée avant de la sécher.

Dans la technique dite du Jet-sploder, la matière première traverse un milieu où l'air sec est chauffé à 315°C. Elle gonfle alors en laissant échapper l'humidité intrinsèque et une partie de l'eau libre.

Dans la micronisation, des lames de céramique chauffées émettent des rayons infra-rouges. Les radiations provoquent sur les graines des vibrations au niveau moléculaire. Le système étant clos, la pression de la vapeur d'eau surchauffée (180°C – 220°C) détruit les facteurs antinutritionnels du soja en même temps qu'elle entraîne la gélatinisation des amidons et la rupture des vacuoles renfermant l'huile.

3. Extrusion

Dans cette technique, la matière première seule ou en mélange est refoulée à travers la vis d'une presse en présence d'une température élevée obtenue par chauffage direct de la masse (forte friction dans l'extrusion par voie sèche) ou après injection de vapeur d'eau dans l'extrusion par voie humide. Les conditions physiques d'extrusion sont une température variant de 90 à 180°C, une humidité de 0 à 20 p.100 et un séjour dans l'extrudeur variant de 30 secondes à quelques minutes. En outre, la pression est de plusieurs bars, maintenant l'eau à l'état liquide. La brusque détente en sortie d'extrusion (retour à la pression atmosphérique), entraîne une évaporation instantanée de l'eau intra-cellulaire et l'explosion des cellules végétales. L'extrusion par voie sèche réduit l'humidité du produit de départ. Par voie humide, cette dessiccation ne se produit pas ; en effet 4 à 5 p.100 d'eau sont introduits par la vapeur d'eau mais sont éliminés en sortie d'extruseur.

Dans le cas d'extrusion d'un mélange de céréales et de graines oléagineuses, l'addition supplémentaire d'eau est indispensable (7 à 10 p.100). Le produit extrudé à sec perd une partie de cette eau. En cas d'extrusion humide, la majeure partie de celle-ci demeure dans le produit final.

II. Technologie de fabrication des aliments composés

La fabrication d'un aliment composé consiste en une série d'opérations dont le but est d'associer plusieurs matières premières simples (céréales, issues, tourteaux, farines animales ou végétales), des minéraux, des vitamines et des additifs divers (acides aminés de synthèse, antibiotiques, anticoccidiens...) dans des proportions fixées à l'avance et correspondant à un objectif nutritionnel précis (cf. chap. 13). La figure 12-1 décrit schématiquement les différentes parties d'une usine d'aliments composés, ainsi que les principales étapes de fabrication.

Les ingrédients se trouvent au départ sous des formes différentes (graines, particules de plusieurs tailles, liquide, graisse). La première opération est le pesage de quantités précises. Les éléments les plus grossiers sont broyés pour réduire l'hétérogénéité. Les graisses sont chauffées pour être incorporées. L'ensemble est ensuite bien mélangé pour être homogène. L'utilisation est sous forme de farine de granulés ou de miettes selon la demande.

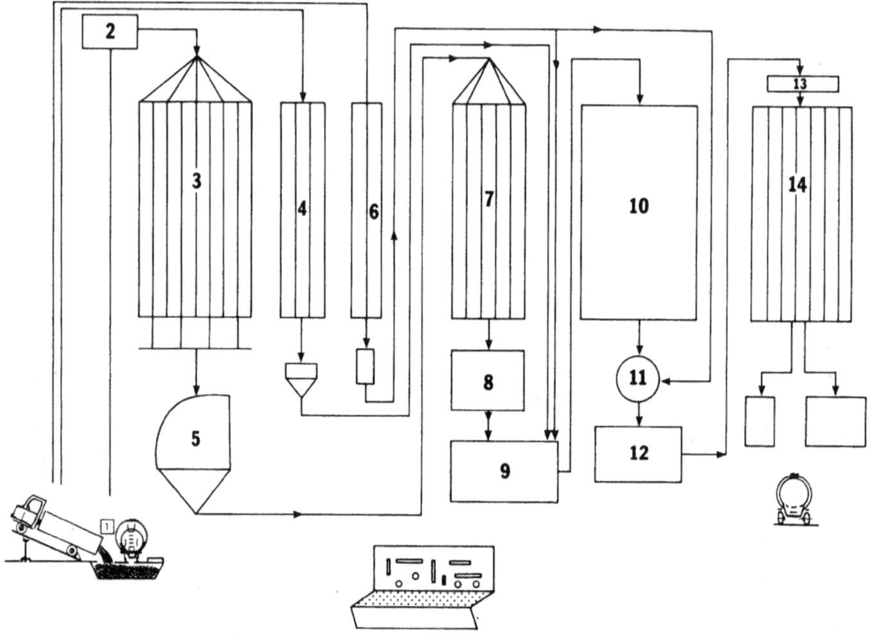

Figure 12.1. – Schéma général d'une usine d'aliments composés : 1 – aire de livraison des matières premières, 2 – dépoussiérage et nettoyage des matières premières, 3 – silos de stockage des céréales, 4 – silos de stockage des tourteaux, 5 – équipement de broyage, 6 – stockage des minéraux, des prémélanges (premix) et des liquides, 7 – cellules d'attente des matières premières broyées, 8 – benne peseuse des différents constituants de l'aliment, 9 – mélangeuse recevant à la fois les ingrédients en poudre et en liquide, 10 – traitement à la vapeur avant granulation, 11 – presses pour fabrication de granulés, 12 – refroidisseurs des granulés, 13 – tamisage, 14 – cellules de stockage des aliments composés avant conditionnement en vrac ou en sacs.

1. Pesage – Dosage

Le dosage assure l'apport des différents ingrédients dans des proportions bien définies. Il est généralement pondéral (pesage) dans la mesure où la composition du mélange est exprimée en kg par quintal ou par tonne.

La qualité du dosage est d'une importance capitale pour éviter à la fois les erreurs par défaut qui peuvent engendrer des carences partielles en nutriments indispensables, ainsi que les excès, toujours économiquement préjudiciables.

Dans la pratique, on doit disposer de balances dont la portée doit être appropriée aux quantités à peser. Il existe trois types d'appareils : les bascules mécaniques où les indications sont transmises au cadran par jeux de leviers, les appareils électroniques dans lesquels les poids sont appliqués directement à des capteurs de flexion à jauges de contraintes qui transmettent un signal électrique au moyen de lecture, enfin les peseuses les plus robustes qui sont des systèmes mixtes. Dans ce dernier cas, les poids sont appliqués à un jeu de leviers agissant sur les capteurs.

Les problèmes de pesage ne se limitent pas à la première étape de la fabrication. On les retrouve également en fin de circuit lorsqu'il s'agit de livrer l'aliment composé en sac ou en vrac. Là aussi, il existe plusieurs modèles de peseuses : mécanique simple (à fléau, à bras égaux), électronique ou mécanique à lecture numérique avec assistance pneumatique.

2. Broyage

Il permet de réduire les matières premières à une granulométrie plus petite afin de réaliser des mélanges homogènes. On distingue trois types de broyeurs.

2.1. *Broyeurs à meules*

La matière première est broyée par écrasement, friction et déchirement entre les surfaces abrasives de deux meules, l'une fixe et l'autre tournante, ou toutes les deux mobiles mais tournant en sens inverse. Ce système dont le principe est connu depuis l'antiquité convient pour les céréales et surtout pour les matières premières riches en fibres.

2.2. *Broyeurs à cylindre*

Il s'agit de deux cylindres généralement en fonte, tournant en sens opposé. Ils sont lisses ou cannelés. La forme, l'écartement des cylindres et la finesse de cannelures détermineront la qualité du broyage allant du simple concassage à l'émiettage ou à l'aplatissement des matières premières. Ce type de broyeur est économe du point de vue énergétique, mais il est fragile. La présence de cailloux ou de pièces métalliques dans les graines entraîne des détériorations graves du matériel.

2.3. *Broyeurs à marteaux*

Ce sont les plus courants. Le produit à broyer pénètre dans une chambre où il est saisi par des marteaux, fixés à un rotor, avant de percuter des plaques. Les particules sont reprises à nouveau jusqu'à ce qu'elles finissent par traverser les trous d'une grille sous l'action conjuguée de la force centrifuge imprimée par le rotor et de l'aspiration de dégagement.

Les grilles comportent des trous généralement de 1 à 5 mm de diamètre constituant les limites supérieures de la granulométrie désirée.

Ce système de broyeurs convient pratiquement à toutes les matières premières utilisées dans les aliments destinés aux volailles : céréales et tourteaux.

Dans le cas des matières premières riches en fibres (avoine, tournesol), il convient de procéder à un concassage préalable.

3. Homogénéisation

Les matières premières, pesées puis broyées, sont mélangées de manière à obtenir une bonne répartition de tous les ingrédients dans la masse du mélange. L'efficacité de l'opération dépend beaucoup de la granulométrie des ingrédients et de l'appareil d'homogénisation choisi.

Souvent, les ingrédients diffèrent par leur granulométrie, leur densité, leur forme, le coefficient de frottement. Outre ces caractéristiques, il faut tenir compte des intéractions chimiques éventuelles et des potentiels d'électricité statique.

3.1. *Granulométrie*

Pour être incorporé de façon homogène dans un aliment, une matière première doit avoir une granulométrie donnée en fonction du taux d'incorporation. Ainsi selon que l'on désire incorporer par tonne d'aliment, 10 mg, 1 kg ou 5 kg, on a calculé que le diamètre des particules ne doit pas dépasser respectivement 5 μ, 44 μ, 726 μ.

3.2. *Poids spécifiques*

Les produits les plus lourds ont tendance à sédimenter tandis que les plus légers remontent en surface. Ainsi, dans un mélange est-il nécessaire d'introduire d'abord les produits à faible poids spécifique.

En utilisant des matières premières à poids spécifique très différents, la prolongation du temps de mélange peut conduire à un démélange et donc à un produit hétérogène. Le risque de démélange peut être évalué par le test des volumes au déversement. Le passage de l'aliment sur un tamis à mailles de 0,4 mm permet de séparer les fractions grossières et fines. Si le rapport des volumes occupés est inférieur à 1, la tenue du mélange sera considérée bonne. Au-delà de cette valeur, on devrait soit revoir la préparation des matières premières, soit ajouter des substances réduisant les risques de démélange.

3.3. *Autres facteurs*

Chaque ingrédient se caractérise par son coefficient de frottement qui s'oppose au mouvement de la mélangeuse en la faisant « tirer ». Des écarts trop importants entre ingrédients conduiront à des phénomènes de localisation qu'il faudrait essayer d'éviter. L'addition de certains liquides modifie les coefficients de frottement. Il en est ainsi de l'eau et de la graisse, et surtout de la mélasse.

La nature chimique doit aussi être prise en compte surtout lorsqu'il s'agit de produits hygroscopiques : lignosulfite, sucre, sel ou des produits réagissants (acide-base) : phosphate bicalcique, sulfate de fer, de cuivre, carbonate de chaux, etc.

Enfin, lorsque l'humidité atmosphérique est faible, certaines particules se chargent électriquement et ont alors tendance à se coller le long des surfaces métalliques de la mélangeuse. Celle-ci doit alors être soigneusement mise à la terre, ce qui aurait pour autre avantage d'assurer une meilleure sécurité électrique.

3.4. *Contrôle de l'homogénéité*

Il existe au moins deux méthodes simples permettant de s'assurer de la bonne homogénéité de l'aliment composé.

— *Recherche d'ions métalliques*

Les aliments renferment des oligo-éléments ajoutés sous forme de prémélanges. On peut s'assurer de la présence et de la bonne répartition du fer et du cuivre en étalant la farine sur des feuilles préalablement humectées avec une solution à 10 p.100 de ferricyanure de potassium ($K_3Fe(CN)_6$) ou de ferrocyanure de potassium ($K_4Fe(CN)_6$). Dans le premier cas, la présence du fer fera apparaître des taches bleues de sels ferreux. Dans le second, le sel de cuivre donne des taches brunes.

— *Marquage de l'aliment avec la fluorescéine*

Pour standardiser les paramètres de fonctionnement des mélangeurs, il suffit de procéder au marquage de l'aliment en ajoutant 2 à 3 g/tonne de fluorescéine. La détection de celle-ci dans un échantillon d'aliment se fait en présence de soude à la lumière de Wood (lumière noire) ou en utilisant une lampe UV et un écran de Wood.

3.5. *Types de mélangeurs*

Il existe plusieurs types de mélangeuses, les verticales étant les plus courantes. La vis centrale est à tube de remontée ou à axe mobile. Ces appareils sont de grande capacité mais présentent quelques inconvénients : mauvaise réduction des boulettes de graisses, lente cadence de production et risque de démélange. Les mélangeuses horizontales sont, en revanche, pour les petits tonnages, rapides et simples d'entretien. Dans tous les cas, il faut toujours veiller au nettoyage complet en employant éventuellement de l'air comprimé, pour éviter les risques de contamination par les résidus de la fabrication précédente, surtout lorsqu'il s'agit d'un aliment de composition différente.

4. Incorporation des liquides

Les aliments destinés aux animaux en croissance sont relativement riches en énergie : 3 000 à 3 300 kcal d'énergie métabolisable par kg. Ils nécessitent l'incorporation de matières premières énergétiques. Les mélasses et les matières grasses sont des sources peu coûteuses mais se présentent à la température ordinaire sous forme visqueuse ou solide. Aussi est-il nécessaire de chauffer à 70°C et 60°C pour les graisses et les mélasses respectivement, avant de les mélanger au reste de l'aliment.

En utilisant des récipients à double enveloppe, on peut assurer le chauffage en faisant circuler de l'eau liquide ou en vapeur comme pour un bain-marie. Cela permet d'éviter tout risque de surchauffe et par conséquent d'altération locale des matières premières.

L'incorporation est effectuée grâce à une pompe doseuse qui introduit la graisse ou la mélasse, rendue liquide dans un mélangeur continu composé d'un rotor à pales. Les goutelettes viennent alors s'adsorber sur les particules de farine.

Cette technique ne permet d'incorporer que des quantités relativement limitées de liquides puisqu'une addition importante de ces derniers pourrait rendre difficile l'écoulement de la farine dans les canalisations. Pour utiliser les liquides et surtout les matières grasses à des taux supérieurs à 5 p.100 et allant jusqu'à 10 p.100, il est préférable de procéder à l'enrobage de l'aliment une fois transformé en granulés : la substance à ajouter est projetée sur les granulés par une rampe d'injection, dans un tambour tournant à parois chauffantes.

La choline et, à moindre degré, certains acides aminés de synthèse (méthionine sodique, méthionine – hydroxy – analogue, lysine monochlorhydrate en solution) sont ainsi incorporés à l'aliment par voie liquide pour des questions de commodité.

5. Granulation

A la sortie de la mélangeuse, l'aliment est théoriquement sous forme d'une farine bien homogène. Dans la pratique, 40 p.100 du tonnage global d'aliments pour les volailles sont utilisés sous cette forme. Mais pour les 60 p.100 restant, la farine est transformée en granulés. Pour cela, on utilise des granuleuses comportant une filière plate ou annulaire. L'aliment est forcé par des galets à passer à travers les perforations de la filière. Il ressortira sous la forme de petits cylindres d'un diamètre constant de 2,5 ou 5 mm selon que l'aliment est destiné à des animaux plus ou moins jeunes. Un couteau tournant sectionne les granulés et détermine ainsi leur longueur.

La granulation peut avoir lieu sans injection de vapeur d'eau au niveau de la granuleuse (granulation à sec) ou par injection de vapeur de façon à faciliter le passage du produit et à améliorer la cohésion des granulés (voie humide)

On exige d'un granulé une bonne tenue, autrement dit une résistance à l'écrasement. Cette qualité dépend de la composition de l'aliment. La présence de sucre ou d'amidon est très recherchée dans la mesure où ils constituent avec l'eau un bon agent de liaison. L'humidité totale dans la granuleuse doit être comprise entre 15 et 18 p.100 pour assurer les meilleurs résultats. Le maïs et le tourteau de soja peuvent aussi servir de liants. Mais les matières premières à haute teneur en glucides pariétaux diminuent fortement la dureté des granulés et entraînent l'échauffement de l'aliment au cours de son passage à travers la filière. Les matières grasses, ont tendance, elles, à fragiliser les granulés ; ce qui limite leur taux d'incorporation à 6 ou 7 p.100.

La dureté des granulés peut être améliorée en utilisant des liants : lignosulfonates, bentonite et montmorillonite, perlite, silicates, amidon gélatinisé, sans oublier les mélasses qui sont à la fois une source économique d'énergie et un excellent liant.

A la sortie de la filière, les granulés sont à une température allant jusqu'à 70 ou 80°C. Ils doivent alors être refroidis et séchés de manière à prévenir tout développement ultérieur de moisissure au cours du stockage. On fait alors passer un flux d'air à la température ambiante à travers les granulés disposés sur un tapis en mouvement. Dans les conditions climatiques tempérées, on compte 7 minutes pour refroidir convenablement des granulés de 5 mm de diamètre. Enfin, avant d'ensacher l'aliment, un dernier tamisage permet de retenir les particules trop petites pour les recycler, en les introduisant dans la presse en vue de fabriquer de nouveaux granulés.

Au lieu des granulés, on produit aussi des aliments en miettes. Celles-ci sont généralement fabriquées à partir des granulés, en utilisant des broyeurs à tambour. Les granulés doivent au préalable avoir été séchés et refroidis. Leur qualité influencera directement celle des miettes pour ce qui concerne la dureté.

III. Traitements technologiques et qualité nutritionnelle

1. Destruction des facteurs indésirables

Dans tous ces traitements, les matières premières sont chauffées à des températures variables en fonction de la technique utilisée. D'une manière générale, le premier intérêt de la cuisson réside sur ses effets sur les facteurs antinutritionnels lorsque ces derniers sont thermolabiles, dans le soja, la féverole, le pois le colza etc. Ainsi la chaleur inactive les facteurs antitrypsiques présents dans les légumineuses (fig.12-2). Elle détruit plus ou moins les phytohémagglutinines du soja, les glycosides cyanogénétiques de certaines légumineuses et les thioglucosides goitrinogènes. Dans ces mêmes matières premières riches en protéines, il existe quelquefois des substances antivitaminiques : antivitamine D et antivitamine B_{12} dans le soja, antivitamine E dans d'autres légumineuses. La chaleur, là encore, permet de les inactiver.

Il en est de même pour l'aflatoxine détruite à 85-90 p.100 dans le tourteau d'arachide extrudé lorsque la teneur initiale de la toxine ne dépasse pas 250 ppb (mg/tonne).

La chaleur permet aussi de détruire les agents pathogènes, en particulier, les salmonelles susceptibles d'être apportées par les rongeurs, les oiseaux sauvages voire les insectes et de contaminer les graines. Nous rappelons qu'il existe plus de 600 espèces de salmonelles dont *Salmonella typhimurium* qui provoque la paratyphoïde chez le poulet comme chez le dindon. Ces bactéries sont détruites à des températures comprise entre 75 et 85°C pendant 20 minutes et naturellement à des températures plus élevées même si la durée est plus faible. Les trois procédés hydrothermiques décrits plus haut seront à cet égard tous efficaces.

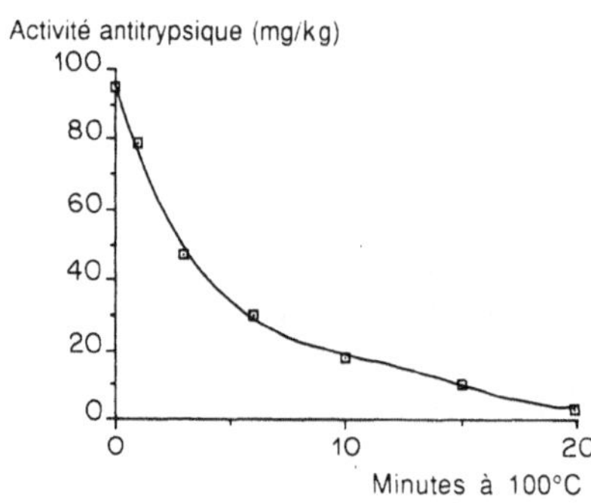

Figure 12.2. – Destruction des facteurs antitrypsiques par la chaleur.

2. Effets sur l'efficacité des nutriments énergétiques et vitaminiques

La cuisson, qu'elle soit à la pression normale ou en autoclave, par torréfaction ou avec extrusion, influe sur la valeur nutritionnelle des matières premières, indépendamment de son rôle sur les facteurs antinutrionnels.

Les effets favorables concernent surtout les nutriments énergétiques. Les amidons sont gélatinisés, ce qui permet d'augmenter leur digestibilité en facilitant les hydrolyses digestives par l'amylase pancréatique. Cet effet reste relativement faible chez les volailles. Cependant, pour les légumineuses (pois et féverole), l'amélioration de la digestibilité de l'amidon est très sensible (jusqu'à + 20 p.100), soit un gain de plus de 300 kilocalories d'énergie métabolisable par kg. Il n'en est pas de même pour l'huile qui, sous l'effet de la chaleur en particulier avec la cuisson extrusion, devient plus disponible par rupture des structures cellulaires. Il en résulte une amélioration de la valeur énergétique de la matière première. (tabl. 12-1)

L'influence sur la valeur énergétique est encore plus spectaculaire lorsqu'il s'agit d'une extrusion portant sur des mélanges de matières premières tel que le pois – colza. Dans ce cas, on enregistre un effet de synergie : l'énergie du mélange extrudé est supérieure à la somme des énergies métabolisables des deux matières premières (tabl. 12-2).

En ce qui concerne les vitamines, les effets des traitements thermiques sont défavorables pour les substances thermolabiles, telles la thiamine et la vitamine C, qui peuvent être partiellement ou complètement détruites (cf. chap. 7).

Tableau 12-1. Influence du traitement thermique
sur la valeur énergétique de la graine de soja.

Traitement	Energie métabolisable (kcal/kg)
Soja cru	3 225
Cuisson-torréfaction	3 575
Jet-sploding	3 705
Micronisation	4 135
Extrusion (voie humide)	4 155
Extrusion (voie sèche)	4 275

Tableau 12-2. Influence de l'extrusion sur la valeur énergétique
Energie métabolisable kcal/kg.

	Coq	Poussin
Colza seul	3430	2856
Pois seul	2660	2553
Mélange Pois (68 %) + Colza (29 %)		
Farine	2935	2893
Extrudé	3169	3336

— Effets spécifiques du broyage des matières premières

Si le broyage est nécessaire pour faciliter le mélange ultérieur, son efficacité dépend à la fois du procédé utilisé et du résultat obtenu.

On a récemment montré que la valeur nutritionnelle de l'aliment, surtout lorsqu'il renferme du sorgho ou du triticale, est significativement plus élevée en utilisant un broyeur à cylindre, plutôt qu'un broyeur à marteau. L'hypothèse explicative avancée semble avantager le rôle de substances olfactives qui seraient davantage libérées par l'un des deux procédés et qui amélioreraient l'appétence de l'aliment. On peut aussi penser à une modification structurelle des particules, bien que celles-ci aient des dimensions semblables avec les deux procédés.

La finesse des particules est un autre facteur d'efficacité alimentaire. Le broyage permet les meilleurs mélanges mais présente quelques inconvénients, surtout lorsque l'aliment composé doit rester en farine : les particules fines peuvent provoquer des désordres gastriques (ulcères) et respiratoires (inhalation de poussières). En outre, leur ingestion par les animaux diminue et les pertes par gaspillage sont plus importantes. Cependant, certaines matières premières, comme la féverole, sont nettement mieux digérées par les oiseaux lorsque le broyage est très fin. Mais d'une manière générale, un broyage grossier rend difficile l'homogénéisation et l'on peut penser qu'il ne facilite pas l'attaque ultérieure par les enzymes digestives (cf. chap.3). Cette dernière assertion n'est pas vérifiée dans le cas des céréales qui sont souvent plus digestibles lorsqu'elles sont plutôt concassées que finement broyées.

— Effets spécifiques de la granulation

Grâce à la granulation, les aliments composés se présentent comme des produits relativement homogènes. Dans les poulaillers, on a alors moins de poussières, ce qui présente un double avantage économique (moins de perte) et physiologique (l'air ambiant est moins pollué).

Les avantages de la granulation sont nombreux. Bien que relativement peu élevée (70-80°C), la chaleur de granulation suffit pour détruire notablement les facteurs antitrypsiques du soja et pour réduire les contaminations par les salmonelles. Les granulés ont des compositions théoriquement identiques. Les poulets consomment plus d'aliment en granulés qu'en farine. Il en résulte alors une meilleure efficacité alimentaire, particulièrement chez le jeune en croissance. Cet effet est très net lorsque les animaux sont élevés en climat chaud. La granulation peut alors être préconisée comme un moyen de diminuer les effets de la température excessive.

Enfin, étant plus denses que la farine, les granulés nécessitent moins de place pour le stockage et sont plus facilement distribués par les chaînes d'alimentation sans subir le phénomène de démélange.

Ces avantages l'emportent largement sur les inconvénients qui sont le surcoût de production dû au prix des machines et à la dépense d'énergie électrique. Il faut aussi ajouter une augmentation de la consommation d'eau par les animaux. Ce dernier effet a pour conséquence, en élevage au sol, des litières humides favorisant le microbisme et le parasitisme.

3. Effets sur la disponibilité des acides aminés

Lors des traitements utilisant le chauffage des matières premières et, à moindre degré, dans les conditions de conservation caractérisées par de fortes élévations de température, il se produit un ensemble de réactions dites de brunissement non enzymatique, de Maillard, de caramélisation ou de formation de mélanoïdines. Ces réactions sont fortement accélérées par la chaleur dans les opérations de cuisson, de déshydratation ou de stockage artificiel. Elles affectent la disponibilité des acides aminés.

L'intensité des réactions dépend à la fois des conditions physiques du traitement technologique (température, humidité relative, durée) et des substances autres que les acides aminés, qui sont présentes dans les matières premières. Le chauffage d'une protéine, même purifiée, entraîne la destruction, d'abord de la cystine avec la rupture des ponts disulfure et le départ d'acide sulfhydrique (odeur perceptible lors de la cuisson de l'œuf en coquille). Dans le même temps, il y a libération d'ammoniac et formation au sein de la protéine de nouvelles liaisons résistantes à l'attaque enzymatique au cours de la digestion.

Après la cystine, c'est la lysine qui est affectée puis, de proche en proche, tous les autres acides aminés.

Mais d'une manière générale, les réactions de brunissement non enzymatique mettent en œuvre des composés carbonylés et en premier lieu des sucres réducteurs. D'autres composés portant des groupements carbonyl, tels que les produits d'oxydation des lipides, certaines vitamines (acide ascorbique, vitamine K), les orthophénols, certains arômes naturels comme l'aldéhyde cinnamique, interviennent également. Les acides aminés des protéines participent à ces réactions en les catalysant par l'intermédiaire des groupements amines libres (en particulier le groupement ε NH$_2$ de la lysine).

Dans la figure 12-3, les principales voies du brunissement non enzymatique sont résumées.

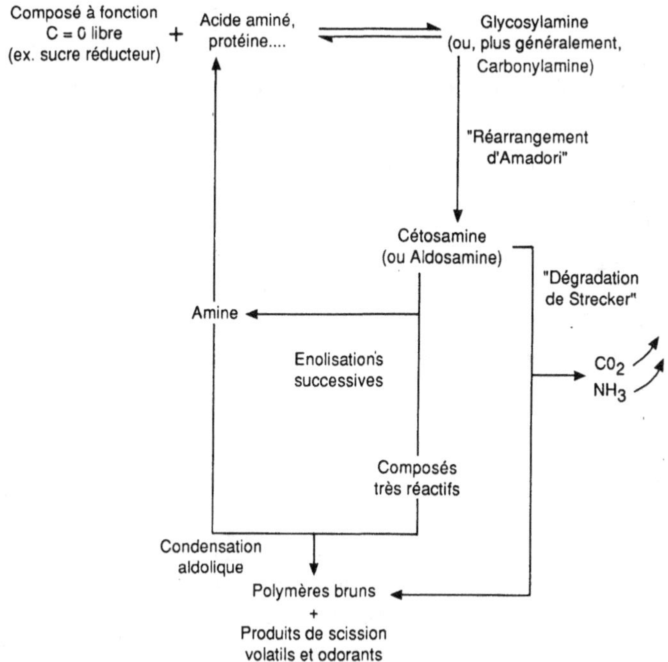

Figure 12.3. – Principales voies du brunissement non enzymatiques.

Dans le cas des sucres réducteurs (pentoses, hexoses et à un moindre degré lactose et maltose), les aldoses conduisent à des aldosylamines tandis que les cétoses d'abord à des cétosylamines puis à des aldosylamines.

Les composés carbonyles formés dans la première étape sont très réactifs, surtout les aldéhydes et les cétoses insaturés et instables. Ils feront, au cours de la seconde étape, l'objet de réactions de scission et de polymérisation. Les petites molécules sont souvent volatiles et odorantes. Les polymères sont des substances colloïdales, insolubles, insaturées et parfois réductrices. Ils sont généralement hétérocycliques, du type furane et pyrane.

Le brunissement non enzymatique nécessite une énergie d'activation relativement élevée. Aussi la disparition de l'azote aminé exige 26 kcal/mole, mais la vitesse de disparition est multipliée par 20 000 lorsque la température passe de 0 à 70°C. Donc ce processus est très fortement stimulé par les températures élevées et est au contraire ralenti par les basses températures.

Les moyens de prévention sont rares. Tout au plus, il faut éviter l'addition de sucre réducteur et même de saccharose avant le traitement thermique. Dans le cas des aliments destinés à l'homme, on utilise l'anhydride sulfureux en gaz ou en sels qui fixe les intermédiaires dans les réactions de Maillard.

Pour apprécier l'influence d'un traitement technologique ou de celle des conditions de conservation, sur la valeur nutritionnelle des protéines, on dispose de nombreuses méthodes de mesure de la disponibilité des acides aminés (cf. chap. 5).

4. Quelques critères de contrôle de la qualité des traitements

Le traitement thermique des matières premières, en particulier dans le cas du soja, est généralement accompagné d'une série de tests chimiques et physiques de routine, permettant de contrôler :

— si les teneurs en inhibiteur de la trypsine ont été suffisamment réduites,
— si la qualité de la protéine n'a pas été excessivement endommagée,
— si l'huile a été complètement libérée des vacuoles qui la contenaient.

Les principaux critères les plus fréquemment utilisés sont décrits ci-après.

4.1. Activité d'inhibition de la trypsine (T.I.A.)

Elle est exprimée :

— en mg de trypsine inhibée par g ou par kg d'échantillon,
— en mg par g ou par kg d'azote (ou de protéine).

Les graines de soja cru contiennent des quantités d'inhibiteur de la trypsine variant de 30 à 50 mg/kg). Un traitement thermique est dit de bonne qualité lorsqu'il permet d'en détruire entre 80 et 90 p.100.

4.2. Test de l'uréase

Il permet de mesurer le degré de chauffage, car l'uréase contenue dans le soja est progressivement détruite par la chaleur.

Les valeurs d'activité d'uréase résiduelle prises en compte pour l'évaluation du degré de cuisson sont :

Dérivé de soja	**Unité d'uréase mgN/min à 30⁰C**
Trop cuit	moins de 0,05
Satisfaisant	entre 0,1 et 0,3
Peu cuit	entre 0,3 et 0,5
Cru	au-delà de 0,5

Ce test constitue quelquefois un bon indicateur pour estimer la présence des inhibiteurs de la trypsine.

4.3. *Indice de dispersion des protéines (Pdi), ou de l'azote (Nsi)*

Les matières azotées totales du soja cru sont relativement très solubles dans l'eau. Leur coefficient de dispersion est d'environ 90 p.100. Il diminue en fonction de la température et de la durée de cuisson. Pour déterminer le degré de celle-ci, certains laboratoires utilisent l'indice de dispersion des protéines totales ou de l'azote (Pdi ou Nsi) du soja cru dans l'eau. Plus ces indices sont élevés, plus la cuisson est faible.

La seule différence importante entre les méthodes Pdi et Nsi réside dans la vitesse d'agitation de l'échantillon qui est plus élevée pour le Pdi de sorte que les valeurs obtenues par cette méthode s'avèrent plus élevées que celles qui résultent de la méthode Nsi.

4.4. *Confrontation de la coloration*

Il s'agit d'un test empirique qui évalue l'efficacité de la cuisson en confrontant le tourteau de soja, après le traitement, à une échelle chromatique donnée. En général, plus la cuisson a été poussée plus la coloration sera foncée. Il faut cependant tenir compte de l'origine des matières premières : les tourteaux brésiliens sont souvent plus colorés que les tourteaux nord-américains.

4.5. *Contenu d'huile du soja graine entière*

Le pourcentage d'huile de graines de soja varie selon la provenance des graines. Il se détermine en extrayant simplement l'huile à l'éther de pétrole ou après acidification de l'échantillon. La valeur trouvée dans le premier cas est toujours inférieure à celle que l'on obtient avec la deuxième méthode.

Ouvrages de référence

BEAVEN D.A., 1984. *Manufacture of animal feeds.* Turret-Wheatland Ltd., Herts-England.

DAVID L., 1961. *L'industrie des aliments du bétail.* Louis David edit. La Jarrie-France.

DELORT-LAVAL J., MELCION J.P., 1974. *Aliments composés*. Techniques Agricoles.
MELCION J.P., 1989. Cuisson extrusion et alimentation animale. *Rev. Alim.Anim.*, juin, 33-38.

13

MODÉLISATION DES BESOINS ET FORMULATION DES ALIMENTS

Le but de l'alimentation avicole est de fournir aux animaux des aliments dont les caractéristiques permettent, dans les conditions d'élevage données, une production de viande ou d'œufs assurant le bénéfice le plus élevé. Il s'agit donc de maximiser la différence entre recettes et dépenses. Les recettes dépendent de la quantité de produit et de sa qualité. Il en est de même des dépenses, parmi lesquelles l'aliment représente la part majeure (environ 70 p.100), part qui est variable puisque liée à la recette. Le bénéfice maximum n'est donc pas forcément atteint avec la performance maximum. En outre, il faut trouver une méthode de calcul pour la formulation de l'aliment, compte tenu du fait qu'une infinité de solutions techniques sont envisageables pour associer des matières premières et que c'est la solution de l'optimum économique qui est recherchée. C'est l'objet du présent chapitre.

I. Notion de besoin

Aux débuts de la nutrition animale, le besoin a été défini, soit en valeur absolue (quantité minimum d'un nutriment par animal ou par unité de performance), soit en valeur relative (concentration de l'aliment en un nutriment donné), comme la quantité minimale d'un nutriment à donner à l'animal au-delà de laquelle le gain de poids vif (croissance) ou la quantité d'œuf produit n'augmente plus en fonction de l'apport du nutriment. Cette relation simple est illustrée par la figure 13-1. C'est ce qu'on appelle le modèle linéaire de la loi de réponse. La pente de la droite 1 exprime l'inverse du besoin de production. L'intersection de cette droite avec l'axe des abscisses représente le besoin d'entretien. Exprimées en quantité absolue d'un nutriment (et non pas en concentration dans l'aliment), ces valeurs correspondent à des grandeurs physiologiques. Par exemple, ce peut être la quantité de lysine nécessaire pour produire 1 gramme d'œuf ou la quantité journalière nécessaire à l'entretien de 1 kg de poids vif.

Toutefois, il s'agit en pratique de formuler à l'unité d'aliment, donc de définir des caractéristiques à respecter (teneurs en calcium, protéines, etc...). Ceci revient à se placer dans une situation particulière, où l'on est supposé connaître la consommation d'aliment. Tout facteur qui modifie la consommation (taille de l'animal, température, concentration énergétique...) entraînera des changements de caractéristiques de l'aliment. Pour conserver une valeur générale l'expression du besoin en valeur absolue (quantité d'un nutriment par jour) est toujours préférable à l'expression en valeur relative (concentration de l'aliment).

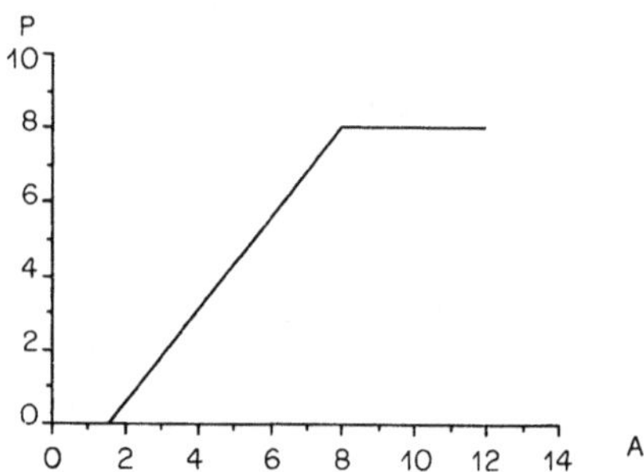

Figure 13.1. – Modèle linéaire de définition du besoin pour une performance (P) en fonction des apports du nutriment A.

La notion de besoin fait obligatoirement référence à un critère qui est la variable expliquée. Pour la croissance, cela a été longtemps le gain de poids. On peut cependant affiner ce critère. Il peut être l'indice de consommation, ou la masse corporelle non lipidique (masse maigre ou masse protéique), ou la quantité de viande de la carcasse, etc.... Ce peut être aussi un critère économique tel que la marge (recettes – charges). Un besoin fait donc toujours référence à un objectif.

Habitué longtemps à raisonner avec le modèle linéaire (fig. 13-1), le zootechnicien supposait inconsciemment que tous les individus sont identiques et présentent donc les mêmes besoins. Or il n'en est rien. Les progrès de la recherche ont contribué à faire prendre conscience de la variabilité entre individus. Dès lors, le problème est de savoir s'il faut satisfaire les besoins de tous, quitte à gaspiller des nutriments chez les individus les moins exigeants, ou, au contraire ne satisfaire que les besoins d'une partie de la population (80, 90 ou 95 p.100). Cette notion intéresse à la fois le fabricant d'aliment et le sélectionneur, comme cela sera montré plus loin. C'est elle aussi qui explique les réponses curvilinéaires très souvent observées en expérimentation nutritionnelle pour des lots d'animaux. La réponse linéaire est essentiellement théorique. C'est pourquoi des approches biométriques ont été entreprises depuis quelques années en vue de mieux décrire les lois de réponse, de mieux les interpréter et de disposer de bases plus fines pour une formulation plus économique de l'aliment.

1. Approches biométriques du besoin

L'approche la plus simple est le modèle linéaire ou par segments. En effet, comme nous le verrons plus loin, il correspond le plus souvent à la couverture des besoins de 50 p.100 des individus seulement, l'autre moitié étant plus ou moins carencée. Des modèles curvilinéaires ont donc été développés.

1.1. *Modèle polynômial*

La performance P (croissance, ponte) est exprimée en fonction de l'apport du nutriment A (exprimé en valeur absolue ou relative).

$$P = k_1 + k_2.\ A + k_3.\ A^2$$

En général, ce modèle s'ajuste bien aux données expérimentales. Ses constantes sont sans signification physiologique. Cette fonction P, ainsi que l'apport de nutriment A, peuvent être interprétés en termes économiques de produit et de coût. L'optimum économique est atteint lorsque le produit marginal est égal au coût marginal, soit quand la pente de la courbe (exprimée en unité monétaire, produit marginal/coût marginal) est égale à 1. Si le rapport de prix entre unité de nutriment et unité de performance est k, le besoin économique est atteint pour :

$$A' = (k - k_2)\ /\ 2\ k_3$$

L'inconvénient de ce modèle est qu'il ne repose sur aucune base physiologique. Il n'est donc valable que pour une expérience donnée ; chaque troupeau donnant sa propre courbe de réponse. De ce fait, il ne permet guère une prévision universelle.

1.2 *Modèle exponentiel « négatif »*

Il correspond à une approche pragmatique comme le modèle précédent. On suppose que la performance P est liée à l'apport de nutriment par la relation :

$$P = P_{max} (1 - e^{-\lambda A})$$

La courbe réponse est illustrée par la figure 13 –2. Si P et A sont exprimés en unité monétaire, le profit maximum correspondra à (P – A), c'est-à-dire. :

$$P_{max} (1 - e^{-\lambda A}) - A$$

Le profit suit l'évolution de la courbe de la figure 13-3 et passe par un maximum qui correspond au besoin économique. Ce besoin A' est égal à :

$$A' = (1/\lambda f).\ \log_e (P_{max}.\ \lambda)$$

où f est le coût unitaire du nutriment.

Ce modèle s'ajuste correctement, lui aussi, aux données expérimentales. Comme le précédent il ne repose pas sur des bases physiologiques et ne conserve qu'une valeur relative aux conditions d'observation. En outre, des

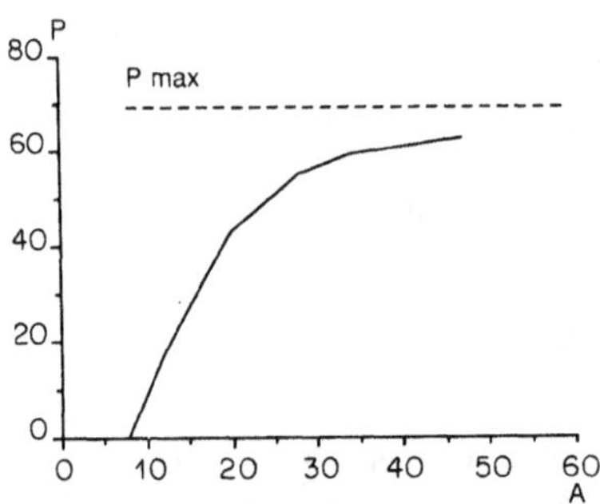

Figure 13.2. – Modèle exponentiel de définition du besoin pour une performance (P) en fonction des apports du nutriment A (P tend vers un maximum P_{max}).

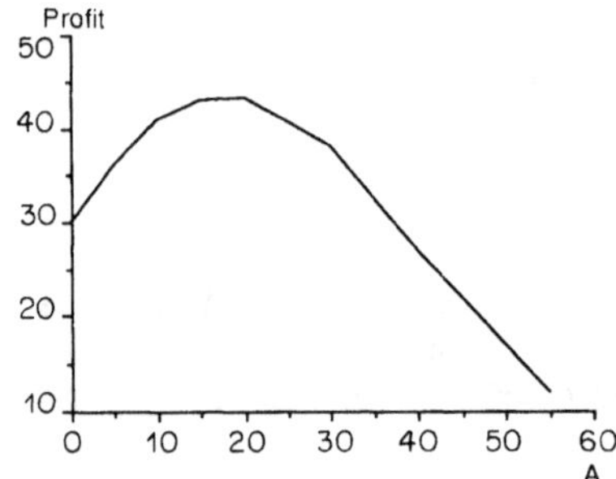

Figure 13.3. – Modèle exponentiel, évolution du profit en fonction des apports du nutriment A (le besoin économique correspond au profit maximum).

incertitudes subsistent sur la variabilité des paramètres P_{max} et λ qui peuvent avoir une influence notable sur A'.

1.3. *Modèle hyperbolique*

Il correspond à l'équation :

$$P = P_{max} - b.\, c^{-A}$$

Quand A augmente, P tend bien vers l'asymptote Pmax. Ce modèle possède les mêmes inconvénients que les précédents.

1.4. *Modèle de Reading*

Contrairement aux précédents, ce modèle repose sur des hypothèses physiologiques et fait intervenir des paramètres statistiques (variabilité entre individus de la performance maximum, du poids vif, corrélation entre ces paramètres). Il repose sur l'hypothèse que le besoin d'un individu suit un modèle linéaire :

$$A = k_1. \, Pd + k_2. \, P_{max}$$

C'est-à-dire que le besoin d'un individu est la somme du besoin d'entretien (proportionnel au poids vif Pd, écart-type = S_{Pd}) et du besoin de production correspondant à P_{max} (écart-type = S_{Pmax}. Ceci est illustré par la figure 13-4. Lorsque l'apport A est inférieur à A', la performance de l'individu est :

$$P = (1/k_2). \, (A - k_1. \, Pd)$$

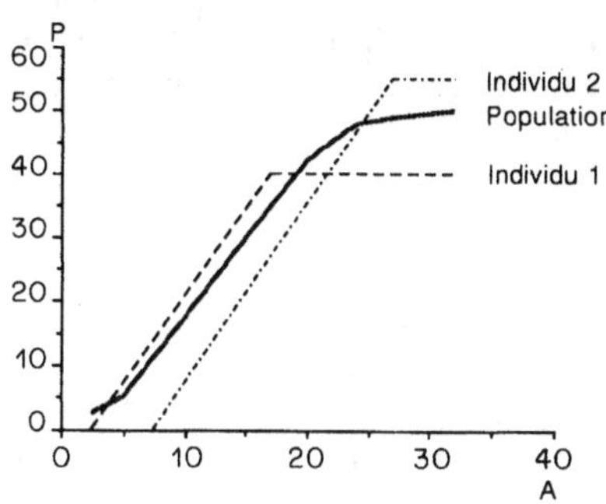

Figure 13.4. – Modèle de Reading : les deux réponses linéaires correspondent à celles d'individus du troupeau; celle du troupeau est représentée par la courbe.

Si A est supérieur à A', alors $P = P_{max}$. Comme tous les individus diffèrent les uns des autres pour P_{max} et pour Pd (poids vif), et si l'on suppose que k_1 et k_2 sont des constantes, la réponse d'un troupeau sera la somme des réponses linéaires individuelles. Cette réponse est curvilinéaire, comme l'illustre la figure 13-4.

Selon ce modèle, le besoin A' de la population est égal à :

$$A' = k_1. \, \overline{Pd} + k_2. \, \overline{P_{max}} + Y$$

où $\overline{Pd}$ et $\overline{P_{max}}$ sont respectivement la moyenne des poids vifs et la moyenne des performances maximales, et Y une variable économique. Y représente l'apport supplémentaire de nutriment au-delà du besoin de la moyenne du troupeau (50 p.100 d'individus satisfaits et 50 p.100 de non satisfaits) pour lequel la dépense marginale en nutriment est égale à la recette marginale.

$$Y = x. \, (\text{écart-type des besoins})$$

L'écart-type des besoins est égal à :

$$\sqrt{k_1{}^2 . s_{Pd}{}^2 + k_2{}^2 . s_{Pmax}{}^2 + 2\, k_1 . k_2 . r . s_{Pd} . s_{Pmax}}$$

x est la valeur de l'abscisse u de la fonction de répartition de la loi normale pour laquelle cette fonction est égale à $(1 - k . k_2)$. Le produit $(k . k_2)$ représente la proportion d'individus dont le besoin n'est pas couvert, k étant le rapport du coût d'une unité de nutriment sur celui d'une unité de produit (r est la corrélation entre P_d et P_{max}).

Ce modèle présente beaucoup d'avantages et quelques incertitudes. Il est en effet basé sur des données physiologiques et nutritionnelles, telles que les besoins spécifiques d'entretien et de production (k_1 et k_2) issus de nombreuses expérimentations. Il s'ensuit qu'il possède une valeur plus universelle que les modèles précédents. Connaissant les performances et les poids vifs d'un troupeau autre que celui qui a servi à déterminer les besoins, ainsi que leurs variabilités, on peut en déduire avec une bonne probabilité le besoin économique. On peut aussi estimer les effets de cette variabilité sur le besoin. Il en ressort toujours que plus un troupeau est homogène, plus son besoin se rapproche du modèle linéaire et donc plus il diminue, la valeur de Y tendant vers 0. A l'inverse, un troupeau hétérogène pour des raisons génétiques, pathologiques ou de milieu aura un besoin élevé.

Ce modèle ne nécessite aucun outil de calcul particulier. Ses principaux défauts sont :

— l'hypothèse de normalité de distribution des paramètres,
— l'hypothèse de la constance de k_1 et de k_2,
— la non prise en compte de la consommation. On dispose en effet du besoin absolu (ex : mg de lysine par poule et par jour) mais on ne sait rien des consommations individuelles (variabilité et corrélations avec le poids vif et les performances). Il est donc difficile de calculer avec précision la composition de l'aliment (ex : teneur en lysine).

Aucun des modèles n'est donc parfait. D'un point de vue pratique, dans des conditions de production constantes (croisement, bâtiments, etc...) on peut très bien, à partir d'expérimentations, estimer selon le modèle polynômial l'optimum économique en fonction de la composition de l'aliment (ex : g de lysine par kg d'aliment) et non pas en fonction de l'apport absolu de nutriment. C'est une approche très pragmatique mais tout à fait réalisable. Elle suppose de disposer d'outils de calculs permettant de déterminer les constantes des modèles.

II. Formulation des mélanges alimentaires

La formulation d'aliment consiste à associer des matières premières de façon à obtenir un mélange satisfaisant les besoins de l'espèce considérée, tout en minimisant le prix de ce mélange. Les formules alimentaires étaient calculées au début par approximations successives et les calculs réalisés à la règle à calcul. A partir de 1955, le développement de l'informatique et une connaissance sans cesse affinée des besoins ont permis des progrès notables en formulation. Vers 1960, l'utilisation de calculateurs analogiques commençait à se répandre ; c'était une technique peu coûteuse mais peu commode. En particulier, elle n'admettait qu'un nombre limité de matières et de contraintes. Les gros ordinateurs, puis la micro-informatique, ont considérablement augmenté les capacités de calcul et contribué à une large diffusion des programmes et logiciels de formulation.

1. Principes de la formulation au moindre coût

Plusieurs méthodes d'optimisation existent. Toutefois, la plus répandue est la programmation linéaire. Si l'on dispose d'un ensemble de n matières premières, M_1, M_2,...M_i,...M_n, il s'agit de déterminer leurs taux d'incorporation, x_1, x_2,...x_i,...x_n, de façon à satisfaire plusieurs objectifs :

— le respect d'un certain nombre de conditions appelées contraintes de formulation, d'ordre nutritionnel ou technologique ou commercial. Il s'agit soit de teneurs en nutriments (ex : teneur en protéines), soit de limites d'incorporation d'ingrédient dues à la toxicité ou à l'inappétence (cf. chap. 11). Ainsi, on peut être conduit à limiter l'introduction de certaines matières premières, ou au contraire à en imposer un minimum, de façon à assurer, par exemple, la solidité des granulés ou la conservation des mélanges. On peut aussi être amené à limiter les taux d'incorporation de produits peu abondants sur le marché ou ceux pour lesquels on ne dispose pas de moyens de stockage suffisants, etc....Ces contraintes sont de la forme :

$$\sum_{i=1}^{i=n} a_{ij}.x_i \geq A_j, \text{ pour la caractéristique j fixée}$$

a_{ij}, appelé coefficient technique, représente la quantité de nutriment j représente dans l'ingrédient i ; A_j le besoin est exprimé en concentration dans l'aliment.

Les contraintes d'incorporation sont de la forme :

$$x_i \geq L_i \text{ ou } x_i \leq L_i$$

L_i étant la limite d'incorporation de la matière première i.
— on doit minimiser le prix C du mélange ; si C_1, C_2,...C_i,...C_n sont les prix des matières premières par unité de poids, on doit satisfaire à la relation :

$$C = \sum_{i=1}^{i=n} c_i x_i$$

— enfin, on a par définition :

$$0 < x_i < 100 \text{ et } \sum_{i=1}^{i=n} = 100$$

Il existe des logiciels pour mini- ou pour micro-ordinateurs capables de résoudre ce type de problème ; la plupart ne cherchent qu'à minimiser le prix du kg d'aliment, d'autres le prix de la calorie. La capacité des matrices, liée au nombre des matières premières et des contraintes, détermine le choix du logiciel et de l'ordinateur.

Outre le calcul des x_i, le nutritionniste est amené à effectuer des calculs intermédiaires, pour améliorer sa démarche.

2. Choix du taux énergétique

La plupart des espèces règlent leur ingestion d'aliment de façon à maintenir à peu près constante la quantité d'énergie métabolisable ingérée, tout au moins dans les zones usuelles de formulation. D'autres espèces sont nourries de façon restreinte (une quantité maximale de calories par jour). La concentration énergétique n'influence guère les performances de ponte ou de croissance (voir les chapitres correspondants). Par contre, elle modifie principalement la consommation alimentaire et l'indice de consommation ; ce qui doit être pris en compte pour fixer les caractéristiques nutritives autres que l'énergie. Il s'ensuit que la démarche la plus logique et classique consiste à retenir comme taux énergétique celui pour lequel le prix de la calorie (équilibrée en acides aminés et minéraux) est minimum, selon l'illustration de la figure 13-5.

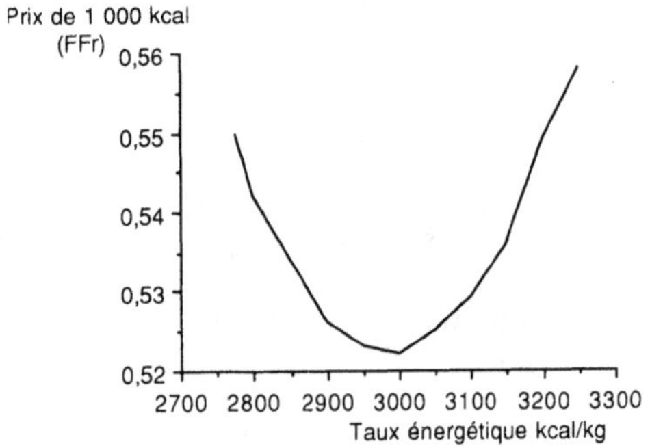

Figure 13.5. – Evolution du prix de 1000 kcal en fonction du taux énergétique de l'aliment.

3. Prix d'intérêt et plage d'invariance

En général, quelques matières premières particulièrement abondantes sur le marché national ou mondial servent de référence aux matières premières secondaires, ou de substitution. Par exemple, le tourteau de soja, du fait de son abondance et de sa valeur nutritionnelle, sert de référence aux autres tourteaux et farines d'origine animale. Les programmes de formulation fournissent le prix d'intérêt d'une matière première. Il s'agit du prix au-dessous duquel cette matière première entre dans la formule, les autres paramètres, en particulier les prix des autres matières premières, restant stables. Comme l'illustre la figure 13-6, si le prix de la matière première diminue, celle-ci voit son taux d'incorporation augmenter par paliers. Chaque palier est une plage d'invariance ou de stabilité de la formule. Chaque matière première, dans un contexte donné (prix, contraintes), présente son propre profil de la relation incorporation-prix (nombre et niveaux des paliers). L'exploitation pratique de cette notion doit se faire avec prudence, du fait que le volume des matières premières secondaires est en général limité et ne permet donc pas d'accéder à des taux élevés d'incorporation.

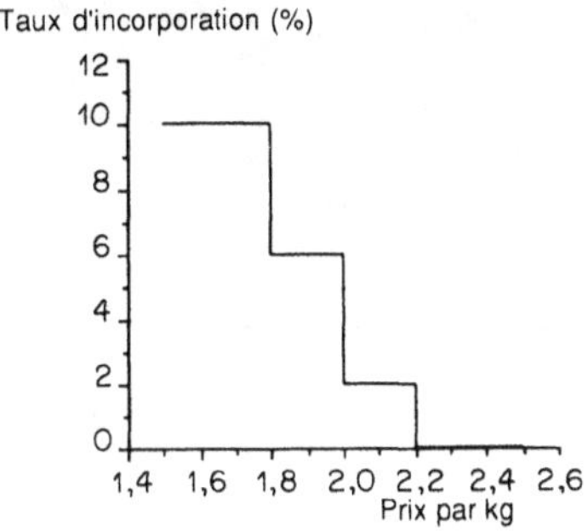

Figure 13.6. – Formulation par programmation linéaire : évolution du taux d'incorporation d'une matière première en fonction de son prix.

4. Coût et contribution au coût des contraintes

La plupart des logiciels permettent une analyse du coût des contraintes saturées, qu'il s'agisse des contraintes nutritionnelles ou des contraintes technologiques. Ce coût est égal à la répercussion, sur le prix de la formule, de l'augmentation d'une unité de contrainte saturée. Il est possible ainsi, selon leur impact sur le coût, de remettre en question certaines contraintes, soit de concentration en nutriment, soit de limite d'incorporation. On peut estimer ainsi le coût des marges de sécurité adoptées et procéder, éventuellement, à de nouvelles expérimentations destinées à vérifier le bien-fondé des normes adoptées. Par exemple, si on a fixé une limite supérieure à l'incorporation du tourteau de colza, une valeur duale négative permet d'évaluer de combien diminuerait le prix du kg d'aliment si on augmentait d'une unité la concentration de ce tourteau dans le mélange. On peut ainsi hiérarchiser les nutriments et contraintes.

5. Stabilité des formules

Cette caractéristique est une approche plus délicate, car il faudrait, en principe, prendre en compte simultanément les variations relatives des prix de toutes les matières premières les unes par rapport aux autres. On peut, comme cela est illustré dans la figure 13-7, déterminer des zones de prix (ici avec 2 matières premières) au sein desquelles les formules ne sont pas modifiées par les variations de prix.

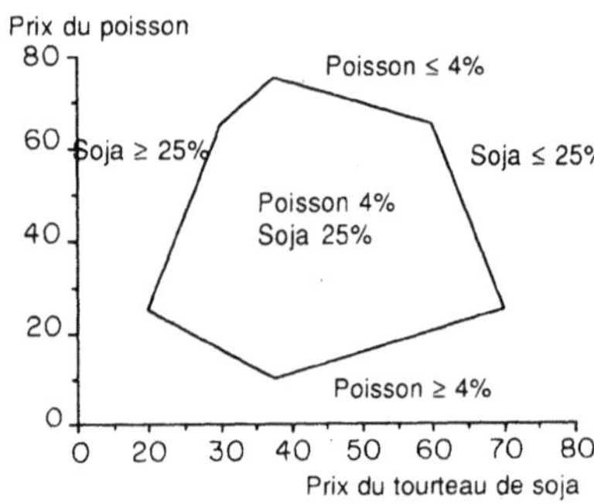

Figure 13.7. – Formulation par programmation linéaire; évolution des taux d'incorporation de deux matières premières en fonction de leurs prix respectifs.

III. Multiformulation

En réalité, le formulateur est amené à assurer l'optimisation simultanée de plusieurs formules. Il peut alors pratiquer la « multiformulation ». Cette méthode, qui fait aussi appel à la programmation linéaire, permet de gérer de façon optimale les stocks de matières premières en les incorporant dans les formules (poule, poulet de chair, canard...) qui les valorisent le mieux. Par exemple, la multiformulation peut conduire à consacrer une matière première à une seule formule. Elle exige de prendre en compte les volumes produits pour chaque formule. En effet, on dispose pour une même matière première d'autant de prix d'intérêt, de plages d'invariance, de taux d'incorporation qu'on a de formules. C'est donc l'ensemble de la production des diverses formules qu'il s'agit d'optimiser.

La sophistication des programmes informatiques actuels permet d'ajouter des services supplémentaires à la simple optimisation : banques de données de formules, gestion des stocks de matières premières, limitation des changements trop importants des formules, de façon à ne pas troubler les animaux, etc...

En revanche, aucun programme ne permet actuellement d'optimiser les performances d'un troupeau, selon les différentes méthodologies décrites au début de ce chapitre (modèle de Reading). On est en droit d'imaginer qu'au cours des années à venir ces perfectionnements seront introduits et mis à la disposition des formulateurs.

L'ordinateur a profondément accéléré la diffusion et l'intérêt pour les normes alimentaires en aviculture. Il est maintenant possible de prendre en considération un grand nombre de caractéristiques d'une matière première pour en déterminer le prix. Cette démarche relance, par ailleurs, l'intérêt d'une connaissance appronfondie des paramètres nutritionnels et de leurs méthodes de mesure. En effet, l'exactitude et la puissance de l'outil de calcul incite, à maximiser la précision des chiffres qu'il est amené à utiliser.

Ouvrages de référence

COLE D.J.A. HARESIGN W., 1989. *Recent Developments in Poultry Nutrition*. Butterworths.

CURNOW R. N., 1973. *Biometrics*. Vol. 29, p 1.

FISHER, C., MORRIS T. R., JENNINGS R. G., 1973. *British Poultry Sciences*. Vol. 14, p 469.

FISHER C., BOORMAN K.N., 1986. *Nutrient Requirements of Poultry and Nutrional Research*. Butterworths.

LAPIERRE D., 1979. *La formulation des aliments des animaux*. Cycle approfondi d'alimentation animale, INA-PG.

INDEX

TABLE DES MATIÈRES

Fichier préparé par Nicolas Perrier, société 4P
Imprimé pour vous par Books On Demand (Allemagne)
Dépôt légal : novembre 2023